普通高等教育"十一五"国家级规划教材

21世纪高等学校计算机规划教材

21st Century University Planned Textbooks of Computer Science

多媒体技术教程

（第4版）

Multimedia Technology (4th Edition)

胡晓峰 吴玲达 老松杨 司光亚 谢毓湘 编著

名家系列

人民邮电出版社

北 京

图书在版编目（CIP）数据

多媒体技术教程 / 胡晓峰等编著. -- 4版. -- 北京：
人民邮电出版社，2015.2（2019.4重印）
　21世纪高等学校计算机规划教材
　ISBN 978-7-115-37540-7

Ⅰ. ①多… Ⅱ. ①胡… Ⅲ. ①多媒体技术—高等学校
—教材 Ⅳ. ①TP37

中国版本图书馆CIP数据核字(2015)第016873号

内 容 提 要

　　本书对多媒体技术的基本概念、技术与系统等进行全面的论述。全书共分9章和1个附录，主要内容包括多媒体的基本概念、媒体处理方法与技术、多媒体软硬件平台、网络多媒体技术及多媒体应用、多媒体信息管理及处理等；附录给出多媒体技术实验。本书既注重介绍多媒体技术的基础知识，也适当介绍一些基本理论和方法，难易适中。各章之后附有习题与思考题。

　　本书可作为计算机及其相关专业本科生和研究生的教材，也可供从事多媒体技术研究的工程技术人员参考。

◆ 编　　著　胡晓峰　吴玲达　老松杨　司光亚　谢毓湘
　　责任编辑　邹文波
　　责任印制　沈　蓉　彭志环

◆ 人民邮电出版社出版发行　　北京市丰台区成寿寺路 11 号
　　邮编　100164　　电子邮件　315@ptpress.com.cn
　　网址　http://www.ptpress.com.cn
　　北京九州迅驰传媒文化有限公司印刷

◆ 开本：787×1092　1/16
　　印张：16.75　　　　　2015 年 2 月第 4 版
　　字数：438 千字　　　2019 年 4 月北京第 9 次印刷

定价：39.80 元

读者服务热线：(010)81055256　印装质量热线：(010)81055316
反盗版热线：(010)81055315

第 4 版前言

从应用意义上讲，多媒体不是哪一种设备的升级换代，也不是什么新的发明，它标志着数字化全面主导信息领域各种技术的一个崭新时代。从 20 世纪 90 年代初开始，多媒体技术进入到了计算机、家用电子、通信、出版、娱乐、网络等几乎所有的信息领域，大家都在谈论多媒体，我们作为参与者，当然也会因为有些"先知先觉"而自我陶醉。有学生问我，多媒体技术发展到未来，会是什么样子？我当时的回答可能连我自己都很吃惊：多媒体技术没有未来，多媒体技术发展的目标，就是要消灭自己。到了今天，这个预言正在成为现实，多媒体技术已经融合进了各个领域，成为必不可少的组成部分，但实际上也逐步地在回归信息技术的本身，而不用专门地突出多媒体技术自己。所有的计算机都超出了原先定义的多媒体计算机的范畴，所有的信息技术也都要考虑多媒体信息的需要了。正是因为如此，多媒体技术成为信息技术相关专业的必修课程，并且得到了更多的关注和普及。

本书的起源和完善经过了很长的时间。1993 年，我们根据自己教学的需要，编写了《多媒体系统原理与应用》一书作为教材内部使用，并于 1995 年由人民邮电出版社正式出版。该书第 1 版印刷 6 次，被许多学校选为教材，受到了读者广泛的欢迎。1997 年，在多年的多媒体研究与教学的基础上，我们又撰写了《多媒体系统》一书，着重介绍了多媒体系统的设计原理和技术，成为了前书的姊妹篇，并成为国家"九五"规划重点教材。该书也被许多大学选为研究生教材。随着时间的推移，多媒体系统与技术已经有了很大的发展，我们感到原先书中介绍的许多内容已经有些陈旧，不太适合教学的要求。2002 年，在许多朋友、专家和教师的鼓励下，我们又编写这本适合于高等院校本科生或低年级研究生教学使用的多媒体技术教材。该书又得到了广大读者的好评，成为了更多大学的教材。2005 年，该书进行了第一次修订，并被评选为"十一五"国家级规划教材，再版发行并且多次印刷，得到教师和学生的欢迎。当然，也有许多读者特别是在第一线从事多媒体技术教学的教师给我们提出了很多很好的建议和修改意见，并希望能够在再次修订的时候进行充实和完善。非常感谢人民邮电出版社安排该书出第 4 版，这让我们有了做到这一点的机会。

本书在原修订版的基础上增加了一些新的内容，更新了部分章节，也删减了一些过时的内容，并且借这个机会改正了原书中的一些错误。全书现在缩减为 9 章和 1 个附录（多媒体技术实验），主体内容为 4 大部分：第一部分是多媒体基本概念，介绍媒体、数据压缩等基本内容；第二部分介绍多媒体的软件、硬件平台等；第三部分是网络多媒体技术与多媒体应用等；第四部分是多媒体信息管理及处理，包括多媒体数据库以及多媒体内容分析与检索。每章都附有习题与思考题，供读者练习使用。考虑到本书读者主要是大学本科生、硕士研究生这样的层次，以及教师在讲授时的方便，书中的主要内容既要具有一定的系统性，以基础知识为主，又适当介绍了一些理论方面的内容，但难度比较适中。本书以介绍多媒体的主要技术内容为主，同时也吸收了一些新的研究成果，供学生了解最新的研究进展。教师在讲授时，可以根据需要全部讲授或部分讲授。本教材是按 40～60 学时编写的，教师在实际授课时可根据选择的内容确定学时。为保证有较长的教材使用周期，本书着重于原理的讲解，而不对某种特定的产品进行介绍。

本书是在原作基础上仍由几位作者分工完成的，具体分工是：胡晓峰负责修订第 1 章、第 2 章、第 6 章和第 8 章；吴玲达负责修订第 3 章；老松杨负责修订第 4 章、第 5 章；司光亚负责修订第 7 章；谢毓湘负责修订第 9 章和附录 A 实验部分。最后由胡晓峰、吴玲达进行统稿。许多同志特别是我们所带的博士、硕士研究生，在研究工作中及本书的写作过程中给予了我们很多的帮助，在这里我们表示衷心的感谢！

多媒体技术是一门综合性很强的技术，学科面非常宽，发展又快，而我们的水平和能力有限，书中存在缺点和错误是难免的，如蒙指正将不胜感谢。

编　者

2015 年 1 月

目 录

第1章
绪论

多媒体化是信息化发展的一个必然阶段,是一个崭新的技术时代。多媒体引起了诸多信息技术的集成与融合的革命,它将计算机、家用电器、通信网络、大众媒体、人机交互和娱乐机器等原先界限分明的东西,融合成了新的系统、新的应用。多媒体与因特网(Internet)一起,成为推动 20 世纪末、21 世纪初信息化社会发展的两个最重要的技术动力之一。多媒体技术的产生和发展,是社会信息化发展的必然结果。

1.1 多媒体的基本概念

1.1.1 媒体与多媒体

所谓媒体(Medium)是指承载信息的载体。按照 ITU-T 建议的定义,媒体有以下 5 种:感觉媒体、表示媒体、显示媒体、存储媒体和传输媒体。感觉媒体指的是用户接触信息的感觉形式,如视觉、听觉、触觉等。表示媒体则指的是信息的表示形式,如图像、声音、视频等。显示媒体(又称表现媒体)是表现和获取信息的物理设备,如显示器、打印机、扬声器、键盘、摄像机、运动平台等。存储媒体是存储数据的物理设备,如磁盘、光盘等。传输媒体是传输数据的物理设备,如光缆、电缆、电磁波、交换设备等。这些媒体形式在多媒体领域中都是密切相关的,但一般说来,如不特别强调,我们所说的媒体主要是指表示媒体,因为作为多媒体技术来说,主要研究的还是各种各样的媒体表示和表现技术。

"多媒体"(Multimedia),从字面上理解就是"多种媒体的综合",相关的技术也就是"怎样进行多种媒体综合的技术"。多媒体技术概括起来说,就是一种能够对多种媒体信息进行综合处理的技术。略为全面一点,多媒体技术可以定义为:以数字化为基础,能够对多种媒体信息进行采集、编码、存储、传输、处理和表现,综合处理多种媒体信息并使之建立起有机的逻辑联系,集成为一个系统并能具有良好交互性的技术。

特别需要指出的是,很多人将"多媒体"看作是计算机技术的一个分支,这是不太准确的。多媒体技术以数字化为基础,注定其与计算技术要密切结合,甚至可以说要以计算技术为基础。但多媒体技术中还有许多东西原先并不属于计算技术的范畴,例如,电视技术、广播通信技术、印刷出版技术等。当然可以有多媒体计算机技术,但也可以有多媒体电视技术、多媒体通信技术等。一般说来,"多媒体"指的是一个很大的领域,指的是和信息有关的所有技术与方法进一步发

1

展的领域。因此，要对多媒体有更准确的理解，更多的是要从它的关键特性上去考虑。

1.1.2 多媒体的关键特性

多媒体的关键特性主要包括信息载体的多样性、交互性和集成性这 3 个方面，这既是多媒体的主要特征，也是在多媒体研究中必须解决的主要问题。

1. 信息载体多样性

信息载体的多样性是相对于计算机而言的，指的就是信息媒体的多样化，有人称之为信息多维化。把计算机所能处理的信息空间范围扩展和放大，而不再局限于数值、文本或是被特别对待的图形或图像，这是计算机变得更加人性化所必须具备的条件。

人类对于信息的接收和产生主要在 5 个感觉空间内，即视觉、听觉、触觉、嗅觉和味觉，其中前三者占了 95%以上的信息量。借助于这些多感觉形式的信息交流，人类对于信息的处理可以说是得心应手。但是，计算机以及与之相类似的一系列设备，都远远没有达到人类处理信息能力的水平。在信息处理的传统过程中不得不忍受着种种变态：信息只能按照单一的形态才能被加工处理，只能按照单一的形态才能被理解。计算机在许多方面需要把人类的信息进行变形之后才可以使用，例如将中文变换成某种代码才能输入计算机。可以说，在信息交互方面计算机还处于初级水平。

多媒体就是要把机器处理的信息多样化或多维化，使之在信息交互的过程中，具有更加广阔和自由的空间。多媒体的信息多维化不仅仅指输入，还指输出。但输入和输出并不一定都是一样的。对于应用而言，前者称为获取（Capture），后者称为表现（Presentation）。如果两者完全一样，这只能称为记录和重放，从效果上来说并不是很好。如果对其进行变换、组合和加工，亦即我们所说的创作或综合，就可以大大丰富信息的表现力和增强效果。这些创作与综合不仅仅局限在对信息数据方面，还包括对设备、系统、网络等多种要素的重组和综合，目的都是为了更好地组织信息、处理信息和表现信息，从而使用户更全面、更准确地接受信息。

2. 交互性

多媒体的第 2 个关键特性是交互性。长久以来，人们在很多情况下已经习惯于被动地接收信息，例如看电视、听广播。多媒体系统将向用户提供交互式使用、加工和控制信息的手段，为应用开辟更加广阔的领域，也为用户提供更加自然的信息存取手段。

交互可以增加对信息的注意力和理解力，延长信息在头脑中保留的时间。但在单向的信息空间中，这种接收的效果和作用就很差，只能"使用"所给的信息，很难做到自由地控制和干预信息的获取和处理过程。多媒体信息在人机交互中的巨大潜力，主要来自于它能提高人对信息表现形式的选择和控制能力，同时也能提高信息表现形式与人的逻辑和创造能力结合的程度。对人而言，多媒体信息比单一信息具有更大的吸引力，它有利于人对信息的主动探索而不是被动地接收。在动态信号与静态信号之间，人更倾向于前者。多媒体信息所提供的种类丰富的信息源恰好能够满足人在这个方面的需要。

当交互性引入时，"活动"本身作为一种媒体便介入到了数据转变为信息、信息转变为知识的过程之中。因为数据能否转变为信息取决于数据的接收者是否需要这些数据，而信息能否转变为知识则取决于信息的接收者能否理解。借助于交互活动，可以获得我们所关心的内容，获取更多的信息。例如，对某些事物进行选择，有条件地找出事物之间的相关性，从而获得新的信息内容。对某些事物的运动过程进行控制可以获得某种奇特的效果，例如，倒放、慢放、快放、变形、虚拟等，从而激发学生的想象力、创造力，制造出各种讨论的主题。在某些娱乐性应用中，用户可以改变故事的结局，从而使用户介入到故事的发展过程之中。即使是最普遍的信息检索应用，用户也可以找出想读的书籍、想看的电视节目，可以快速跳过不感兴趣的部分，可以对某些关心的内容插入书评、进行编排等，从而改变现在的信息使用方法。

可以想象，交互性一旦被引入到用户的活动之中，将会带来多大的作用。从数据库中检录出某人的照片、声音及文字材料，这是多媒体的初级交互应用；通过交互特性使用户介入到信息过程中（不仅仅是提取信息），才达到了中级交互应用水平。当我们完全地进入到一个与信息环境一体化的虚拟信息空间自由邀游时，这才是交互式应用的高级阶段，这就是虚拟现实（Virtual Reality）。人机交互不仅仅是一个人机界面的问题，对于媒体的理解和人机通信过程可以看成是一种智能的行为，它与人类的智能活动有着密切的关系。

3. 集成性

多媒体系统充分体现了集成性的巨大作用。事实上，多媒体中的许多技术在早期都可以单独使用，但作用十分有限。这是因为它们是单一的、零散的，如单一的图像处理技术、声音处理技术、交互技术、电视技术、通信技术等。但当它们在多媒体的旗帜下集合时，一方面意味着技术已经发展到了相当成熟的程度；另一方面，也意味着各种技术独自发展不再能满足应用的需要。信息空间的不完整，例如仅有静态图像而无动态视频，仅有语音而无图像等，都将限制信息空间的信息组织，限制信息的有效使用。同样，信息交互手段的单调性、通信能力的不足、多种设备和应用的人为分离，也会制约应用的发展。因此，多媒体系统的产生与发展，既体现了应用的强烈需求，也顺应了全球网络的一体化、互通互连的要求。

多媒体的集成性主要表现在两个方面，一是多媒体信息媒体的集成，二是处理这些媒体的设备与设施的集成。首先，各种信息媒体应该能够同时地、统一地表示信息。尽管可能是多通道的输入或输出，但对用户来说，它们应该是一体的。这种集成包括信息的多通道统一获取，多媒体信息的统一存储与组织，以及多媒体信息表现合成等各方面。因为多媒体信息带来了信息冗余性，可以通过媒体的重复、使用别的媒体或是并行地使用多种媒体的方法消除来自于通信双方及环境噪声对通信产生的干扰。由于多种媒体中的每一种媒体都会对另一种媒体所传递信号的多种解释产生某种限制作用，所以多种媒体的同时使用可以减少信息理解上的多义性。总之，不应再像早期那样，只能使用单一的形态对媒体进行获取、加工和理解，而应注意保留媒体之间的关系及其所蕴涵的大量信息。其次，多媒体系统建立在一个大的信息环境下，系统的各种设备与设施应该成为一个整体。从硬件来说，应该具有能够处理各种媒体信息的高速及并行的处理系统、大容量的存储、适合多媒体多通道的输入输出能力及外设、宽带的通信网络接口，以及适合多媒体信息传输的多媒体通信网络。对于软件来说，应该有集成一体化的多媒体操作系统、各个系统之间的媒体交换格式、适合于多媒体信息管理的数据库系统，以及合适的创作工具和各类应用软件等。

多媒体的集成性可算是在系统级的一次飞跃。无论是信息、数据，还是系统、网络、软硬件设施，通过多媒体的集成性构造出支持广泛信息应用的信息系统，$1+1>2$ 的系统特性将在多媒体信息系统中得到充分的体现。

1.2　多媒体技术的产生与发展

1.2.1　多媒体是技术与应用发展的必然

多媒体技术的概念起源于 20 世纪 80 年代初期，但真正蓬蓬勃勃地发展起来是在 20 世纪 90

年代。多媒体并不是新的发明，从某种意义上说，它是信息技术与应用发展的必然。多媒体是在计算技术、通信网络技术、大众传播技术等现代信息技术不断进步的条件下，由多学科不断融合、相互促进而产生出来的。

计算机中信息的表达最初只能用二进制的 0、1 来表示，它的目的纯粹是为了计算。但在应用过程中，这种 0、1 的形式使用起来非常不方便，后来就产生了像 ASCII 码这样的字符代码。将字符处理过程引入到计算机中，不仅方便了用户，而且也使计算机不再局限于计算的范围，而进入了事务处理领域。中文标准代码的出现和使用很大程度上依赖于计算机图形技术和软件技术的发展，使之能够以一种图形的方法来表达信息。随后计算机开始处理图形、图像、语音、音乐，直至发展到能处理影像视频信息。这个过程就是计算机的多媒体化的过程，当然早期的集成度还相当不够。与此同时，在大众传播及娱乐界，从印刷技术开始了电子化、数字化的过程，逐步发展了广播、电影、电视、录像、有线电视直至推出的交互式光盘系统、高清晰度电视（HDTV），并且逐渐开始具有交互能力。在这个过程中，通信网络技术的发展，从邮政、电报电话，一直到计算机网络等，一方面不断地扩展了信息传递的范围和质量，另一方面又不断支持和促进了计算机信息处理和通信、大众信息传播的发展。从信息系统的角度来看，这些各自目的不同、技术不同而又相互促进和支持的领域之间，尽管未来很明显会全部统一起来，但由于技术发展、商业利益等各方面的原因，对于最终用户而言还存在着较大的差别，至今还没有完成完全会师的宏愿。

多媒体技术直接起源于计算机工业界、家用电器工业界和通信工业界对各自领域未来发展的预测。最早研究和提出多媒体系统的分别是计算机工业的代表 IBM、Intel、Apple 及 Commodore 公司，以及家用电器工业的代表 Philips、Sony 公司等。他们从两个方面提出的发展方向和目标不谋而合，都是要推出能够交互式综合处理多媒体信息的设备或系统。IBM 和 Intel 公司联合推出的 DVI（Digital Video Interactive）可使计算机能够处理影像视频信息，这就使得计算机跨入了传统的电视领域。Microsoft 公司等一大批软件开发商以多媒体应用为契机，推出的各类多媒体软件，造就了一大批计算机的多媒体应用和用户。而以 Philips 和 Sony 公司为代表的家用电器工业，将电视技术进行改进，使其向智能化、有交互能力方向发展，交互式视频光盘 CD-I 是他们最早的尝试。现在又与通信网络普遍结合，开发出的电视机顶盒（Set Top Box）、大规模视频服务器，也显示出了交互式电视的潜在能力。通信工业也不甘落后，不仅在通信传输、电话终端等方面保持优势，而且在许多新的领域大力拓展，努力开发新一代的产品。可视电话、视频会议、远程服务、综合电话终端等都是通信工业在技术上的新领地。

进入 20 世纪 90 年代以后，由于"信息高速公路"计划的兴起，Internet 的广泛使用，刺激了多媒体信息产业的发展和网络互连的需求，在全球掀起了一股家电行业、有线电视网、娱乐行业、计算机工业及通信工业相互兼并、联合建网的浪潮，从而使得 20 世纪 90 年代被称为"多媒体时代"。计算机、通信、家电和娱乐业的大规模联合，造就了新一代的信息领域，产生了崭新的信息社会概念，也创造了无穷的机遇和潜在的市场。从技术发展的历史来看，直到今天，各种在各自领域中独立发展的技术，终于要走到一起来了。这一发展导致了计算机工业、家用电子行业、通信网络业以及大众传媒业的融合和竞争，最终受益的将是广大用户。技术发展到这一步，往往意味着一个旧时代的结束，一个新时代的开始，而新时代的疆域又需要我们去不断开拓。

在多媒体的产生过程中，数字化充当了极为重要的角色。早期的模拟系统起始于 20 世纪 70 年代，采用的都是模拟设备，如模拟光盘，每面光盘可存放 30min 录像。模拟光盘具有随机访问功能，便于计算机进行控制。在这一阶段开发的多是模拟教学系统，如领航学习系统、模拟旅游系统等。这些早期的工作显示了多媒体应用开发的潜力，然而多媒体系统只有向数字化方向发展，才能达到更高的技术水平，才能更好地支持应用。随着存储技术、计算技术、通信技术的发展，基于数字化的多媒体系统在 20 世纪 80 年代不断涌现，将系统的交互能力、媒体质量、处理灵活性等方面提高到了一个新的水平。宽带数字网络的发展，使系统的集成性有了基础，不再局限于个人计算领域，而是向分布综合服务的方向发展。

无论是从技术还是应用角度来看，多媒体都是发展的必然。这不仅仅是研究和生产某一种设备的问题，而是在信息系统级上的重新组合和调整，它将意味着更加剧烈的竞争和更加光辉灿烂的前景，这一点无论是对于研究界还是对于工商界，都是如此。

1.2.2　多媒体改善了人类信息的交流

计算机和其他信息技术的发展使得人类的信息处理手段得到加强，高速的计算能力扩展了对数据进行重复计算的能力，大规模的存储扩展了记忆信息的范围，高速通信网使得我们可以同远在异地他乡的同事、朋友、亲人甚至陌生人进行快速的信息交换。这些机器成为我们与他人进行交流的中介。但是计算机缺乏类似于人类眼睛、耳朵等感官所得到的视觉、听觉以及触觉、嗅觉、味觉的能力，无法从现实世界中自由地收集信息和表达各种信息，又使得计算机成为了在信息交流中的一道深深的鸿沟。人类如果要借助于机器的能力，就必须要忍受交互过程中信息的转换和变态，这不能不说是一大遗憾。多年来，人们一直都在致力于消除这个遗憾。多媒体的目标也是如此。

用户及计算机的信息交流采用 4 种形式：人—人（经由计算机）、人—计算机、计算机—人和计算机—计算机。其中每一种交流形式在信息的表示和传递方面都各有不同，可能仅仅是数据的转移（即无解释），也可能是在信息传递时形式被转换、数据被重新组织，表现也被改变。

从计算机科学的角度来看，计算机—计算机的通信是一门已经得到充分发展的技术，尽管多媒体系统的需求已向系统设计者提出了新的要求。计算机之间的通信包括通过网络传送数据、存储数据以备后续的检索等。虽然已经开发了许多关于图像、声音的信息交换标准，但是不同标准、不同程序和不同类型计算机之间的交流仍比较困难。动画和影像视频媒体的实时性对信息网络还具有十分严格的时间要求。应用对于图像、声音类媒体的需求，也要求在传输带宽上和存储空间上应大大高于现有系统的量级。多媒体信息系统的产生，为综合考虑多媒体信息的处理，统一数据格式化和相应的传输协议与标准奠定了基础。在未来，不用再人为地割裂为几个网或几个专用系统，统一的网络传输标准将使所有的信息机器得到有效的沟通。

在人与人通过计算机交流方面，计算机起着高效信息传递媒介的作用。其中一个很重要的原因是计算机不必理解人与人交流通信中的全部内容。例如，在电子邮件中只有收信者、目的地、日期等成分需要计算机去解释和执行，但对邮件本身计算机只把它当作一串字符或一堆数据。与之相类似，声音、图像、视频以及其他一些类型的媒体，基本上都可以被存储和传送，而不必被计算机理解。尽管如此，还是需要计算机帮助人们有效地组织和表达信息，多媒体系统将在这个方面发挥出更大的作用。计算机将成为人与人之间交流的"宽"通道，而不是像从前那样只能使用文本的"窄"通道；计算机将支持更多的人与人交流的应用，从医学会诊、学术讨论等协同性工作，到私人信函、可视电话等个人间信息交互。如果计算机能够理解信息的含义，就将显著地改变计算机所支持的人与人之间的交互方式，使之达到一个更高的水平，例如自动语言翻译等，但这在目前还处于十分初级的阶段。

人与计算机之间的交互必须考虑两者的局限性。为了使计算机发挥它所应有的作用，必须遵循"可计算"的 3 个条件，即：能用形式化的方法描述这个问题，能找到一个算法解决这个形式化的问题，以及能以一个合理的复杂程度在计算机上实现这个算法。这就是说，为了使用计算机，必须把人类头脑中大部分属于并发的、联想的、形象的、模糊的和多样化的思维强行地翻译成冯·诺依曼计算机所能接受的串行的、刻板的、明确的、严格遵守形式逻辑规则的机器指令。这种翻译过程不仅仅是繁琐和机械的，而且技巧性很强，因机器而异。机器所能接受和处理的也仅仅是数字化了的信息。虽然几十年来，计算机已从庞大的玻璃房子里走出来放在了我们桌上，计算机操作系统（它的目的就是要协助用户用好计算机）也从任务调度、资源管理逐步发展到了具有图形化的用户接口，但仍然很难为最终用户所接受。其中很重要的原因便是我们更多考虑的仍是计算机，而非如何使用计算机，尤其在研究界，这种现象更为明显。过去用户接口工作常常被认为"缺乏理论深度"而遭到冷遇，直到工业界做出了出色的成绩，人们才猛醒过来。事实上，用户接口工作往往会成为一个系统或一次研究成败的关键。多媒体的出现，将会在这个方面起到至关重要的作用。很多人把多媒体技术归到了用户接口领域，虽不全面，但也有一定道理。

1.2.3　多媒体缩短了人类传递信息的路径

信息的巨大物化力量主要表现在信息的共享特性上。当人们真正认识到信息共享是开展信息技术研究的首要任务后，就必须研究和探索什么是表示、传送和处理信息的较好途径。比较理想的途径应是能较完整地表示概念，能较迅速地传递概念，能以符合人类的认识过程的方式加工概念的方法，从而使得完成某个智力任务的行为过程得到较大的改善。所谓"较好"的途径，随着时间的推移会有不同的标准，但总的来说就是使得一个人头脑中的一个概念成为另一个人头脑中对于那个概念的理解的路径较短。

与以往的方法相比，计算机在数据处理方面有了很大的改善。计算机所提供的功能强大的数据组织和构造技术，如传统数据结构中的数组、向量、队列、堆栈、树、堆等，为动态地加工和处理数据提供了基础。高效的算法和高速的网络通信，大大地加强了用文字和数据表示概念的能力并加速了它的传递过程。但人类并不是仅仅依赖文本这种单一的数据形式来传递所有的信息和接受概念的，图像、声音等多媒体信息都是人类获取和传递信息极为重要的渠道。图像的信息量最大，一幅画胜过千言万语，最直观、最能一目了然。而动态的影像视频和动画则更生动、更逼真、更接近客观世界的原型、更能反映事物的本质和内涵。声音和文字也是信息的重要媒体，综合应用不仅有利于接受，也有利于存储（记忆）和保留。这就意味着必须同时启动大脑的形象思维和逻辑思维，才能更好地获得更多更有用的信息。因此，通过多种感觉器官用多种信息媒体形式向人提供信息才算是更好的表达方法，它不仅加速和改善了理解的过程，并且提高了信息接受的兴趣和注意力。多媒体正是利用各种信息媒体形式，集成使用声、图、文等来承载信息，才有效缩短了信息传递的路径。

另外，多媒体技术也使得信息的包装可以随意改变，变被动为主动，根据自己的需求"量体裁衣"选择最好的信息"包装"形式，这也是改善信息交流的极为重要的方面。"最好的"方法就是"最合适"的方法，这是因人而异的，并不是所有的信息都成为影像视频才是最好，也并不是在程序中加入声音就能增进信息的理解，或许这些都是画蛇添足。如何运用和协调各种媒体，正是要重点加以研究的问题。

1.3　多媒体技术研究的主要内容

可以认为多媒体是一个技术时代，需要研究的内容几乎遍及所有与信息相关的领域。多媒体的研究一般分为两个主要的方面：一是多媒体技术，主要关心基本技术层面的内容；二是多媒体系统，主要重心在多媒体系统的构成与实现。这两个方面也不是截然分开的，只是侧重点不同而已。另外，还有专门研究多媒体创作与表现的，则更多的属于艺术而不属于技术的范畴。本书将主要强调多媒体技术基础范畴内的内容。

1.3.1　多媒体技术的基础

研究多媒体首先要研究媒体。媒体是传播信息的载体，首先就要研究媒体的性质与相应的处理方法。传统的媒体形式对计算机来说主要是文字和数值，但人类更加熟悉的是图形、图像和声音。媒体对人类来说不仅仅是表示与表达的问题，在很大程度上与人类的知觉有关，与心理学有关。例如，对媒体的研究就要弄清人类对视觉和听觉的依赖究竟达到什么程度，从心理学的角度搞清人类的视觉和听觉的特性将对媒体的处理产生什么影响等。人类的另一个重要的感觉是触觉，在交互性达到更高的程度时，触觉就必不可少了。人类的不同感觉器官实际上是在同时工作的，每一种感觉之间也会相互影响，产生出"感觉相乘"的效应，加强感觉的效果。对每一种媒体的采集、存储、传输和处理就是多媒体系统要做的首要工作。

关于多媒体的另一个技术基础是数据压缩。众所周知，各种媒体数据之间具有很大的差别。文本数据即使带有非常复杂的格式说明，它的数据量按现在的标准也不算很大。而基于时间的媒体，特别是高质量的视频数据媒体，哪怕很短的时间都会占用很大的存储空间。尽管现在各种存储设备已经具有很大的容量，通信网络已经具有很大的带宽，但采用相应的压缩技术对媒体进行压缩，还是多媒体数据处理的必要基础。数据压缩技术，或者称为数据编码技术，不仅可以有效地减少媒体数据占用的空间，也可以减少传输占用的时间，例如 JPEG、MPEG1、MPEG2 和 H.26L 等；另一方面，这些编码还可以用于复杂的内容处理场合，增强对信息内容的处理能力，例如 MPEG4 等。

本书将用 2 章分别介绍媒体的基本特性和媒体数据压缩编码的基本方法和标准。

1.3.2　多媒体软硬件平台技术

软件及硬件平台是实现多媒体系统的物质基础。在过去的研究与开发中，每一项重要的技术突破都直接影响到多媒体的发展与应用的进程。大容量的光盘、数字视频交互卡 DVI、带有多媒体功能的软件 Windows 3.0 等都曾直接推动了多媒体技术向前迅速发展。在这个方面，输入、输出、处理、存储、管理、传输等都是需要研究的内容，包括各种技术和设备。

在硬件方面，各种多媒体的外部设备现在已经成为了标准配置，例如光盘驱动器、声音适配器、图形显示卡等，而现在的计算机 CPU 也都加入了多媒体与通信的指令体系，许多过去不敢想象的性能在现有的计算机上都成为了可能。扫描仪、彩色打印机、带振动感的鼠标、机顶盒、交互式键盘遥控器、数码相机等，都越来越普及到每个家庭。像 DVI、CD-I 这两个最早的典型视频多媒体接口虽具有里程碑意义，但当前确实已经没有任何应用价值。多媒体现在已经在向更复杂的应用体系发展，其硬件平台自然要更加复杂，例如视频点播系统、虚拟现实系统等。目前在基于网络的、集成一体化的多媒体设备上还在做更多的努力。

在软件方面，随着硬件的进步，也在快速发展。从操作系统、编辑创作软件，到更加复杂的专用软件，早已是遍地开花，形成了相应的工业标准，产生了一大批多媒体软件系统。特别是在 Internet 发展的大潮之中，一批基于 Internet 的多媒体应用软件更是独领风骚，并且促进了网络的应用发展。

研究多媒体，必须首先研究媒体的时间和空间性质与相应的处理方法，必须要充分考虑基于时间的连续性媒体的特性。对连续性媒体来说，多媒体系统必须能够支持时间上的时限要求，支持应用对系统提出的复杂的信息连接的要求。

本书将用 2 章分别简要介绍主要的多媒体硬件环境、多媒体软件基础等有关问题。

1.3.3　网络多媒体与应用技术

除简单的多媒体应用以外，多媒体系统一般说来都是基于网络的分布应用系统。多媒体通信网络系统将为多媒体的应用系统提供多媒体通信的手段。这种手段不仅仅可以支持快速的、高带宽的通信和数据交换，更重要的是它可以支持符合多媒体信息特点的通信方式，如实时性要求、同步性要求等。要想广泛地实现信息共享，计算机网络及其在网络上的分布化、协作性操作就不可避免。

超媒体技术的出现，为实现多媒体信息综合有效的管理带来了希望，尤其是在 Internet 飞速发展的今天，超媒体技术已经成为网络信息搜索的核心技术。由于多媒体各个信息单元可能具有与其他信息单元的联系，而这种联系经常确定了信息之间的相互关系。因此，各个信息单元将组成一个由节点和各种不同类型的链构成的网，这就是超媒体信息网。超媒体在多年的理论研究的基础上，出人意料地在 Internet 上找到了自己的最佳位置，不仅引爆了 Internet 的应用，而且也将大大地扩展，这就是 Web 技术。它为我们带来的不仅仅限于超媒体这个领域的东西，更多的是对信息管理方面的巨大变革。

流媒体技术的出现，使得在窄带互联网中传播多媒体信息成为可能。基于计算机的会议系统、计算机支持的协作工作、视频点播及交互式电视技术的研究，将缩小个体工作与群体工作的差别，缩小地区局部性合作与远程分布性合作的差别，使其能更有效地利用信息，超越时间和空间的限制，协同合作，相互交流，同时也可以节省大量的时间和费用。

本书将用 2 章分别介绍网络多媒体技术和多媒体应用系统。

1.3.4　多媒体信息管理与处理技术

信息及数据管理是信息系统的核心问题之一。"信息在你的指尖上，而数据的沼泽在你的脚下"，这句话说明了信息管理的重要性和管理中的困难。多媒体的引入，网络化的发展，更是加剧了这种状况。

多媒体的数据量巨大、种类繁多，每种媒体之间的差别十分明显，但又具有种种信息上的关联，这些都给数据与信息的管理带来了新的问题。处理大批非规则数据主要有两个途径，一是扩展现有的关系型数据库，二是建立面向对象数据库系统，以存储和检索特定信息。多媒体数据库与其他数据库技术一样，也包括了 3 个方面的内容：体系结构、数据模型和用户接口。研究多媒体数据库也是围绕着这 3 个方面的内容展开的。

多媒体信息关系的另外一个重要的问题是对多媒体信息的分析与处理，其中最基本的是基于内容检索技术，包括图像内容分析及检索、视频内容分析与检索、音频内容分析与检索，以及多特征融合分析与检索等。

本书将用 2 章分别介绍多媒体数据库和多媒体内容分析与检索的基本技术。

1.4　小　　结

多媒体是技术与应用发展的必然产物。不同的信息技术按照各自的发展途径，全都集合在了多媒体的旗帜之下。多媒体不是某种新的产品或者是某种产品的升级换代，而是一个技术的时代。

它的产生标志着信息处理发展到了一个崭新的以人为中心的时代。多媒体的关键特性是信息载体的多样性、交互性和集成性，这 3 个特性改善了人类信息的交流，缩短了人类信息交流的路径。多媒体技术主要包括媒体处理基础技术、数据压缩技术、软硬件平台技术、基础环境技术、信息管理技术，以及通信与网络技术等。从系统的角度出发，是理解多媒体技术的最佳途径。

习题与思考题

1. 多媒体信息系统和多媒体计算机有什么不同？在概念上应如何看待两者之间的关系？

2. 试归纳叙述多媒体关键特性以及这些特性之间的关系。

3. 为什么说多媒体缩短了人类信息交流的路径？人类与计算机进行信息交流的目的是什么？

4. 有人说，在未来信息系统中计算机和电视将合为一体，这意味着产生了新一代的信息系统，是革命性的转变，而不仅仅是某种设备功能的增强。你的看法呢？

5. 有人说，多媒体是界面技术，即人机接口技术，你同意吗？为什么？

第2章
媒体及媒体技术

2.1 媒体的种类和特点

2.1.1 常见的媒体元素

多媒体的媒体元素是指多媒体应用中可显示给用户的媒体形式。目前我们常见的媒体元素主要有文本、图形、图像、视频、动画、音频等。

1. 文本（Text）

文本是用字符代码及字符格式表示出来的数据。计算机在进行文字处理时，依据的就是对字符代码的识别，它是文本处理程序的基础，也是多媒体应用程序的基础。例如，英文常用的是ASCII，而中文采用的一般为国标码。那些用图像方式显示的文字，虽然人可以识别，但由于没有使用文字代码，所以并不属于文本信息。

在文本文件中，如果只有文字信息，没有其他任何有关格式的信息，则称为非格式化文本文件或纯文本文件；而带有各种文本排版信息等格式信息的文本文件，称为格式化文本文件，该文件中带有段落格式、字体格式、文章的编号、分栏、边框等格式信息。文本的多样化是由文字的变化，即字的格式（Style）、字的定位（Align）、字体（Font）、字的大小（Size）以及由这 4 种变化的各种组合形成的。这些格式与具体的文本编辑软件有关，例如 Word、WPS 等。

2. 图形（Graphic）

图形一般指用计算机绘制的几何画面，如直线、圆、圆弧、矩形、任意曲线、图表等。图形的格式是一组描述点、线、面等几何图形的大小、形状及其位置、维数的指令集合，如 line（x1,y1,x2,y2,color）、circle（x,y,r,color）等，就分别是画线、画圆的指令。在图形文件中只记录生成图的算法和图上的某些特征点，因此也称矢量图。通过读取这些指令并将其转换为屏幕上所显示的形状和颜色而生成图形的软件通常称为绘图程序。在计算机还原输出时，相邻的特征点之间用特定的诸多段短线段连接就形成曲线，若曲线是一条封闭的图形，也可靠着色算法来填充颜色。图形的最大优点在于可以分别控制处理图中的各个部分，如在屏幕上移动、旋转、放大、缩小、扭曲而不失真，不同的物体还可在屏幕上重叠并保持各自的特性，必要时仍可分开。因此，图形主要用于表示线框型的图画、工程制图、美术字等。绝大多数 CAD 和 3D 造型软件都使用矢量图形作为基本图形存储格式。

对图形来说，数据的记录格式是很关键的内容，记录格式的好坏，直接影响到图形数据的操作方便与否。在计算机中图形的存储格式大都不固定，要视各个软件的特点由开发者自定。微机上常用的矢量图形文件有".3DS"（用于 3D 造型）、".DXF"（用于 CAD）、".WMF"（用于桌面出版）等。图形技术的关键是图形的制作和再现，图形只保存算法和特征点，所以相对于图像的大数据量来说，它占用的存储空间较小，但在屏幕每次显示时，它都需要经过重新计算。另外在打印输出和放大时，图形的质量较高。

3. 图像（Image）

图像是指用数字点阵方式表示的场景画面。静止的图像是一个矩阵，由一些排成行列的点组成，这些点称为像素点（Pixel），这种图像称为位图（Bitmap）。位图中的位用来定义图中每个像素点的颜色和亮度。对于黑白线条图常用 1 位值表示，对灰度图常用 4 位（16 种灰度等级）或 8 位（256 种灰度等级）表示该点的亮度，而彩色图像则有多种描述方法，与灰度图基本相似，但表示的是颜色而不是灰度。位图图像适合于表现层次和色彩比较丰富、包含大量细节的图像。彩色图像需由硬件（显示卡）合成显示。

图像文件在计算机中的存储格式有多种，如 BMP、PCX、TIF、TGA、GIF、JPG 等，与图形相比数据量较大。它除了可以表达真实的照片外，也可以表现复杂绘画的某些细节，并具有灵活、富于创造力等特点。

图像的关键技术是图像的扫描、编辑、压缩、快速解压、色彩一致性再现等。图像处理时一般要考虑以下 3 个因素。

（1）分辨率

有屏幕分辨率、图像分辨率和像素分辨率 3 种。其中屏幕分辨率指计算机显示器屏幕显示图像的最大显示区，以水平和垂直像素点表示，例如早期 MPC 标准为 640×480 个像素点。图像分辨率指数字化图像的大小，以水平和垂直像素点表示，例如，在 640×480 屏幕上显示 320×240 个像素点的图像，"320×240"就是图像分辨率。像素分辨率是指像素的宽高比，一般为 1∶1。在像素分辨率不同的机器间传输图像时会产生畸变。因此，分辨率影响图像质量。

（2）图像灰度

图像灰度是指每个图像的最大颜色数，屏幕上每个像素都用 1 位或多位描述其颜色信息。如单色图像的灰度为 1 位二进制码，表示亮与暗；若每个像素 4 位，则表示支持 16 色；8 位支持 256 色；若为 24 位，则颜色数目达 1 677 万多种，通常称为真彩。简单的图画和卡通可用 16 色，而自然风景图则至少要 256 色。

（3）图像文件大小

以 Byte（字节）为单位表示图像文件的大小时，描述方法为（高×宽×灰度位数）/8，其中高是指垂直方向的像素值，宽是指水平方向的像素值。例如，一幅 640×480 的 256 色图像为 640×480×8/8=307 200Byte。图像文件大小影响到图像从硬盘或光盘读入内存的传送时间，为了减少该时间，应缩小图像尺寸或采用图像压缩技术。在多媒体设计中，一定要考虑图像文件的大小。

对图像文件可进行改变图像尺寸、对图像进行编辑修改、调节调色板等处理。必要时可用软件技术减少图像灰度，以求用较少的颜色描绘图像，并力求达到较好的效果。

图形与图像有时在用户看来是一样的，但从技术上看则完全不同。同样一幅图，例如一个圆，若采用图形媒体元素，其数据记录的信息是圆心坐标点（x,y）、半径 r 及颜色编码；若采用图像媒体元素，其数据文件则记录在哪些坐标位置上有什么颜色的像素点。所以图形的数据信息处理起来更灵活，而图像数据则与实际更加接近。

随着计算机技术的飞速发展，图形和图像之间的界限已越来越小，它们互相融合和贯通。比如，文字或线条表示的图形在扫描到计算机时，从图像的角度来看，均是一种最简单的二维数组表示的点阵图。在经过计算机自动识别出文字或自动跟踪出线条时，点阵图就可形成矢量图。目前汉字手写体的自动识别、图文混排的印刷体自动识别、印鉴以及面部照片的自动识别等，也都是图像处理技术借用了图形生成技术的内容。而地理信息和自然现象的真实感图形表示、计算机动画和三维数据可视化等领域，在三维图形构造时又都采用了图像信息的描述方法。因此，了解并采用恰当的图形、图像形式，注重两者之间的联系，是人们目前在图像图形使用时应考虑的重点。

4. 视频（Video）

若干有联系的图像数据连续播放便形成了视频。计算机视频是数字的，视频图像可来自录像带、摄像机等视频信号源的影像，这些视频图像使多媒体应用系统功能更强、更精彩。但由于上述视频信号的输出大多是标准的彩色全电视信号，要将其输入到计算机中，不仅要有视频信号的捕捉，将其实现由模拟信号向数字信号的转换，还要有压缩和快速解压缩及播放的相应软硬件处理设备配合。同时在处理过程中免不了受到电视技术的各种影响。

电视主要有 3 种制式，即 NTSC（525/60）、PAL（625/50）和 SECAM（625/50），括号中的数字为电视显示的线行数和频率。如 PAL 制的扫描线数为 625 线，工作频率在 50Hz。当计算机对其进行数字化时，就必须要在规定时间内（如 1/30s 内）完成量化、压缩和存储等多项工作。视频文件的存储格式有 AVI、MPG、MOV 等。

动态视频对于颜色空间的表示有多种情况，最常见的是 R、G、B（红、绿、蓝）三维彩色空间。此外，还有其他彩色空间表示，如 Y、U、V（Y 为亮度，U、V 为色差），H、S、I（色调、饱和度、强度）等，并且还可以通过坐标变换而相互转换。

对于动态视频的操作和处理除了在播放过程的动作与动画相同外，还可以增加特技效果，如硬切、淡入、淡出、复制、镜像、马赛克、万花筒等，用于增加表现力，但这在媒体中属于媒体表现属性的内容。在视频中有如下几个重要的技术参数。

① 帧速。视频是利用快速变换帧的内容而达到运动的效果。视频根据制式的不同有 30f/s（NTSC）、25f/s（PAL）等。有时为了减少数据量而减慢了帧速，例如只有 16f/s，也可以达到满意程度，但效果略差。

② 数据量。如不计压缩，数据量应是帧速乘以每幅图像的数据量。假设一幅图像为 1MB，则每秒将达到 30MB（NTSC），但经过压缩后可减少几十倍甚至更多。尽管如此，图像的数据量仍然很大，以至于计算机显示等跟不上速度，导致图像失真。此时就只有在减少数据量上下功夫，除降低帧速外，也可以缩小画面尺寸，如仅 1/4 屏或 1/16 屏，都可以大大降低数据量。

③ 图像质量。图像质量除了原始数据质量外，还与视频数据压缩的倍数有关。一般说来，压缩比较小时，对图像质量不会有太大影响，而超过一定倍数后，将会明显看出图像质量下降。所以数据量与图像质量是一对矛盾，需要进行适当的折中。

5. 动画（Animation）

动画是运动的图形，其实质是一幅幅静态图形的连续播放。动画的连续播放既指时间上的连续，也指内容上的连续，即播放的相邻两幅图形之间内容相差不大。动画压缩和快速播放也是动画技术要解决的重要问题，对其处理的方法有多种。计算机设计动画的方法有两种：一种是造型动画，一种是帧动画。前者是对每一个运动的物体分别进行设计，赋予每个对象一些特征，如大小、形状、颜色等，然后用这些对象构成完整的帧画面。造型动画每帧由图形、声音、文字、调色板等造型元素组成，控制动画中每一帧中图元表演和行为的是由制作表组成的脚本。帧动画则是由一幅幅位图组成的连续的画面，就像电影胶片或视频画面一样，要分别设计每个屏幕显示的画面。

计算机制作动画时，只要做好主动作画面，其余的中间画面都可以由计算机内插来完成。不运动的部分直接复制过去，与主动作画面保持一致。当这些画面仅是二维的透视效果时，就是二维动画。如果通过 CAD 形式创造出空间形象的画面，就是三维动画；如果使其具有真实的光照效果和质感，就成为三维真实感动画。存储动画的文件格式有 FLC、MMM 等。

创作动画的软件工具较复杂、庞大。高级的动画软件除具有一般绘画软件的基本功能外，还提供了丰富的画笔处理功能和多种实用的绘画方式，如平滑、虚边、打高光、涂抹、扩散、模板屏蔽、背景固定等，调色板支持丰富的色彩。

动画也有和视频类似的技术参数。

6. 音频（Audio）

数字音频可分为波形声音、语音和音乐。波形声音实际上已经包含了所有的声音形式，它可以把任何声音都进行采样量化，并恰当地恢复出来，对应的文件格式是 WAV 文件或 VOC 文件。人的说话声虽是一种特殊的媒体，但也是一种波形，所以和波形声音的文件格式相同。音乐是符号化了的声音，乐谱可转变为符号媒体形式，对应的文件格式是 MID 或 CMF 文件。将音频信号集成到多媒体中，可提供其他任何媒体不能取代的效果，不仅烘托气氛，而且增加活力。音频信息增强了对其他类型媒体所表达的信息的理解。

通常，声音用一种模拟的连续波形来表示。波形描述了空气的振动，波形最高点（或最低点）与基线间的距离为振幅，振幅表示声音的强度。波形中两个连续波峰间的距离称为周期。波形频率由 1s 内出现的周期数决定，若每秒 1 000 个周期，则频率为 1kHz。通过采样可将声音的模拟信号数字化，采样值可重新生成原始波形。

对声音的处理，主要是编辑声音和声音不同存储格式之间的转换。计算机音频技术主要包括声音的采集、数字化、压缩/解压缩以及声音的播放。影响数字声音波形质量的主要因素有以下 3 个。

① 采样频率。采样频率等于波形被等分的份数，份数越多（即频率越高），质量越好。

② 采样精度。即每次采样信息量。采样通过模/数转换器（A/D 转换器）将每个波形垂直等分，若用 8 位 A/D 转换器，可把采样信号分为 256 等份；若用 16 位 A/D 转换器，则可将其分为 65 536 等份。显然，后者比前者音质好。

③ 通道数。声音通道的个数表明声音产生的波形数，一般分单声道和立体声道，单声道产生一个波形，立体声道则产生两个波形。采用立体声道声音丰富，但存储空间要占用很多。由于声音的保真与节约存储空间是有矛盾的，因此要选择平衡点。

2.1.2　媒体的种类

人们通过感觉，即视觉、听觉、触觉、嗅觉和味觉，打开了通向世界的窗口。这些感觉器官把有关环境的数据传递给大脑，由大脑来解释这些数据，同时把当前发生的情况与先前发生的情况加以对比，最终获得信息，认识自然。而媒体，正是承载这些信息的载体，是这些信息的表示形式。人类利用视觉、听觉、触觉、嗅觉和味觉来感受各种信息，因此媒体可以分为视觉类媒体、听觉类媒体、触觉类媒体、嗅觉和味觉类媒体。其中嗅觉和味觉类媒体目前在计算机中尚不能方便实现，将在未来的虚拟现实系统中特殊研究。

按照 ITU-T 建议的 5 种媒体，在多媒体技术中研究的媒体主要还是表示媒体，因为作为多媒体系统来说，处理的主要内容还是各种各样的媒体表示和表现。前面介绍各种媒体元素，实际上都可以归入到表示媒体的范畴，但我们应注意的是同类媒体之间的关系，以及不同类媒体之间的关系及转换。对味觉、嗅觉媒体的研究和应用尚非常少见，在这里不予讨论。目前在多媒体系统中经常见到的表示媒体主要包括以下几类。

1. 视觉类媒体

视觉类媒体包括位图图像、矢量图形、动画、视频、文本等，它们是通过视觉来传递信息的。位图图像是一种对视觉信号进行直接量化的媒体形式，反映了信号的原始形式，是所有视觉表示方法的基础。根据量化的颜色深度的不同，又分二值和灰度（彩色）图像两大类。矢量图形是对图像进行抽象化的结果，反映了图像中实体最重要的特征，如点、线、面等。

动态图像，又称视频，是若干连续的静态图像在时间轴上不断变化的结果，视频的表示与图像序列、时间关系有关。如果单帧图像是真实图像，则为动态影像视频；若单帧图像是由计算机生成的真实感图像，则为三维真实感动画；如果在连续过程中变化的是图形，则是二维或三维动画。

符号是人类对信息进行抽象的结果。符号可以表示数值、事物或事件，也可以表示语言。由于符号是人类创造出来表示某种含义的载体，所以它与使用者的知识有关，是比图形更高一级的抽象。必须具备特定的知识，才能解释特定的符号，才能解释特定的文本（例如语言）。符号的表示是用特定值表示的，如 ASCII、中文国标码等。文本是具有上下文相关特性的符号流。此外，还有其他类型的视觉媒体形式，如用符号表示的数值、用图形表示的某种数据曲线、数据库的关系数据等。

2. 听觉类媒体

听觉类媒体包括波形声音、语音和音乐等，它们是通过听觉来传递信息的。其实波形声音已经包含了所有的声音形式，因为可以把各种声音都进行采样量化，并恰当地恢复出来。它是自然界中所有声音的复制，是声音数字化的基础。但人的说话声不仅是一种波形，而且还具有内在的语言、语音学内涵，可以经由特殊的方法而提取，即进行一次抽象。所以常把语音作为一种特殊的媒体。

音乐与语音相比形式就更为规范一些。事实上，音乐就是符号化了的声音，这种符号就是乐曲，但音乐不能对所有的声音都进行符号化。乐谱则是转变为符号媒体形式的声音，表示比单个符号更复杂的声音信息内容。就计算机媒体而言，MIDI 是十分规范的一种形式。

3. 触觉类媒体

触觉类媒体就是环境媒体，我们的皮肤可以感觉环境的温度、湿度，也可感觉压力，我们的身体可以感觉振动、运动、旋转等，这都是触觉在起作用，都可以作为传递信息的媒体。触觉在人类的信息交流中同样起着十分重要的作用。现在在多媒体系统中已经把触觉媒体作为一种重要的媒体引入到了实际系统中，特别是模拟类应用，这种对实际环境的模拟，实际上就是在信息交互的通道上更进了一步，使人与环境的信息交流更充分。发展到虚拟现实系统中后，这种媒体的应用形式会更加复杂。

在触觉类媒体中，指点是最常见的形式，包括间接指点和直接指点。通过指点可以确定对象的位置、大小、方向和方位，执行特定的过程和相应操作。为了与系统交互，系统必须了解参与者的身体动作，进行位置跟踪，包括头、眼、手、肢体等部位的位置与运动方向。系统将这些位置与运动的数据转变为特定的模式，对相应的动作进行表示。而力反馈与运动反馈是由系统向参与者反馈的运动及力的信息，如触觉刺激（例如物体的表面纹理、吹风等）、反作用力（例如推门的门重感觉）、运动感觉（例如摇晃、振动等）及温度、湿度等环境信息。这些媒体信息的表现必须借助一定的电子、机械的伺服机构才能实现。

2.1.3　媒体的性质和特点

1. 各种媒体具有不同特点和性质

没有任何一种媒体在所有场合都是最优的。每一种媒体都有其各自擅长的特定范围，在使用时必须根据具体的信息内容、上下文和使用目的，来选择相应的媒体。人在问题求解过程中的不同阶段对信息媒体有不同的需要。相对来说，能提供具体信息的媒体适用于最初的探索阶段，能描述抽象概念的文本媒体适用于最后的分析阶段，而直观信息介于两者之间，比较适合于综合。一般说来，文本信息擅长表现概念和刻画细节，图形信息擅长表达思想的轮廓以及那些蕴涵于大量数值数据内的趋向性信息，视频媒体则适合于表现真实的场景。声音与视觉信息可以共同出现，往往适用于作说明和示意，进行效果的渲染和烘托。同样，运动媒体则反映了用户直接的交互意图和系统所做出的反应。

从信息表达考虑，媒体数据具有以下性质：第一，媒体是有格式的，也就是说，只有对这种格式进行解释，才能使用这种媒体；第二，不同媒体表达信息的特点和程度各不相同，越接近原始媒体形式，信息量越大；越是抽象，信息量越小但越精确；第三，媒体之间可以相互转换，但可能会丢失部分原始信息，或增加一些伪信息；第四，媒体之间的关系也具有丰富的信息。

2. 媒体具有空间性质

多媒体信息的空间意义有两种解释。第一种是指表现空间，尤其是指显示空间的安排，目前在大多数研究中指的都是这一类。其中包括每种可视媒体在显示器上的显示位置、显示形式、先后顺序等。对于声音媒体则安排它在听觉空间中的表现，并确定与哪些可视媒体同步。对触觉媒体目前则很少考虑。显示空间的这种安排主要考虑的是离散的表现，对于早期零散的信息类型比较合适，它更接近于幻灯的形式，但不适合于更复杂的表现和信息存取。

第二种空间意义是把环境中各种表达信息的媒体按相互的空间关系进行组织，全面整体地反映信息的空间结构，而不仅仅是零散的信息片断。这种空间实际上是由系统通过显示器和其他设备给出一个观察世界的窗口，并将环境的媒体信息进行空间的组织，反映出媒体信息的空间结构。例如，一幅博物馆中雕塑的照片可能会使人联想起这座雕塑的侧面、后面、上面、下面等，也就要有相应的图像衔接这幅照片的周围。随着用户的移动，可以观察到它所有的信息。这种根据媒体内容的空间关系其实就是将信息在空间上进行了有序的组织，这就是空间"上下文"关系。这种空间关系在虚拟现实系统的虚拟空间中将会体现得更加明显。

视觉空间、听觉空间和触觉空间这 3 者既相互独立又需要相互结合。视觉空间的内容通过各种显示器、摄像机采集和表现；听觉空间通过麦克风、扬声器等进行获取和再现；触觉空间的跟踪与反馈则要有相应的采集和伺服机构。3 个空间相互结合，就可以构成多媒体的虚拟空间信息环境，在其中包括三维空间的生成、三维显示、三维声音和自由操纵。

3. 媒体的时间性质

媒体的时间也有两种含义。一是表现所需的时间，这是所有媒体都需要的。对于图像、文字等静态媒体来说，它至少需要一定的表现时间，接收者也需要一定的接收时间去接收理解它。对声音来说，没有时间也就没有了声音，声音总是完全依赖于时间的变化，不同的时间坐标还会使得声音产生信息的异意。视频信息虽然也要依赖于时间的变化，但它的每一帧（也就是图像）都可以单独存在，并且可以表现。触觉媒体也同样与时间密切相关，任何的动作与反馈都要反映时间的相对关系。

第二种时间意义即同媒体的空间一样，媒体的时间也可以包含媒体在时间坐标轴上的相互关系。例如，同一个地点的照片，由于时间的不同，表现出来的空间效果也不同。这种时间关系可以是周期性的（如春夏秋冬），也可以是非周期性的。时间关系还存在于同步、实时等许多方面，详细内容在后续章节中还要讨论。空间和时间组成了一个三维的时空坐标系统。

4. 媒体的语义

各种媒体的信息在最低层次上都是二进制位流。如果仅仅作为信息的简单通道，系统不必了解媒体的语义，但如果要多媒体系统具有对媒体进行选择、合成等方面的能力，就必须赋予它媒体的语义知识，从而使得系统能在媒体之上对媒体进行比较、选择和合成。在获得媒体的语义过程中，抽象起着十分重要的作用。这种抽象是复杂的，而且与任务有关。通常包括若干抽象层，每一个抽象层都包含着与具体的任务和问题域相关的模型。从接近具体感官的信息表示层到接近符号的信息表示层，信息的抽象程度递增，而数据量则递减。语义就是在从感官数据到符号数据的抽象过程中逐步形成的。人的自然通信具有一种信息的轮廓与细节相分离的特征，通常轮廓是直接由有形媒体传递的，而细节则间接地经由上下文以及背景来传递，由此实现通信的高效率。

对于不同的媒体，其语义处于不同的层次。抽象的程度不同，语义的重点也就不同。对文本来说，文本的语义关键是人对语言的理解，而非对字符的解释；而图像的语义更多的是在对它的抽象上，如轮廓、颜色、纹理等。如何利用这些语义，是许多多媒体系统必须解决的关键问题。

5. 媒体结合的影响

多媒体的作用在很大程度上是媒体之间结合产生的影响。这种结合可以是低层次的，如在显示窗口中提供多种媒体信息片断，并将视觉、听觉相互结合，造成一种比较适合的媒体表现环境；也可以是高层次的，由各种媒体组成完全沉浸的虚拟空间，但应该如何结合现在还缺乏理论上的指导。媒体之间可以相互支持，也可以相互干扰。从信息理解的角度来讲，多种媒体的合理结合是有利于信息接受和理解的，这种效果反映在理解程度和记忆驻留效果上。据有关资料介绍，由视觉传递的信息能被理解 83%，由听觉传递的信息能被理解 11%，由触觉传递的信息能被理解的占 3%，其余的不到 4%。从记忆驻留效果来看，以谈话方式传递的信息，2 小时后能记住 70%，72 小时后能记住 10%；以观看的方式传递的信息，2 小时后能记住的占 72%，72 小时后能记住的占 20%；而以视听并举的方式传递的信息，2 小时后还能记住 85%，72 小时后能记住 65%。很显然，视觉和听觉的相互影响，起到了关键的作用。这就是所谓"感觉相乘"的效应。

6. 隐喻（Metaphor）

在与多媒体系统交互的过程中，人所依据的是关于这种交互的概念模型，也称心智模型（Mental Model）。这种概念模型的建立往往需要培训和经验，不易于被用户所接受。一种较好的方法是模拟人对其他事物的知识和技能，把它们挪到多媒体系统中使用，媒体的多样性为这种模拟提供了一个很好的基础，这种模拟，就是隐喻技术。早期是用表格、卡片、打字机、字纸篓、信箱等图形模拟人在办公过程中使用的工具，到最终要在多媒体的人机交互过程中将机器完全隐去，这实际上就是虚拟现实空间了。

2.2 听觉媒体技术

2.2.1 声音心理学

1. 声音的量纲

声音的振动是通过介质传播的。就最简单的情况而言，这种振动是一种正弦波，它的变化必须确定 3 件事：变化的速度有多快（频率）、产生的压力有多大（振幅）、何时开始（相位）。对于复杂的声音，可以用傅里叶分析的方法将它们分解为多个不同频率、不同相位和不同幅度的正弦波来考虑。

声音的强度相差很大，1kHz 正弦波中所能察觉的最弱音约为 2.83×10^{-4} dyn（达因）$/cm^2$，这个最弱音也作为参照声的国际标准；从人耳感觉最微弱的声音到产生痛感的声音强度相差约一万亿倍。为了描述声强，采用分贝作为量纲。分贝是指两个波峰幅度 A 和 B 的比：

$$dB = 20\log_{10}(A/B)$$

说某个声音强度是某一分贝，指的是该声音与参照声之间的差值。参照声的国际标准为 2.83×10^{-4} dyn/cm^2，这是一种极低的声压。如果 $2.83 \times 10^{-4} dyn/cm^2$ 作为 0dB 参考，对大多数人来说，感觉痛苦的下限为 100dB ~ 120dB。

但是，不要把声音的物理属性同其心理属性相混淆。对于声音，物理学可以用精确的值来描述，但对从某一具体声音得来的心理印象却不容易说明，因为心理印象要由观测者的经验而定。在心理学上，声音有两个最明显的量纲，即响度和音调。其他还有音色、谐和、不谐和以及乐音等，但重要性相对低一些。声音的正弦波的强度增加，响度也增大；频率增加，音调也增高。因此，人们就容易把响度和音调这些心理学量纲与强度和频率这些物理学量纲混同起来。当然这是错误的，首先，这些关系不是线性的，强度加倍不等于响度加倍；其次，这些关系不是孤立的，声音频率的变化既影响响度也影响音调；最后，这些关系不是不变的，对于一个音的响度和音调有什么样的知觉取决于它出现时的情境，取决于同时出现的或稍在该音之前出现的其他声的性质。即使是最简单的物理量纲也要经受神经系统的综合分析。一个乐队可以创造出丰富多彩的听觉经验，一场报告也可以给人留下深刻的印象，而飞机的噪声却能使人烦躁不安。

声音的心理属性和物理属性不可等同，但两者之间确有关系。例如，声音的响度取决于强度和频率两个因素，如果频率不变，强声显得比弱声要响些。但如果强度不变，过高频率的声音和过低频率的声音似乎比中频的声音听起来都要弱一些。在更高或高低的频率上，人耳就听不见了。由此可见，响度依赖于频率，原因是人耳能反应的频率范围是有上限和下限的。研究表明，人的听觉频率范围为 20Hz ~ 20kHz，而且随着年龄的增加，听力会下降，上限会逐渐地小于 20kHz。当然在通常的听觉范围内，响度也依赖于频率。听觉心理变量和物理变量的关系见表 2.1。

表 2.1　　　　　　　　　　　　　　听觉心理变量与物理变量的关系

听觉心理变量	首要的物理变量	次要的物理变量
响度	声强度	声波频率
音调	声波频率（Hz）	声强
音色	声波复合	—
音量	频率和强度	—
密度	频率和强度	—
谐和（流畅或粗糙）	谐波结构	音乐技巧
噪声	强度	频率组合，各种时间参量
骚扰声	强度	频率组合，无意义

2. 听觉特性

（1）等响曲线

由于响度与频率和强度有关，所以在不同频率上的强度是不同的。先设一个音为标准音，给予固定的频率、强度和持续时间，例如 1 000Hz、40dB、持续 0.5s；再给一个音也持续 0.5s，但频率不同，通过调整使其响度听起来一样，得到的这样一组曲线称之为等响曲线。等响曲线描述的是响度与频率和强度的关系。从声音心理学考虑，对同一响度的声音在频率上和强度上可以有很大的差别，这对多媒体系统的声音表现有重要意义。

（2）掩蔽

声音的响度不仅取决于自身的强度和频率，而且也依赖于同时出现的其他声音。各种声音可以互相掩蔽，也就是说一种声音的出现可能使得另一种声音难于听清。纸张的沙沙声、鼓掌声、咳嗽声等往往会掩盖说话声和音乐声。一般说来，在掩蔽音条件下，要听清被测量的测验音，就必须提高测验音的强度。由于声音的掩蔽效果，可以欺骗人的听觉。例如，本来是多种频率的声音的复合，但听众以为是另一种声音。所以，声音的掩蔽特性常常用于声音的压缩。

（3）临界频带

在频率的某一临界区里，各种声音强度是相互作用的，合成声音的响度由这些频率来共同决定，但在临界区内不会改变。如果超出临界区，声音的响度不再相互作用，随频率而变。这个临界区就是临界频带，其宽度视其中心频率而定。例如，如果两个声音都落在同一临界频带内，它们的强度就会增强。如把同一临界频带内两个等强度的声音合并，其结果就等于强度加倍。合成声的响度应相当于具有其中任一声音两倍强度的单一纯音的响度。如果同是这两个声音，当它们的频率继续分离以至于不再处在同一临界频带内时，它们的响度会增加。如果两个声音的响度相同，则当它们合成时，其结果应当等于响度加倍。对临界频带的确认，使得对声音响度的处理能够有的放矢。

（4）相位

从声音的波形来看，声音的起点和方向也要反映声音的特性，这就是声音的相位。当两个声音相同而相位完全相反时，它们将相互抵消；当两个声音相同而且相位也相同时，声音就会得到加强。

相位的确定对于多声道声音系统的设计非常重要，它可以应用在回声的消除、会议系统的声音设计上等。

（5）自然声音的时变现象

声音的音调分成 3 个区域：起始区、稳定状态区和延迟区。

研究表明，音调的频谱分量随时间改变。在稳定状态区，频谱保持固定。在起始区，振幅频谱随时间变化。因此自然声音的起始部分是非常难识别的。例如，刚听了一小节音调后要识别乐器，专家也会觉得较难。

时变现象用于数字系统中，说明声音中的某些错误是不太容易发现的，但如果出现停顿就很容易引起人的注意。

（6）听觉空间

正常情况下，人耳可听到来自各个方向的声音，并用不同的因素来决定声源，包括强度、时间、频谱等。声源的位置不论对于增进人们的感受还是增进对声音的理解，都是非常重要的，通过声音的精确再现，就可以构造出听觉空间。

方位的线索是各种声音到达两耳的精确时间和强度。声音先到达离声源较近的一耳而且强度较大。声音的定位要靠双重机制，一般低频主要依靠时差，高频主要依靠强度。1kHz ~ 5kHz 的频率范围是转换点，在转换点附近定位误差最大。通过人耳的耳廓产生的声影，还为我们提供了确定声源高度和距离的线索。声音除了具有空间量纲外，还要借助双耳的呈现增加其明确性。它具有 3 种不同的机制: 定位、减少干扰和使掩蔽达到最小, 可见双耳对声音空间的作用, 对听觉空间的再现在虚拟现实系统中是不可缺少的。

（7）听觉的频谱特性

声音是时间函数, 通过傅里叶变换可绘出其频谱图。人耳对频谱成分的波峰和波谷是非常敏感的。在语言中, 元音很少有频谱变速变化的区域。基频改变, 人耳对其很敏感, 例如, 快进的录像, 音调会发生变化。

音色非常复杂, 目前尚在研究中。音色的处理将使我们能识别音源, 音色也代表和声音有关的主观质量。但目前尚无法从物理波形或频谱中用简单的方法来处理音源识别和声音质量。

对多媒体系统来说, 如何从声音数据库中抓取一段引人注意的声音作为表现用是困难的。文本可用关键字, 声音也可用文本做关键标记, 但需人工分类。此外, 更重要的是声音的基于内容检索方法的研究。

（8）声音的心理模拟

通过人工真实的方法, 可以对视觉空间的景物进行再造或虚构, 同样也可以对听觉空间的声音进行心理的模拟, 这就是所谓的可听化（Audiolization）。用声音可以表达出一些声音的效果。例如, 以虚拟的湍流为例, 用声音的高低可以表示流体的黏度, 低音表示流体很黏, 高音则不黏; 用声音的单一频率可表示流体的密度小, 而多种频率复合则表示密度大; 用冷音色（如笛音）可表示流体的温度低, 而用暖音色表示流体的温度较高; 用声音脉冲的速度可表示流体的流动速度等。实际上, 这种声音的处理方法并无直接的根据, 但却提供了心理的暗示作用。

2.2.2　音频的数字化和符号化

音频信号的处理应从其特点出发。首先音频信号是时间依赖的连续媒体, 因此音频处理的时序性要求很高。其次, 人接收声音来自两个通道, 理想的声音合成应是立体声的。最后, 话音不仅是声音的载体, 还携带有情感和意愿, 因此语音信号的处理要综合其他的学科。

从人与计算机交互的角度看, 音频信号的处理包括下述 3 点。

① 人与计算机通信, 也就是计算机接收音频信号, 包括音频获取、话音的识别和理解。

② 计算机与人通信, 也就是计算机输出音频, 包括音乐合成、话音合成、声音的定位以及音频视频的同步。

③ 人—计算机—人通信。人通过网络与异地的人进行语音通信,相关的音频处理有语音采集、音频的编码和解码、音频的存储、音频的传输、基于内容的检索等。

1. 音频的数字化与再现

人通过声音与多媒体系统交互有两个方向, 一是系统通过数字化的方法将人及自然界发出的声音进行采样和处理（例如压缩、符号化）, 这是输入; 另一个方向是将数字化声音再现, 或是由系统生成虚拟的模拟音, 这是输出。

在计算机中, 所有的信息都以数字来表示。声音信号也是由一系列的数字来表示的, 称为数字音频。数字音频的特点就是保真度好, 动态范围大。

声音在真实世界是模拟的, 时间和幅度上是连续的, 而数字信号只在特定的位置取有限的值, 即数字表示的声音是一个数据序列, 在时间上只能是断续的。因此当把模拟声音变成数字声音时, 需要每隔一个时间间隔在模拟声音波形上取一个幅度值, 称为采样, 这个时间间隔称为采样周期。采样后模拟电压的幅度, 即使在某电平的范围内, 仍然可以有无穷多个。而用数字来表示音频幅度时, 只能把无穷多个电压幅度用有限个数字来表示。也就是说, 把某一幅度范围内的电压用一个数字表示，称为量化。由于计算机内的基本机制是二进制，为此必须将声音数据写成计算机的数据格式，这称为编码。因此，数字声音是一个数据序列，它是由外界声音经过采样、量化和编码后得到的。

对声音进行采样用奈奎斯特采样定理来决定采样的频率。根据该定理，只要采样频率高于信号中最高频率的两倍，就可以从采样中完全恢复原始信号的波形。因为人耳所能听到的频率范围为 20Hz ~ 20kHz，所以在实际的采样过程中，为了达到好的效果，就采用 44.1kHz 作为高质量声音的采样频率。如果达不到这么高的频率，声音恢复的效果就会差一些。一般来说，声音恢复和采样频率、信道带宽都有关系，人们希望以最低的采样率得到最好质量的声音。对声音波形的采样示意图如图 2.1 所示。

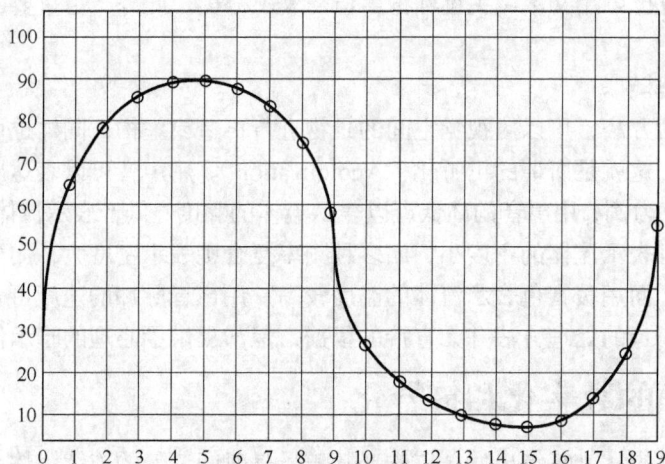

图 2.1　声音的采样及量化

当需要时，人们可以将离散的数字量转变成连续的波形。如果采样的频率足够高，恢复出的声音应该与原始声音没有太大差别，这一种方式称为脉冲编码调制（Pulse Code Modulation，PCM）。无论什么样的声音，都能够按照波形声音进行采样、存储并且再现。采样的频率等于波形被等分的份数，采样频率越高，声音质量就越接近原始声音，所需的存储量也就越大。标准的采样频率有 11.025kHz、22.05kHz 和 44.1kHz。每一个采样点的比特数量就是采样点测量的精度。采样的信息量是通过将每个波形采样垂直等分而形成，8 位采样指的是将采样幅度划分为 256 等份，16 位采样就可以划分为 65 536 等份。很显然，用来描述波形特性的垂直单位数量越多，采样越接近原始的模拟波形，存储量也就要求越大。通常，声音系统有多个声道，如果是单声道，则表明声音记录的只是一个波形，如果是双声道，表明记录的是两个波形。双声道听起来比单声道的声音丰满且有一定的空间感，但是需要两倍的存储空间。声音的质量越高，所需的数据量也就越大。如果对声音不进行压缩，声音的数据量可以通过下式来计算：

声音的数据量=(采样频率×采样位数×声道数)/8　(Byte/s)

例如，1min 的单声道的声音，采样频率为 11.025kHz，采用 8 位采样位数，则声音的数据量为 0.66MByte（MB）；如果采样频率为 22.05kHz，则每分钟的数据量为 1.32MB。如果是双声道，则数据量翻倍。

数字音频在计算机中是以文件形式存储的，常见的数字音频文件格式见表 2.2。

表 2.2　　　　　　　　　　　　　　　常见的数字音频文件格式及说明

文件扩展名	说　　　明
.PCM	PCM 数据序列（指模拟的音频信号经模/数转换，直接形成的二进制序列）
.VOC	声霸卡（Sound Blaster）使用的音频文件格式
.WAV	Microsoft 公司的波形音频文件格式
.SND	NeXT 计算机的波形音频文件格式
.AIF	Apple 计算机的波形音频文件格式
.MID	MIDI 文件格式
.RMI	Microsoft 公司的 MIDI 文件格式，可以包括图片、标记和文本

2. 声音的符号化

波形声音可以把音乐、语音都进行数字化并表示出来，但这并没有将它看成音乐和语音。对声音的抽象化（即符号化）表示包括两种类型，一种是音乐，另一种是语音。

由于音乐完全可用符号来表示，所以音乐可看作是符号化的声音媒体。有许多音乐符号化的形式，其中最著名的就是 MIDI（Musical Instrument Digital Interface）。任何电子乐器，只要有处理 MIDI 消息的微处理器，并有合适的硬件接口，都可以成为一个 MIDI 设备。实际上，MIDI 消息就是乐谱的数字描述。在这里，乐谱完全由音符序列、定时以及被称为合成音色的乐器定义组成。当一组 MIDI 消息通过音乐合成器芯片演奏时，合成器就会解释这些符号并产生音乐。很显然，MIDI 给出了一种得到音乐声音的方法。但是，媒体应能记录这些音乐的符号，相应的设备应该能够产生和解释这些符号。这实际上与我们在其他媒体中看到的情况十分类似，例如图像显示，字符显示等都是如此。

与波形声音相比，MIDI 数据不是声音而是指令，所以它的数据量要比波形声音少得多。半小时的立体声 16 位高品质音乐，如果用波形文件无压缩录制，需约 300MB 的存储空间。而同样时间的 MIDI 数据大约只需 200KB，两者相差 1 500 倍之多。在播放较长的音乐时，MIDI 的效果就更为突出。MIDI 的另一个特点是，由于数据量小，所以可以在多媒体应用中与其他波形声音配合使用，形成伴乐的效果。对 MIDI 的编辑也很灵活，在音序器的帮助下，用户可以自由地改变音调、音色等属性，直到找到理想的效果，波形文件就很难做到这一点。当然，MIDI 的声音尚不能做到在音质上与真正的乐器完全相似，在质量上还需要进一步提高；MIDI 也无法模拟出自然界中其他非乐曲类声音。

根据 MIDI 的特点，在以下几种情况下比较适合用 MIDI 谱曲。

① 需要播放长时间的高质量的音乐。

② 需要以音乐作背景音响效果，同时从 CD-ROM 装载其他数据。

③ 需要以音乐作背景音响效果，同时播放波形音频或者实现文—语转换，以实现语音和音乐的同时输出。

语音与文字其实是一一对应的，波形声音也可以表现和记录语音，它是否是语音取决于聆听者对该声音的理解。对语音的符号化表示实际上就是对语音的识别，将语音转变为字符。反之，就是将文字合成为语音。对语音的符号化有助于对声音内容的进一步处理。

语音（Voice）是指构成人类语言的各种声音，语音由一连串的音素组成。"一句话"中包含了许多音节及其相互间过渡过程的连接体。当发音系统产生一定的运动，并借助于介质点的振动而传播时，便形成了语音。一般说来，成年人说话的基频范围约为 60Hz ~ 400Hz，男性发音的音调周期为 10ms 左右，女性的发音音调周期为 6ms 左右。语音与具体的语言有关，就汉语而言，一个字就是一个音节，字是独立的发音单位。在汉语普通话中，这些字都是由 23 个声母、34 个韵母及 5 种音调变化组合而成，有 1 200 多种不同的发音。所以作为声音媒体，了解并区别这些音节及相互关系，对于媒体转换、基于内容的处理都十分有益。

2.2.3　音频媒体的三维化处理

长期以来，计算机的研究者们一直低估了声音对人类在信息处理中的作用。当虚拟技术不断发展之时，人们就不再满足单调平面的声音，而更趋向于具有空间感的三维声音效果。听觉通道可以与视觉通道同时工作，所以声音的三维化处理不仅可以表达出声音的空间信息，也可以与视觉信息的多通道结合，并创造出极为逼真的虚拟空间，这在未来的多媒体系统中是极为重要的，这也是媒体处理的重要趋势。

1.　三维虚拟声空间

用普通的录音机录制的声音是没有三维效果的，即使是立体声录音机也只能具有简单的平面效果。所谓三维虚拟声空间（Three Dimensional Virtual Acoustic，3DVA），是指用一定的声音设备人为地产生出来的具有空间位置信息的声音空间。置身于这个空间之中，就仿佛面对真实的空间声音，在大脑中就会产生出由声音构造的空间图像，这就是在三维空间中的声音效果。

三维听觉的使用明显地依赖于用户对听觉空间中各种信息源的定位能力。对实现三维虚拟声的系统来说，并不像许多人想象的那么简单，无论在理论上，还是在实现上，都要依赖对人耳的研究和对声音心理学的考虑，同时也要考虑声音的传播和相互的影响。通常，三维虚拟声空间要达到以下目标。

① 在可听的范围内重现频率分辨度和动态范围。

② 在三维空间中精确地呈现声音的位置信息。

③ 能表达多个静止和移动的声源。

④ 能和头部的动作具有一定的关联。

⑤ 能够支持一定程度的交互。

所以，三维虚拟声空间的研究，可以为声音媒体的进一步自然化、逼真化提供条件。同时也要注意到，三维虚拟声空间同多媒体系统中的其他媒体一样，交互性是其产生并得到应用的基础，这与普通音响中产生的立体声有本质区别。

2.　3DVA 的基本理论

人类感知声源位置的最基本的理论是双工理论（Duplex Theory），这种理论基于两种因素：两耳间声音的到达时间差（Interaural Time Differences，ITD）和两耳间声音的强度差（Interaural Intensity Differences，IID），如图 2.2 所示。时间差是由于距离的原因造成的，当声音从正面传来时，距离相等，所以没有时间差；但若偏右 3°，则到达右耳的时间就要比左耳约早 30ms，而正是这 30ms，使得我们辨别出了声源的位置。强度差是由于信号的衰减造成的，信号的衰减是因为距离而自然产生的，在很多情况下是因为人的头部遮挡，使声音衰减，产生了强度的差别，使得靠近声源一侧的耳朵听到的声音强度要大于另一耳。这个理论较形象地说明：

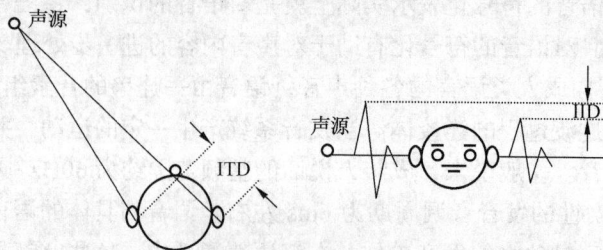

图 2.2　IID 和 ITD 的示意

人耳对声音定位的特性，通过大脑的综合作用后，对有差别的声音信号进行了相对于空间位置的定位。很显然，如果按此方法使用计算机向人耳提供不同的声音，人的大脑也会综合出声音的位置信息。

对小于等于 4kHz 频率的声音来说，ITD 可以用以下经验公式确定：

$$ITD = (3×头部的半径×100/声音速度)×\sin(方位角)$$

对大于 4kHz 频率的声音，ITD 可以用以下经验公式确定：

$$ITD = (2×头部的半径×100/声音速度)×\sin(方位角)$$

方位角是人头部相对声源的角度，以正后方为 0°，左耳方为 90°，正前方为 180°，右耳方为 270°。声音速度一般为 343m/s。举例来说，在高频情况下，设人头部的半径为 9cm，则可得到：

$$ITD = 0.052\ 478×\sin(方位角)$$

如果方位角为 45°，ITD 为 0.037 107s，也即 37.1ms。也就是说，在两耳之间，存在着 37.1ms 的时间差。为模拟这个效果，只要把在给右耳送声音之后隔 37.1ms 再给左耳送声音，就可以给出一定的位置信息。反之，也是如此。

对于 IID 来说，也有以下一个经验公式：

$$IID = 1.0 + (f/1\ 000)^{0.8}×\sin(方位角)$$

这里的 f 是频率，以 kHz 为单位。

由于该理论主要是以单频率正弦波声音的实验为根据的，所以最初的看法认为 IID 对高频率的声音定位起作用，而 ITD 对低频率的声音定位起作用。但现在看来这种看法过于简单，这一理论实际上是处于一个较理想的状态下，即无反射、无折射、单频率等，但实际上人耳所处的环境比双工理论描述的环境要复杂得多。按照双工理论，人耳应没有在垂直平面的定位能力，不能够区分前后，因为在这些情况下 ITD 和 IID 都几乎为零；而实际上，人耳确实具有这方面的能力，这就是耳廓的作用。

生理学和心理学的研究表明，人耳对声源方位的判定起决定作用的是耳廓。当声波从声源传到听者的耳部时，声波就会在耳廓发生不断的反射和折射，然后由内耳道传到耳鼓，使人产生音感。这种反射、折射是依赖于频率的，通过不同频率的变化，人耳能够辨别声源的方位。另外，当声音从声源传到人的内耳并形成听觉时，声音信号已经携带了两个很重要的信息，从而形成了所谓的两种真实感，即空间真实感和环境真实感。声源的本身信号特征、声源的空间三维位置和声源所处的环境这 3 个因素描述了声源的全部信息。由此，只要我们能够模拟出人耳的听觉特性，建立起耳廓的模型，就能创造出三维的虚拟听觉空间。

3. HRTF 方法

实现空间真实感的关键是建立起耳廓模型，这种方法被称为"双耳相关函数法"，也即 HRTF（Head-Related Transfer Function，与头部有关的转移函数），它是由美国 NASA Ames 研究中心音响实验室提出的。经研究证明，人的头部尤其是耳廓有着复杂的几何形状，当声波传播到人的头部时，在人的头部和耳廓的作用下，无论是时域还是频域，对两个耳朵来说都变成了不同的信号。

由于人的耳廓外形复杂，声学作用有一些尚不清楚，完全从理论上推导出 HRTF 是不可能的。因此，将主要采用实验的方法直接获取 HRTF 的参数。从理论上利用 HRTF 产生真实空间声音的算法如图 2.3 所示。

HRTF 方法是从测量声音强度开始的。它测量了在十分精确的角度下声音频率对声音强度变化的影响。当声音频率改变时，在听者的耳中的微型麦克风拾取了原始声音的改变信息，在一个

频率范围的全部变化就被称为"转移函数"。这样
测量到的值对两耳来说就具有不同的曲线，这曲
线表明了在频率变化时声音幅度的变化情况。对
于每一个不同的角度，都有不同的转移函数，使
用这些转移函数，系统就可以产生出逼真的三维
声音效果。

　　有不少实现三维虚拟声的方法。如在 NASA
Ames 研究中心的实验环境中，一个人体模型被放
置在一个无回响的房间内，通过放在人体模型耳
朵内的微音器录取声音，但还仅仅是记录重放。
在多个声源位置上测量声音的转移函数，并把这
些以有限脉冲响应 FIR 滤波器的形式测量的

```
场景模型(几何、属性、声源、声宿)
        │
     声学模拟
        │
    脉冲响应曲线
        │
     卷积运算  ◄───  HRTF 双耳相关函数
        │
    双耳脉冲响应
        │
     卷积运算  ◄───  无回响声音
        │
    真实感空间声  ───►  输出
```

图 2.3　HRTF 生成三维虚拟声

HRTF 函数作为合成声激励的滤波器的基础。使用卷积技术，可以使 HRTF 改变声音的特性，使声
音听起来可以与原始声完全不同。卷积运算包括将原始声音信号的离散傅里叶变换与转移函数的傅
里叶变换相乘等。将从模拟信号转换来的数字信号与滤波器进行卷积，就可以求出相应的各个 HRTF
函数。由于采用的是模型人，所以可以采集到耳廓、头部、肩部和躯干所起的滤波作用。经过这样
的处理，就可以把每一个输入的单音信号变换为虚拟的三维声音空间中的声音并且对其进行控制。

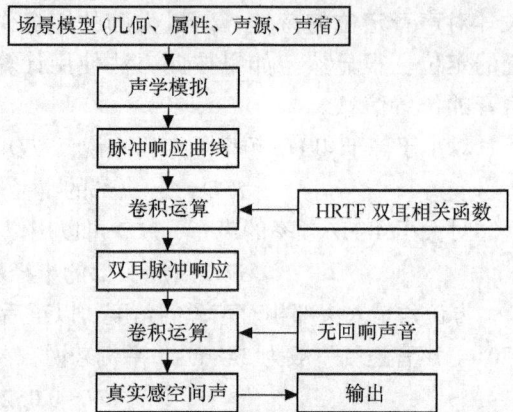

2.3　视觉媒体技术

2.3.1　视觉心理学

1. 视觉的心理特征

　　同声音心理学观点相仿，与视觉相对应的光学物理性质与心理知觉也是截然不同的。虽然光
的物理特性与心理知觉有关，但并不是线性的。把物理波的强度加倍，感受到的亮度却并不加倍。
对光的色调和亮度的感觉不仅和它的频率与强度有关，而且还和它出现的背景有关，和同时出现
的周围光有关。即使是最简单的物理因素也要受到神经系统的复杂分析，从而产生出复杂的心理
知觉反应。将物理性质和心理知觉区分开来是十分重要的。视觉心理变量和物理变量的对应见表
2.3。关于光波的度量等，在很多地方都与声音相似。

表 2.3　　　　　　　　　　　　　　　视觉的心理变量和物理变量

视觉心理变量	主要物理变量	次要物理变量
亮度	光强	光的波长、眼的适应
色调（彩色）	波长	光谱成分、周围光的强度
浓度（彩色的浓度）	光谱成分	（亮度和色调）
对比	光强、波长、周围光	周围光

2. 视觉特性

（1）亮度

　　亮度是人眼对光强度的感受。通常人们认为当物理强度增大时心理知觉也会增强，因此，当

从一个物体上反射出来的光增多时，它的亮度也应该增大，这正如当声音的强度增大时，其响度也相应增大一样。但是目标的亮度和周围的背景有关，假定整个照明增大了，目标与环境的光强就按比例增大了，两者之间的物理对比就维持不变；但当照明增强时，目标的亮度并不一定就增大。可能目标会亮一些，也可能保持不变，甚至也可能看起来亮度还减少一些。这些均取决于中心与周围之间的相对强度，也就是对比度。例如，当电视机关掉时，屏幕在亮度方面呈现灰色，但当打开电视后，屏幕上有的区域就显得很黑，比关掉电视时还要黑，这就是眼睛对比的结果。所以，对图像的处理最重要的是亮度的差别，但人眼不能分辨的亮度差别也不用重现。

在明亮到黑暗的过渡部分，有一条特别暗和一条特别亮的光带，这就是著名的马赫带，它反映了感觉上的物理量和心理量的不同。

与声音相类似，视觉上也有等亮曲线，反映了视觉在亮度上与波长的关系。在同一亮度感觉下，不同波长的光具有不同的光强。一般说来，波长在高于或低于 450nm ~ 550nm 时，同样亮度所需的光强比波长在 500nm 左右时要强。视觉也有掩蔽现象，在很亮的高光周围是难以看清的，道理与声音相似。

（2）视觉的时间特性

视觉需要时间。建立视觉图像需要时间，而一旦建立起来后，即使把图像对象拿走，这种反应也要持续一段时间。这是因为把光转变为神经电的过程需要时间。正因为视网膜图像是逐渐消退的，所以视觉暂留可以存在十分之几秒。

这种视觉特性可以使得人眼能把一幅图像和下一幅图像融合到一起，这就造成了一种连续变化的视知觉，电视机和电影机就是利用了这种视觉特性。当移动的图像以每秒 25 帧或每秒 30 帧的速度投射到屏幕上时，帧与帧之间的光需要遮挡一会儿。如果发生闪烁，可以多遮挡几回以增加频率，使人眼能够将这些图像合并到一起。显示器的隔行扫描实际上就是增加了频率，从而也就有效地消除了闪烁。

（3）彩色

表示彩色需要考虑 3 种心理属性：色调、饱和度（浓度）和亮度。色调就是通常意义下的彩色，它随波长的变化而变化，反映颜色的基本特性。饱和度表示了产生所感知到的彩色在白光中必须混入的纯单色光的相对数量，或者说是颜色的深浅程度。对同一色调的彩色光，饱和度越深颜色越鲜艳。色调和饱和度通称为色度。亮度是光作用于人眼所引起的明亮程度的感觉，与光强度有关。

颜色是由 3 种原色光混合而成的。可见光的波长范围为 380nm ~ 780nm。不同波长光呈现不同颜色，随着波长的减小，可见光颜色依次为红、橙、黄、绿、青、蓝、紫。只有单一波长成分的光称为单色光，含有两种以上波长成分的光称为复合光。人眼感受到复合光的颜色是组成该复合光之单色光所对应颜色的混合色。所有可见光按一定比例混合便是白色光。在辐射功率相同的条件下，不同波长的光不仅给人不同的彩色感觉，而且也给人不同的亮度感觉。人眼一般感到红光最暗，蓝光次之，而黄光、绿光最亮。有研究表明，人眼对亮度信息敏感，而对颜色的敏感程度相对较弱。

在白背景下，一般使用红、黄、蓝作为原色来混合其他颜色，这就是减基色合成彩色系统。在黑背景下，则使用红、绿、蓝作为基色来混合，这就是加基色系统。所以，绘画时采用前者，而在电视中采用后者。需要注意的是，在减基色系统中，"红"实际上是"深红"，而"蓝"是指"深蓝"。

（4）注视点和视野范围

人在观察视觉类媒体时，注视点喜欢集中在什么地方呢？经研究表明，视觉注视点主要集中在图像中黑白交界的部分，尤其是拐角处；如果是闭合图形，注视点往往向图形内侧移动；注视点容易集中在时隐时现、运动变化的部分或是图像中特别不规则的地方。

人眼的视野相当宽广，左右视角约为 180°，上下约为 60°。但视力好的部位仅限于 2°～3°，可用于视觉媒体细节的观察，而在周边，则主要识别特征。但需要注意，只有大的视野才有可能制造出临场感。

2.3.2   模拟视频原理

电视信号是用光栅扫描的方法显示在显示器上的，快速的扫描线从顶部开始，一行一行地向下扫描，直至显示器的最底部，然后再返回到顶部的起点，重新开始扫描。这个过程产生的一个有序的图像信号集合，组成了电视显示中的一幅图像，被称为帧。连续不断的图像序列就形成了动态视频图像。扫描行的长度与在图像垂直方向上的所有扫描行所跨过的距离之比，称为宽高比。电视系统中的宽高比标准为 4：3，新型电视系统的宽高比将为 16：9。

水平扫描线所能分辨出的点数称为水平分辨率，一帧中垂直扫描的行数称为垂直分辨率。一般说来，点越小、线越细，分辨率越高。当系统水平分辨率为 400 线时，它在对应于图像高度的水平距离内能够交替地显示 200 条黑线和 200 条白线。垂直的行数一般是 525 线（北美和日本）和 625 线（欧洲和中国）。每秒钟所扫描的帧数就是帧频，一般为 25 帧（PAL）或 30 帧（NTSC）。由于是隔行扫描，所以垂直频率分别是每秒 50 帧和 60 帧，人眼不容易看到闪烁。

彩色电视采用的是加基色系统，使用红绿蓝（RGB）作为三基色进行配色，产生出 R、G、B 三个输出信号。RGB 信号可以分别传输，但要配上相应的同步信号。另外一种信号传输方法是将 RGB 信号组合起来在一条电缆中传输，这就是复合信号。现有 NTSC、PAL 和 SECAM 几种不同的复合信号。根据亮色度原理，任何彩色信号都可分为亮度和色度。色度只要使用色差就可以表示颜色信号，而不必使用 RGB 三个完整的信号。将亮度和色度交错排列分别放到电缆上，就组成了复合信号。

电视系统的 3 种制式采用的信号形式也不完全相同。NTSC 的亮度信号称为 Y，色度信号为 I 和 Q，也即 YIQ 方式，PAL 制式和 SECAM 制式的亮度和色度与之相对应为 YUV，差别在于编码方式的不同。YUV、YIQ 也可以与 RGB 互换。RGB、YUV、YIQ 等都被称为彩色空间。

对电视系统来说，主要的电视特性测量包括视频电平测量、分辨率测试、灰度灵敏度测试、噪声测量等，可能发生的畸变包括噪声、射频干扰、拖影（Smear）、高频衰减、斑纹（Streaking）、彩色边纹（Color Fringing）、彩色平衡误差、色调误差、彩色饱和度误差、识别标记波动和抖动等。

多媒体系统的显示设备最基本的就是显示器及相应的显示适配器，从显示原理来看，与电视显示很接近。但其作为数字设备，无论显示稳定性还是显示效果，都要优于电视显示。作为多媒体系统最重要的用户接口，显示系统不仅要能显示数据与字符，而且还要能够显示图像和视频。如果需要，还要能创造出大的视野和三维立体显示，这就需要建立更复杂的显示系统，如头盔显示器、立体眼镜等。

2.3.3   视觉媒体数字化

对计算机来说，无论是文字、图形，还是图像或视频，这些视觉媒体在计算机上进行处理首先要通过扫描仪、数字化仪、摄像机接口等设备输入并进行数字化，而在显示时则仍和电视相类似。

1. 位图图像与数字视频

与声音的数字化十分类似，对所要处理的一幅画面，通过对每一个像素进行采样，并且按颜色或灰度进行量化，就可以得到图像的数字化结果。数字化的结果放在显示缓冲区中，与显示器上的点——对应，这就是位图图像。对视频按时间进行数字化所得到的图像序列，就构成了数字视频序列，它同样与频率和量化的比特数有关，频率必须足够的高，以跟上模拟信号流；量化的比特数越多，量化的值就越多，所能表示的颜色或灰度级数就越多。当量化比特数只有一位时，则只能表示出黑白二值图像。图像和视频数字化的示意图如图2.4所示。

在一幅图像的 x 轴上是一行的点数，在 y 轴上是行数。x、y 的交叉点就是一个像素，每一个像素可以由若干比特来表示。按标准间隔在时间轴上采样的图像组成视频序列。因此，图像是离散的视频，而视频是连续的图像。当进行再现时，被表示成数字形式的数据按格式和时间送上显示器，就又恢复了原先的形态。其他的视觉媒体如文字、图形等，在显示原理上都是以此为基础的，它们都是通过预先的编码表示出显示的形式。当再现时，在显示器上"画"出所要的图形或文字。

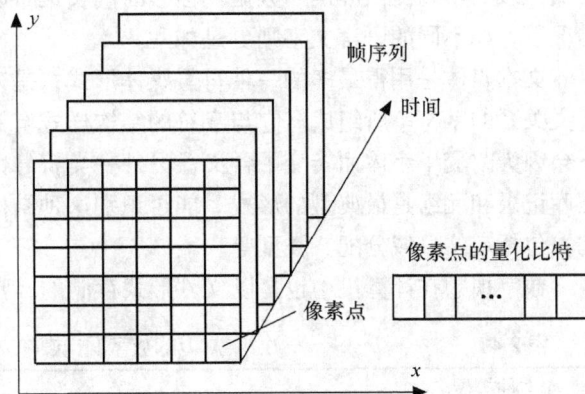

图 2.4　图像和视频的数字化

2. 图形

图形是一种抽象化的图像，是对图像依据某个标准进行分析而产生的结果。它不直接描述数据的每一点，而是描述产生这些点的过程及方法，因此它被称为矢量图形，一般也称之为图形。矢量图形是以一组指令的形式存在的，这些指令描述一幅图中所包含的直线、圆、弧线、矩形的大小和形状，也可以用更为复杂的形式表示图像中的曲面、光照、材质等效果。在计算机上显示一幅图像时，首先要解释这些指令，然后将它们转变成屏幕上显示的形状和颜色。由于大多数情况下不用对图像上的每一个点进行量化保存，所以需要的存储量很少，但这是以显示中的计算时间为代价的。

图形的矢量化使得有可能对图中的各个部分分别进行控制。因为所有的图形都可以用数学的方法加以描述，从而使得计算机可以对其中任何对象进行任意的变换：放大、缩小、旋转、变形、扭曲、移位、叠加等，并仍保持图形特性，而这一点对于位图图像来说就十分困难。图形变换的灵活性，使其在处理上获得了更大的自由度。

3. 符号与文字

有许多信息是用符号表示的，可以说从结绳记事起，符号便作为一种极为重要的信息媒体而存在了。符号包括各种各样描述量、语言、数据、标识等形式，其中最重要的是数值、文字等有结构的符号组。

符号都是某种抽象的结果。量的值可以用 1，2，3，…… 数值符号来表示，逻辑的真、假、大于、小于等也可以用专门的符号来描述。虽然我们看到的是"图像"，但由于大脑知识加工的结果，它们都被抽象成了特定的符号而被识别出来。符号也可以表示语言，由一个个文字构成，在使用时又可以转化为声音读出。由于符号具有明显的结构性，大脑可以识别这种结构，从而可以识别出由这一组符号所代表的信息。这种结构可以组成文本，即字符串；也可以组成数据组，如数据库中的一个元组，都可以表达特定的信息。

符号媒体需要知识的辅助才可以使用，知识辅助随着层次的升高而不断增强作用，因此，符号媒体的处理将要在充分了解其内在性质的基础上进行。符号媒体的表达精确度高，由于抽象的结果，符号已经按需要抽出事物中最本质的特征加以表示，这种表示当然要精确一些，但需要在知识的辅助下才能为人所接受（形象化）。这种精确性确实为我们带来了好处，例如，数据库数据、历史记载等可以提供准确的数据。但有时确实也难以为人们所接受，尤其是在符号系统不一致的情况下，如不同的语言文字则更是如此。

文本媒体是用得最多的一种符号媒体形式，是人类创造出来用于记述信息的工具，由具有上下文关系的字符串所组成。它与字符的结构样式有关，而与形式无关。例如，一段文本的内容，不会因为改变了字体而转变了含义。另外一类符号数据是结构化数据，结构化数据有很多种，数据库记录和元组是最典型的形式。能否识别这种结构化数据，关键是看能否识别其特定的数据结构，包括定位、域分配、类型等。

数字视频在计算机中也是以文件形式存储的，常见的数字视频文件格式见表2.4。

表2.4　　　　　　　　　常见的数字视觉媒体文件格式及说明

文件扩展名	说　　明
.TXT	纯文本文件格式
.RTF	文本文件格式
.DOC	Microsoft Offices 套件中 Word 的文件格式
.PCX	PCX 是静态图像文件格式，使用游程长度编码（RLE）方法进行压缩
.DIB 和.BMP	DIB 是 Windows 使用的与设备无关的位图文件存储格式 BMP 是标准的 Windows 和 OS/2 的图形图像的基本位图格式
.GIF	GIF 是压缩图像存储格式，使用 LZW 压缩方法
.TIF	TIF 是工业标准格式，支持所有图像类型
.JPG 和.PIC	JPG 和 PIC 都使用 JPEG 方法进行图像数据压缩
.PCD	PCD 格式是 Photo-CD 的专用存储格式
.FLC	FLC 是动画文件格式，它使用了无损压缩方法
.MMM	MMM 格式是微软公司多媒体电影（动画片）的文件格式
.AVI	AVI 是目前较为流行的视频文件格式，它采用了 Intel 公司的 Indeo 视频有损压缩技术
.MOV	MOV 是 Macintosh 计算机用的影视文件格式，也采用了 Intel 公司的 Indeo 视频有损压缩技术
.MPG	MPG 是 PC 上的全屏幕活动视频标准文件格式，它使用 MPEG 方法进行压缩
.DAT	DAT 是 Video CD 或 Karaoke CD 数据文件的扩展名
.DIR	DIR 是 Macromedia 公司使用的 Director 多媒体著作工具产生的电影文件格式

2.3.4　视觉媒体的三维立体显示

1. 立体显示原理

三维显示实际上具有两个含义，一个是指物体的三维图像在平面上的显示，特别是三维图形的显示，这是图形学的重点，这里不过多讨论。对多媒体系统而言，这种显示只有图像的处理过程不同，如果将其转换为平面位图图像，就都相同了。由于显示器是平面的，所以它所显示的图像实际上是画在显示器的屏幕上的，即使是表现三维的物体，我们看到的实际也是平面图像。这种感觉与现实中的感觉，尤其是与心理上的感觉截然不同，因为我们的视觉是三维立体的。三维显示的另一个含义是指所显示的图像确实是立体的，是"浮"在空间的，和我们所看的立体电影一样，这是我们讨论的重点。

尽管可能没有意识到，但我们的眼睛看到的确实是两幅图像：左眼一幅、右眼一幅。这两幅
图像被称为立体图像对（Stereo Pair）。比较这两幅图像，会
发现它们是相互交叠在一起的，这就是视差的结果，如图 2.5
所示。视差（Parallax）是投影到人眼视网膜图像上两点间的
水平距离，正是这个距离产生了视觉上的立体感。注视远处
的物体时的视差与注视近处物体时的视差是不同的，因此所
谓的立体感正是这个不同距离作用的结果。

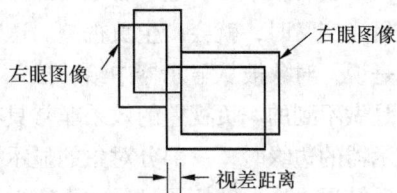

图 2.5　视差

另一方面，当我们利用显示器显示图像时，如果把两眼
不同视差的图像快速地显示在显示器上，并且每次只让一幅图像进入一只眼睛，两眼交替进行，
也会使人产生立体视觉。这就要求系统能够快速地产生出两眼不同的图像，并且通过特殊的设备
投射到两眼之中。产生立体图像使用的是立体图像合成算法，通过适当的变换后使图像具有深度
线索。特殊的显示设备包括可与普通显示器共同使用的立体眼镜，以及直接显示两眼不同图像的
头盔显示器等。

2. 视差

决定立体视觉的是视差。视差的种类大致分为 4 种：零视差、正视差、负视差和发散视差。
它们产生的立体感觉是不同的，如图 2.6 所示。

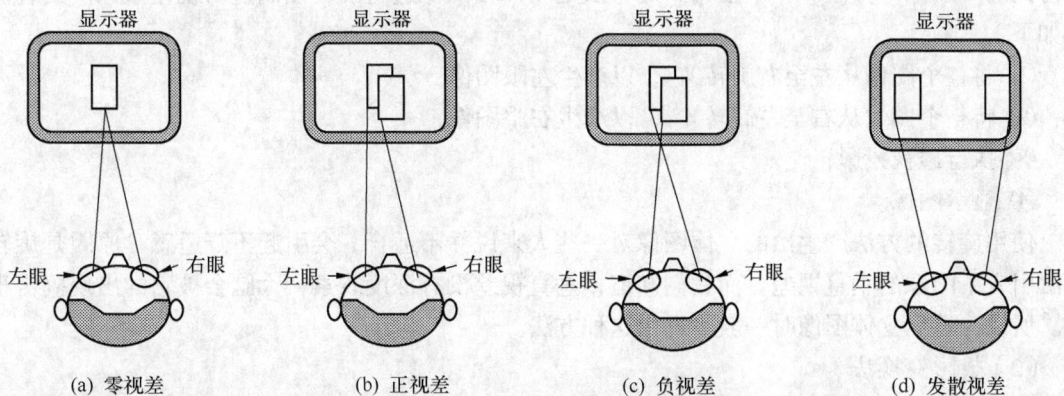

(a) 零视差　　(b) 正视差　　(c) 负视差　　(d) 发散视差

图 2.6　视差的种类

（1）零视差

当显示的左右眼图像之间没有缝隙时，视差为零，就称为零视差，如图 2.6（a）所示。这时，
即使是立体的显示，在显示器上也是平铺的，它的深度恰好为 0。这时无论做何处理，对立体感
觉都不起作用。

（2）正视差

图 2.6（b）所示为正视差的例子。一旦计算机显示的立体图像对的视差大于 0，我们就可
以看到深度。正视差差值大于 0 且小于等于人眼之间的距离。据美国统计，人两眼之间的平
均距离为 64mm。当发生正视差时，三维对象开始出现，因为大脑可以把两幅图像进行合并处
理，这时给人的感觉是立体图像显示在显示器的屏幕表面与其之后的地方。视差越大，对象
所呈现的距离越大。当对象非常远时，图像上的视差就接近或等于两眼间的距离，视线就是
平行的。利用这个特性，对图像中的不同对象按距离的远近给出不同的视差，就可以产生出
立体的效果。

（3）负视差

负视差十分有趣，普通的图形学在这里并不适应。图2.6（c）所示为负视差的例子。当两眼的目光交叉时，就会产生负视差。这时，所观察的对象将会浮现在两眼与显示器之间的空间中。也就是说，对象被从显示器中给"拉"了出来。这种景象如果没有立体视觉技术的支持（如立体眼镜），是做不到的。负视差的效果非常具有戏剧性，但也潜伏着一些问题。例如，当所显示的对象超过显示器的边缘时，一部分对象的显示被切掉，大脑就会把这种情况转换为"对象在显示器后面"这样的结果，从而破坏了显示的真实性。另外，由于在观察角落或带有边缘的对象时两眼所看到的东西有所不同，所以在显示这种图像对时，就不仅仅是视差距离的问题，观察的内容也不相同。特别在对象处于缓慢移动或静止状态时，更是如此。如果对象在高速运动，大脑将不会发现冲突。

（4）发散视差

图2.6（d）所示为发散视差的一个例子。视差的值比两眼之间的距离还要大。这种情况在真实世界中绝对不会发生，因为这将使得我们的两眼很不舒服，在立体显示过程中一定要避免。

3. 立体图像的产生

（1）旋转法

既然了解了立体图像产生的原理，产生立体图像对也就容易了。立体电影的制作采用双机摄影的方法产生左右眼的图像，在计算机中可以采用同样的方法，也可以采用对一幅图像进行处理而得到两眼图像的方法。一个很简单的方法是将一幅图像进行旋转以制造出视差效果。旋转的顺序如下：

① 将整个图像从左至右旋转4°，以产生左眼图像；

② 将整个图像从右至左旋转4°，以产生右眼图像；

③ 执行透视投影；

④ 显示图像。

使用旋转的方法产生出的立体图像对一些人来说并不适合，会引起不舒适感，原因是旋转的方法引入了图像的垂直视差。而我们知道，垂直视差没有深度线索，大脑会被它的出现搞得很混乱。所以，显示立体图像时一般不采用这种方法。

（2）投影变换法

投影变换法是模仿人眼观察物体时产生的视差，通过运算后投影到显示器上。在这种方法中，场景中的物体对象在建模后，通过投影变换生成线框图，然后对该物体进行成像处理，生成左右眼的图像。

标准的投影变换基于单视点的投影。在坐标系中，以视点为投影中心，将三维物体的点投影于显示器的投影平面上，便在该平面上产生三维物体的像。图2.7所示为投影的示意，其中投影中心在坐标系的 A 点，其坐标为 $A(0, 0, -d)$，d 为视点到投影平面的距离，也就是人眼到显示器的距离。不难得出，三维空间中的一点 $P(x, y, z)$ 投影在 $z=0$ 平面上产生的投影点坐标为：

$$X = x / (1+z / d), \qquad Y = y / (1+z / d)$$

把投影中心的单点变换为双点，很容易构造出双眼的投影视图，如图2.8所示。设左投影中心的坐标为 $L(-e/2, 0, -d)$，右投影中心为 $R(e/2, 0, -d)$，其中 e 为两眼之间的距离，d 为视点到显示平面的距离。只要进行简单的坐标变换，就可以将上式变换为：

$$X_l =(x×d-z×e/2)/(d+z), \qquad Y_l =(y×d)/(d+z)$$

$$X_r =(x×d+z×e/2)/(d+z), \qquad Y_r =(y×d)/(d+z)$$

这就是显示在显示器屏幕上空间任一点 $P(x, y, z)$ 的二维坐标。

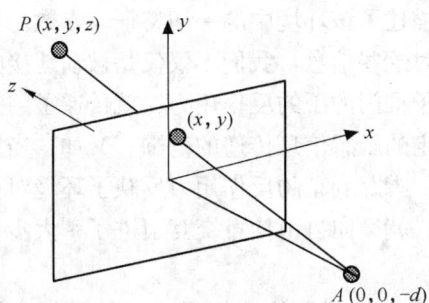

图 2.7　投影变换原理

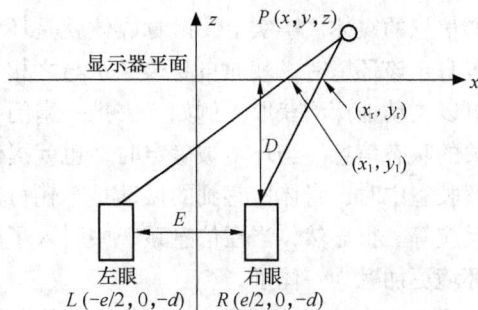

图 2.8　两眼的坐标系

很容易发现，这组公式差别只在于横坐标的加减上。如此，计算起来很容易，也可以用硬件实现，而且速度更快。

4. 立体图像的显示

有了左右眼的图像，将它们显示在屏幕上并不能产生立体感，反而使图像显得模糊。立体图像的显示方法有两种：一种方法是让一只眼睛看一个显示器，每个显示器只显示对应眼睛的图像，这样头脑中就产生了立体图像。这种方法的实现是把显示器缩小，放入到头盔中，这就是所谓的头盔显示器；另一种方法是在显示器上快速地显示两眼不同的图像，而观察者带上立体眼镜进行观察。眼镜中的液晶片与显示的图像同步地进行开关切换，使得在每一时刻只有一只眼睛能够看到对应的图像，只要速度足够快，由眼睛的暂留现象和大脑的作用，感觉到的就是立体的图像。

显示时还有几个问题需要注意。在显示器上观察立体视觉图像不是真正的立体视觉体验，而是聚焦在显示器的平面上。不管显示的图像是否具有深度的线索，眼睛没有任何选择。在现实世界中，眼睛将随着对象物体的远近进行聚焦，但在计算机显示上就不会发生。久而久之，眼睛会很不舒服。所以在开发三维显示时，主要的对象应该集中在显示器的中部，并且尽可能地为 0 视差。立体眼镜的透明度不够，或是开关时间不准确，会产生交叉显示现象。因为显示颜色的原因，有时还会产生"鬼影"现象，尤其是绿色为多。这些问题在实际设计时都要加以注意。

有一个问题可能读者已经注意到了，在图像进行变换时，空间中的点由 (x, y, z) 三维坐标来表示。其中 z 坐标代表的是对象的距离。对三维图形表示的物体来说比较容易得到，只要通过计算就可以获得 z 坐标的具体数据，从而也就容易做到深度到平面显示的变换。对于位图图像，这个问题就不能通过计算而得，因为，在位图图像上并没有可供计算的数据，图像上的每一点都仅仅是一个点而已。这时，就需要人工对图像进行分层，对每一层给出一个不同的视差，也可以获得立体的感觉。

无论是哪一种视差，在实际显示时不能超过一定界限。通常，在立体显示时，如果距离显示器 1m 左右观察，建议显示最大视差不要超过 8mm。如果运算的结果确实超过了这个限制，就要对视差按比例缩小。

2.4　触觉媒体技术

2.4.1　触觉媒体概述

即使不通过视觉和听觉，仍然可以接收和传递信息。我们的皮肤可以感觉环境的温度、湿度，也可感觉压力，我们的身体可以感觉振动、运动、旋转等，这都是触觉在起作用，触觉可以作为传递信息的媒体。事实上，触觉媒体就是环境媒体，它描述了该环境中的一切特征与参数。当我们置身于该环境时，就向自身传递了与之相关的信息。对这些信息，我们不仅仅是被动地接收，也可以主动地探测获取。例如，去推一扇门，这扇门给予推门的手的反作用力，就传递了门是开或关的状态信息。当环境被确定时，也就提供了一个特定的触感信息传递的范围。又如，当置身于驾驶室中时，身体所感到的振动是车辆行走时的振动，脚踩刹车的反作用力反映了环境对控制的反应等。很显然，当在信息系统中引入了触觉媒体后，就又向自由信息交互迈进了一大步，人与环境更加融为一体了。

　　人体在信息交流过程中起的作用最大的是人的头部、手部和整体躯干。与外界环境的触觉交互主要包括位置跟踪、力量反馈等方面。人的头部不仅反映了人的目光注视的方向，而且在很大程度上决定了所希望在显示器中显示信息的内容。例如，头部往左转，看到的是森林，头部往右转看到的是城市。这种与传统显示器的显示方式完全不同的信息交流方式，不仅显示了信息，而且还把人体中与显示有关的动作也结合到了一起。这就要能够对头部进行跟踪，以确定头部的运动方向和方位。这些设备包括头盔显示器上的位置跟踪器、旋转跟踪设备等。人的手是动作的主要载体，人通过手完成各种复杂的动作、感觉外界的信息、控制外部的对象。所以说，对手部信息的处理包括手部的位置、手指的动作类型、手部的感觉、手部的力量反馈等。这些都要有特殊的设备和技术完成系统对手部信息的数字化和跟踪，并将它们与系统的控制和应用结合起来。这些设备和技术包括数据手套、压力传感手套、手部位置超声波跟踪器、力量反馈接口等。对躯干的位置跟踪和反馈与手部和头部很类似，但它要反映人体的体势语言和外界对人体的力量反馈，如振动、倾覆、旋转等。这些设备包括数据服装、三维数据座舱和模拟器等。

　　目前对触觉媒体的研究还在初级阶段，但下面介绍的一些示例，实际上已经给出了主要的技术和方法。

2.4.2　简单指点设备与技术

　　指点设备实际上是最简单的位置跟踪设备，是在概念上完全不同于键盘的输入方法和技术，它的主要作用是输入而不是输出。

1. 指点的任务
指点的任务主要如下。
① 选择：用户从一组项目中进行选择，如一组选单、一组目录或是一组对象。
② 定位：用户在一维、二维或多维空间中选择一点，该点的坐标被输入到系统中。
③ 定向：用户在一维、二维或多维空间中选择一个方向，这个方向将确定系统中对象的运动或指向的方向。
④ 路径：在系统显示的对象中指出一条运动的路径，实际上是定位和定向操作的结合。
⑤ 数量：用户指明一个值，这个值可以由屏幕显示中的位置所表示，也可以以递增或递减的形式形成。
⑥ 操作：将对象进行拖动、缩放、隐现等。

2. 指点设备
　　指点设备分成直接指点设备和间接指点设备两类，前者直接使用特殊的指点设备或用手指点屏幕，后者则通过指点设备的间接动作对屏幕上的对象进行指点。

　　直接指点设备包括：光笔、触摸屏及输入笔等。光笔是一种早期的屏幕输入工具，它能使用户在屏幕上指点一个点来执行选择、定位或其他任务。光笔上有按钮，以协助光笔的操作。光笔还有许多种变形，如光枪等，可用于不同的应用领域。但使用光笔比较容易疲劳。触摸屏方式克服了光笔的许多缺点，直接用手便可以在屏幕上指点和操作。早期的触摸屏采用的是红外、压力等方式，分辨率较低。但电阻式、电容式和表面声波的技术使得触摸屏的分辨率大幅度提高，使用起来更加方便。笔记本计算机的发展，使得笔式输入设备又焕发了青春，电光笔的使用十分方便，而且价格低廉。

间接指点设备包括鼠标、跟踪球、控制杆和图形板。这些设备不接触显示屏幕，所以使用时不会遮挡视线，也不易疲劳。鼠标带动屏幕上的光标移动，虽然十分简单，但作用很大，现已成为计算机上不可缺少的输入设备。跟踪球可以简单地看作是倒过来的鼠标，而控制杆更像汽车和飞机的操纵装置，它们的作用完全一样，只是使用的方法不同，适应的范围也不同。图形板可以认为是与显示器分离的触摸屏，可以用笔、手或其他工具进行操作。

这些指点设备的输入都是在显示平面上的二维坐标空间中进行的，包括坐标改变的速度。除非经过特殊的变换，很难将它们向三维空间转换。为了适应三维应用的需要，三维鼠标已经出现，它的样子很像在桌子上的一个固定的球，使用时用手指捏住这个球，便可以把各个方向上的力转换为在三维空间中的任意方向的动作，做到多个自由度。有的三维鼠标可以做任意方向的旋转，但原先的平面移动要通过原先的二维鼠标来完成。而另外一些三维鼠标则把三维鼠标和二维鼠标的功能结合在一起，使用起来更加方便。但要注意，三维鼠标的输入值与二维鼠标的输入值不同，系统对所得到值的解释也不一样。

还有一些新型的指点设备，例如脚用鼠标器、视线跟踪器、凝视检测控制器等。脚用鼠标器虽然比手慢，但在用户手腾不开时，还是非常有用的。视线跟踪和凝视检测工具可用于残疾人的系统操作，也可以应用于飞行员在飞行时用眼睛进行控制。

2.4.3　位置跟踪

由于三维空间中有 6 个自由度（DOF）、3 个确定的位置（x, y, z）和 3 个确定的方向（欧拉角 θ, ϕ, r），所以无法把鼠标的二维平面的运动映射为三维空间的任意运动。人的手、头、躯干等部位的动作包含有丰富的信息，但对计算机来说，却难以理解。必须能够对这些部位进行位置的跟踪，才有可能对动作进行解释。

1. 手指动作测量和数字化

对手部的跟踪采用一种称为数据手套的工具。所谓数据手套（Data Glove），是带在用户手上的手指跟踪设备，能对用户的手指动作进行检测，确定手指的位置和相互的运动。同时，它也可以确定手部在空间的位置。

对手指的测量主要采用在手套的手指部位装上能够测量手指弯曲、移动的检测器。检测器的种类有光纤、测力板等。采用光纤的数据手套在每个手指的每个关节处都有一个光纤传感器，用于测量手指主要关节的弯曲程度。当手指伸直时，光纤中通过的光就多，而手指弯曲时，通过的光就少。对这些光的通过量进行测量，就可以获知手指的相对状态。这种光纤传感器体积小、重量轻，用户使用方便，感觉舒适。采用测力板的数据手套原理与光纤手套的原理类似，不同之处在于其测量的是电压。当手指伸直时，测力板是直的，在另一端测到的电压是一个值，而在弯曲时，测到的是另一个值。比较这些值，即可确定手指的位置和相对的状态。

数据手套将接收到的数据送入计算机中，在计算机中被转换为相应的数字化格式。例如，在某种数据手套中，把接收到的手指动作数据转换为以下数字化的格式：

ThumbM	ThumbL	拇指
IndexM	IndexL	食指
MiddleM	MiddleL	中指
RingM	RingL	无名指

其中每一个变量表示一位，全部正好是1Byte。所以，每个手指的位置实际上只能用两位来表示，也就是4个位置。这就是手指动作的分辨率，显然很低，只有改进手指测量的精度，才有可能提高动作分辨率。另外，在上面的格式中也没有小指的数据。

对手指动作的测量和数字化，实际上更关心的是手指的相对位置。拇指和食指、食指和其他手指等的相对动作包含了许多含义，识别这些相对的动作，采用的方法就是建立手指动作模式库。首先将各种手指的动作数据进行采集，进行规范化处理后建立起动作模式并存储起来，在使用时将实时采样得到的数据与库中的模式进行比较，就可以知道手指的动作。手指动作的数字化分辨率越高，模式就越复杂，对手指动作的解释就越丰富、越精确。

2. 空间位置跟踪

在数据手套上有一个定位的装置，用于进行手部位置跟踪。手部的位置是指手部在空中的相对位置，所以还需要一个坐标原点。事实上，无论是数据手套还是头部的位置跟踪其原理都是一样的。

假设数据手套上有两个超声波发射器，而在显示器上以L形排列着3个接收器，并且假设这3个接收器的坐标位置是：上部最左边的接收器为 $R1(0,0,0)$，上部右边的接收器为 $R2(16,0,0)$，下部的接收器的位置为 $R3(16,16,0)$。这样，就可以通过测量接收到的数据，判断出手部在空间的位置。

假设3个接收器处于3个球体的中心，超声波发射器的坐标为 (X,Y,Z)，可以测量出从发射器到每个接收器的距离分别为 $R1d$、$R2d$、$R3d$。这样，这3个距离又分别是3个球体的半径，根据球空间的公式，可以得到：

$$R1d^2 = (X-X_{R1})^2 + (Y-Y_{R1})^2 + (Z-Z_{R1})^2$$
$$R2d^2 = (X-X_{R2})^2 + (Y-Y_{R2})^2 + (Z-Z_{R2})^2$$
$$R3d^2 = (X-X_{R3})^2 + (Y-Y_{R3})^2 + (Z-Z_{R3})^2$$

代入接收器的坐标值，解得：

$$X = (R1d^2 - R2d^2 + 256)/32$$
$$Y = (R2d^2 - R3d^2 + 256)/32$$
$$Z = (R1d^2 + X^2 + Y^2)^{1/2}$$

这就是手部在空间的相对位置。

测量空间位置只需一个超声波发射器即可。但为了测量手部的转动，就需要两个发射器，测量出两个发射器 $t1$、$t2$ 的空间坐标，就可以根据三角函数确定转动的角度：

$$\tan(旋转角) = (Y_{t1} - Y_{t2})/(X_{t1} - X_{t2})$$

当然，计算三角函数是很耗时的，所以也可以事先测量一些值作为参考值使用，从而大大加快计算的速度。

另外一种测量空间位置的装置称为 Polhemus 三维定位机构，它也是一种有6个自由度的空间位置传感器，可相对于某一固定位置的原点，得到目标所处位置的相对方向和位置信号。在源点（参考点）及目标处均安装有一个小盒子，内部安装了3个相互垂直的线圈，其中原点处为发送线圈，而目标处为接收线圈。当源点处的3个发送线圈轮流发送电流脉冲时，根据电磁感应定律，将在目标处的 3 个接收线圈中得到不同的感应电流，根据线圈之间的位置及远近，可以在 3 次发送线圈的电流脉冲后得到 9 个不同的接收线圈值，由此可计算出相对位置和方向的 6 个参数。从理论上来说，这提供了在三维空间内跟踪位置和方向的必要信息，但目前这种 Polhenus 传感器还存在一些问题。首先，这种传感器的工作范围很小，由传送器算起，有效范围是半径约 30 英寸的半球形。在此半球形范围内，当传感器与发送器的距离小于 15 英寸时，精确度为 0.13 英寸；当传感器与发送器的距离超过 30 英寸时，精确度为 0.25 英寸。方向角的精确度约为 0.85°。此装置的有效分辨率约为 0.09 英寸～0.18 英寸。由于这种传感器是基于磁场技术的，所以它们的精度和可重复性强烈地依赖于环境的状况。例如，如果附近有铁器、电子设备以及显像管等物体，将非常不利于使用这类传感器，因为这时磁场将会严重扭曲，必须加以校正。

2.4.4　力反馈与触觉反馈

对位置的跟踪与测量描述了人体动作向多媒体系统输入的数字化方法，但对人来说，与外界的触觉交互还要接收由系统反馈回来的信息，也即触觉的"显示"。触觉反馈对于人是一个非常重要的信息来源，特别是在视觉和听觉受到阻碍时，触觉将是大脑判断信息的主要方法。例如，在黑暗中或目标对象被其他物体遮挡时，要去拿或摸一个物体，就需要靠触觉提供物体的位置、表面粗糙度或温度等信息线索。对于很多当前已实现的系统来说，它们的问题之一就是没有触觉反馈功能，对虚拟的对象也不能感知物体表面的质感和温度，这对判断物体对象非常不利。为了解决这一问题，就需要对力反馈和触觉反馈进行模拟。

人体对力反馈和触觉反馈的获得主要靠人体的力感接收机制和自感接收机制来完成。力感接收机制是对外部的感受，靠的是皮肤对外部压力的感觉。例如，对物体表面粗糙度的感知等，反映在皮肤上就是不同的压力。自感接收机制是人体本身对物体的感知，例如抬起一个物体，骨骼和肌肉将会感知到物体的重量。通过人体的感知机制，可以模拟 3 种不同的反馈效果：力反馈、触觉反馈和热反馈。

1. 力反馈

力反馈包括对重量的感知、对阻力的感知（在水中前进与前进中碰壁是不同的阻力）、吸引力（如分子间的吸引力、磁铁的吸引力）等。

建立力反馈的直接方法是利用提供动力的电动机和对人体或人体部位进行力反馈的"外骨系统"。所谓外骨系统，就是固定在人体上所需部位的反馈力的系统，如臂部、手部等。通常，系统让你自由行动，一旦接触到虚拟的物体，系统会在适当的部位产生出对应的反作用力，限制该部位的运动，从而产生出力的感觉。不同反馈将会产生出不同的感觉，对硬的物体和软的物体的感觉就是通过不同力的作用而获得的。

建立力的反馈可以采用简单的方法，通过颜色、声音或运动都可以间接获得力的反馈效果。例如，通过改变屏幕上对象的颜色，可以表示出对象的受力情况。一只手抓住一个棋子，不断地加力，棋子从红色逐渐变为绿色，表示棋子已经抓紧。通过声音也有类似的效果，生气时的重重的关门声"砰！"、钻头钻进不同物体时的不同的声音都反映了不同的力感。

通过力感反馈装置，可以直接提供力的反馈，提供使人感受到的物理力。目前已建造了一些用以提供力感反馈的装置，例如 MIT 的力感反馈控制杆，佛罗里达大学的操纵棍，北卡罗来纳大学的吊挂式力感反馈臂，北卡罗来纳大学的"山地自行车"，Atari 的 Hard Drivin 驾驶轮以及 Hard Racin 的拱廊游戏机等。

2. 触觉反馈

对于触觉的反馈需要能够让人体区别出不同物体的质感和纹理结构。抚摸小猫的皮肤与抚摸乌龟壳的感觉肯定是不一样的。

采用某些物理装置，可以提供一种直接通过皮肤感知的触觉反馈。例如使用一种手套，分布在手套内表面上的是一个具有若干振动凸起物的矩阵，通过这些振动凸起物的作用，可以模拟出一定的触觉效果。这种方法可能不是一种精确的触觉模拟，可能无法辨别织物、木头、金属、岩石等不同的触觉，但是至少给我们提供了对虚拟物体表面接触的指示信号。其他的可能方法还有：在手套内部安装一些可膨胀的特制小泡或微型弹簧，或基于在电荷的作用下某些材料可由液态变为固态以及利用记忆合金的变形功能等。

Exos 公司将一种触觉反馈装置加在了他们的数据手套上，称为 Touchmaster。通过在手套内使用了 30 个可气胀的小袋，提供了一种低分辨率的触觉反馈装置。这些小袋可各自单独膨胀，也可同时膨胀。另一个比较有名的系统是"砂纸"系统，它可以模拟很多种不同的表面粗糙度，使用的是可感知力作用的操纵杆来显示结果。

3. 热觉反馈

热觉反馈也是一种触觉反馈，但它提供的是对温度的反应。当拿一个物体时，应该感觉到物体的温度；当靠近一盆虚拟的篝火时，应能感觉到篝火的温度。这些反馈需要的就是热觉反馈。

有一种热觉反馈系统使用了加热泵、温度传感器和热表面，通过计算机对系统进行控制，控制的温度范围目前在 10℃～35℃。加热泵将热从热表面上移入移出，通过传感器的控制，就可以得到所需要的温度。

最后要说明的是，触觉反馈和力反馈的系统都带有危险性。一旦系统发生故障，就会伤及人体，这也是目前研究者和开发者十分慎重的原因。

2.5　小　　结

媒体和媒体技术是多媒体系统的基础。视觉媒体是使用最多的媒体形式，也是比较成熟的技术。图像、图形、文字、动画、视频等是多媒体系统中最常见的数据。声音媒体可以和视觉空间并行地构造出听觉空间，波形声音、音乐、语音是主要的媒体形式。对媒体的处理包括数字化、再现、压缩、变换等许多方面，处理的基础是人类对这种媒体的心理学感受。了解了媒体心理学，对媒体的处理将会有很大的帮助。视觉媒体、听觉媒体的三维化处理，触觉媒体的初步实现，都预示着未来在多媒体系统与人的交互方面将会迈入一个新的阶段。

习题与思考题

1. 为什么说媒体具有不同的抽象层次？对媒体的抽象层次和性质进行小结。

2. 媒体的空间含义是什么？媒体的时间含义是什么？媒体的时空综合是指什么？什么是媒体的时空"上下文"？

3. 媒体的结合为什么会产生"感觉相乘"的效果？试举几个例子对此加以说明。

4. 什么是媒体的语义？什么是隐喻？

5. 研究声音心理学对声音的处理会带来哪些好处？试举例加以说明。说明掩蔽、临界频带和相位对声音的影响。

6. 声音的数字化过程是怎样的？什么是声音的符号化？

7. 声音的三维化处理所基于的原理是什么？双工理论的作用在何时体现得较为明显，何时又会失效？耳廓模型的建立是为了达到什么样的目标？

8. 视觉心理学对视觉信息的处理辅助体现在哪些地方？如何利用这些心理学特性？

9. 试完整地推导出单视点坐标系中、两眼坐标系中三维空间的一点 $P(x,y,z)$ 投影到 $z=0$ 平面上的二维坐标。

第3章
多媒体数据压缩

多媒体数据的数据量巨大，如果不对它进行压缩，将无法在计算机中存储和传输，也无法在多媒体信息系统中处理。几十年来，人们已经研究了许多种数据压缩方法。本章将介绍数据压缩的基本原理和方法，并介绍声音、图像和视频压缩的相关国际标准。

3.1 多媒体数据压缩技术概述

在多媒体系统中，为了达到令人满意的图像、视频画面质量和听觉效果，必须解决视频、图像和音频信号数据的大容量存储和实时传输问题。

数字化的视频信号和音频信号的数据量是非常大的。例如，一幅具有中等分辨率（640×480）的真彩色图像（24bit/像素），它的数据量约为 7.37Mbit/帧，若要达到每秒 25 帧的显示要求，每秒所需的数据量为 184Mbit，而且要求系统的数据传输率也必须达到 184Mbit/s。对于声音也是如此，若采用 16bit 样值的 PCM 编码，采样速率选为 44.1kHz，则双声道立体声声音每秒将有 176KB 的数据量。由此可见音频、视频的数据量之大，如果不进行处理，计算机系统对它进行存取和交换的代价太大。

另一方面，视频、图像和声音这些媒体确实又具有很大的压缩潜力，数据的冗余度很大。以目前常用的位图格式图像存储方式为例，在这种形式的图像数据中，像素与像素之间无论在行方向还是在列方向上都有很大的相关性，因而整体上数据的冗余度很大。因此，在允许一定限度失真的前提下，能够对图像数据进行压缩。

数据压缩是以一定的质量损失为容限，按照某种方法从给定的信源中推出已简化的数据表述。它通过减少信号空间的量，使信号能安排到给定的消息集或数据样本集中。数据之所以能够压缩是基于原始信源的数据存在着冗余度。信息理论认为：若信源编码的熵大于信源的实际熵，该信源中一定存在冗余，去掉冗余不会减少信息量，仍可原样恢复数据；但若减少了熵，数据则不能完全恢复。不过在允许的范围内损失一定的熵，数据可以近似恢复。

3.1.1 数据冗余的类型

一般而言，图像、视频和音频数据中存在的数据冗余类型主要有以下几种。

（1）空间冗余

在同一幅图像中，规则物体和规则背景的表面物理特性具有相关性，这些相关性的光成像结果在数字化图像中就表现为数据冗余。

（2）时间冗余

时间冗余反映在图像序列中就是相邻帧图像之间有较大的相关性，一帧图像中的某物体或场景可以由其他帧图像中的物体或场景重构出来。音频的前后样值之间也同样有时间冗余。

（3）信息熵冗余

信源编码时，当分配给第 i 个码元类的比特数 $b(y_i)=-\lg p_i$ 时，才能使编码后单位数据量等于其信源熵，即达到其压缩极限。但实际中各码元类的先验概率很难预知，比特分配不能达到最佳。实际单位数据量 $d>H(S)$，即存在信息冗余熵。

（4）视觉冗余

人眼对于图像场的注意是非均匀的，人眼并不能察觉图像场的所有变化。事实上人类视觉的一般分辨能力为 2^6 灰度等级，而一般图像的量化采用的是 2^8 灰度等级，即存在着视觉冗余。

（5）听觉冗余

人耳对不同频率的声音的敏感性是不同的，并不能察觉所有频率的变化，对某些频率不必特别关注，因此存在听觉冗余。

（6）其他冗余

包括结构冗余、知识冗余等。

3.1.2　数据压缩方法的分类

随着数字通信技术和计算机技术的发展，数据压缩技术已日渐成熟，适合各种应用场合的编码方法不断产生。针对多媒体数据冗余类型的不同，相应地有不同的压缩方法。根据解码后数据与原始数据是否完全一致进行分类，压缩方法可分为有失真编码和无失真编码两大类。在此基础上根据编码原理进行分类，大致有：预测编码、变换编码、统计编码、分析—合成编码、混合编码和其他一些编码方法。其中统计编码是无失真的编码，其他编码方法基本上都是有失真的编码。

有失真压缩法压缩了熵，会减少信息量，而损失的信息是不能再恢复的，因此这种压缩法是不可逆的。无失真压缩法去掉或减少了数据中的冗余，但这些冗余值可以重新插入到数据中，因此冗余压缩是可逆的过程。有失真压缩法的冗余压缩取决于初始信号的类型、前后的相关性、信号的语义内容等。由于允许一定程度的失真，可用于对图像、声音、动态视频等数据的压缩。例如，采用混合编码的 JPEG 标准，它对自然景物的灰度图像，一般可压缩几倍到十几倍，而对于自然景物的彩色图像，压缩比将达到几十倍甚至上百倍。采用 ADPCM 编码的声音数据，压缩比通常也能做到 4∶1～8∶1。压缩比最为可观的是动态视频数据，采用混合编码的 DVI 多媒体系统，压缩比通常可达 50∶1～100∶1。

无失真压缩法不会产生失真，从信息语义角度讲，无失真编码是泛指那种不考虑被压缩信息的性质的编码和压缩技术，它是基于平均信息量的技术，并把所有的数据当作比特序列，而不是根据压缩信息的类型来优化压缩。也就是说，平均信息量编码忽略被压缩信息的语义内容。在多媒体技术中一般用于文本、数据的压缩，它能保证百分之百地恢复原始数据。但这种方法压缩比较低，如 LZW 编码、行程编码和霍夫曼（Huffman）编码的压缩比一般为 2∶1～5∶1。

3.1.3　数据压缩技术的性能指标

评价一种数据压缩技术的性能好坏主要有 3 个关键的指标：压缩比、图像质量、压缩和解压的速度。希望压缩比要大，即压缩前后所需的信息存储量之比要大；恢复效果要好，尽可能地恢复原始数据；实现压缩的算法要简单，压缩、解压速度快，尽可能地做到实时压缩解压。除此之外还要考虑压缩算法所需要的软件和硬件。

第一个指标是压缩比，即压缩过程中输入数据量和输出数据量之比。在实际应用中一种更好的定义是压缩比特流中每个像素所需的比特数，即 bit/pixel（bit per pixel）。

第二个指标是图像质量，这与压缩的类型有关。压缩方法可以分为无损压缩和有损压缩。无损压缩是指压缩以及解压过程中没有损失原始图像信息，所以对无损系统不必担心图像的质量。有损压缩则要对原始图像作一些改变，这样压缩前后图像不完全相同，但人眼难以察觉。对有损压缩结果的评价分为主观评分和客观尺度两种。主观评分是建立在人眼对图像的视觉感观上的，其分值为 1~5，见表 3.1。

表 3.1　　　　　　　　　　　　　　　尺度评分法项目

妨 碍 尺 度	质 量 尺 度
5. 丝毫看不出图像质量变坏	5. 非常好
4. 能看出图像质量变化，但不妨碍观看	4. 好
3. 清楚地看出图像质量变坏，对观看稍有妨碍	3. 一般
2. 对观看有妨碍	2. 差
1. 非常严重地妨碍观看	1. 非常差

而客观尺度通常有以下几种。

均方误差：
$$E_n = \frac{1}{n}\sum_i (x(i) - \hat{x}(i))^2$$

信噪比：
$$SNR = 10\lg\frac{\sigma_x^2}{\sigma_r^2} \quad (\text{dB})$$

峰值信噪比：
$$PSNR = 10\lg\frac{x_{\max}^2}{\sigma_r^2} \quad (\text{dB})$$

其中，$x(n)$ 为原始图像信号序列，$\hat{x}(n)$ 为重建图像信号，$x_{\max}$ 为 $x(n)$ 的峰值。

$$\sigma_x^2 = E[x^2(n)], \quad \sigma_r^2 = E\{[\hat{x}(n) - x(n)]^2\}$$

第三个指标是压缩解压速度，希望压缩解压速度要快。在许多应用中，压缩和解压将在不同的时间、不同的地点、不同的系统中进行，因而必须分别评价压缩和解压速度。在静态图像中，压缩速度没有解压速度要求严格，处理速度只需比用户能够忍受的等待时间快一些即可。但对于动态视频的压缩与解压缩，速度问题是至关重要的。动态视频为保证帧间动作变化的连贯要求，必须有较高的帧速。通常至少要每秒 15 帧，而全动态视频则要求有 25 帧/秒或 30 帧/秒。在电话线上传送视频，因为受到线路传输速率的限制，帧速率没有这么高，但也要达到每秒 5 帧以上，否则动态图像就会产生跳动感，使人难以接受。

此外还要考虑软件和硬件的开销。有些数据的压缩和解压可以在标准的 PC 硬件上用软件实现，有些则因为算法太复杂或者质量要求太高而必须采用专门的硬件。这就需要在占用 PC 上的计算资源或者另外使用专门硬件的问题上做出选择。

3.2　常用的数据压缩编码方法

3.2.1　DPCM 和 ADPCM 编码

DPCM 和 ADPCM 是两种典型的预测编码。预测编码是根据原始的离散信号之间存在着一定关联性的特点，利用前面的一个或多个信号对下一个信号进行预测，然后对实际值和预测值的差（预测误差）进行编码。如果预测比较准确，误差信号就会很小（通常采用均方误差最小）。因此，在同等精度要求的条件下，就可以用比较少的数码进行编码，达到压缩数据的目的。DPCM 和 ADPCM 较适合用于声音和图像数据的压缩，因为这些数据均由采样得到，相邻样值之间的差不会相差很大，可以用较少的位来表示差值。由于在对差值编码时进行了量化，因此预测编码是一种有失真编码方法。

1. DPCM

PCM 即为脉冲编码调制，它是将原始的模拟信号经过时间采样，然后对每一样值进行量化，作为数字信号传输。DPCM 是差分脉冲编码调制的英文缩写，它不是对每一样值都进行量化，而是预测下一个样值，并量化实际值和预测值之间的差，达到压缩的目的。解压时也使用同样的预测器，并将这一预测值和存储的已量化的差值相加，产生出近似的原始信号，基本恢复原始数据。在 DPCM 中，特殊的"1bit 量化"情况称△调制。

DPCM 系统的基本原理框图如图 3.1 所示，它对已知的样值和预测值之间的差进行量化，达到压缩的目的。解压时也使用同样的预测器，并将这一预测值和存储的已量化的差值相加，产生近似的原始信号，基本恢复原始数据。

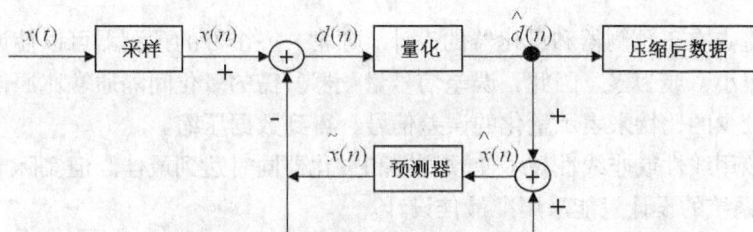

DPCM 编码框图

(a)

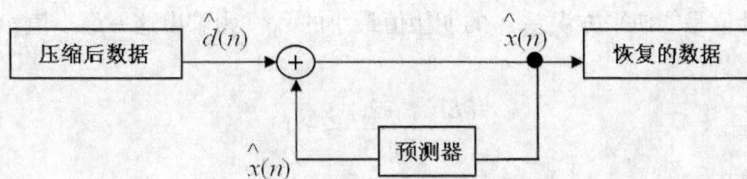

DPCM 译码框图

(b)

图 3.1　DPCM 系统框图

图中：$x(n)$ 为采样的图像或声音数据；

　　　$\tilde{x}(n)$ 是 $x(n)$ 的预测值；

　　　$d(n) = x(n) - \tilde{x}(n)$ 是实际值与预测值的差值；

　　　$\hat{d}(n)$ 是 $d(n)$ 的量化值；

　　　$\hat{x}(n)$ 是引入了量化误差的 $x(n)$。

通过下面的简单例子，可以说明 DPCM 系统的工作原理。

例：DPCM 系统如图 3.2 所示，预测器的预测值为前一个样值（图中 D 表示单位延迟），假设输入信号已经量化，差值不再进行量化。若 DPCM 系统的输入为 $\{0\ 1\ 2\ 1\ 1\ 2\ 3\ 3\ 4\ 4\cdots\}$，则编码过程如下：

$x(n)$	0	1	2	1	1	2	3	3	4	4	$\cdots$
$\tilde{x}(n)$	0	0	1	2	1	1	2	3	3	4	$\cdots$
$d(n)$	0	1	1	-1	0	1	1	0	1	0	$\cdots$

通过比较 $x(n)$ 和 $d(n)$，可见编码系统输出的 $d(n)$ 的幅度变小了，可以用较少的比特数编码，由此压缩了数据。

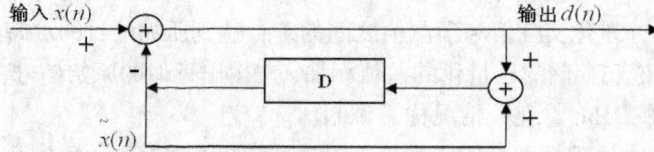

单位延迟的 DPCM 系统

图 3.2　单位延迟的 DPCM 系统

DPCM 的关键点在于预测器和量化器的设计。通常，一个好的预测器可以使许多预测值和实际值之间的差值很小，或为零。因此，误差信号量化器所需的量化间隔通常比原信号所需的量化间隔少，可以用较少的比特来表示量化的误差信号，得到数据压缩。

理论上，应该用线性或非线性技术使预测器和量化器同时达到最佳。但实际上，这不容易做到。因此 DPCM 系统的设计只能采用准最佳设计。

设计预测器时，假设没有量化器，并假设预测是在原始数据上进行。若线性预测器用前面的样值 s_1, s_2, $\cdots$, s_n 来预测样值 s_0，则预测值为

$$\hat{s}_0 = a_1 s_1 + a_2 s_2 + \cdots + a_n s_n$$

令 $e_0 = s_0 - \hat{s}_0$

s_0 的最佳估计值是能使平方误差 e_0 的期望值最小的 $\hat{s}_0$。为求出这一最小值，需计算偏导数，并令偏导数为零。即令

$$\frac{\partial E[(s_0 - \hat{s}_0)^2]}{\partial a_i} = 0$$

由协方差的定义 $R_{ij}=E[s_i s_j]$ 可得到一组联立方程

$$R_{ij} = a_1 R_{1i} + a_2 R_{2i} + \cdots + a_n R_{ni} \qquad i = 1,\ 2,\ \cdots,\ n$$

从中可求出 a_1, a_2, $\cdots$, a_n，此时均方误差最小。

预测器的复杂性与线性预测中使用的样值数目 n 有关。而这一数目依赖于原始信号的协方差特性，最简单的预测器只用前面的一个样值，对于这种情况，

$$a_1 = \frac{R_{01}}{\sigma^2} \qquad \hat{s}_0 = \frac{R_{01}}{\sigma^2} s_1$$

式中 σ^2 为信号的方差。

显然，准最佳预测器的预测系数依赖于原始数据的统计特性，这对实际使用是不方便的。为了简化预测器，使 DPCM 系统能做到实时压缩，实际中常常用固定的预测参数来代替最佳系数。例如，在 JPEG 图像压缩标准中，可以选择前一样值作为下一样值的预测值，虽然在性能上稍有

差别，但效率得到了提高。

2. ADPCM 编码

ADPCM 是自适应差分脉冲调制编码的英文缩写。进一步改善量化性能或压缩数据率的方法是采用自适应量化或自适应预测，任一种采用自适应方法都称作 ADPCM。

在一定的量化级数下减少量化误差或在同样的误差条件下压缩数据率，根据信号分布不均匀的特点，系统具有随输入信号的变化而改变量化区间大小，以保持输入给量化器的信号基本均匀的能力，这种能力称为自适应量化。对于能量分布较大的系数分配较多的比特数，采用较小的量化步长；反之分配较少的比特数，采用较大的量化步长，从而达到压缩的目的。

另外，预测参数的最佳化依赖于信源的统计特性，要得到最佳预测参数是一件繁琐的工作，而采用固定的预测参数往往又得不到较好的性能。为了既能使性能较佳，又不至于有太大的计算工作量，通常将上述两种方法折中考虑，采用自适应预测。自适应预测时，为了减少计算工作量，仍采用固定的预测参数，但此时有多组预测参数可供选择，这些预测参数根据常见的信源特征求得。编码时具体采用哪组预测参数需根据信源的特性来自适应地确定。为了自适应地选择最佳参数，通常将信源数据分区间编码，自动地选择一组预测参数，使该区间实际值与预测值的均方误差最小。随着编码区间的不同，预测参数自适应地变化，以达到准最佳预测。例如 Microsoft 的 ADPCM 采用二样值预测，提供 7 组预测系数，编码时根据选定的准则（如最小均方误差准则），每个编码区间自动地选取一组最佳的参数。

3.2.2　离散余弦变换编码

变换编码是有失真编码的一种重要的编码类型。在变换编码中，原始数据从初始空间或者时间域进行数学变换，使得信号中最重要的部分（例如包含最大能量的最重要的系数）在变换域中易于识别，并且集中出现，可以重点处理；而能量较少的部分较分散，可以进行粗处理。例如将时域信号变换到频域，因为声音和图像的大部分信息都是低频信号，在频域中比较集中，再进行采样编码可以压缩数据。该变换过程是逆过程，使用反变换可以恢复原始数据。

变换编码系统中压缩数据有 3 个步骤：变换、变换域采样和量化。变换是可逆的，本身并不进行数据压缩，它只把信号映射到另一个域，使信号在变换域里容易进行压缩，变换后的样值更独立和有序。在变换编码系统中，用于量化一组变换样值的比特总数是固定的，它总是小于对所有变换样值用固定长度均匀量化进行编码所需的总数，所以量化使数据得到压缩，是变换编码中不可缺少的一步。为了取得满意的结果，某些重要系数的编码位数比其他的要多，某些系数干脆就被忽略了。在对量化后的变换样值进行比特分配时，要考虑使整个量化失真最小。因此，该过程就称为有损压缩。

数据压缩主要是去除信源的相关性。若考虑到信号存在于无限区间上，而变换区域又是有限的，则表征相关性的统计特性就是协方差矩阵，协方差矩阵主对角线上各元素就是变量的方差，其余元素就是变量的协方差，且为一对称矩阵。当协方差矩阵中除对角线上元素之外的各元素全部为零时，就等效于相关性为零。所以，为了有效地进行数据压缩，常常希望变换后的协方差矩阵为一对角矩阵，同时也希望主对角线上各元素随 i，j 的增加很快衰减。因此，变换编码的关键在于：在已知输入信号矩阵 X 的条件下，根据它的协方差矩阵去寻找一种正交变换 T，使变换后的协方差矩阵满足或接近为一对角矩阵。

当经过正交变换后的协方差矩阵为一对角矩阵，且具有最小均方误差时，该变换称为最佳变换，也称 Karhunen-Loeve（K-L）变换。可以证明，以矢量信号的协方差矩阵的归一化正交特征向量所构成的正交矩阵，对该矢量信号所作的正交变换能使变换后的协方差矩阵达到对角矩阵。

　　K-L 变换虽然具有均方误差意义下的最佳性能，但需要预先知道原始数据的协方差矩阵，再求出其特征值。而求特征值与特征向量并非易事，在维数较高时甚至求不出来。即使能借助于计算机求解，也很难满足实时处理的要求，而且从编码应用看还需要将这些信息传送给解码端。这是 K-L 变换不能在工程上广泛应用的原因。人们一方面继续寻求特征值与特征向量的快速算法，另一方面则寻找一些虽不是最佳，但也有较好相关性与能量集中性能，而实现起来很容易的一些变换方法，而把 K-L 变换常常作为对其他变换性能的评价标准。

　　如果变换后的协方差矩阵接近对角矩阵，该类变换就称准最佳变换，它去除相关性不一定最佳，但它可以用固定的正交变换矩阵来对不同的信源进行数据压缩。从实用角度讲，可达到简便、易于实现的目的。典型的准最佳变换有 DCT（离散余弦变换）、DFT（离散傅里叶变换）、WHT（Walsh Hadama 变换）、HrT（Haar 变换）等。其中，最常用的变换是离散余弦变换（DCT）。它可对固定的某一像素块（例如 8×8 的块）进行变换。变换后的数据称为 DCT 系数，空间频率为零的系数称为直流分量系数，它是块中所有像素的平均值，其余 63 个系数称为交流分量系数，在多数情况下许多高频系数为零或接近于零，可被忽略。当图像数据满足一定分布时，DCT 的性能与 K-L 变换相近，而且 DCT 变换核固定，并已有快速算法，便于软件和硬件实现，因此在实际视频压缩算法中广泛使用，是多媒体压缩标准 JPEG、MPEG 和 H.261、H.263 等所采用的基本算法。

　　DCT 变换编码时，将输入信号和 DCT 正交矩阵相乘就可完成。设数据域是 $M \times N$ 的矩阵$[f]$，变换域为 $M \times N$ 的矩阵$[C]$，则二维 DCT 变换的正变换可表示为

$$C(u,v) = \frac{4}{MN} E(u)E(v) \left[\sum_{x=0}^{M-1} \sum_{y=0}^{N-1} f(x,y) \cdot \cos \frac{(2x+1)u\pi}{2M} \cdot \cos \frac{(2y+1)v\pi}{2N} \right]$$

$$u=0,1,\cdots,M-1$$
$$v=0,1,\cdots,M-1$$

逆变换为

$$f(x,y) = \left[\sum_{u=0}^{M-1} \sum_{v=0}^{N-1} E(u)E(v)C(u,v) \cdot \cos \frac{(2x+1)u\pi}{2M} \cdot \cos \frac{(2y+1)v\pi}{2N} \right]$$

$$x=0,1,\cdots,M-1$$
$$y=0,1,\cdots,M-1$$

其中，

$$\begin{cases} E(u) = E(v) = 1/\sqrt{2} & \text{当 } u,\ v=0 \\ E(u) = E(v) = 1 & \text{其他} \end{cases}$$

3.2.3　行程编码和 Huffman 编码

　　统计编码包括行程编码（Run Length Coding）、LZW 编码、Huffman 编码、算术编码等，属于无失真编码。它是根据信息出现概率的分布特性而进行的压缩编码。其方法是：识别一个给定的数据流中出现概率最高的比特（bit）或者字节（Byte）模式，并用比原始比特更少的比特数来对其编码。也就是说，出现概率越低的模式，其编码的位数就越多，出现概率越高的模式编码位

数就越少。如果码流中所有模式出现的概率相等,则平均信息量最大,信源没有冗余。这种编码的宗旨在于,在消息和码字之间找到明确的一一对应关系,以便在恢复时能准确无误地再现,并总是要使平均码长或码率压低到最低限度。

1. 行程编码

行程编码是最简单、最古老的压缩技术之一,主要技术是检测重复的比特或者字符序列,并用它们的出现次数取而代之。它计算信源符号出现的行程长度,然后将行程长度转换成代码。

行程编码有多种编码方式,对于 0 出现较多,1 较少出现(或反之)的信源数据,可以对 0 的持续长度(或 1 的持续长度)进行编码,1(或 0)保持不变。而对于 0、1 交替出现的数据,可以分别对 0 的持续长度和 1 的持续长度编码。这种编码适合于 0、1 成片出现的数据的压缩。为了保证解压缩时保持颜色同步,所有的数据行以白色行程代码字集开始。如果实际的扫描线从黑色行程开始,那么假设起始有白色的 0 行程。黑色或白色行程由规定的代码字来定义。代码字有两种类型:结束代码字和组成代码字。每个行程由 0 个或更多的组成代码字和一个确定的结束代码字来表示。在 0~63 范围内的行程由相应的结束代码字编码。64~2 623(2 560+63)范围内的行程首先由组成代码字编码,它表示最接近、但不大于所要求的行程,后面再跟结束代码字。行程大于或等于 2 624 时,首先由组成代码 2 560 编码。如果行程的剩余部分仍大于 2 560,则产生附加的组成代码 2 560,直到行程的剩余部分少于 2 560,再按前述方法编码。如果一行的行程总量不等于图像宽度域中的值,则被认为是不可恢复的错误。

2. Huffman 编码

Huffman(霍夫曼)于 1952 年提出了对统计独立信源能达到最小平均码长的编码方法,即最佳码,它完全依据字符出现概率来构造,各码字长度严格按照所对应符号出现概率的大小逆序排列。最佳性可从理论上证明。这种码具有即时性和唯一可译性。

编码时,首先将信源符号按概率递减顺序排列,把两个最小的概率加起来,作为新符号的概率,重复此过程,直到概率和达到 1 为止。然后在每次合并消息时,将被合并的消息赋以 1 和 0 或 0 和 1,寻找从每一信源符号到概率为 1 处的路径,记录下路径上的 1 和 0,对每一符号写出"1"、"0"序列(从码树的右边到左边)。编码过程如下。

① 将信源符号按概率递减顺序排列。

② 把两个最小的概率加起来,作为新符号的概率。

③ 重复步骤①、②,直到概率和达到 1 为止。

④ 在每次合并消息时,将被合并的消息赋以 1 和 0 或 0 和 1。

⑤ 寻找从每一信源符号到概率为 1 处的路径,记录下路径上的 1 和 0。

⑥ 对每一符号写出"1""0"序列(从码树的右边到左边)。

Huffman 编码过程实际上是构造一个向左倾倒的码树,右上端为根,向左伸出枝,左端各终节点分配着信源符号,所以这种编码方法可以看作从枝到根的编码顺序,编出的码一定是唯一可译的即时码。当然,这种最佳码并非唯一,因为"1"和"0"可以任意调换,而且当有的信源符号概率相等时,选择哪两个符号合并也是任意的。

这种由 Huffman 提出的最佳变长码编码法,当信源符号概率是 2 的负幂次方时,编码效率达到 100%。通常,它的编码效率要比其他编码方法的效率高,是最佳变长码。但 Huffman 码依赖于信源的统计特性,必须先统计得到信源的概率特性才能编码,这就限制了实际的应用。通常可在经验基础上预先提供 Huffman 码表,此时性能有所下降。此外,Huffman 码缺乏构造性,即它不能用某种数学方法建立起消息和码字之间的一一对应关系,而只能通过某种查表的方法建立起它们的对应关系。如果消息数目很多，则所需存储的码表也很大，这将影响系统的存储量及编、译码速度。

3.2.4　小波变换编码

小波变换（Wavelet Transform）的概念是由法国 J.Morlet 在 1974 年首先提出的，但直到 1986 年数学家 Y.Meyer 偶然构造出一个真正的小波基，并与 S.Mallat 合作建立了构造小波基的方法后，小波分析才开始蓬勃发展起来。

小波变换是空间（时间）和频率的局部变换，因而能有效地从信号中提取信息。通过伸缩和平移等运算功能可对函数或信号进行多尺度的细化分析，最终达到高频处时间细分，低频处频率细分，能自动适应时频信号分析的要求，从而可聚焦到信号的任意细节，解决了 Fourier 变换不能解决的许多困难问题。

近年来，小波变换在静态图像压缩方面也得到了较好的应用，它的特点是压缩比高，压缩速度快，压缩后能保持信号与图像的特征不变，且在传递中可以抗干扰。小波变换是一种有效的时频域分析工具，它是一个线性变换，能够将一个信号分解成对空间和时间、频率的独立贡献，同时又不失原信号所包含的信息。小波变换不一定要求是正交，小波基不唯一。小波系数的时宽-带宽积很小，且在时间和频率轴上都很集中，也就是说，经过小波变换后的图像能量很集中，便于对不同的分量作不同的处理，达到较高的压缩比。图像的小波变换可以理解为图像信号经过一系列带宽通过滤波器的结果，这组滤波器在对数意义下具有相同的带宽，从小波变换后不同分层定位中，提取出图像的特征，即低频部分平滑，表示背景；高频部分不平稳，表示细节。利用不同层次对恢复图像的贡献大小和对人眼视觉系统影响的大小，采用不同的编码方法，可以达到图像压缩的目的。基于小波分析的压缩方法很多，比较成功的有最优小波包基方法，小波域纹理模型方法，小波变换零树压缩，小波变换向量压缩等。

3.3　音频压缩标准

音频信号是多媒体信息的重要组成部分。音频信号可分成电话质量的语音、调幅广播质量的音频信号和高保真立体声信号。针对不同的音频信号，ITU-T 和 ISO 先后提出了一系列的有关音频压缩编码的建议。这些标准广泛地用于多媒体技术和通信中。本节介绍部分音频信号的国际压缩标准。

3.3.1　音频压缩编码的基本方法

音频信号的压缩方法有多种，如图 3.3 所示。无损压缩法包括不引入任何数据失真的各种熵编码；有损压缩法又可分为波形编码、模型编码和同时利用这两种技术的混合编码方法。

波形编码利用抽样和量化过程来表示音频信号的波形，使编码后的音频信号与原始信号的波形尽可能匹配。它主要根据人耳的听觉特性进行量化，以达到压缩数据的目的。波形编码的特点是适应性强，音频质量好，在较高码率的条件下可以获得高质量的音频信号，适合于高质量的音频信号，也适合于高保真语音和音乐信号，但波形编码压缩比不大。

参数编码把音频信号表示成某种模型的输出，利用特征提取的方法抽取必要的模型参数和激励信号的信息，并对这些信息编码，最后在输出端合成原始信号。其目的是重建音频，保持原始音频的特性。常用的音频参数有线性预测系数、滤波器组等。参数编码的压缩率很大,但计算量大,保真度不高,适合于语音信号的编码。

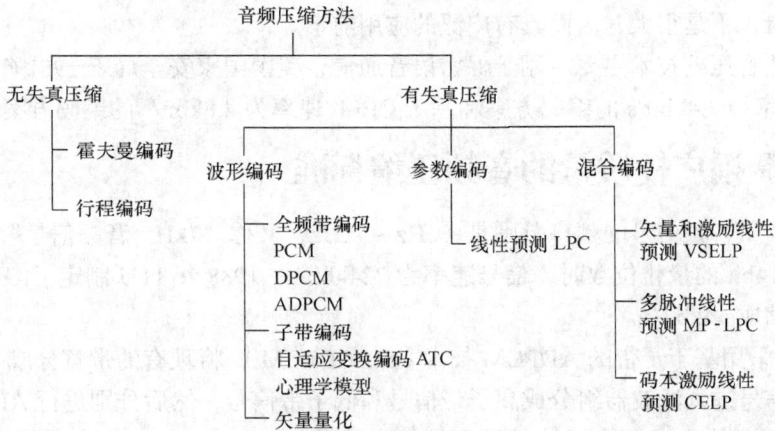

图 3.3 音频信号的压缩方法

混合编码介于波形编码和参数编码之间,集中了这两种方法的优点,可以在较低的码率上得到较高的音质。例如,码本激励线性预测编码(CELP)、多脉冲激励线性预测编码(MPLPC)等。

对于音频质量的评价分为客观评价和主观评价。客观评价是通过测量某些特性来评价解码音频的质量,如测量信噪比等。客观评价计算简单,但与人对音频的感知不完全一致。得到广泛应用的是主观评价方法,如利用主观意见打分法(Mean Opinion Score,MOS)来度量,这种方法分为 5(优)、4(良)、3(中)、2(差)、1(劣)五级。

3.3.2 电话质量的语音压缩标准

电话质量语音信号的频率范围是 300Hz ~ 3.4kHz,用标准的 PCM,当采样频率为 8kHz,量化位数为 8bit 时所对应的速率为 64kbit/s。为了压缩音频数据,国际上从 ITU-T 最初的 G.711 64kbit/s A(μ)律 PCM 编码标准开始,已制定了一系列的语音压缩编码的标准。这些压缩标准中充分利用了线性预测技术、矢量量化技术和综合分析技术,典型的算法有 ADPCM、码本激励线性预测编码(CELP)、短时延码本激励线性预测编码(LD-CELP)、长时线性预测规则码激励(RPE-LTP)、矢量和激励线性预测编码(VSELP)等。ITU 建议的用于电话质量的语音压缩标准见表 3.2。

表 3.2 ITU 建议的用于电话质量的语音压缩标准

标　准	说　明
G.711	采用 PCM,采样速率为 8kHz,量化位数为 8bit,对应的比特流速率为 64kbit/s。使用了非线性量化技术
G.721	将 64kbit/s 的比特流转换成 32kbit/s 的比特流,基于 ADPCM;每个数值差分用 4 位编码,采样率为 8kHz
G.723	一种以 24kbit/s 运行的基于 ADPCM 的有损压缩标准
G.728	采用 LD-CELP 压缩技术;比特率为 16kbit/s,带宽限于 3.4kHz;音质与 G.721 标准相当

随着数字移动通信的发展,人们对于低速语音编码有了更迫切的要求。1983 年欧洲数字移动特别工作组(GSM)制定了采用长时线性预测规则码激励(RPE-LTP)压缩技术的 GSM 编码标

准，作为一种移动电话的压缩标准。其 6.1 版本可在 13.2kbit/s 下运行，采样率为 8kHz。但压缩的音质不如 G.711 系统。1989 年美国公布的数字移动通信标准（CTIA）采用矢量和激励线性预测技术（VSELP），速率为 8kbit/s。8kbit/s 和 13kbit/s 的语音压缩标准具有较大的压缩率和较高的语音质量，计算量也不是很大，因而具有广泛的应用前景。

更低速的语音压缩技术主要应用于保密语音通信，美国国家安全局于 1982 年和 1989 年制定了基于 LPC 速率为 2.4kbit/s 的编码方案和基于 CELP 速率为 4.8kbit/s 的编码方案。

3.3.3　调幅广播质量的音频压缩标准

调幅广播质量音频信号的频率范围是 50Hz ~ 7kHz，又称 "7kHz 音频信号"，当使用 16kHz 的抽样频率和 14bit 的量化位数时，信号速率为 224kbit/s。1988 年 ITU 制定了 G.722 标准，它可把信号速率压缩成 64kbit/s。

G.722 标准采用基于子带的 ADPCM 技术（SB-ADPCM），将现有的带宽分成两个独立的子带信道，使输入信号进入滤波器组分成高子带信号和低子带信号，然后分别进行 ADPCM 编码，最后进入混合器形成输出码流。压缩信号的带宽范围为 50Hz ~ 7kHz。在标准模式下，采样率为 16kHz，幅度深度为 14bit。同时 G.722 标准还可以提供数据插入的功能（最高插入速率为 16kbit/s）。利用 G.722 标准可以在窄带 ISDN 的一个 B 信道上传输调幅广播质量的音频信号。由于这种压缩方法能够在每秒 8KB 的存储量下给出相当好的音乐信号，也适合于需要存储大量高质量音频信号的多媒体系统使用。

3.3.4　高保真立体声音频压缩标准

高保真立体声音频信号的频率范围是 50Hz ~ 20kHz，在 44.1kHz 抽样频率下用 16bit 量化，信号速率为每声道 705kbit/s。目前国际上比较成熟的高保真立体声音频压缩标准为 "MPEG 音频"。MPEG 是动态图像编码的国际标准，"MPEG 音频" 是该标准中的一部分。

ISO 的 MPEG 音频标准对声音的编码进行了规定，包括音频编码方法、存储方法和解码方法。编码器的输入和解码器的输出都与现存的 PCM 标准兼容，音频使用的采样率一般为 32kHz、44.1kHz 和 48kHz。MPEG 音频压缩方法中应用了许多典型的方法，传输速率为每声道 32kbit/s ~ 448kbit/s。

根据应用的需求，可以使用不同层次的编码系统，编码器的复杂性和性能也随之不同。MPEG 音频分为 3 个层次：第 1 层把数字音频分为 32 个子带的基本映像，将数据格式化成块的固定分段，决定自适应位分配的心理学模型，使用会压扩和格式化的量化器；第 2 层提供了位分配、缩放因子和抽样的附加编码，使用了不同的帧格式；第 3 层采用混合带通滤波器来提高频率分辨率，它增加了差值非均匀量化、自适应分段和量化值的熵编码。

编码器处理数字音频信号，并生成存储所需要的数据流。但编码器的算法并没有标准化，可以使用多种算法，例如音频掩蔽阈值估计的编码、量化和缩放，只要编码器输出的数据能符合标准即可。编码器的原理框图如图 3.4 所示。

编码的过程如下：输入的音频采样值读入编码器，映像器首先对音频数据流进行滤波，然后建立输入音频数据流的子带采样表示。在第 1 层、第 2 层是子带采样，在第 3 层是经变换的子带采样。心理学模型建立控制量化和编码的一组数据，这些数据随实际编码器而变。一种可能的办法是利用音频掩蔽阈值来控制量化器，量化和编码部分是从已映像输入采样数据中生成的一组编码符号，这部分也与编码系统有关。编码的结果将封装成帧，如果需要，再加上其他信息，例如校正信息等。

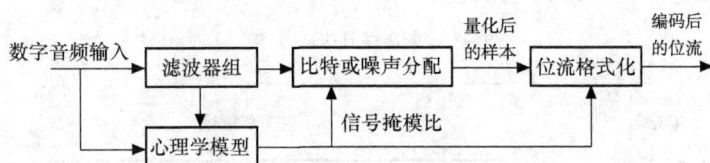

图 3.4　MPEG 音频编码器的原理框图

　　滤波器组实现时域到频域的转换。MPEG 音频算法中使用了两个滤波器组，一个是多相滤波器组，另一个是混合多相 MDCT 滤波器组。滤波器输出的是量化了的值。第 1 层和第 2 层使用了一个有 32 个子带的滤波器组，第 3 层的滤波器组的分辨率与信号有关。比特或噪声分配器既要考虑滤波器组的输出样本，又要考虑由心理声学模型输出的信号掩蔽比，并调整位分配或噪声分配，以满足位速率要求和掩蔽的需求。位流格式化器取得量化的滤波器输出，与位分配和噪声分配及其他所需的辅助信息一起，用有效的方式进行编码和格式化。

　　MPEG 音频有两个心理学模型。声音心理学模型的计算要适用于相应的层次，而且算法有一定的灵活性。这两个模型即声音心理学模型 1 和声音心理学模型 2。其中声音心理学模型 1 主要应用于第 1 层和第 2 层。声音心理学模型 2 是一个独立的模型，主要应用于第 3 层，也可以经过适当的调整来适应 MPEG 的任何层次。声音心理学模型主要用于编码，人们利用模型来判断哪些频率中的音在整个音中对人们的影响最大。据此，在编码时，对这些音适当增加量化的级数，可获得更好的效果。因此，两个声音心理学模型都通过计算信号的掩蔽比来为编码服务。声音心理学模型 1 通过对频率的分析，得到音调和非音调的成分，并求得掩蔽阈值，最后得到子带的信息掩蔽比。声音心理学模型 2 从能量入手，运用卷积等工具，也可得到信号的掩蔽比。

　　MPEG 音频的解码首先要做的事情是使解码器与位流同步，通过搜索同步字，便可获得同步。识别和处理编码数据的公共数据以后，开始对各层进行编码。首先读取位分配信息以及第一个子带的缩放因子，进行位分配解码。缩放因子选择信息解码，对子带样点进行逆量化，通过合成子带滤波器后，输出 PCM 采样值。这是第 1 层和第 2 层的解码过程。第 3 层的解码最复杂，主要包括找同步、附加信息、主数据开始、缩放因子、霍夫曼编码、逆量化器、逆量化和全缩放公式、重排序、立体声处理、合成滤波器组等。

3.4　图像和视频压缩标准

　　在多媒体系统中，图像和视频信息占用了相当大的存储空间，这给计算机的存储、访问、处理以及在通信线路上的传输都带来了巨大的负担。但图像和视频信息存在大量的冗余，这些冗余可以采用各种方法进行压缩。

3.4.1　图像和视频压缩编码的基本方法

　　图像和视频的压缩方法也可以分成两种类型：有失真压缩和无失真压缩。如图 3.5 所示。无失真压缩是利用数据的统计特性来进行数据压缩，典型的编码有 Huffman 编码、行程编码、算术编码和 LZW 编码。有失真压缩不能完全恢复原始数据，而是利用人的视觉特性使解压缩后的图像看起来与原始图像一样。主要方法有预测编码、变换编码、模型编码、基于重要性的编码以及混合编码方法等。压缩比随着编码方法的不同差别较大。

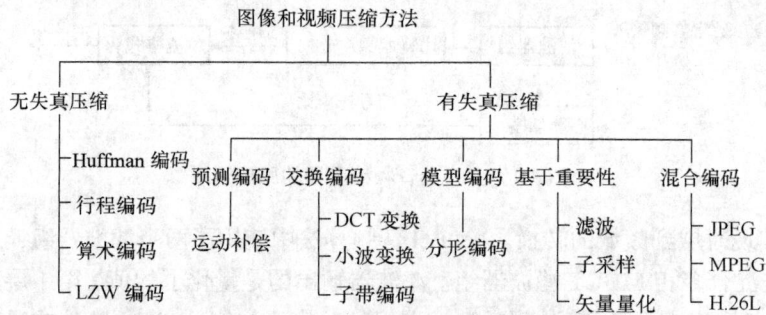

图像和视频压缩方法

无失真压缩   有失真压缩

- Huffman 编码
- 行程编码
- 算术编码
- LZW 编码

预测编码   交换编码   模型编码   基于重要性   混合编码

- 运动补偿
- DCT 变换
- 小波变换
- 子带编码
- 分形编码
- 滤波
- 子采样
- 矢量量化
- JPEG
- MPEG
- H.26L

图 3.5 图像和视频压缩方法

原始的彩色图像，一般由红、绿、蓝 3 种基色的图像组成。然而人的视觉系统对彩色色度的感觉和亮度的敏感性不同，因此产生了不同的彩色空间表示。H、S、I 彩色空间比 R、G、B 彩色空间更符合人的视觉特性，其中 H 为色调、S 为饱和度、I 表示光的强度或亮度。不同的电视制式也采用不同的彩色空间表示，常用的彩色图像表示方式有 Y、I、Q 方式和 Y、U、V 方式，这两种表示方式的一个共同点是用其中一个分量 Y 表示像素的亮度，用其余两个分量表示像素的色度。这个特性对于图像压缩非常有利，因为人眼对像素点的亮度分辨率较强，对像素的色度分辨率较弱。在编码时，可对亮度分量和色度分量分别对待，以达到更高的压缩比。

R、G、B 方式，Y、U、V 方式和 Y、I、Q 方式三者之间是互相关联的，Y、U、V 与 R、G、B 之间的转换表示式为

$$
\begin{bmatrix} Y \\ U \\ V \end{bmatrix} = \begin{bmatrix} 0.299 & 0.587 & 0.114 \\ -0.169 & -0.3316 & 0.500 \\ 0.500 & -0.4186 & -0.0813 \end{bmatrix} \begin{bmatrix} R \\ G \\ B \end{bmatrix}
$$

$$
\begin{bmatrix} R \\ G \\ B \end{bmatrix} = \begin{bmatrix} 1.0 & -0.001 & 1.402 \\ 1.0 & -0.344 & -0.714 \\ 1.0 & 1.772 & 0.001 \end{bmatrix} \begin{bmatrix} Y \\ U \\ V \end{bmatrix}
$$

Y、U、V 与 Y、I、Q 的转换关系式中，只是其中的色度坐标做 33° 的旋转。这样，有了其中任何一种彩色图像的表示方式，通过转换可得到其他表示方式。

原始彩色图像的 R、G、B 信号，经过坐标空间转换，生成 Y、U、V 信号。再经 A/D 变换（抽样、量化）得到数字信号。直接对 A/D 变换后的数字信号进行编码是最基本的编码方法，通常用 PCM。这种编码方法对每一个像素的 Y、U、V 分别赋予一组比特数。为了防止假轮廓的出现，像素的亮度信号 Y 的量化分层数在 50 级以上，一般取 256 级，相当于 8bit，若色度信号 U、V 分别也以 8bit 表示，则每像素需要 24bit。

彩色图像的数据量相当大，为了更多地压缩数据，可利用人眼对色度信息分辨力较弱的特点，在对色度信息进行压缩前，先对 U、V 分量进行子抽样，这样并不会给恢复的图像带来明显的误差。

动态视频由时间轴方向的一系列静止图像组成，每秒有 25 帧（或 30 帧），也即帧之间的间隔为 1/25s（或 1/30s）。如果对帧间画面对应位置像素的亮度信号或色度信号的差值做统计，可以发现差值一般都很小，也即景物运动部分在画面上的位移量很小，大多数像素点的亮度及色度信号帧间变化不大。例如，彩色广播电视节目每帧时间间隔内，只有 10% 以下的像素有亮度差值超过 2% 的变化；

而色度信号只有 1%以下的像素有变化。根据电视图像帧间差值的统计特性，可以通过减少时域冗余信息的方法，运用帧间压缩技术，如运动估计和补偿等方法，进一步压缩电视视频信号数据。

3.4.2　静止图像压缩标准

对于静止的图像压缩，已有多个国际标准，如 ISO 制定的 JPEG（Joint Photographic Experts Group）标准、JBIG（Joint Bilevel Image Group）标准和 ITU-T 的 G3、G4 标准等。特别是 JPEG 标准，适用黑白及彩色照片、彩色传真和印刷图片，可以支持很高的图像分辨率和量化精度。因此本节主要介绍 JPEG 标准，其他标准请参阅有关文献。

1. JPEG 压缩标准

灰度或彩色静止图像的一个典型压缩标准是 JPEG 标准，它包括无损模式和多种类型的有损模式，非常适用那些不太复杂或取自真实景象的图像的压缩。它使用离散余弦变换、量化、行程和 Huffman 编码等技术，是一种混合编码标准。它的性能依赖于图像的复杂性，对一般图像将以 20∶1 或 25∶1 为比率进行压缩，无损模式的压缩比常采用 2∶1。对于非真实图像，例如卡通图像，应用 JPEG 效果并不理想。如果硬件处理的速度足够快，则数字动态视频可由 JPEG 图像标准来实现。但是 JPEG 不能充分利用帧间冗余，所以不能挖掘最大的压缩潜力。

（1）JPEG 的无损预测编码算法

图 3.6 所示为 JPEG 的无失真预测编码的框图，预测编码具有硬件实现容易、重建图像质量好的优点，在此采用的是可以完全恢复的技术。无损压缩不使用 DCT 方法，而是采用一个简单的预测器。预测器可以采用不同的预测方法，不同的预测方法将决定有哪些相邻的像素将被用于预测下一个像素。常用的预测方法有三邻域预测法。图 3.7 所示为 3 个邻域采样值（a，b，c）的示意图。用 $\hat{x}$ 表示 x 的预测值，它可以按照从表 3.3 中的 8 种预测公式中选择的一种预测公式，并根据 a、b、c 的值预测得到。从实际值 x 中减去预测值 $\hat{x}$，得到一个差值，差值不做量化，直接进行熵编码（Huffman 编码或算术编码），这就保证可以无失真地恢复原始图像数据。

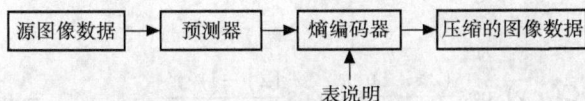

图 3.6　无损预测编码框图

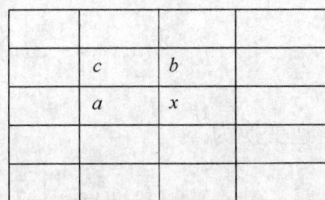

图 3.7　三邻域预测

JPEG 的无失真预测编码对于中等复杂程度的彩色图像，可达到大约 2∶1 的压缩比。

表 3.3　　　　　　　　　　　　　　　　三邻域预测公式

选　择　值	预　　　测	选　择　值	预　　　测
0	非预测	4	$a+b-c$
1	a	5	$a+((b-c)/2)$
2	b	6	$b+((a-c)/2)$
3	c	7	$(a+b)/2$

（2）JPEG 的基于 DCT 的有损编码算法

JPEG 的基于 DCT 的压缩编码算法包括基本系统和增强系统两种不同层次的系统，并定义了顺序工作方式和累进工作方式。基本系统只采用顺序工作方式，熵编码时只能采用 Huffman 编码，且只能存储两套码表。增强系统是基本系统的扩充，可采用累进工作方式、分层工作方式等，熵编码时可选用 Huffman 编码或算术编码。

基于 DCT 编码的过程为先进行 DCT 正变换，再对 DCT 系数进行量化，并对量化后的直流系数和交流系数分别进行差分编码或行程编码，最后再进行熵编码。编码的简化框图如图 3.8 所示。

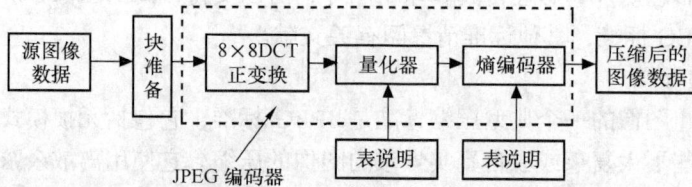

图 3.8 有损压缩编码框图

① 块准备。块准备是将一帧图像分成 8×8 的数据块。假设一个彩色图像由 3 种分量：光亮度 Y 和两个色差 U 和 V 表示，图像的大小为 480 行，每一行有 640 个像素。假设色度分解为 4：1：1，则亮度分量就是一个 640×480 的数值矩阵，色差分量是一个 320×240 的数值矩阵。

为了满足 DCT 过程的要求，块准备必须划分出 4 800 个亮度块和两份 1 200 个色差块，共计 7 200 个数据块。同时将原始图像的采样数据从无符号整数变成有符号整数。即：若采样精度为 p 位，采样数据在范围 $[0, 2^{p-1}]$ 内，则变成在范围 $[-2^{p-1}, 2^{p-1}-1]$ 内，以此作为 DCT 正变换的输入。在解码器的输出端经 DCT 反变换后，得到一系列 8×8 的图像数据块，需将其数值范围由 $[-2^{p-1}, 2^{p-1}-1]$ 再变回到 $[0, 2^{p-1}]$ 范围内的无符号整数，才能重构图像。

② DCT 变换。JPEG 将源数据图像分成 8×8 大小的子块后，进行 DCT 变换。二维 8×8 的 DCT 正变换为

$$C(u,v) = \frac{1}{4}E(u)E(v)\left[\sum_{x=0}^{7}\sum_{y=0}^{7}f(x,y)\cdot\cos\frac{(2x+1)u\pi}{16}\cdot\cos\frac{(2y+1)v\pi}{16}\right]$$

逆变换为

$$f(x,y) = \frac{1}{4}\left[\sum_{u=0}^{7}\sum_{v=0}^{7}E(u)E(v)C(u,v)\cdot\cos\frac{(2x+1)u\pi}{16}\cdot\cos\frac{(2y+1)v\pi}{16}\right]$$

其中，

$$\begin{cases}E(u)=E(v)=1/\sqrt{2} & \text{当 } u, v=0 \\ E(u)=E(v)=1 & \text{其他}\end{cases}$$

DCT 有相应的快速变换，它把 8×8 块不断分成更小的无交叠子块，直接对数据块进行运算操作，可以减少乘、加次数。

原始的图像数据块经过 DCT 变换后，将每个数据块的数据从空间域变换到频率域，输出 64 个 DCT 变换系数。这 64 个变换系数中包括一个代表直流分量的"DC 系数"位于频域图像块的左上角，它是 64 个样本的平均值；另有 63 个代表交流分量的"AC 系数"，离直流分量越远，系数所代表的图像交流成分的频率越高，也即随着行、列的增加，系数所代表的交流成分的频率也增加。图 3.9 所示为二维离散余弦变换的示意图。

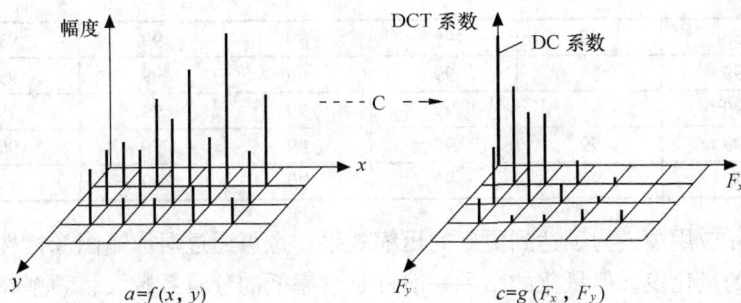

图 3.9 二维离散余弦变换示意图

从图中可见，每个初始块由 64 个表示样本信号特定分量的振幅值组成。该振幅是一个二维的空间坐标的函数，可用 $a=f(x, y)$ 表示，其中 x、y 是两个二维空间向量。在经过离散余弦变换后，该函数变为了 $c=g(F_x, F_y)$，其中 F_x 和 F_y 分别是各方向空间频率，结果为另一个 64 个数值的方阵，只是每一个值表示的是一个 DCT 系数，也就是一个特定的频率值，而不再是信号在采样点（x, y）的振幅。这样，经过 8×8 DCT 正变换，8×8 的采样值块变换成 8×8 的 DCT 系数块。

DCT 逆变换能把 64 个 DCT 系数重建为 64 点的图像。但由于计算过程中的误差及系数的量化，这 64 点图像是不能完全恢复的。

③ 量化。为了达到压缩数据的目的，DCT 系数需作量化，量化表需针对性地设计。例如，利用人眼的视觉特性，对在图像中占有较大能量的低频成分，赋予较小的量化间隔和较少的比特表示，以获得较高的压缩比。

JPEG 的量化采用线性均匀量化器，量化公式为

$$C_Q(u,v) = Integer\left(Round\left(\frac{C(u,v)}{Q(u,v)}\right)\right)$$

其中 $Q(u, v)$ 是量化器步长。它是量化表的元素，量化表元素随 DCT 系数的不同和彩色分量的不同有不同的值。量化表的大小也为 8×8，和 64 个变换系数一一对应。在 JPEG 算法中，对于 8×8 的亮度信息和色度信息，分别给出了默认的量化表。这两个量化表是在实验的基础上，结合人眼的视觉特性而获得的，见表 3.4 和表 3.5。

表 3.4　　　　　　　　　　　　　　　　亮度量化表

16	11	10	16	24	40	51	61
12	12	14	19	26	58	60	55
14	13	16	24	40	57	69	56
14	17	22	29	51	87	80	62
18	22	37	56	68	109	103	77
24	35	55	64	81	104	113	92
49	64	78	87	103	121	120	101
72	92	95	98	112	100	103	99

表 3.5　　　　　　　　　　　　　　　　色度量化表

17	18	24	47	99	99	99	99
18	21	26	66	99	99	99	99
24	26	56	99	99	99	99	99

续表

47	66	99	99	99	99	99	99
99	99	99	99	99	99	99	99
99	99	99	99	99	99	99	99
99	99	99	99	99	99	99	99
99	99	99	99	99	99	99	99

当然，在实际应用中，为了达到更好的压缩效果，也可通过对原始图像特性的统计，构造出更适合于该图像的量化表，但量化的结果一般都是频率低的分量系数大，频率高的分量系数大多为零。

反量化的表达式为

$$C_Q'(u, v) = C_Q(u, v) Q(u, v)$$

④ DCT 系数的编码。64 个变换系数中，DC 系数位于左上角，即 $u=v=0$，称为直流分量，是 64 个图像采样值的平均值。其余 63 个系数为 AC 分量，量化后通常出现较多的零值。

相邻的 8×8 块之间的 DC 系数有较强的相关性，因此 JPEG 中对 DC 系数采用 DPCM 编码，即对相邻块之间的 DC 系数的差值=DC_j–DC_{j-1}进行编码，如图 3.10 所示。

63 个 AC 系数在 JPEG 算法中采用行程编码，为了提高熵编码的效率，建议在 8×8 DCT 系数矩阵中按照"Z"字形的次序进行编码，如图 3.11 所示。这样使非零值系数尽可能排在零值系数的前面，零值系数聚集在块的尾部，可增加零的连续次数，在用行程编码对其进行编码的时候，就可以编成位数较少的码字传送出去。

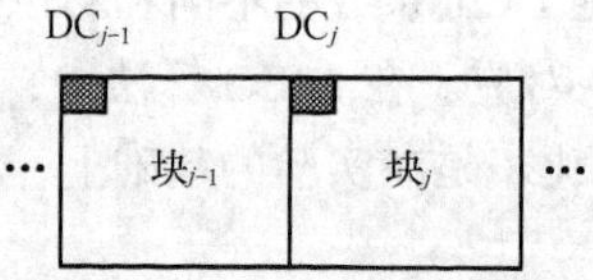

图 3.10 DC 系数差分编码

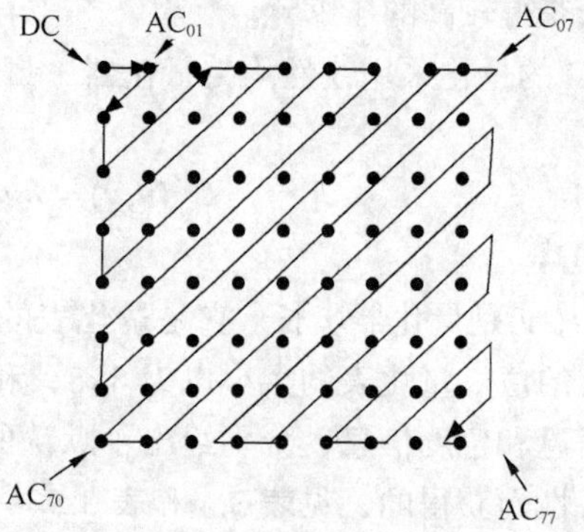

图 3.11 "Z"字形排列

系数编码后都采用统一的格式表示，它包含两个字节（Byte）内容：第一个字节的高 4 位对于 DC 系数而言，总为零；对于 AC 系数而言，表示下一个非零系数前所包含的连续零的个数。低 4 位对于 DC 系数而言，表示差值的幅值编码所需的比特数；对于 AC 系数而言，表示下一个非零幅值编码所需的比特数。第二个字节表示 DC 差值的幅值或下一个非零 AC 系数的幅值。

另外，由于第一个字节只有 4 位表示行程长度，当行程长度大于 15 时，可以插入 1 个至多个 F0H 字节，直至剩下的零 AC 系数个数小于 15。因此，63 个 AC 系数表示为由两个字节组成的序列，其中也可能插入了 F0H 字节，块结束字节以全零表示。

⑤ 熵编码。经过 DPCM 编码的直流项和经过行程编码的交流项仍具有进一步压缩的潜力。JPEG 建议使用两种基于统计特性的熵编码：Huffman 编码和自适应二进制算术编码。可任选一种编码对第一个字节进行编码，第二个幅值字节不进行编码，直接传送。

若使用 Huffman 码，JPEG 提供了针对 DC 系数、AC 系数使用的 Huffman 码表，对亮度分量

54

和色度分量分别给出了不同的 Huffman 码表。JPEG 规定最多能同时存储 4 套不同的熵编码表。

⑥ 压缩比和图像质量。基于 DCT 的 JPEG 标准的压缩是有失真的，DCT 变换后系数的量化是引起失真的主要原因。压缩效果与图像内容本身有较大的关系，对于中等复杂程度的彩色图像，其压缩比与恢复图像的质量见表 3.6。原始图像每像素采用 8bit 编码。

表 3.6　　　　　　　　　　　　压缩比与恢复图像质量的关系

压缩效果（比特/像素）	质　　量
0.25 ~ 0.50	中 ~ 好，满足某些应用
0.50 ~ 0.75	好 ~ 很好，满足多数应用
0.75 ~ 1.5	极好，满足大多数应用
1.5 ~ 2.0	与原始图像几乎分不出

（3）基于 DCT 的增强系统

基于 DCT 的基本系统整个编码过程采用从上至下、从左至右的顺序扫描方式一次完成。基于 DCT 的增强系统增加了两种累进操作方式，累进操作方式的编码步骤和方法与顺序方式基本一致，不同之处在于累进方式中每个图像分量的编码要经过多次扫描才完成。第一次扫描只进行一次粗糙的压缩，然后据此粗糙的压缩数据先重建一幅质量低的图像，以后的扫描再作较细的压缩，使重建的图像不断提高质量，直到满意为止。

为实现该方式，需在量化器的输出与熵编码间增加一个存储量化后 DCT 系数的缓冲器，系数进行多次扫描，分批完成压缩编码。

两种累进操作方式分述如下。

① 按频段累进。一次扫描中，只对 DCT 变换系数中的某些频带段的系数进行编码、传送。然后以累进的方式对其他频带段进行编码、传送，直至将全部系数传送完毕。

② 按位逼近。对 DCT 系数按其数位由高至低分成若干段，然后依次对各段进行压缩编码。先对最高有效位的 n 位进行编码、传送，然后再对剩余的位数分批编码、传送。

（4）基于 DCT 的分层操作方式

分层方式是对一幅原始图像的空间分辨率进行变换，使水平方向和垂直方向分辨率以 2 的倍数因子下降，分层后再进行编码，编码过程如下：

① 降低原始图像的空间分辨率；

② 对已降低分辨率的图像采用 JPEG 的任一种编码方法进行编码；

③ 对低分辨率图像解码，然后用插值的方法恢复图像的分辨率；

④ 把分辨率已升高的图像作为原图像的预测值，并把它与原图像的差值采用基于 DCT 的编码；

⑤ 重复步骤③、④，直到图像达到完整的分辨率编码。

2. JPEG 2000 简介

随着多媒体应用领域的快速增长，传统 JPEG 压缩技术已无法满足人们对数字化多媒体图像资料的要求。例如，网上 JPEG 图像只能一行一行地下载，直到全部下载完毕，才可以看到整个图像，如果只对图像的局部感兴趣也只能将整个图片下载以后再处理；JPEG 格式的图像文件体积仍然很大；JPEG 格式属于有损压缩，当被压缩的图像上有大片近似颜色时，会出现马赛克现象；同样由于有损压缩的原因，许多对图像质量要求较高的应用，JPEG 无法胜任。

针对这些问题，从 1998 年开始，专家们开始了下一代 JPEG 标准的制定。2000 年 3 月，彩色静态图像的新一代编码方式"JPEG 2000"的编码算法确定，其最终标准于 12 月出台。其内容主要包括以下 6 个部分。

① JPEG 2000 图像编码系统（核心部分）。

② 应用扩展（在核心上扩展更多特性）。

③ 运动 JPEG 2000。

④ 兼容性（即包容性与继承性）。

⑤ 参考软件（目前主要为 Java 与 C 程序）。

⑥ 复合图像文件格式（如传真式的服务等）。

（1）JPEG 2000 的算法

JPEG 2000，正式名称为 "ISO 15444"，同样是由 JPEG 组织负责制定的图像格式标准。作为一种图像压缩格式，算法是其核心。JPEG 2000 之所以相对于现在的 JPEG 标准有了很大的技术飞跃，就是因为它放弃了 JPEG 所采用的以离散余弦变换算法为主的区块编码方式，而改用以离散小波变换算法为主的多解析编码方式。

离散余弦变换算法（Discrete Cosine Transformation，DCT）是经典谱分析常采用的工具，它考察整个时域过程的频域特征或整个频域过程的时域特征，而对于非平稳过程，这种算法则显得力不从心。图像数据被压缩成正方形 8×8 的 "像素信息模块"，并按照一定顺序排列存储形成压缩文件，每一次压缩都需要舍弃若干频率信息，压缩得越多，舍弃的频率信息也越多，经过彻底压缩后的图像文件将只保留最为重要的数据信息，这样的压缩过程在图像细腻平滑程度方面必然有所损失。

离散小波变换算法（Discrete Wavelet Transform，DWT）是现代谱分析工具，在包括压缩在内的图像处理与图像分析领域正得到越来越广泛的应用。这种算法对于时域或频域的考察都采取局部的方式，所以对于非平稳过程也一样十分有效。子波在信号分析中对高频成分采用由粗到细渐进的时空域上的取样间隔，所以能够像自动调焦一样看清远近不同的景物，并放大任意细节，是构造图像多分辨率的有力工具。

此外，JPEG 2000 还将彩色静态画面采用的 JPEG 编码方式、2 值图像采用的 JBIG（Joint Binary Image Group）编码方式及低压缩率采用 JPEGLS 统一起来，成为对应各种图像的通用编码方式。

（2）JPEG 2000 的特点

① 高压缩率。JPEG 2000 作为 JPEG 家族的继承者，就不能不追求很高的压缩比。在具有和传统 JPEG 类似质量的前提下，JPEG 2000 的压缩率比 JPEG 高 20%~40%。由于在离散子波变换算法中，图像可以转换成一系列可更加有效存储像素模块的 "子波"，因此，JPEG 2000 格式的图片压缩比比现在的 JPEG 高，而且压缩后的图像显得更加细腻平滑。也就是说，我们以后在网上看采用 JPEG 2000 压缩的图像时，不仅下载速率比采用 JPEG 格式的快近 30%，而且品质也将更好。在同样的网络带宽下，对于图片下载的等待时间将大大缩短。

② 无损压缩。预测法作为对图像进行无损编码的成熟方法被集成到 JPEG 2000 中，因此 JPEG 2000 能实现无损压缩。这样，我们以后需要保存一些非常重要或需要保留详细细节的图像时，就不需要再将图像转换成其他格式了，非常方便。此外，JPEG 2000 的误差稳定性（Robustness to bit Error）也比较好，能更好地保证图像的质量。JPEG 2000 既支持有损压缩方式，也支持无损压缩方式，因此 JPEG 2000 在保存不可以丢失原始信息，而又强调较小的图像文档尺寸的情况下能扮演很重要的角色。

③ 渐进传输。现在网络上的 JPEG 图像下载时是按 "块" 传输的，因此只能一行一行地显示，而采用 JPEG 2000 格式的图像支持渐进传输（Progressive Transmission）。所谓的渐进传输就是先

传输图像轮廓数据，然后再逐步传输其他数据来不断提高图像质量（也就是不断地向图像中插入像素，以便不断提高图像的分辨率）。这样就不需要像以前那样等图像全部下载后才决定是否需要，有助于快速地浏览和选择大量图片，从而提高了上网效率。JPEG 2000 可以方便地实现渐进式传输，这是 JPEG 2000 的重要特征之一。看到这种特性，我们就会联想到 GIF 格式的图像可以做到在 Web 上实现"渐现"效果。也就是说，它先传输图像的大体轮廓，然后逐步传输其他数据，不断地提高图像质量。这样图像就由朦胧到清晰显示出来，从而充分利用有限的带宽。而传统的 JPEG 无法做到这一点，只能是从上到下逐行显示。

实际上，当我们在浏览器中观看 JPEG 2000 格式的图像时，在图像上单击鼠标右键会弹出一个菜单，支持多达 6 项功能。"Get Picture Info"用来查看文件的尺寸、大小，图像质量和已下载的大小等信息；"Save Picture As"用于保存图片，并且可以指定保存后的图像质量；每选择"Improve"命令一次，图像的分辨率就会提高一级，直到图像全部下载完成；"Load without Limits"用于直接下载完全部图像；"Zoom In"用于平滑放大一倍显示图像，再单击鼠标左键，则放大了的图像会还原，在浏览尺寸很小的图片时十分有用。

④ 感兴趣区域压缩。JPEG 2000 另一个非常有趣而又实用的特征就是感兴趣区域（Region of Interest，ROI）。可以指定图片上感兴趣区域，然后在压缩时对这些区域指定压缩质量，或在恢复时指定某些区域的解压缩要求。这是因为子波在空间和频率域上具有局域性（即一个变换系数牵涉到的图像空间范围是局部的），要完全恢复图像中的某个局部，并不需要所有编码都被精确保留，只要对应它的一部分编码没有误差就可以了。这在降低图像尺寸方面起到很大作用。

在实际应用中，我们可以对一幅图像中感兴趣的部分采用低压缩比以获取较好的图像效果，而对其他部分采用高压缩比以节省存储空间。这样就能在保证不丢失重要信息的同时又有效地压缩了数据量，实现真正的"交互式"压缩，而不仅仅是像原来那样只能对整个图片定义一个压缩比。

结合渐进传输和感兴趣区域压缩这两个特点，以后在网络上浏览 JPEG 2000 格式的图片时就可以从传输的码流中解压出逐步清晰的图像，在传输过程中即可判断是否需要。在图像显示的过程中还可以多次指定新的感兴趣区域，编码过程将在已经发送的数据基础上继续编码，而不需要重新开始。

⑤ 色彩模式。JPEG 2000 在颜色处理上，具有更优秀的内涵。与 JPEG 相比，JPEG 2000 同样可以用来处理多达 256 个通道的信息，而 JPEG 仅局限于 RGB 数据。也就是说，JPEG 2000 可以用单一的文件格式来描述另外一种色彩模式，比如 CMYK 模式。

⑥ 图像处理简单。JPEG 2000 能使基于 Web 方式多用途图像简单化。由于 JPEG 2000 图像文件在它从服务器下载到用户的 Web 页面时，能平滑地提供一定数量的分辨率基准，Web 设计师们处理图像的任务就变得简单了。例如，我们经常会看到一些提供图片欣赏的站点，在一个页面上用缩略图来代理较大的图像。浏览者只需单击该图像，就可以看到较大分辨率的图像。不过这样 Web 设计师们的任务就在无形中加重了。因为缩略图与它链接的图像并不是同一个图像，需要另外制作与存储。而 JPEG 2000 只需要一个图像就可以了。用户可以自由地缩放、平移和剪切该图像从而得到所需要的分辨率与细节。

当然，JPEG 2000 的改进还不仅仅这些，如它考虑了人的视觉特性，增加了视觉权重和掩膜，在不损害视觉效果的前提下大大提高了压缩效率；可以为一个 JPEG 文件加上加密的版权信息，这种经过加密的版权信息在图像编辑的过程（放大、复制）中将没有损失，比目前的"水印"技术更为先进；JPEG 2000 对 CMYK、ICC、sRGB 等多种色彩模式都有很好的兼容性，这为我们按照自己的需求在不同显示器、打印机等外设进行色彩管理带来了便利。

3.4.3 视频压缩标准

目前制定视频编码标准的国际组织主要有两个：ITU-T 和 ISO/IEC。ITU-T 制定的视频编码标准一般称为建议，表示为 H.26x（例如：H.261、H.262、H.263 和 H.26L），而 ISO/IEC 制定的标准表示为 MPEG-x（例如：MPEG-1、MPEG-2 和 MPEG-4）。ITU-T 的标准主要用于实时视频通信，如视频电视会议、可视电话等。而 MPEG 标准主要用于广播电视、DVD 和视频流媒体。大多数情况下，这两个标准组织独立制定不同的标准，但 H.262 和 MPEG-2 是个例外，它是由两个组织联合制定的。H.26L 标准也是由 ITU-T 发起，两个组织再一次联手，共同制定的。本节主要介绍 MPEG 系列和 H.26L 标准，其他标准请参阅有关文献。

1. MPEG 压缩标准

视频压缩的一个重要标准是 MPEG（Motion Picture Experts Group），已推出了 MPEG（或 MPEG-1）、MPEG-2、MPEG-4 等系列标准。新的标准 MPEG-7 为多媒体内容描述接口。它为各种类型的多媒体信息规定一种标准化的描述，这种描述与多媒体信息的内容一起，支持对用户感兴趣的图形、图像、3D 模型、视频、音频等信息以及它们的组合的快速有效查询，满足实时、非实时以及推—拉应用的需求。MPEG-21 为多媒体框架（Multimedia Framework），它是将标准集成起来支持和谐的技术以管理多媒体商务。这两个 MPEG 标准已不涉及视频的压缩技术。

（1）MPEG-1 压缩标准

MPEG-1 标准（ISO/IEC11172-Ⅱ）的目标是以约 1.5Mbit/s 的速率传输电视质量的视频信号，亮度信号的分辨率为 360×240，色度信号的分辨率为 180×120，每秒 30 帧。MPEG-1 标准包括 MPEG 系统（ISO/IEC11172-1）、MPEG 视频（ISO/IEC11172-2）、MPEG 音频（ISO/IEC11172-3）和测试验证（ISO/IEC11172-4）4 部分内容。所以 MPEG 涉及的问题是视频压缩、音频压缩及多种压缩数据流的复合和同步问题。

MPEG-1 视频压缩技术是以两个基本技术为基础的。一是基于 16×16 子块的运动补偿，可以减少帧序列的时域冗余度。二是基于 DCT 的压缩技术，减少空域冗余度。在 MPEG 中，不仅在帧内使用 DCT，而且对帧间预测误差也作 DCT，以进一步减少数据量。

① 时间冗余量的减少。为了减少时间冗余量，MPEG 将 1/30s 的时间间隔的帧序列电视图像，以 3 种类型的图像格式表示，即内码帧（I）、预测帧（P）和插补帧（B），如图 3.12 所示。另有第 4 种类型帧是 D 帧，它是一种专用帧格式，仅仅用于实现快速查询。

I 帧，又称为内码帧，是完整的独立编码的图像，是不能由其他帧构造的帧，必须存储或传输。由于 I 帧与其他帧无关，所以它可以作为视频序列的起点和数据流中的随机访问点。这里要区别的概念是基准帧，基准帧是可由它构造其他帧的帧，与内码帧的概念不同。显然，内码帧是基准帧。P 帧，也称为预测帧，通过对它之前的 I 帧进行预测，对预测误差作有条件的存储和传输，如图 3.12（a）所示。B 帧，又称为双向帧或插补帧，是根据其前后的 I 帧或者 P 帧的信息进行插值编码而获得。该过程有时也称为双向插值，如图 3.12（b）所示。帧间的信息用运动补偿的方法确定。各帧之间的关系是：P 帧仅由前帧构造所得，B 帧由前、后帧插值所得。典型的帧序列有 3 种：一是 IBBBPBBBI；二是 PAL 和 SECAM 的 IBBPBPBBI；三是 NTSC 中的 IBBPBBPBBPBBI 序列。

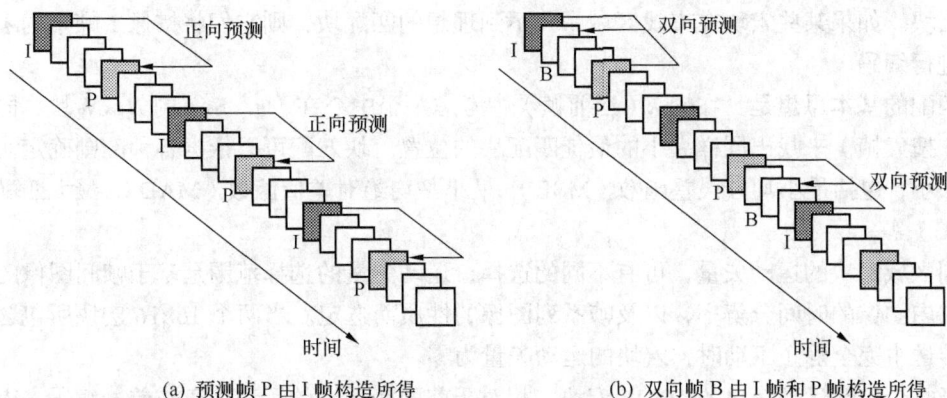

(a) 预测帧 P 由 I 帧构造所得　　　　(b) 双向帧 B 由 I 帧和 P 帧构造所得

图 3.12　MPEG 中的各类帧

运动补偿有两种算法，分别是运动补偿预测法和运动补偿插补法。

（a）运动补偿预测法。画面上的运动部分在帧与帧之间必然有连续性，预测法根据这一特性，将当前的图像画面看作是前面某时刻图像的位移，位移的幅度和方向在图像画面的各处可有不同。因此，利用反映运动的位移信息和前面某时刻的图像，可以预测出当前的图像。

MPEG 运动补偿单元选择 16×16 的宏块，这是综合考虑运动信息的编码增益和编码代价的结果。在双向预测图中，每个 16×16 的宏块可以是帧内型、前向预测型、后向预测型或平均值型，见表 3.7。

表 3.7　　　　　　　　　　　　　双向预测帧宏块的预测方式

宏块类型	预测值	预测误差
帧内	$\hat{I}_1(\bar{X}) = 128$	$I_1(\bar{X}) - \hat{I}_1(\bar{X})$
前向预测	$\hat{I}_1(\bar{X}) = \hat{I}_0(\bar{X} + \overline{mV_{01}})$	$I_1(\bar{X}) - \hat{I}_1(\bar{X})$
后向预测	$\hat{I}_1(\bar{X}) = \hat{I}_2(\bar{X} + \overline{mV_{21}})$	$I_1(\bar{X}) - \hat{I}_1(\bar{X})$
前后平均	$\hat{I}_1(\bar{X}) = \frac{1}{2}\left[\hat{I}_0(\bar{X} + \overline{mV_{01}}) + \hat{I}_2(\bar{X} + \overline{mV_{21}})\right]$	$I_1(\bar{X}) - \hat{I}_1(\bar{X})$

其中，$\bar{X}$：代表像素坐标（二维矢量）。

$\overline{mV_{01}}$：代表宏块相对于参考帧 I_0 的运动矢量。

$\overline{mV_{21}}$：代表宏块相对于参考帧 I_2 的运动矢量。

从表 3.7 中可看出，B 帧中每个 16×16 宏块的预测值，是由前向和后向参考帧的预测值产生（考虑运动矢量 $\overline{mV_{01}}$ 和 $\overline{mV_{21}}$ 附加信息）。前向和后向预测时，取决于一个运动矢量；前后平均预测时，同时取决于两个运动矢量 $\overline{mV_{01}}$ 和 $\overline{mV_{21}}$。

MPEG 标准指明了如何表示运动信息，根据运动补偿类型不同，每个图像的 16×16 宏块有 1～2 个运动矢量。但 MPEG 没有说明这些矢量如何计算。由于运动表示是基于块的，可以采用块匹配技术。在块匹配技术中，运动矢量可以通过使当前块与预测块不匹配的代价函数最小来得到。宏块就是 MPEG 中的匹配块。在 MPEG 中，一个图像由 3 种成分组成：一个亮度平面和两个色差平面。因此，匹配块实际上是在亮度平面的 16×16 个像素的方块，在色差平面上则是 8×8 个像素的方块。16×16 平方块和两个 8×8 平方块组成了一个宏块。

对于 P 帧和 I 帧中的每个宏块，假设都可以在基准帧中找到匹配的宏块，但存在着匹配不精确之处。如果匹配不精确，就对实际块与最佳匹配块的差值进行计算，该差值称为误差项，它也是一个宏块。如果某些宏块在查找区域中找不到理想的匹配块，则它们将按像 I 帧中的宏块编码的方式进行编码。

块匹配的基本思想是：在帧 k（当前帧）中考虑一个中心在（n_1, n_2）的 $N_1×N_2$ 块，同时搜索帧 $k+1$（搜索帧）来找出同样大小的最佳匹配块的位置。块匹配可以依据各种准则确定块匹配可能性的大小，包括最小均方误差函数（MSE）、最小平均绝对差值函数（MAD）、最大匹配像素统计（MPC）等。

不同区域宏块的运动矢量，可有不同的选择，运动矢量的选择范围是基于帧间图像的时间分辨率和块内图像的时间分辨率，以及帧系列图像的性质而选定。当两个 16×16 宏块所包含的画面内容在传送中完全静止不动时，宏块的运动矢量为零。

对于每个包含运动信息的 16×16 宏块，相对于前面相邻块的运动信息作差分编码，得到的运动差值信号除了物体的边缘处外，其他部分都很小。对运动差值信息再作变长码编码，可进一步压缩数据。

（b）运动补偿插补法。用插补的方法进行运动的补偿，可以大幅度地压缩运动图像的信息。

在时域中插补运动补偿是一个多分辨率技术，可以以 1/10s 或 1/15s 的时间间隔取出参考子图，然后对这两个参考子图之间的图像，按照运动的规律得到 1/30s 时间间隔的各个插补子图。只要对参考子图及反映运动规律的信息进行编码，就可以得到帧率为 30 帧/秒的全运动视频图像。

运动补偿插补又称双向预测，它既可以利用前面图的信息，又可利用后面图的信息。由于视频信号时域（帧间）冗余度很高，需要传送的附加运动校正信息非常少，所以插补运动补偿可大幅度地压缩数据。当然，如果插补图过多，尽管压缩比增加，但图像的质量会降低。对大多数图像而言，参考图之间以大约 1/10s 的时间间隔隔开还是合乎要求的。

② 空域冗余量的减少。MPEG 视频信息的帧内图和预测图都有很高的空域冗余度，用于减少这方面冗余的技术很多，但由于运动补偿处理基于块的特性，基于块的技术用于此处更合适些。在基于块的空间冗余压缩技术中，变换编码技术和矢量量化技术是非常有用的。在正交变换中，DCT 具有许多明显的优点，且相对来说较易实现，所以帧内压缩也采用基于 DCT 的方法。这和静态图像的压缩标准 JPEG 相同，且实现的步骤也一样。只是在 JPEG 压缩算法中，针对静止图像，对 DCT 系数采用等宽量化。而在 MPEG 中的视频信号包含有静止画面（帧内图）、运动信息（帧间预测图）等不同的内容，量化器的设计需作特殊考虑。一方面量化器结合行程编码能使大部分数据得以压缩；另一方面要求通过量化器、编码器使之输出一个与信道传输速率匹配的比特流。因此，如何设计一个能够满足上述要求，且有满意的视觉质量的量化器，在 MPEG 中显得尤其重要。

I 帧在 MPEG 中的作用很重要，它是一个同步点。在 MPEG 中，I 帧的编码方式类似于 JPEG。而 P 帧和 B 帧的编码过程如下：

（a）对每个宏块均在基准帧中查找最佳匹配宏块；

（b）计算实际宏块和最佳匹配宏块的差作为运动向量；

（c）对误差项进行 DCT 转换；

（d）进行量化和 Z 字排序的行程编码；

（e）进行类霍夫曼平均信息量编码。

③ MPEG 的分层结构和位流。MPEG 视频图像数据流是一个分层结构，目的是把位流中逻辑上独立的实体分开，防止语意模糊，并减轻解码过程的负担。对分层的要求是支持通用性、灵活性和有效性。通用性的含义是使 MPEG 标准的语法规定可满足不同的应用要求；灵活性可通过视频序列头上所定义的许多参数来说明；有效性是 MPEG 压缩算法需要对附加信息，如位移域、

量化器步长、预测器或插值类型等，提供有效的管理。

MPEG 视频位流分层结构共包括 6 层，分别为图像序列层、图像组层、图像层、宏块片层、宏块层和块层，每一层支持一个确定的函数，或是一个信号处理函数（DCT，运动补偿），或是一个逻辑函数（同步，随机存取点）等。每一个层的开始有一个头，作为说明参数。在图像序列层的头中，装有视频序列参数，如图像宽度、图像高度、像素长宽比、帧率、位率、缓冲区尺寸等。

图像序列层由图像序列头、多个图像组和序列尾组成；图像组层由图像组头、多个图像（I 帧、P 帧、B 帧）组成；图像层由图像头和多个宏块片组成；宏块片层由宏块片头和多个宏块组成；每个宏块由 6 个块组成，包括 4 个亮度块和 2 个色度块；每个块有 8×8 像素。

MPEG 视频位流语法 6 个层次的功能，见表 3.8。

表 3.8   MPEG 视频位流语法的 6 个层次

层 次 名 称	功 能	层 次 名 称	功 能
图像序列层	随机存取单元：上下文	宏块片层	重同步单元
图像组层	随机存取单元：视频编码	宏块层	运动补偿单元
图像层	基本编码单元	块层	DCT 单元

MPEG 标准定义了解码过程而不是解码器，解码器的实现有多种方法。MPEG 视频压缩算法，能将视频信号压缩到 0.5 ~ 1bit/pixel，压缩数据位率为 1.2Mbit/s，重建图像质量与 VHS 的质量相当。

（2）MPEG-2 压缩标准

MPEG-1 压缩标准于 1992 年通过，通常称为 MPEG 标准。此后，开发 MPEG 标准的 ISO 制定了 MPEG 后继标准 MPEG-2。在 1993 年 11 月的汉城会议上，正式通过了 ISO/13813 号建议，定名为 MPEG-2 标准。

MPEG-2 标准包括 MPEG 系统、MPEG 视频、MPEG 音频和一致性 4 部分内容，是运动图像及其伴音的通用编码国际标准。MPEG-2 标准克服并解决了 MPEG-1 标准不能满足的日益增长的多媒体技术、数字电视技术、多媒体分辨率、传输率等方面技术要求的缺陷。

① MPEG-2 系统。MPEG-2 标准的系统功能是将一个或更多的音频、视频或其他的基本数据流合成单个或多个数据流，以适应于存储和传送。符合 MPEG-2 标准的编码数据流，可以在一个很宽的恢复和接收条件下进行同步解码。MPEG-2 系统支持 5 项基本功能分别是：解码时多压缩流的同步、将多个压缩流交织成单个的数据流、解码时缓冲器初始化、缓冲区管理和时间识别。

MPEG-2 标准的压缩编码系统是将视频和音频编码算法结合起来开发的。系统编码有两种方法，其编码输出包括传送流和程序流两种定义流。传送流和协议 ISO/IEC 11172-1 系统定义的流相似；程序流是一种用来传送和保存一道程序的编码数据或其数据的数据流。

② MPEG-2 视频。MPEG-2 视频体系的视频分量的位速率范围为 2Mbit/s ~ 15Mbit/s。MPEG-2 视频体系要求保证与 MPEG-1 视频体系向下兼容，并且同时应力求满足数字存储媒体、可视电话、数字电视、高清晰度电视（HDTV）、通信网络等领域的应用。分辨率有低（352×288 像素）、中（720×480 像素）、次高（1 440×1 080 像素）、高（1 920×1 080 像素）等不同档次，压缩编码方法也从简单到复杂有不同等级。

MPEG-2 标准详细地叙述了数字存储媒体和数字视频通信中的图像信息的编码描述和解码过程。它支持固定比特率传送、可变比特率传送、随机访问、信道跨越、分级解码、比特流编辑以及一些特殊功能，如快进播放、快退播放、慢动作、暂停、画面凝固等。MPEG-2 视频标准与 ISO/IEC 11172-2 向前兼容，并与 EDTV、HDTV 和 SDTV 格式向上或向下兼容。

MPEG-2 视频具有以下特色。

（a）框架和级别。框架是 MPEG-2 标准中定义的语法的子集，级别是 MPEG-2 标准规范的一个特定框架中的参数所取值的集合。一个框架可以包含一个或多个级别。MPEG-2 标准为了实现一个完整的语法体系，通过框架和级别的方式来约定有限数目的语法子集。给定某框架所规定的语法范围后，比特流参数的取值仍然要影响编码和解码过程，所以在每个框架中定义了级别。级别是一个对比特流各参数进行限定的集合。这些限定可能是一些简单的数字上的约束，也可能是以几个参数的算术组合的形式提出的，例如，以帧宽、帧高和帧率的乘积作为约束分辨率的等级参数。

框架和级别提供了一种定义 MPEG-2 规范的语法和语义的子集的手段。框架和级别限定以后，解码器的设计和解码校验就可针对限定的框架在限定的级别中进行。同时以框架和级别的形式定义规范，使不同的应用领域之间的数据交换方便且可行。

（b）MPEG-2 视频压缩编码的数据结构。视频压缩编码的视频数据结构是分层的比特流结构，第一层为基本层，基本层可以独立被解码。其他层称为增强层，增强层的解码依赖于基本层。

基本层的结构与 MPEG-1 ISO/IEC 11172-2 相一致。视频数据结构的编码比特流包括有视频序列层、图像组块层、宏块层和块层。视频序列从视频序列头开始，后面紧跟着一系列数据单元。当系列头中除了包括有序列头函数以外，还有序列扩展函数时，MPEG-1 ISO/IEC 11172-2 规范不再适用，只适用于 MPEG-2 ISO/IEC 13813-2 规范。在视频序列头中，有编码扫描方式（逐行/隔行，帧图/场图）、帧类型（I 帧、P 帧、B 帧）。MPEG-2 ISO/IEC 13813-2 中没有 D 帧。为了提供随机访问的功能，在编码比特流中可有重复序列头出现。重复序列头只可以在 I 帧和 P 帧前面出现，不能在 B 帧前面出现。I 帧可以解决视频序列的随机访问问题。

图像组块层由宏块构成，一个组块可由多个宏块组成。宏块结构有以下 3 种格式。

● 4：2：0 格式：一个宏块由 6 个块组成，其中包括 4 个亮度块（Y）、2 个色差块（C_b 块和 C_r 块），其排列顺序如图 3.13 所示。

● 4：2：2 格式：一个宏块由 8 个块组成，其中包括 4 个亮度块（Y）、4 个色差块（2 个 C_b 块和两个 C_r 块），其排列顺序如图 3.14 所示。

● 4：4：4 格式：一个宏块由 12 个块组成，其中包括 4 个亮度块（Y）、8 个色差块（4 个 C_b 块和 4 个 C_r 块），其排列顺序如图 3.15 所示。

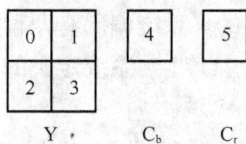

图 3.13　4：2：0 宏块结构　　　　图 3.14　4：2：2 宏块结构　　　　图 3.15　4：4：4 宏块结构

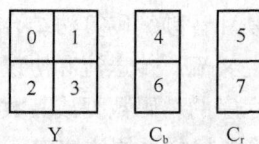

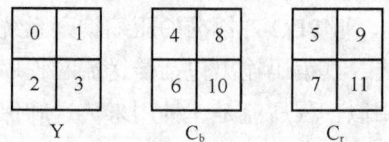

对帧图使用 DCT 编码的宏块结构和场图使用 DCT 编码的宏块结构是不一样的。帧 DCT 编码中，每个块由两场扫描行交替组成。场 DCT 编码中，每个块仅由两场中之一的场扫描行组成。

组成宏块的块是 DCT 变换的最基本单元。块尺寸为 8×8（以图像像素为单位）。每个像素携带有亮度信息 Y 和色差信息 C_b 和 C_r。

（c）视频比特流的语义规则。MPEG-2 ISO/IEC 13813-2 对视频比特流的语义规则也做了具体规定，制定了更高层语法结构的语义规范。

其高层比特流组织中，不带扩展功能的数据流与 ISO/IEC 11172-2 规范一致。新的语义规则如下。

● 如果序列的第一个序列头函数后面跟有序列扩展函数，则所有接下来出现的序列头函数后面都将紧跟着序列扩展函数。

● 序列扩展函数仅紧跟在序列头函数后面。

● 如果序列扩展函数在比特流中出现，则每个图像头函数后面都将紧跟一个图像编码扩展函数。

● 图像编码扩展函数仅紧跟在图像头函数后面。

● 跟在图像组头函数后面的第一个编码帧应该是 I 帧。

除了序列扩展函数和图像编码扩展函数外，还定义了一些其他的扩展方法。在带扩展的语法中的不同地方，允许的扩展集是不同的。在比特流中允许扩展的每一处，都可能包含限定的允许集中任意数目的扩展，但每种类型的扩展最多只能出现一次。

如果在本规范中，解码器遇到带有"保留"扩展辨别符的扩展，则应丢弃所有后续数据，直到遇到下一个起始符。这一要求保证了将来与本规范兼容的扩展的定义。

（3）MPEG-4 压缩标准

MPEG-1 和 MPEG-2 以其严谨的风格、完备的特性和强大的功能在多媒体数据压缩解码领域发挥了重要的作用。但是，随着网络和通信技术的迅猛发展、交互式计算机和交互性电视的逐步应用和视频音频数据的综合服务的发展，人们对计算机多媒体数据压缩编码的要求越来越高。其中有很多要求 MPEG-1 和 MPEG-2 难以满足。因此，就产生了 MPEG-4 标准。

① MPEG-4 简介。MPEG-4 是多媒体信息描述的最新标准，它所涉及的应用范畴包括有线通信、无线通信、移动通信和 Internet 等领域。应该说，MPEG-4 是以内容为中心的描述方法，对信息元的描述更加符合人的心理，不仅可以获得比现有标准更为优越的性能，还提供了各种新的功能。

在 MPEG-1 和 MPEG-2 中，采用的是矩形、方形的块处理图像的方法，也就是把整帧的图像分割成固定尺寸、固定开头的子块来进行处理。MPEG-4 采用基于内容的压缩编码，将一幅图像按照内容分块，如图像的场景、画面上的物体被分割成不同的子块，将感兴趣的物体从场景中截取出来，进行编码处理。

MPEG-4 具有高速压缩、基于内容交互和基于内容分级扩展等特点，并且具有基于内容方式表示的视频数据。MPEG-4 在信息描述中首次采用了对象（Object）的概念，例如视频对象（Video Object，VO）和音频对象（Audio Object，AO）。VO 的构成依赖于具体应用和系统环境。在低要求应用下，VO 可以是矩形帧，从而与原来的标准兼容。在高要求应用下，VO 可以是场景中的某一物体，也可以是二维图像、三维图像。当 VO 定义为场景中截取的不同物体时，它通过运动信息、形状信息和纹理信息来描述。MPEG-4 就是针对这 3 类信息进行编码的。

基于内容的视频编码过程可由下述 3 步完成。

（a）VO 的形成。先从原始视频流中分割出 VO。

（b）编码。对各 VO 分别独立编码，即对不同 VO 的运动信息、形状信息和纹理信息这 3 类信息分别编码，分配不同的码字。

（c）复合。将各个 VO 的码流复合成一个符合 MPEG-4 标准的位流。

在编码和复合阶段可以加入用户的交互控制或由智能化算法进行控制。

② 基于 VOP 的编码。VOP 是某一时刻某一帧画面的 VO，VOP 编码就是对某一时刻该帧画面 VO 的形状、运动和纹理 3 类信息进行编码。

（a）形状编码。一个从场景中截取出的 VOP 是一个不规则的形状，MPEG-4 标准的形状编码方法是用位图法，VOP 被一个边框框住，边框长、宽均为 16 的整数倍，同时保证边框最小。位图表示法实际上就是一个边框矩阵。如果用8位表示灰度，有256级（0~255）灰度分层，如果用二值图，只需1位表示（0，1），所以矩阵元素为0~255（或为0，1），编码变成了对这个矩阵的编码。矩阵被分成16×16的"形状块"，边界信息包含在块中。

位图法不是VOP形状编码的唯一方法，也可以将VOP用梯度图表示，形状边界被抽出，用边界跟踪方法进行编码也很方便。可能在将来的标准中还会引入其他基于几何轮廓的编码技术。

（b）运动估计和运动补偿。MPEG-4标准中的VOP运动估计和运动补偿与MPEG-1等标准一样。类似于MPEG-1中的I帧、P帧和B帧3种帧格式，MPEG-4中的VOP也有3种相应的帧格式，分别是I-VOP、P-VOP和B-VOP，以表示运动补偿类型的不同。

VOP也如形状编码一样，外加了边框，边框分成16×16的宏块，宏块由8×8的块构成，运动估计和补偿既可基于宏块，也可基于块。

（c）纹理编码。纹理信息有两种，可能是内部编码的I-VOP的像素值，也可能是帧间编码的P-VOP、B-VOP的运动估计残差值，仍采用基于分块的纹理编码。

VOP边框被分成16×16的宏块，宏块由8×8的块构成。DCT变换基于8×8，分为下述3种情况。

- VOP外、边框内的块：不编码。
- VOP内的块：传统的DCT编码。
- 部分在VOP外、部分在VOP内的块：先用"重复填充"方法将该块在VOP外的部分进行填充（对于残差块只需填零），再用DCT编码。
- 对DCT系数再进行量化、Z扫描、游程及Huffman编码。

（d）分级扩展编码。MPEG-4标准的数据结构如图3.16所示。

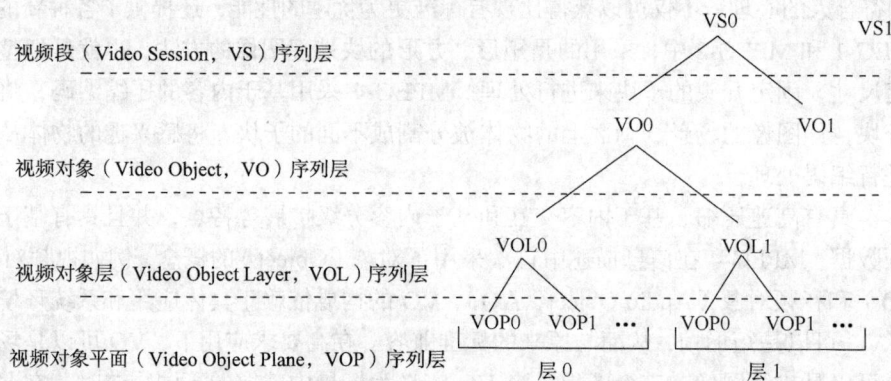

图3.16　MPEG-4的数据结构类分级图

一个完整的视频序列由几个VS构成，每个VS由一个或多个VO构成，每个VO又由一个或多个VOL构成。每个VOL代表一个层次（基本层、增强层），每个层表示某一种分辨率。在每个层中，都有时间上连续的一系列VOP。

MPEG-4利用VOL结构可实现空域分级扩展和时域分级扩展，空域分级扩展是用增强层来增加基本层的空域分辨率；时域分级扩展是由增强层来增加基本层中感兴趣区域的时域分辨率，即帧率。

2. H.26L视频编码标准

H.26L标准最初是由ITU-T的Video Coding Experts Group（VCEG）在1997年制定的，到2001年年底，ISO/IEC MPEG和ITU-T VCEG联合组成了新的组织Joint Video Team（JVT），并接管了ITU-T的H.26L研究，到2002年年底H.26L标准正式定案。H.26L的制定旨在提供更高的压缩效率，更灵活的网络适应性，以及增强对于差错的健壮性。

64

H.26L 是一种高效的压缩方法，它集中了以往标准的优点，并吸收了标准制定中积累的经验。与 H.263 v2（H.263+）或 MPEG-4 简单类（Simple Profile）相比，H.26L 在使用与上述编码方法类似的最佳编码器时，在大多数码率下最多可节省 50%的码率。H.26L 在所有码率下都能持续提供较高的视频质量。H.26L 能工作在低延时模式以适应实时通信的应用（如视频会议），同时又能很好地工作在没有延时限制的应用，如视频存储和以服务器为基础的视频流式应用。H.26L 提供包传输网中处理包丢失所需的工具。H.26L 在系统层面上提出了一个新的概念，在视频编码层

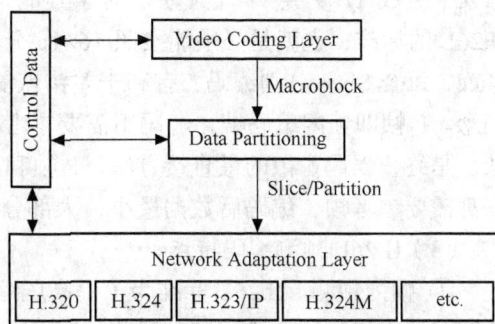

图 3.17　H.26L 系统层结构

（Video Coding Layer，VCL）和网络适配层（Network Adaptation Layer，NAL）之间进行概念性分割，前者是视频内容的核心压缩内容的表述，后者是通过特定类型网络进行传送的表述。这样的结构便于信息的封装和对信息进行更好地优先级控制，如图 3.17 所示。

（1）H.26L 编解码流程

图 3.18 和图 3.19 所示分别为 H.26L 的编码和解码流程图。和以往的 H.263、MPEG-4 编码标准相比，H.26L 的编码流程图与之类似，只是在部分模块的特性上不同，此外，增加了块滤波器。

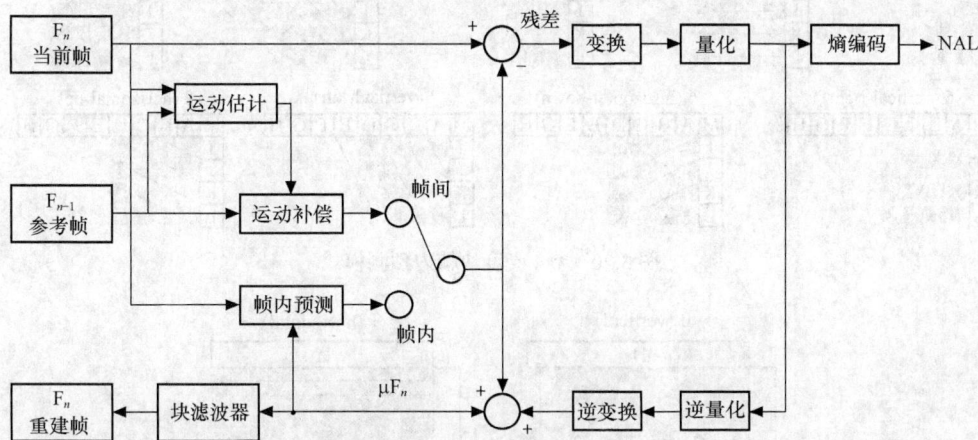

图 3.18　H.26L 编码流程图

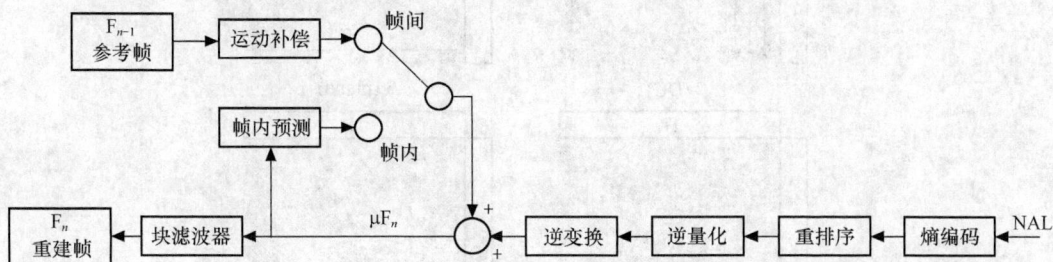

图 3.19　H.26L 解码流程图

（2）H.26L 编码支持格式

H.26L 支持的图像格式常用的有 CIF 和 QCIF，CIF 的图像为 352 像素×288 像素，以 16 像

素×16 像素为一个宏块分成 22×18 共 396 个宏块，QCIF 图像是 CIF 图像的 1/4，即 176 像素×144 像素，分成 11×9 共 99 个宏块。对于其他大小的图像格式，只有宽和高都是 16 的整数倍才符合 H.26L 的标准，也就是必须能按照 16×16 分割宏块。而且 H.26L 在编码时将一幅图像分成整数个 Slice，每个 Slice 分别编码，有利于差错恢复。H.26L 与以往的编码标准类似，都有 I、P、B 帧的概念。I 帧即帧内编码帧，解码不需要参考帧，编码后数据量大，帧数少，每隔一段时间编码一帧，是终止误码扩散的最直接方法。P 帧和 B 帧只编码通过帧间预测得到的运动向量和残差，解码都需要参考帧，编码后数据量小，大部分编码帧都是 P 帧和 B 帧。

（3）H.26L 预测编码特点

① 帧内预测。H.26L 标准为了提高压缩效率，在帧内编码时也提供了多种预测编码模式。对于亮度块支持两种形式的帧内预测编码，即 4×4 和 16×16 模式，4×4 模式适用于图像复杂的细节部分，16×16 模式适用于图像中变化不大的平坦部分。对于色度块，H.26L 只采用简单的 4×4 预测模式。在亮度块 4×4 预测模式中，将一个待预测 4×4 块的上方和左边共 13 个采样像素作为预测参考进行预测，预测方式共有 9 种，如图 3.20 所示。有时候这 13 个参考采样像素不一定都存在于当前编码的 Slice 中，此时只用存在于本 Slice 中的参考像素进行预测。在亮度块 16×16 预测模式中，提供 4 种预测模式：垂直预测、水平预测、直流预测和平面预测，如图 3.21 所示。

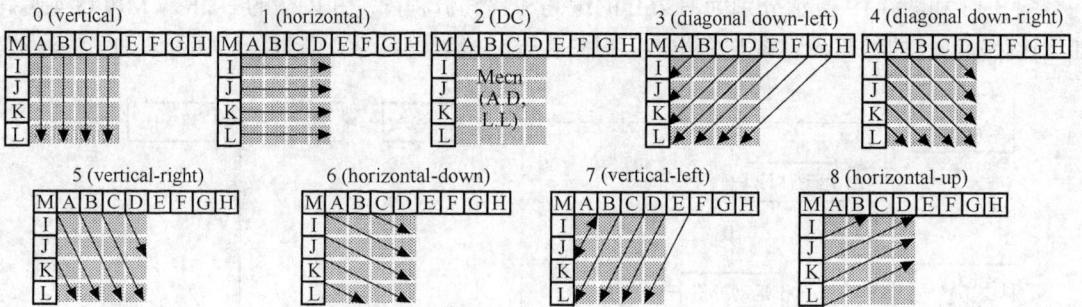

图 3.20　4×4 亮度块帧内预测模式

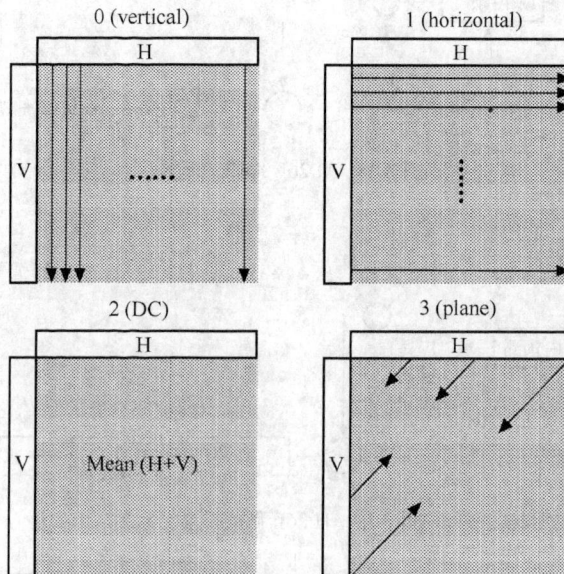

图 3.21　16×16 亮度块帧内预测模式

② 帧间预测补偿。H.26L 在帧间编码中的运动补偿也很有特点，它支持运动补偿的块大小有很多种，从最大的 16×16 到最小的 4×4 亮度块之间有很多选择，如图 3.22 所示。上面一排是针对 16×16 宏块的 4 种分割，下面一排是对宏块分割后的 8×8 子块的子分割，最小分成 4×4 的块。这种分割方式使得一个宏块中可以用多种分割块进行组合，基于这种分割进行的运动补偿称为树形运动补偿，随着图像复杂细化程度的不断提高，可以更加细化地分割进行运动补偿。每一个分割的块都有自己的运动向量，每个运动向量都被编码和传输，另外宏块的分割模式也必须被编码包含在压缩数据流中。当采用较大的分割块时（如 16×16、16×8、8×16），意味着块分割模式可以占用较少的比特，但是图像细节区域在运动补偿后的残差还具有较大的能量，意味着残差编码就需要较多的比特。反之，当采用较小的分割块时（如 8×4、4×4），运动补偿后的残差能量较小，需要编码的比特数少，但是表示块分割模式就会占用较多的比特数。因此，分割模式的选取对编码性能的影响较大。一般而言，图像中大块的相似区域适合于大分割块运动补偿，而细节复杂区域适合于用小分割块。

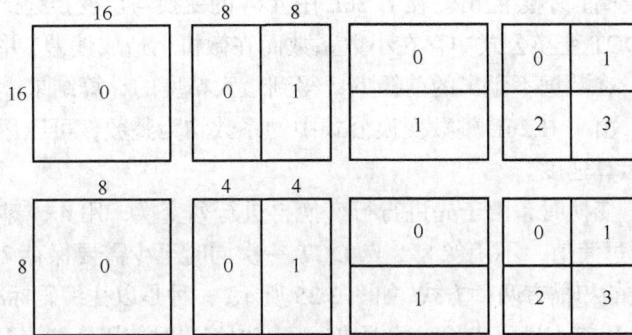

图 3.22　树形运动补偿块分割模式

H.26L 的运动补偿与以往的视频编码标准有一个区别就是它支持更高精度的运动向量，具体来说就是支持亮度块 1/4 像素精度的运动向量。由于 1/4 像素运动向量是小数，该运动向量所在位置没有实际的像素数据，所以需要通过相邻图像采样数据的插值获得。图 3.23 所示是整数像素和 1/4 像素运动向量预测示意图。由于编码每个分割块的运动向量也需要比特数，尤其当小块较多时占用比特数也较多。由于相邻块的运动向量具有较强的相关性，因此每个运动向量都用先解码的相邻块的运动向量作为参考向量进行预测，预测结果向量和当前运动向量的差再编码传输。

(a) 当前帧中的 4×4 块　　(b) 参考块：运动向量 (1, -1)　(c) 参考块：运动向量 (0.75, -0.5)

图 3.23　整数像素和 1/4 像素运动向量预测

H.26L 的帧间预测编码支持多参考帧，最多可以到 5 个参考帧，由此可以更有利于帧间预测，减少帧间预测所得残差编码的比特数，提高编码效率。H.26L 在预测环中加入了去块效应滤波器，对相邻块的边界像素进行滤波，从而降低块的边界效应，边界处连接更自然，图像更细腻，主观质量更好。

（4）H.26L 变换编码特点

H.26L 和以往视频编码的不同之处还表现在变换编码部分。以前的编码标准如 MPEG-1、MPEG-2、MPEG-4 和 H.263 都使用 8×8DCT 变换作为基础变换编码。在 H.26L 中采用 4×4 块的整数变换作为基本变换编码。4×4 整数变换编码与以往的 8×8DCT 变换编码相比具有以下优点。

（a）减小方块效应。方块效应主要是由于变换编码并量化后，造成变换系数中的高频交流系数的损失而导致图像细节的丢失。H.26L 采用了更小的 4×4 块进行变换，使得方块效应较 8×8 更小。

（b）算法简单明了，易于实现。H.26L 中 4×4 块的变换与反变换均由图3.24所示的一次简单方程式构成，易于理解，便于实现。

4×4 变换	4×4 反变换
A=13a+13b+13c+13d	a′=13A+17B+13C+7D
B=17a+7b−7c−17d	b′=13A+7B−13C−17D
C=13a−13b−13c+13d	c′=13A−7B−13C+17D
D=7a−17b+17c−7d	d′=13A−17B+13C−7D

图 3.24　4×4 整数变换公式

（c）运算结果精度高且不会溢出。在 H.26L 中 4×4 的变换与反变换公式中，系数均为整数，不像 H.263 中的 8×8 DCT 变换公式中存在小数系数而在微机上造成偏差；并且 4×4 整数变换编码与量化过程紧密结合，在数据不溢出的前提下，得到最大精度的计算结果。

（d）运算速度快。由于 H.26L 整数变换公式中的系数均为整数，可以用定点算法实现，避免了浮点运算，提高了运算速度。

（e）占用内存小。变换时，由于先进行行变换再进行列变换，用 4×4 整数变换，内存一次同时只需保存 4×4=16 个过渡值，不用像 8×8 点 DCT 一次同时至少需要保存 8×8=64 点计算值。

H.26L 对变换系数的扫描有两种方式，如图 3.25 所示，一种是以往编码标准常用的 zigzag 扫描，另一种是双扫描，只在用较小量化步长对数据块进行帧内编码时使用，能得到更好的编码效率。

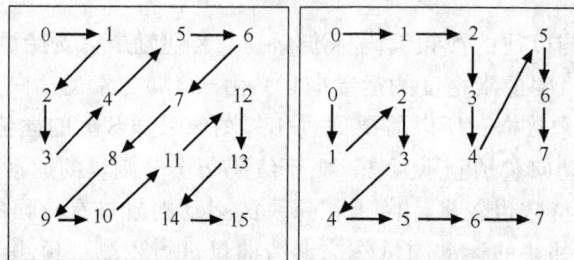

图 3.25　变换系数扫描方式

（5）H.26L 熵编码特点

视频编码的最后一步是熵编码，H.26L 采用两种熵编码方式，一种是基于通用变长编码（UVLC），另一种是基于上下文的自适应二进制算术编码（CABAC）。基于 VLC 编码是使用比较广泛的熵编码，它对量化后的变换系数、运动向量以及其他编码信息采用不同的统计码表进行编码。而 H.26L 使用的 UVLC 只使用一个码表，其优点是简单，缺点是单一的码表是从概率统计分布模型得出的，没有考虑编码符号间的相关性，在中高码率时效果不是很好。算术编码使编码和解码两边都能使用所有句法元素（变换系数、运动矢量）的概率模型。为了提高算术编码的效率，H.26L 采用的 CABAC 通过基于上下文内容建模的过程，使基本概率模型能适应随视频帧而改变的统计特性。基于上下文内容建模提供了编码符号的条件概率估计，利用合适的内容模型，存在于符号间的相关性可以通过选择目前要编码符号邻近的已编码符号的相应概率模型来去除，不同的句法元素通常保持不同的模型。如果给定的符号为非二进制值，它将按照一个二进制判决的顺序进行转换，称为二进制化（Bins）。实际的二进制化是根据给定的二进制树来完成的，这里使用的是 UVLC 二进制树。每一次二进制判决后，算术编码器使用新的概率估计进行编码，此概率估计是在前一上下文内容建模阶段更新的。在每一次二进制化编码以后，向上调整用于刚刚编码的二进制符号的概率估计，这样，模型就保持了对实际统计特性的跟踪。H.26L 中利用了新方法来编码变换系数，并利用查表法来估计概率，提高了编码效率和速率。

3. H.26L 标准和 MPEG-4 标准特点的比较

H.26L 编码标准和以往的视频编码标准相比很多地方都有改进，进一步提高了编码效率，下面将 H.26L 和 MPEG-4 进行对比，结果见表 3.9。

表 3.9 H.26L 和 MPEG-4 标准的比较

	H.26L	MPEG-4
帧内预测	9 种 4×4 块预测模式 4 种 16×16 宏块预测模式 （预测更精确，编码效率更高）	4 种 16×16 宏块预测模式 （预测较简单，编码效率低）
帧间预测	运动补偿块的大小范围从 16×16 到 4×4 有多种选择 1/4 像素精度运动预测 （预测更精确，编码效率更高）	16×16 和 8×8 块运动预测 1/2 像素精度运动预测 （预测较简单，编码效率低）
参考帧	最多支持 5 个参考帧	只支持单参考帧
块滤波器	有（改善图像质量，提高压缩率）	无
变换编码	4×4 无乘法整数 DCT 变换 （算法简单，速度快，无计算偏差）	8×8 含乘法小数 DCT 变换 （计算复杂，有小数偏差）
熵编码	UVLC，CABAC（高压缩率）	VLC

3.5 小 结

数据压缩技术自 20 世纪 40 年代提出以来，已经有了飞速的发展。本章首先介绍了数据压缩的基本概念及各种压缩技术的分类。数据之所以能得到压缩是由于原始的信源存在相关性及不等概性。针对信源的不同特点有许多实用的压缩技术，这些压缩技术都可以归类为有失真压缩或无失真压缩。有失真压缩能提供较高的压缩比，但由于损失了信源的熵，压缩后的数据是无法准确无误地恢复的；无失真压缩能准确无误地恢复原信息，它只是去掉了信源的冗余部分，但不能提供较高的压缩比。

其次，本章详细地介绍了目前多媒体数据压缩常用的各种编码技术，包括 DPCM、ADPCM 、DCT 变换编码、小波编码、行程编码、Huffman 编码等的原理。这些编码方法在多媒体信息系统中的图像、声音和视频数据压缩中起着十分重要的作用。

本章的最后，介绍了音频压缩标准、图像和视频压缩标准。这些国际标准的介绍将为读者的使用带来很大的方便，有助于读者全面地掌握这些国际标准的使用。

习题与思考题

1. 如何衡量一种数据压缩方法的好坏？多媒体数据存在哪些类型的冗余？

2. 数据压缩技术可分为几大类？每类有何主要特点？

3. DPCM、ADPCM 编码的基本原理是什么？DCT 变换编码是如何压缩数据的？

4. Huffman 编码有何特点？行程编码是如何编码的？

5. 常见的声音压缩标准有哪些？它们分别采用什么压缩方法？

6. 常用的图像和视频压缩标准有哪些？它们分别采用什么压缩方法？

7. JPEG 标准的基本系统中压缩过程有哪几步？每步是如何工作的？

8. MPEG 标准中减少时间冗余量的方法有哪些？

9. MPEG 标准系列已有哪些标准？各有什么特点？适合用于什么场合下的数据压缩？

10. H.26L 标准的压缩编码有什么特点？

第4章
多媒体硬件环境

在现有计算机系统中，要以数字方式处理多媒体信息，需要解决的首要问题是各种媒体的数字化。图像、音频、视频信号只有以数字数据形式进入到计算机的设备中，计算机软件才能够对它们进行存储、传输和处理。完成这些工作的第一步是配置各种硬件环境，包括光多媒体存储、音频接口、视频接口、多媒体 I/O 设备等。本章主要介绍多媒体硬件环境。

4.1 多媒体存储设备

多媒体存储技术主要是指光存储技术和闪存技术。光存储技术发展很快，特别是近 10 年来，近代光学、微电子技术、光电子技术及材料科学的发展为光学存储技术的成熟及工业化生产创造了条件。光存储以其存储容量大、工作稳定、密度高、寿命长、介质可换、便于携带、价格低廉等优点，已成为多媒体系统普遍使用的设备。

1980 年，日本的 KDD 公司推出了世界上第一台光存储系统。从那时候起，世界各先进工业国就致力于光存储系统的开发和研究工作。

光存储系统由光盘驱动器和光盘盘片组成。光存储的基本特点是用激光引导测距系统的精密光学结构取代硬盘驱动器的精密机械结构。光盘驱动器的读写头是用半导体激光器和光路系统组成的光学头，记录介质采用磁光材料。驱动器采用一系列透镜和反射镜，将微细的激光束引导至一个旋转光盘上的微小区域。由于激光的对准精度高，所以写入数据的密度要比硬磁盘高得多。

光存储系统工作时，光学读/写头与介质的距离比起硬盘磁头与盘片的距离要远得多。光学头与介质无接触，所以读/写头很少因撞击而损坏。虽然长时间使用后透镜会变脏，但灰尘不容易直接损坏机件，而且可以清洗。与磁盘或磁带相比，光学存储介质更安全耐用，不会因受环境影响而退磁。硬盘驱动器使用 5 年以后失效是常见的事情，而磁光型介质估计至少可使用 30 年、读/写 1 000 万次，只读光盘的寿命更长，预计为 100 年。

4.1.1 多媒体光存储

1. 光存储的类型

常用的光存储系统有只读型、一次写型和可重写型光存储系统 3 类。

（1）只读型光存储系统

只读型光盘包括 LV、CD-ROM（Compact Disc-Read Only Memory）等。CD-ROM 只读式压缩光盘，其技术来源于激光唱盘，形状也类似于激光唱盘，能够存储 650MB 左右的数据。用户只能从 CD-ROM 读取信息，而不能往盘上写信息。CD-ROM 中的内容在光盘生成时就已经决定，而且不可改变。CD-ROM 盘常用于存储固定的软件、数据和多媒体演示节目。CD-ROM 驱动器除了能读出 CD-ROM 盘外，还可以用于读取激光唱盘以及柯达激光照片的信息。

（2）一次写型光存储系统

一次写（Write Once Read Many，WORM）光存储系统可一次写入，任意多次读出。与 CD-ROM 相比，它具有由用户自己确定记录内容的优点。

（3）可重写型光存储系统

可重写光盘（Rewritable 或 Erasable，E-R/W）像硬盘一样可任意读写数据。它又分磁光型（Magnetic Optical，MO）和相变型（Phase Change，PC）两种形式。

2. CD-ROM 光存储系统

（1）CD-ROM 盘片的物理层次

CD-ROM 有标准的物理规格，它由直径为 120mm，厚度为 1.2mm 的聚碳酸酯盘组成，中心有一个 15mm 的主轴孔。聚碳酸酯衬底含有凸区和凹坑区。每个凹坑区都深 100nm、宽 500nm。两个相邻凹坑区之间的地方称为凸区。凸区表示二进制的零，从凸区到凹坑区和从凹坑区到凸区的过渡由二进制的 1 表示。聚碳酸酯的表面覆盖着反射铝或铝合金或金以增加记录面的反射性。反射面由防止氧化的漆膜层保护。图 4.1 所示为 CD-ROM 的物理层次。

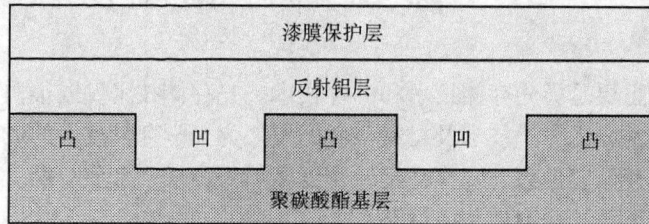

图 4.1　CD-ROM 的物理层次

（2）CD-ROM 驱动器的构造

CD-ROM 驱动器的内部主要部件和结构如图 4.2 所示，它主要包括如下 6 个部分。

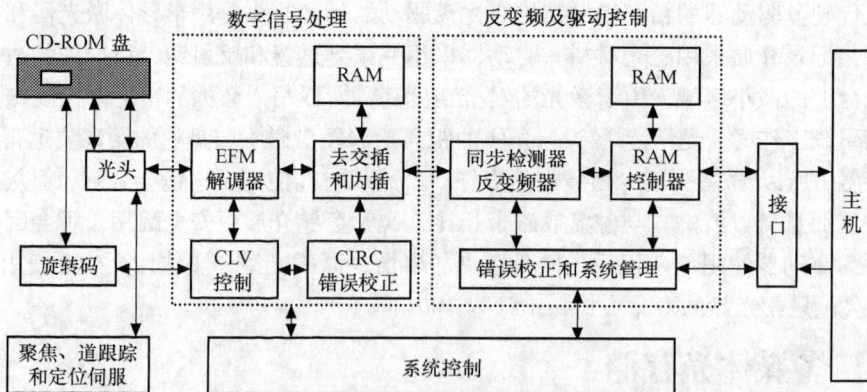

图 4.2　CD-ROM 驱动器的系统方框图

①光头。光头（Optical Pickup）是 CD-ROM 驱动器的关键部件。它的功能是把存储在 CD-ROM 盘上的信息转换成电信号。CD-ROM 把经聚焦后的激光投射到光盘上，利用激光在凹坑上反射的激光强度，比在非凹坑上反射的激光强度弱得多这一特性，再通过光电转换器件变成电信号，从而区分凹坑和非凹坑的长度和它们的跳变沿。

②聚焦伺服。为使激光束的聚点落在光盘的信息面上，CD-ROM 驱动器采用自动聚焦伺服系统来实现。自动聚焦伺服系统通过产生聚焦误差信号，调整光头和光盘之间的距离，以保证聚焦点落在光盘的信息面上。

③道跟踪伺服。为了确保聚焦光束能沿着道间距为 16μm、凹坑宽为 0.5μm 左右的螺旋形光道正确读出信息，CD-ROM 采用径向光道跟踪技术，以克服光盘可能多达 300μm 的偏心，使道跟踪精度达到 0.1μm。光道跟踪伺服系统通过产生偏离光道的误差信号，控制光头调整聚焦光束，使它能落在有凹坑的光道中央。

④ CLV 伺服。由于 CD-ROM 盘要以恒定线速度（CLV）旋转，这就意味着驱动光盘旋转的驱动马达的速度要随光头所处的位置而变化。在 CD-ROM 标准中，线速度为 1.2m/s，为保持这个恒定速度，光头从导入区移到导出区，光盘驱动马达的速度从 500r/min 降到 200r/min。

⑤ EFM 解调。从聚焦伺服系统输出的数据信号是经过 EFM 调制后的信号，EFM 解调过程是 EFM 调制过程的逆过程。这个过程要从通道位中检测出同步位、去掉合并位、把 14 位通道位变成 8 位数据，最后还原成原始的帧格式。

⑥错误检测和校正处理。CD-ROM 采用二级错误校正：一级是 CIRC（Cross Interleaved Reed-Solomon Code），另一级是 ECC（Error Correction Code）。由 CIRC 检测出来但不能纠正的错误，将由内插和噪声抑制功能部件进行处理，例如以 CD-ROM 扇区方式 2 记录的声音、图像等数据做内插处理即可。但对于如程序一类的数字数据则要做 ECC 校正。

3. CD-R 光存储系统

1991 年 11 月 Philips 公司制定了 CD-R（Compact Disc Recordable）标准，它是一种一次写、多次读的可刻录光盘系统。

（1）CD-R 盘片的物理层次

CD-R 光盘与普通 CD 光盘有相同的外观尺寸。它记载数据的方式与普通 CD 光盘一样，也是利用激光的反射与否来解读数据，但它们的原理不同。CD-R 光盘上除了含有合成塑胶层与保护漆层外，将反射用的铝层改用 24K 黄金层（也可能是纯银材料），另外再加上有机染料层和预置的轨道凹槽，如图 4.3 所示。

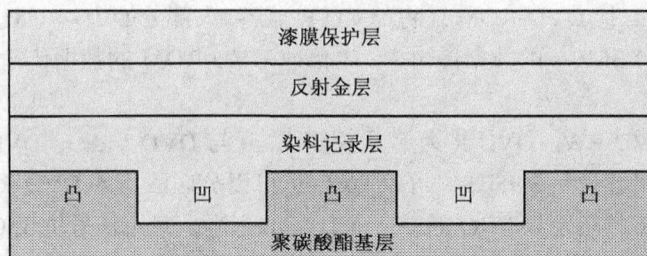

图 4.3　CD-R 的物理层次

（2）CD-R 的刻录和读取原理

CD-R 刻录是将刻录光驱的写激光聚焦后，通过 CD-R 空白盘的聚碳酸脂（Polycarbonate）层照射到有机染料（通常是箐蓝或酞箐蓝染料）的表面上，激光照射时产生的热量将有机染料烧熔，并使其变成光痕（Mark）。

当 CD-ROM 驱动器读取 CD-R 盘上的信息时，激光将透过聚碳酸脂和有机染料层照射镀金层的表面，并反射到 CD-ROM 的光电二极管上。光痕会改变激光的反射率，CD-ROM 驱动器根据反射回来的光线的强弱来分辨数据 0 和 1。

4. DVD 光存储系统

DVD 的英文全名是 Digital Video Disk，即数字视频光盘或数字影盘，它利用 MPEG 2 的压缩技术来存储影像。也有人称 DVD 是 Digital Versatile Disk，即数字多用途的光盘，它集计算机技术、光学记录技术、影视技术等为一体，其目的是满足人们对大存储容量和高性能的存储媒体的需求。DVD 光盘不仅已在音/视频领域内得到了广泛应用，而且会带动出版、广播、通信、WWW 等行业的发展。它的用途非常广泛，这一点可以从它设定的 5 种规格中看出来。

① DVD-ROM：电脑软件只读光盘，用途类似 CD-ROM。

② DVD-Video：家用的影音光盘，用途类似 LD 或 Video CD。

③ DVD-Audio：音乐盘片，用途类似音乐 CD。

④ DVD-R（或称 DVD-Write-Once）：限写一次的 DVD，用途类似 CD-R。

⑤ DVD-RAM（或称 DVD-Rewritable）：可多次读写的光盘，用途类似 MO。

（1）DVD 盘片的物理结构

从表面上看，DVD 盘与 CD/VCD 盘很相似。但实质上，两者之间有本质的差别。按单/双面与单/双层结构的各种组合，DVD 可以分为单面单层、单面双层、双面单层和双面双层 4 种物理结构。CD-ROM 能容纳 650MB 的用户数据，而单面单层 DVD 盘的容量为 4.7GB（约为 CD-ROM 容量的 7 倍），双面双层 DVD 盘的容量则高达 17GB（约为 CD-ROM 容量的 26 倍）。CD 的最小凹坑长度为 0.834μm，道间距为 1.6μm，采用波长为 780～790nm 的红外激光器读取数据，而 DVD 的最小凹坑长度仅为 0.4μm，道间距为 0.74μm，采用波长为 635～650nm 的红外激光器读取数据。

单面 DVD 盘可能有一个或两个记录层。与 CD 一样，激光器从盘的下面读取单面盘上的数据，双面 DVD 盘上的数据分别存放在盘的上下两面。

无论是单层盘还是双层盘都由两片基底组成，每片基底的厚度均为 0.6mm，因此 DVD 盘的厚度为 1.2mm。对于单面盘而言，只有下层基底包含数据，上层基底没有数据；而双面盘的上下两层基底上均有数据。

（2）几种 DVD 光盘驱动器

① DVD-ROM。DVD-ROM 光驱不仅可读大容量的 DVD 盘片，也能向下兼容读取数以亿计的 CD-ROM 盘片。第二代 DVD-ROM 还将与 CD-R 兼容。大部分 DVD-ROM 光驱具有低于 100ms 的查找时间，和大于 1.3MB/s 的数据传输率。单倍速 DVD-ROM 的数据传输率大致等同于 9 倍速的 CD-ROM 光驱。

② DVD-R 与 DVD-RW。DVD-R 为单写多读型，且与 DVD-Video，DVD-Audio，DVD-ROM 兼容，最新的 1.0 规格容量是 3.95GB，可以 DAO 也可以分区段写入 DVD-R。但需要高精密度的读写头，因为 DVD-R 的轨距只有 0.8μm，是 CD-R 的一半，最短信号坑仅 0.293μm，约是 CD-R 的 1/3，目前第三代后的 DVD-ROM 都可读。DVD-R 片子采用有机色素膜，所以看起来是紫色的，可被 356nm 波长的镭射光吸收。

③ DVD-RAM。DVD-RAM 实际上是用相变记录方式实现数据改写的 DVD 中的一种。以松下电器和东芝为主提出的 SD（超密盘）为中心制定的规格，其存储容量单面为 2.6GB，双面达到 5.2GB。连续数据传输速率为 11.08Mbit/s（约 1.37MB/s，相当于 9 倍速 CD-ROM）。

DVD-RAM 所用的记录介质有两种类型。一类是可从机壳内取出的盘片（类型 1），另一类是不能取出的盘片（类型 2）。双面介质只有类型 1，单面介质既有类型 1，也有类型 2。

支持 DVD-RAM 高密度记录的技术是称为 Land-groove 的记录方式。它以沟道（Groove）和岸道（Land）记录数据。岸与沟以相同的间距重复排列，因而很容易获得定位用的控制信号，适用于高密度记录（DVD-RAM 道间距为 0.74μm）。岸的高度恰好能消除相互影响，使来自邻道的干扰影响（道间串扰）降至最小。此外，盘片记录面上还以孔的形式埋入了地址信息，即使改写次数增加也可得到稳定的地址信息。

DVD-RAM 中除了岸沟方式以外还使用更短波长的激光（650nm）、区域恒线速（Zoned Constant Linear Velocity，ZCLV）方式和标记边沿记录方式来提高记录密度。ZCLV 方式把整个盘面分为 24 区，最内周区域的扇区数定为 17 个，最外周区域的扇区数定为 40 个，各个区域的线速度不同，但同一区域内周与外同线速度相同。

④ DVD-Audio。DVD-Audio 采用的 LPCM，就是未经压缩的原音重现，也是 5.1 声道。另外日本音响协会对 CD 下一代的超高音质提出了 ADA（Advanced Digital Audio），针对 100kHz 的音域在非压缩情况下达到 144dB 以上的动态响应范围，并在 CD 中做到 80min 的长度。目前的 DVD Audio 可达到 94kHz，24bit（LPCM）的超高音质，每秒流量约 384kbit/s，也可以采用 AC-3、DTS 这两种规格。但是 DVD-Audio 需要自己的机器，有些 DVD Player 可以相容，在 PC 上播放可能需要新的播放软件或是解压缩卡。

⑤ DVD-Video。这就是我们熟知的 DVD 电影，与现有 CD/VCD 相比，DVD-Video 光盘除了具有更大的存储容量外，还增加了每一张盘上可放置多个节目（如可放置同一影片的不同版本）、多声轨（如可放置多种语言）、多种文字字幕、父母锁定控制、多角度观赏选择、版权保护、提供 4∶3 或 16∶9 的高品质视频图像，并能配以多通道伴音等功能。要实现这些功能，必须将所有数据按一定的格式存放在 DVD 盘上，DVD 播放机才能读出这些数据，播放出高品质的画面和优美动听的音乐。

⑥ 蓝光 DVD 和 HD-DVD。蓝光 DVD，其英文名为 Blu-ray Disc，是 DVD 光碟的下一代光碟格式，用以存储高画质的影音以及大容量的资料。Blu-ray 的命名来自其采用的镭射波长为 405nm，刚好是光谱中的蓝光，因而得名。

2002 年 2 月 19 日，"蓝光光碟联盟"的前身"Blu-ray Disc Founders"成立，由新力集团为首开始策划及研发蓝光光碟。2004 年 5 月，"Blu-ray Disc Founders"正式更改名称为"蓝光光碟联盟"（Blu-ray Disc Association）。该联盟以索尼、松下、飞利浦公司为核心，又得到先锋、日立、三星、LG 等公司的鼎力支持。

蓝光光盘的直径为 12cm，和普通 CD 及 DVD 的尺寸一样。这种光盘利用 405nm 的蓝色激光在单面单层光盘上可以录制、播放长达 27GB 的视频数据，比现有 DVD 的容量大 5 倍以上（DVD 的容量一般为 4.7GB），可录制 13h 普通电视节目或 2h 高清晰度电视节目。蓝光光盘采用 MPEG-Ⅱ压缩技术，容量为 100GB 或 200GB。

其存储原理为沟槽记录方式，采用传统的沟槽进行记录，然而通过更加先进的抖颤寻址实现了大容量的存储与数据管理。与传统的 CD 或 DVD 存储形式相比，蓝光光盘带来了更好的反射率与存储密度，这是其实现容量突破的关键。

针对不同客户，蓝光碟产品有不同分类。索尼公司开发了两种蓝光碟：XDCAM 和 Prodata。前者主要用于存储广播和电视节目，后者提供商业数据存储方案（如为服务器提供数据备份）。

蓝光 DVD 的主要竞争对手是 HD-DVD，也叫做 AOD。两者各由不同的公司支持，并且争相成为标准规格。HD-DVD 由电子产品巨头东芝和 NEC 公司生产。其实，在 DVD 占据光介质市场以前，HD-DVD 的工艺就已经成熟了，不过直到 2003 年 HD-DVD 才开始大规模生产。

HD-DVD 的最大优势在于，它的制造工艺和传统 DVD 一样，生产商可使用原 DVD 生产设备制造，不需要投资改建生产线。从存储容量来说，HD-DVD 和蓝光不相上下。一张可写入的单层 HD-DVD 可存储 15GB 数据，双层可存储 30GB，三层可存储 45GB；而双层蓝光碟的存储容量是 27GB，三层存储 50GB。只读格式下两种介质的存储容量差别也非常小，而且，HD-DVD 也提供交互模式。

除了蓝光和 HD-DVD 这两大光存储巨头，市场上还有其他产品，如华纳兄弟公司自制的产品 HD-DVD-9，压缩比更高，存储数据量也更大。

4.1.2　多媒体移动存储

1．闪存

目前主板上的 BIOS 大多使用 Flash Memory 制造，翻译成中文就是"闪动的存储器"，通常把它称作"快闪存储器"，简称"闪存"。闪存卡/盘是一种移动存储产品，可用于存储任何格式的数据文件便于随身携带，是个人的"数据移动中心"。闪存卡/盘采用闪存存储介质（Flash Memory）和通用串行总线（USB）接口，具有轻巧精致、使用方便、便于携带、容量较大、安全可靠、时尚新潮等特征，是理想的便携存储工具。

我们常说的闪存其实只是一个笼统的称呼，准确地说它是非易失随机访问存储器（NVRAM）的俗称，特点是断电后数据不消失，因此可以作为外部存储器使用。而所谓的内存是挥发性存储器，分为 DRAM 和 SRAM 两大类，其中常说的内存主要指 DRAM，也就是我们熟悉的 DDR、DDR2、SDR、EDO 等。闪存也有不同类型，其中主要分为 NOR 型和 NAND 型两大类。

NOR 型与 NAND 型闪存的区别很大，打个比方，NOR 型闪存更像内存，有独立的地址线和数据线，但价格比较贵，容量比较小；而 NAND 型更像硬盘，地址线和数据线是共用的 I/O 线，类似硬盘的所有信息都通过一条硬盘线传送一般，而且 NAND 型与 NOR 型闪存相比，成本要低一些，而容量大得多。因此，NOR 型闪存比较适合频繁随机读写的场合，通常用于存储程序代码并直接在闪存内运行，手机就是使用 NOR 型闪存的大户，所以手机的"内存"容量通常不大；NAND 型闪存主要用来存储资料，我们常用的闪存产品，如闪存卡/盘都是用 NAND 型闪存。

2．闪存卡

闪存卡（Flash Card）是利用闪存（Flash Memory）技术达到存储电子信息目的的存储器，一般应用在数码相机、掌上电脑、MP3 等小型数码产品中作为存储介质，所以样子小巧，有如一张卡片，所以称之为闪存卡。根据不同的生产厂商和不同的应用，闪存卡大概有 SmartMedia（SM卡）、Compact Flash（CF 卡）、MultiMediaCard（MMC 卡）、Secure Digital（SD 卡）、Memory Stick（记忆棒）、XD-Picture Card（XD 卡）、微硬盘（MICRODRIVE）等种类，这些闪存卡虽然外观、规格不同（见表 4.1），但是技术原理都是相同的。

表 4.1　　　　　　　　　　　　各种闪存卡规格参数

类型	SM卡	CF 卡		MMC 卡	记忆棒	XD 卡	SD 卡
		Type I	Type II				
长（mm）	45	43	43	32	50	25	32
宽（mm）	37	36	36	24	21.5	20	24
高（mm）	0.76	3.3	5	1.4	0.28	1.7	2.1
工作电压（V）	3.3 或 5	3.3 或 5	3.3 或 5	2.7~3.6		2.7~3.6	2.7~3.6
接口	22 针	50 针	50 针	7 针	10 针	18 针	9 针

（1）CF 卡

CF 卡（Compact Flash）如图 4.4 所示，于 1994 年由 SanDisk 最先推出。CF 卡重量只有 14g，仅纸板火柴般大小（43mm×36mm×3.3mm），是一种固态产品，工作时没有运动部件。CF 卡采用闪存技术，是一种稳定的存储解决方案，不需要电池来维持其中存储的数据。对所保存的数据来说，CF 卡比传统磁盘驱动器的安全性和保护性都更高；比传统的磁盘驱动器的可靠性高 5～10 倍，且用电量仅为小型磁盘驱动器的 5%。CF 卡使用 3.3～5V 的电压工作（包括 3.3V 或 5V）。这些优异的条件使得大多数数码相机选择 CF 卡作为其首选存储介质。CF 卡的优点是存储容量大，成本低，兼容性好，缺点是体积较大。

图 4.4　CF 卡　　　　　　　　　　　图 4.5　MMC

（2）MMC

MMC（Multi Media Card，多媒体存储卡）如图 4.5 所示，它是由 SanDisk 和 Siemens 公司在 1997 年研制的。与传统的移动存储卡相比，其最明显的外在特征是尺寸更小——只有普通的邮票大小（是 CF 卡尺寸的 1/5 左右），外形尺寸只有 32mm×24mm×1.4mm，而其重量不超过 2g。这使其成为世界上最小的半导体移动存储卡，它对于追求便携性的各类手持设备形成强有力的支持。

MMC 在设计之初是瞄准手机和寻呼机市场，然后因其尺寸小等独特优势而迅速被引进更多的应用领域，如数码相机、PDA、MP3 播放器、笔记本电脑、便携式游戏机、数码摄像机、手持式 GPS 等。另外，由于采用更低的工作电压，驱动电压为 2.7～3.6V，MMC 比 CF 等上代产品更加省电。

（3）SD 卡

SD 卡（Secure Digital Memory Card）如图 4.6 所示，它是一种基于半导体快闪记忆器的新一代记忆设备。SD 卡由日本松下、东芝公司及美国 SanDisk 公司于 1999 年 8 月共同研制开发。大小犹如一张邮票，重量只有 2g，拥有高记忆容量、快速数据传输率、极大的移动灵活性以及很好的安全性。

SD 卡结合了 SanDisk 快闪记忆卡控制与 MLC（ Multilevel Cell ）技术以及东芝 0.16u 及 0.13u 的 NAND 技术，通过 9 针的接口界面与专门的驱动器相连接，不需要额外的电源来保持其上记忆的信息。而且它是一体化的固体介质，没有任何移动部分，所以不用担心机械运动的损坏。

SD 卡数据传送和物理规范由 MMC 发展而来，大小和 MMC 差不多，尺寸为 32mm×24mm×2.1mm。长宽和 MMC 一样，只是厚了 0.7mm，以容纳更大容量的存储单元。SD 卡与 MMC 卡保持着向上兼容，也就是说，MMC 可以被新的 SD 设备存取，兼容性则取决于应用软件，但 SD 卡却不可以被 MMC 设备存取。SD 接口除了保留 MMC 的 7 针外，还在两边多加了 2 针，作为数据线。采用了 NAND 型 Flash Memory，基本上和 Smart Media 的一样，平均数据传输率能达到 2MB/s。

图 4.6　SD 卡

图 4.7　SM 卡

（4）SM 卡

SM（Smart Media）卡如图 4.7 所示，是由东芝公司在 1995 年 11 月发布的 Flash Memory 存储卡，三星公司在 1996 年购买了生产和销售许可，这两家公司成为主要的 SM 卡厂商。SmartMedia 卡也是市场上常见的微存储卡，一度在 MP3 播放器上非常的流行。

Smart Media 采用了东芝 NAND 型 Flash Memory，因此体积做得很小，只有 45mm×37mm×0.76mm，非常薄，仅重 1.8g，具有比较高的擦写性能。SmartMedia 为了节省自身的成本，存储卡上只有 Flash Memory 模块和接口，而没有包括控制芯片，使用 SmartMedia 的设备必须自己装置控制机构，因此兼容性就相对较差。Smart Media 采用了 22 针的接口，也具有 3.3V 和 5V 两种工作电压，但不可以同时支持两种电压。

（5）XD 卡

XD 卡全称为 XD-Picture Card，如图 4.8 所示，它是由富士和奥林巴斯公司联合推出的专为数码相机使用的小型存储卡，采用单面 18 针接口。XD 取自于 "Extreme Digital"，是 "极限数字" 的意思。XD 卡是较为新型的闪存卡，相比于其他闪存卡，它拥有众多的优势。袖珍的外形尺寸为 20mm×25mm×1.7mm，总体积只有 $0.85cm^3$，约为 2g 重。优秀的兼容性，配合各式的读卡器，可以方便地与个人计算机连接。具有超大的存储容量，XD 卡的理论最大容量可达 8GB，具有很大的扩展空间。

图 4.8　XD 卡

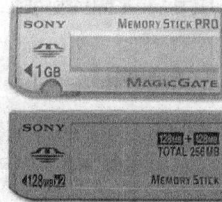

图 4.9　记忆棒

（6）记忆棒

记忆棒（Memory Stick）如图 4.9 所示，它是索尼公司开发研制的，尺寸为 50mm×21.5mm×2.8mm，重 4g。与很多闪存存储卡不同，记忆棒规范是非公开的，没有什么标准化组织，采用了索尼自己的外型、协议、物理格式和版权保护技术。记忆棒包括了控制器在内，采用 10 针接口，数据总线为串行，最高频率可达 20MHz，电压为 2.7～3.6V，电流平均为 45mA。可以看出这个规格和差不多同一时间出现的 MMC 颇为相似。索尼公司强调其带独立针槽的接口易于从插槽中插入或抽出，不易损坏；它不会互相接触，大大减低针与针接触而发生的误差，令资料传送更为可靠；该接口比起插针式存储卡也更容易清洁。

为了获取更大的容量和更高的速度，索尼和 Sandisk 公司共同开发了全新的记忆棒 PRO，外型体积较记忆棒均没有变化，但是可以实现 8 GB 的容量。记忆棒 PRO 除串行传送以外，还支持并行传送，以实现多种数据的同时传递与接收。在并行传送模式中，数据以大于 160Mbit/s（理论值）的速度传送，使实时记录 DVD 质量的动态图像成为可能。此外，所有的记忆棒 PRO 都具备版权保护功能。

2003 年 3 月，在记忆棒 PRO 的基础上设计制造了记忆棒 Pro Duo，如图 4.10 所示。记忆棒 Pro Duo 将所有记忆棒 PRO 的先进功能打包压缩成 Duo 格式，它采用更高密度的叠加技术。

图 4.10　记忆棒 Pro Duo

记忆棒 Pro Duo 除支持串行传送以外还支持并行传送，能以 160Mbit/s（理论最大值）的速度传送数据。记忆棒允许记录有版权保护的内容及高速数据传送，通过连接适配器，它同样可以应用于兼容标准尺寸记忆棒的产品。

4.2　音　频　接　口

多媒体技术的特点是计算机交互式综合处理声文图信息。声音是携带信息的重要媒体。娓娓动听的音乐和解说，使静态图像变得更加丰富多彩。音频和视频的同步，使视频图像更具真实性。传统计算机与人交互是通过键盘和显示器，人们通过键盘或鼠标输入，通过视觉接收信息。而今天的多媒体计算机是为计算机增加音频通道，采用人们最熟悉、最习惯的方式与计算机交换信息。本节重点介绍音频卡的原理及其应用、语音合成、音乐合成、语音识别技术，以及 MP3 播放器。

4.2.1　音频卡的工作原理

处理音频信号的 PC 插卡是音频卡（Audio Card），又称声音卡。也有许多产品将其集成进了主板。音频卡处理的音频媒体有数字化声音（Wave）、合成音乐（MIDI）和 CD 音频。

1. 音频卡的功能

音频卡的主要功能是音频的录制与播放、编辑与合成、MIDI 接口、文—语转换、CD-ROM 接口及游戏接口等。

（1）播放数字音乐。这是音频卡最基本的功能，这得益于数字音乐的存储方式的改进。从原始的 WAV 到流行的 MP3，再到新兴的 WMA 等音频格式，使得数字音频被广大用户接受。最初的音频卡仅仅能够播放一点简单的提示音，到后来的 8bit 音频卡、16bit 音频卡，计算机也越来越适合播放音乐了。而目前最高档的音频卡更是将支持的最大采样速率推向 192kHz，而量化位数也高达 24bit。因此我们能够在计算机上欣赏 MP3/CD 甚至 DVD Audio。

（2）录音。这也是音频卡最基本的功能之一，采集来自麦克风、立体声线路输入，甚至是 CD 的信号。目前大部分民用声音卡都可以采集 48kHz/16bit 的信号，虽然很多普通用户不太在意声音卡的录音功能，但不得不说的是，这是一个能够带来很多乐趣的功能。配合语音输入软件，还可以作为语音输入法使用。目前高档音频卡更是支持 96kHz/24bit 的录音，实际录音效果也达到了很高的水准，这样为组建家庭录音室的硬件环境提供了更好的保障。

（3）语音通信。当音频卡有了输出和输入信号的能力时，它就成了语音通信的重要组成部分。如果音频卡可以同时输出和输入信号，这块声音卡就支持全双工的工作模式，非常适合在网络上进行语音通信。网络上语音通信的成本低得不可想象，通信质量也有很大的提高，不会比传统电话差，只有更好。在某些声音卡上，甚至出现了"为 Netmeeting 优化"的卖点。用于语音通信的音频卡需要支持全双工，即播放和录音可以同时进行。

（4）实时的效果器。当电脑游戏越来越 3D 化的时候，用户不但要求画面够 3D，也要求声音能够尽量模拟真实环境。有些厂家提出了 3D 音效的方案，其中最著名的是 Aureal 的 A3D、Microsoft DirectSound 和 Creative EAX。这些方案的提出，要求声音卡有非常强大的运算能力以模拟真实的音效。这些功能的实现和音频卡处理信号的能力有关，不但是游戏中需要这些音效，在音乐欣赏的时候也同样需要，著名的 Winamp 播放器就有着很多 DirectSound 的实时效果器，在听音乐的时候，我们可以加入回音、混响甚至弹击的效果，这些效果的实现也需要音频卡加速来支持。当然，这些效果的实现不一定需要音频卡，可以通过软件模拟，但硬件加速不会牺牲性能。

（5）接口卡。当使用模拟方式接驳 CD-ROM 并播放时，声音卡不会做控制电平以外的任何处理，这个时候音频卡就是一块接口卡，作为一个中介设备出现。在接驳其他模拟设备，如电视卡等，音频卡都是作为接口卡使用的。另外，在播放 DVD 时，声音卡输出 AC3 音频流的时候，也只是作为接口卡使用。早期的音频卡都附带了 IDE 端口，可以用于接驳光驱，现在的音频卡都没有这个接口了。这个时候，音频卡也是一块接口卡。

另外大多数声音卡也附带了一个 MIDI/游戏控制器的端口，用于链接 MIDI 键盘和游戏手柄等多媒体设备，随着 USB 标准被日益接受，这个端口的作用也逐渐减小，更多的设备采用了 USB 标准接驳。

随着一些老的端口被淘汰，新的接驳端口被引进，最引人注目的当属 Audigy/Audigy2 系列附带的 SB1394 端口，这个端口的引入大大增强了音频卡的功能，可接驳 IEEE 1394 标准接口外接设备，如 DV 摄像机等，并可连接 63 台计算机进行低延迟的联网游戏。SB1394 的传输速度高达400Mbit/s，是 USB1.1 标准的 30 倍，使主机与外设之间大文件的高速传送成为可能。这意味着音频卡的网络功能被强加，将成为计算机中名副其实的多媒体接口中心。Audigy/Audigy2 中有不少型号带有遥控器，在遥控操作的时候，音频卡也同样是块接口卡。

（6）音频解码。在数字音频世界中，存在各种各样的编码方案，大部分都可以由软件解决。当 DVD-ROM 开始普及时，人们发现 DVD 对系统的要求要比 VCD 高得多，尤其是音频部分。为了更好地做到身临其境，DVD 影片大部分都采用了 AC-3/DTS 方式编码其音频部分，算法远比以前大部分音频编码要复杂。新上市的 Audigy2 ZS 允许用户在播放普通的 DTS 音效的 DVD 的时候，将 5.1 矩阵解码成 6.1，这些都是音频卡在起作用。另外，例如 CS4630 系列的音频卡，大部分都支持硬件 MP3 加速，其实这就是音频卡在参与解码的结果。

（7）合成器。播放 MIDI 的效果好坏取决于音频卡的合成能力的好坏。音频卡的波表合成能力的好坏直接影响到音频卡播放 MIDI 的性能。波表的英文名称为"WAVE TABLE"，从字面翻译就是"波形表格"的意思。其实它是将各种真实乐器所能发出的所有声音（包括各个音域、声调）录制下来，存储为一个波表文件。播放时，根据 MIDI 文件记录的乐曲信息向波表发出指令，从"表格"中逐一找出对应的声音信息，经过合成、加工后回放出来。现在大部分音频卡都采用 DLS（DownLoadable Sample）波表合成技术，在 WDM 驱动支持下，所有音频卡都能够有较好的合成效果，当然，前提是必须有一个好的 DSL 音色库。还有另外一种 FM 合成，由于合成效果过于单调，基本被淘汰。

2．音频卡的基本原理

音频卡的工作原理其实很简单，我们知道，麦克风和喇叭所用的都是模拟信号，而计算机所能处理的都是数字信号，两者不能混用，音频卡的作用就是实现两者的转换。从结构上分，声音卡可分为模/数转换电路和数/模转换电路两部分，模/数转换电路负责将麦克风等声音输入设备采到的模拟声音信号转换为计算机能处理的数字信号；而数/模转换电路负责将计算机使用的数字声音信号转换为喇叭等设备能使用的模拟信号。

一般音频卡由下列部件组成：MIDI 输入/输出电路，MIDI 合成器芯片，用来把 CD 音频输入与线输入相混合电路，带有脉冲编码调制电路的模/数转换器，用于把模拟信号转换为数字信号以生成波形文件，用来压缩和解压音频文件的压缩芯片，用来合成语音输出的语音合成器，用来识别语音输入的语音识别电路，以及输出立体声的音频输出或线输出的输出电路等。下面我们重点介绍数字化声音处理的工作原理。

音频卡用数字信号处理器 DSP 芯片管理所有声音输入输出和 MIDI 操作，整个数字音频信息获取技术的工作原理、流程与主要组成部分如图 4.11 所示。DSP 芯片带有自己的 RAM 和 EPROM，存放声音处理（I/O）、ADPCM 编码/译码程序和中间运算结果。音频卡的数字化声音接口有以下两种传送方式。

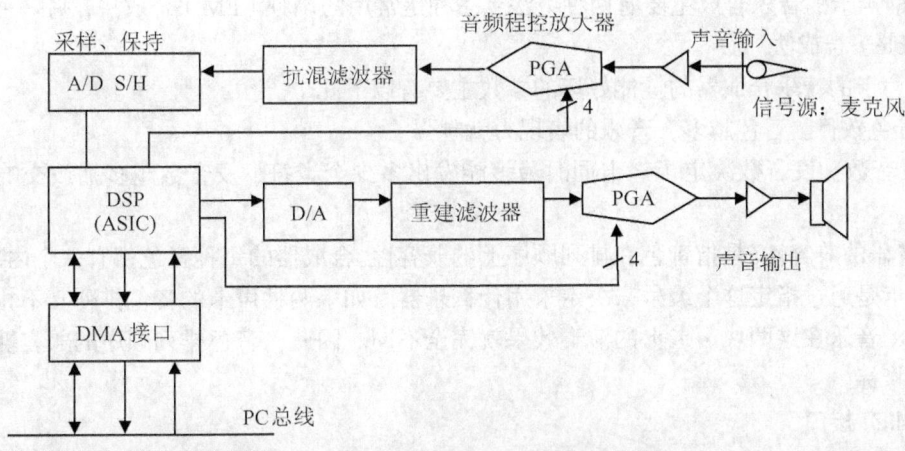

图 4.11　数字化声音获取与处理流程原理图

① 直接传送方式。直接传送方式即声音数据由应用程序直接通过 DSP 输入输出，数据是 8 位或 16 位脉冲编码调制 PCM 数据。

② DMA 传送方式。采用 DMA 方式把声音数据输出到 DSP 或从 DSP 中输入声音数据，除 8 位或 16 位 PCM 数据外，声音输入输出时也支持压缩数据格式 ADPCM。

在图 4.11 中，模拟声音（音频信号）经过前置放大器放大后，由程序可控制的放大器进一步对输入信号的幅度进行控制，一般控制级数是 4 位 16 挡。抗混滤波器根据采样频率滤除可能引起混叠、噪声的频率。经过模拟/数字化（A/D）和采样保持（S/H）电路，得到 8 位或 16 位数字化声音数据。DSP 处理器可以对声音数据进行 ADPCM 压缩，以 DMA 传送接口方式，通过 PC 总线，把数据存储到计算机磁盘上。声音输出的过程与输入相反，从磁盘读入编码的数字声音数据，用 DMA 方式传送到 DSP 处理器，经 DSP 解码和数字/模拟（D/A）变换成模拟信号，再由重建滤波器进行低通平滑($(\sin x)/x$）滤波。用户程序可以进一步控制声音输出的电平。最后声音经过功率放大器输出到扬声器。

4.2.2　音乐合成和 MIDI 接口规范

1. 音乐合成与 MIDI

MIDI（Musical Instrument Digital Interface）是指乐器数字接口，是数字音乐的国际标准。任何电子乐器，只要有处理 MIDI 消息的微处理器，并有合适的硬件接口，都可以成为一个 MIDI 设备。MIDI 消息，实际上就是乐谱的数字描述。在这里，乐谱完全由音符序列、定时以及被称为合成音色的乐器定义组成。当一组 MIDI 消息通过音乐合成器芯片演奏时，合成器就会解释这些符号并产生音乐。很显然，MIDI 给出了另外一种得到音乐声音的方法，但关键是作为媒体应能记录这些音乐的符号，相应的设备能够产生和解释这些符号。

MIDI 的音乐符号化过程实际上就是产生 MIDI 协议信息的过程。协议信息将由状态信息和数据信息组成。定义和产生音乐的 MIDI 消息和数据存放在 MIDI 文件中，每个 MIDI 文件最多可存放 16 个音乐通道的信息。音序器捕捉 MIDI 消息并将其存入文件中，而合成器依据要求将声音按所要求的音色、音调等合成出来。

音乐合成器是计算机音乐系统中最重要的设备之一。大家知道，电子乐器是靠电子电路产生出波动的电流，送到扬声器发声。声音的发源地就是合成器。MIDI 音乐的发声就完全依赖于合成器。目前声卡的音乐合成主要有两种方法：一种是常用的调频（FM）合成法，另一种就是波表（Wave Table）合成法。

衡量声卡的音乐合成器的性能好坏的参数主要有以下几个。

① 音色数目。音色越多，音乐的表现力就越强。

② 发音数。发音数决定了声卡同时最多能发出多少个音符，发音数越多播放交响乐的能力越强。

③ 音乐的兼容性。是指音色在排列顺序上的兼容性。合成器的每种音色都有一个内部的编号，演奏时声卡是通过指定这个编号来决定采用什么乐器。如果两种声卡的音色排列互不相同，则同一个 MIDI 音乐在这两块声卡上的演奏效果就完全不同。因此，音色排列顺序的兼容性也是很重要的一个指标。

2. MIDI 接口

MIDI 规范允许 MIDI 装置以预先说明的方式通信。为了提供单电缆连接和通信端口标准，关键之一是物理连接的标准化。

MIDI 标准中规定 MPC 包括一个内部合成器和标准 MIDI 端口。

MIDI 装置应有一个或多个下列端口：MIDI In，MIDI Out 和 MIDI Thru。每种端口有特定的用处，如发送、接收或在 MIDI 装置间转发 MIDI 消息。这种设计允许用户同时控制所连接的多个 MIDI 装置。各端口的功能简述如下。

① MIDI In（输入口）：接收从其他 MIDI 装置传来的消息。

② MIDI Out（输出口）：发送某装置生成的原始 MIDI 消息，向其他设备发送 MIDI 消息。

③ MIDI Thru（转发口）：传送从输入口接收的消息到其他 MIDI 装置，向其他设备发送 MIDI 消息。

上述 MIDI 端口都支持标准的 MIDI 电缆连接。MIDI 电缆由屏蔽的双绞线及连接电缆两端的 5 针插头组成。图 4.12 所示为电子琴的 MIDI 接口。

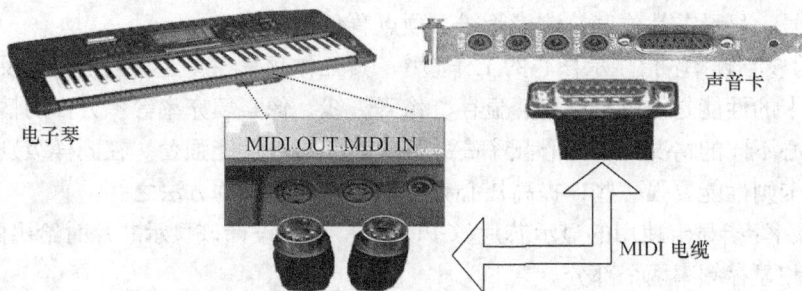

图 4.12　电子琴的 MIDI 接口

4.3　视频接口

影像视频，简称视频（Video）。与动画一样，视频也是由连续的画面组成的，只是画面图像是自然景物的图像。这些画面以一定的速率（帧率（帧/秒，f/s），即每秒钟显示的帧数目）连续地投射在屏幕上，使观察者具有图像连续运动的感觉。典型的帧率范围是 24～30f/s，这样的视频图像看起来是光顺和连续的。通常，伴随着视频图像还有一个或多个音频轨，以提供声音。在多媒体应用系统中，视频是以视频采集的方式实现的，显示播放是通过视频卡、播放软件和显示设备来实现的，本节主要介绍有关视频采集、播放与显示设备的功能与原理。

4.3.1　视频图像显示

显示系统是多媒体系统的重要部件之一。视觉技术对显示系统提出了全新的要求，它远远超出了引入图形用户界面（GUI）时的范围。

1. 显卡

显卡是显示系统的核心，其工作原理是：在显卡开始工作（图形渲染建模）前，通常是把所需要的材质和纹理数据传送到显存里面；开始工作时（进行建模渲染），这些数据通过显卡总线进行传输，显示芯片将通过显卡总线提取存储在显存里面的数据，进行建模渲染；此外还有大量的顶点数据和工作指令流需要进行交换，这些数据通过 RAMDAC（Random Access Memory Digital/Analog Convertor），即随机存取内存数字/模拟转换器转换为模拟信号输出到显示端，最终就是我们看见的图像。

显卡按照应用的技术要求可分为普通显卡和专业显卡。普通显卡就是普通台式机内所采用的产品。普通显卡更多注重于民用级应用，更强调的是在用户能接受的价位下提供更强大的娱乐、办公、游戏、多媒体等方面的性能。而专业显卡则强调强大的性能、稳定性、绘图的精确等方面。下面主要介绍这两类主流普通显卡的性能和技术参数。

（1）总线接口类型。总线接口类型是指显卡与主板连接所采用的接口种类。显卡的接口决定显卡与系统之间数据传输的最大带宽，也就是瞬间所能传输的最大数据量。接口的类型决定主板是否能够使用此显卡，只有在主板上有相应接口的情况下，显卡才能使用，并且不同的接口能为显卡带来不同的性能。显卡发展至今主要出现过 PCI、AGP、PCI Express 等几种接口，所能提供的数据带宽依次增加。

（2）显示芯片性能指标。显示芯片决定了显卡的性能，其主要技术参数包括核心频率、公版频率、核心代号、显示芯片位宽、渲染管线、顶点着色单元等。

① 显卡的核心频率：指显示核心的工作频率，其工作频率在一定程度上可以反映出显示核心的性能。但显卡的性能是由核心频率、显存、像素管线、像素填充率等多方面的情况所决定的，因此在显示核心不同的情况下，核心频率高并不代表此显卡性能强劲。在同样级别的芯片中，核心频率高的显卡则性能要强一些，提高核心频率就是显卡超频的方法之一。

② 公版频率：指显卡使用的显示芯片（GPU）的厂商在设计该显示芯片时给出的指导性频率，包括核心频率和显存频率两个部分。

③ 核心代号：指显卡的显示核心（GPU）的开发代号。而所谓开发代号就是显示芯片制造商为了便于显示芯片在设计、生产、销售方面的管理和驱动架构的统一而对一个系列的显示芯片给出的相应的基本代号。显示芯片都有相应的开发代号。开发代号最突出的作用是降低显示芯片制造商的成本、丰富产品线以及实现驱动程序的统一。在驱动程序方面，同一种开发代号的显示芯片可以使用相同的驱动程序，这为显示芯片制造商编写驱动程序以及消费者使用显卡都提供了方便。

④ 显示芯片位宽：指显示芯片内部数据总线的位宽，也就是显示芯片内部所采用的数据传输位数，目前主流的显示芯片基本都采用了 256 位的位宽，采用更大的位宽意味着在数据传输速度不变的情况，瞬间所能传输的数据量越大。显示芯片位宽就是显示芯片内部总线的带宽，带宽越大，可以提供的计算能力和数据吞吐能力也越快，是决定显示芯片级别的重要数据之一。

⑤ 顶点着色单元：它是显示芯片内部用来处理顶点（Vertex）信息并完成着色工作的并行处理单元。顶点着色单元决定了显卡的三角形处理和生成能力，所以也是衡量显示芯片性能特别是3D 性能的重要参数。 在相同的显示核心下，顶点着色单元的数量就决定了显卡的性能高低，数量越多也就意味着性能越高。

⑥ 渲染管线：也称为渲染流水线，是显示芯片内部处理图形信号相互独立的并行处理单元。在某种程度上可以把渲染管线比喻为工厂里面常见的各种生产流水线，工厂里的生产流水线是为了提高产品的生产能力和效率，而渲染管线则是提高显卡的工作能力和效率。渲染管线的数量一般是以像素渲染流水线的数量×每管线的纹理单元数量来表示。通常在相同的显示核心架构下，渲染管线越多也就意味着性能越高；而在不同的显示核心架构下，渲染管线的数量多并不意味着性能更好。

⑦ 像素填充率：指图形处理单元在每秒内所渲染的像素数量，单位是 MPixel/s（每秒百万像素），或者 GPixel/s（每秒十亿像素），是用来度量当前显卡的像素处理性能的最常用指标。显卡的渲染管线是显示核心的重要组成部分，是显示核心中负责给图形配上颜色的一组专门通道。渲染管线越多，每组管线工作的频率（一般就是显卡的核心频率）越高，那么所绘出的显卡的填充率就越高，显卡的性能就越高，因此可以从显卡的象素填充率上大致判断出显卡的性能。

（3）显存类型与性能指标。显存是显卡上的关键核心部件之一，它的优劣和容量大小会直接关系到显卡的最终性能表现。显存，也叫做帧缓存，它的作用是用来存储显卡芯片处理过或者即将提取的渲染数据。如同计算机的内存一样，显存是用来存储要处理的图形信息的部件。我们在显示屏上看到的画面是由一个个的像素点构成的，而每个像素点都以 4 ~ 32 位甚至 64 位的数据来控制它的亮度和色彩，这些数据必须通过显存来保存，再交由显示芯片和 CPU 调配，最后把运算结果转化为图形输出到显示器上。显存的性能指标主要包括以下几点。

① 显存位宽：是显存在一个时钟周期内所能传送数据的位数，位数越大则瞬间所能传输的数据量越大，这是显存的重要参数之一。

② 显存时钟周期：是显存时钟脉冲的重复周期，是作为衡量显存速度的重要指标。显存速度越快，单位时间交换的数据量也就越大，在同等情况下显卡性能将会得到明显提升。

③ 显存容量：是显卡上本地显存的容量数，这是选择显卡的关键参数之一。显存容量的大小决定着显存临时存储数据的能力，在一定程度上也会影响显卡的性能。目前主流的显存容量有128MB、256MB 和高档显卡的 512MB，某些专业显卡甚至已经具有 1GB 的显存。

④ 显存频率：指默认情况下，该显存在显卡上工作时的频率，以 MHz（兆赫兹）为单位。显存频率在一定程度上反应着该显存的速度，主要有 400MHz、500MHz、600MHz、650MHz 等，高端产品中还有 800MHz、1200MHz、1600MHz，甚至更高。

⑤ 显存带宽：指显示芯片与显存之间的数据传输速率，它以字节/秒为单位。显存带宽是决定显卡性能和速度最重要的因素之一。要得到精细（高分辨率）、色彩逼真（32 位真彩）、流畅（高刷新速度）的 3D 画面，就必须要求显卡具有大显存带宽。目前大多中低端的显卡都能提供 6.4GB/s、8.0GB/s 的显存带宽，而对于高端的显卡产品则提供超过 20GB/s 的显存带宽。

（4）显示接口。显示接口是指显卡与显示器、电视机等图像输出设备连接的接口。显卡上常见的显示接口有 DVI 接口、HDMI 接口、VGA 接口、S 端子和其他电视接口。

2. CRT 显示系统

在多媒体系统中，显示系统显示系统产生了文本、图形和视频的视觉输出。CRT 是最普通的显示系统，虽然其在逐步走出历史舞台，但其一些技术参数对其他显示系统还有很大的影响。

（1）屏幕尺寸。CRT 显示系统有 3 种常用的尺寸概念：显像管尺寸（Tube Size）、可视尺寸（Viewable Size）和光栅尺寸（Raster Size）。显像管尺寸是指 CRT 表面的物理尺寸，即对角线的长度。可视尺寸是指显示器显示信号的区域大小，它通常比显像管尺寸小。光栅尺寸用高和宽两个参数来定义屏幕上实际可以显示的最大尺寸，常用可看到的最大屏幕背景的大小来表示。

（2）点间距。CRT 监视器的屏幕由扫描线组成，扫描线由像素阵列组成，屏幕分辨率是由每条扫描线的像素数乘以扫描线数定义的。例如，1 024×768 像素的分辨率意味着每条扫描线有1 024 个像素并有 768 条扫描线。分辨率越高，图像越清晰，因为每条扫描线更多的像素或每帧更多的扫描线都能提供更高的分辨率。点间距是用毫米测量的一个组中心到下一个组中心的距离。点间距越小，像素的尺寸就越精细，在较高分辨率下像素重叠的机会就越少。

（3）荧光粉类型。荧光粉是一种涂在显像管内表面的化学物质。红、绿、蓝荧光粉组成三元组的形式。当电子流击中荧光粉，它就发光，并产生可见的彩色。荧光粉具有余辉特性——当电子流击中它时，磷光现象消失还需要一段时间。有长余辉荧光粉和短余辉荧光粉两种，长余辉荧光粉通常用于隔行式监视器。在隔行式监视器中，用两次扫描来刷新一帧中交替的扫描线，而在进行第 2 次扫描时，长余辉荧光粉保留了第 1 次扫描的图像。较长的磷光现象减少了屏幕变黑的时间。虽然这能够使隔行模式中的闪烁最小化，但长磷光现象监视器的缺点是很明显的，即在全运动视频显示中降低了清晰度，在还未完全退去的旧场景上又画上了新的场景。

（4）刷新（或扫描）频率与闪烁。水平刷新频率或水平扫描频率是对扫描线显像速度的衡量，用 kHz（千赫兹）来衡量。垂直刷新频率或垂直扫描频率与水平刷新频率密切相关；所有的扫描线进行显像都是先从扫描线的起始点（左端）开始，直到扫描线的右端结束，然后扫描又回到屏幕的起始，开始下一次水平扫描线的扫描（如下一条扫描线）。当显像完最后一条扫描线，扫描就回到屏幕顶部。全屏幕的显像速率（即每秒内对所有扫描线显像并回到屏幕顶部的次数）称为垂直刷新频率。垂直刷新频率用 Hz 衡量，典型的垂直刷新频率为 30Hz。

人眼对较低的垂直刷新频率很敏感，如果刷新不及时，当亮度消褪后再刷新，人眼就会感觉到"闪烁"。闪烁会使人眼睛疲劳。感觉到的闪烁程度取决于各人的视觉残留。视觉残留是视网膜图像从人脑和眼褪去所需要的时间。视觉残留使人能将独立的视频帧看成是连续的，大脑感觉不到顺序图像的间隔。如果垂直刷新率低，出现的顺序图像不能快得足以使大脑保留图像的连续感——这就像灯快速而重复地暂时关闭一样。消除闪烁有3种办法：提高刷新频率，延长荧光粉的余辉时间，减少亮度。延长余辉时间会引起"拖拽"现象。提高刷新频率，技术成本较高。减少亮度使显示表现层次不丰富。因此，这3种方法要权衡考虑。

（5）隔行和非隔行扫描。隔行（Interlaced）扫描和非隔行（Noninterlaced）扫描（又称逐行扫描）是指荧光粉被刷新的方式在隔行方式下，显示器在每遍扫描时隔一行更新一行数据，更新整个屏幕的数据需要两遍扫描（奇数行、偶数行扫描）。对于非隔行方式，扫描时逐行进行数据更新，一遍扫描完成全部数据更新。隔行方式实现较便宜，但由于采取两遍扫描更新一屏，屏幕显示不够稳定（闪烁）。目前，大多数显示适配器都采用逐行方式。逐行方式的显示缓冲器组织与位图结构相同，便于程序开发。

（6）显示缓冲区与颜色定义。对于计算机显示系统来说，它有两种显示模式：字母数字模式（Alpha Number Mode）和图形模式（Graphics Mode）。在显示适配器上有一块存储器，用于存放显示器显示时对应的格式数据，称为视频存储器（VRAM）或显示缓冲器。在字母数字模式（A/N）下，显示缓冲器存放显示字符的代码（英文 ASCII，汉字双字节内码）和属性。在图形模式（All Points Addressable Mode，APA）下，显示缓冲器存放的是显示器屏幕上的每个像素点的颜色或灰度值矩阵。在图形模式下，屏幕上一个像素点所能够显示出的彩色数由显示缓冲器中相应的比特数决定。例如，能显示 16 种颜色的模式一个像素需要 4bit 表示，640×480 像素的分辨率共需 640×480×4/8 = 153 600Byte 的显示缓冲器。同屏要显示 256 种颜色，则一个像素需要用一个字节（Byte）表示，在 512KB 的 VRAM 模式下，可以达到的最高分辨率为 800×600 像素。因此，显示缓冲器较大的显示板，其支持的彩色数和分辨率较高。

（7）模拟信号接口和数字信号接口。显示器与显示板之间的连接线的信号形式有两种：数字信号和模拟信号。目前大部分显示系统采用 15 针的模拟信号接口。在模拟信号接口中只需有 3 条 RGB 信号线传递颜色信号，每个信号的电压变化值为 0V ~ 5V，不同的电压强度代表一种颜色深度值。由于电压是模拟量，因此，RGB 信号的组合可获得无限的颜色值。模拟接口满足了显示系统未来发展的需要。

（8）视频 BIOS。视频基本输入输出系统（BIOS）可以放在 ROM 中，用户程序调用它来完成某些与显示有关的控制和操作，如光标显示、字符显示、基本图形点线的显示、获取视频信息、设置颜色等。早期计算机的 BIOS 中包含视频 BIOS，但随着各种兼容显示卡的推出和广泛使用，厂家提供自己的视频 BIOS，它固化在显示卡上，系统启动时，通过修改入口的方法，使视频 BIOS 指向新的程序。对于一般的应用，可以通过 INT10H 中断调用实现图形和字符的显示，但是对于较高级的应用，必须直接对显示板的寄存器和显示缓冲区进行操作，才能达到高速高效率的显示。

3. 液晶显示系统

（1）工作原理概述。液晶显示器（LCD）英文全称为 Liquid Crystal Display，它一种是采用了液晶控制透光度技术来实现色彩的显示器。从液晶显示器的结构来看，无论是笔记本电脑还是桌面系统，采用的 LCD 显示屏都是由不同部分组成的分层结构。LCD 由两块玻璃板构成，厚约 1mm，其间由包含有液晶材料的 5μm 均匀间隔隔开。因为液晶材料本身并不发光，所以在显示屏两边都设有作为光源的灯管，而在液晶显示屏背面有一块背光板（或称匀光板）和反光膜，背光板是由荧光物质组成的可以发射光线，其作用主要是提供均匀的背景光源。

　　背光板发出的光线在穿过第一层偏振过滤层后进入包含成千上万液晶液滴的液晶层。液晶层中的液滴都被包含在细小的单元格结构中，一个或多个单元格构成屏幕上的一个像素。在玻璃板与液晶材料之间是透明的电极，电极分为行和列，在行与列的交叉点上，通过改变电压而改变液晶的旋光状态，液晶材料的作用类似于一个个小的光阀。在液晶材料周边是控制电路部分和驱动电路部分。当 LCD 中的电极产生电场时，液晶分子就会产生扭曲，从而将穿越其中的光线进行有规则的折射，然后经过第二层过滤层的过滤在屏幕上显示出来。

　　和 CRT 显示器相比，LCD 的优点是很明显的。由于通过控制是否透光来控制亮和暗，当色彩不变时，液晶也保持不变，这样就无须考虑刷新率的问题。对于画面稳定、无闪烁感的液晶显示器，刷新率不高但图像也很稳定。LCD 显示器还通过液晶控制透光度的技术原理让底板整体发光，所以它做到了真正的完全平面。一些高档的数字 LCD 显示器采用了数字方式传输数据、显示图像，这样就不会产生由于显卡造成的色彩偏差或损失。完全没有辐射的优点，即使长时间观看 LCD 显示器屏幕也不会对眼睛造成很大伤害。体积小、能耗低也是 CRT 显示器无法比拟的，一般一台 15 英寸 LCD 显示器的耗电量也就相当于 17 英寸纯平 CRT 显示器的三分之一。

　　与 CRT 显示器相比，LCD 显示器图像质量仍不够完善。其色彩表现和饱和度都在不同程度上低于 CRT 显示器，而且液晶显示器的响应时间也比 CRT 显示器长，当画面静止的时候还可以，一旦用于玩游戏、看影碟这些画面更新速度快而剧烈的显示时，液晶显示器的弱点就暴露出来了，画面延迟会产生重影、脱尾等现象，严重影响显示质量。

　　（2）主要性能参数。

　　① 可视角度。可视角度是指用户可以从不同的方向清晰地观察屏幕上所有内容的角度。由于提供 LCD 显示器显示的光源经折射和反射后输出时已有一定的方向性，在超出这一范围观看就会产生色彩失真现象，CRT 显示器不会有这个问题。目前市场上大多数产品的可视角度在 120° 以上，部分产品达到了 170° 以上。需要说明的是，在不同测量方式下，可视角度的标称值也不同，由于显示器厂商通常没有说明具体的测量方式，因此，可视角度是一个参考值。

　　② 分辨率。LCD 液晶显示器和传统的 CRT 显示器，分辨率都是重要的参数之一。传统 CRT 显示器所支持的分辨率较有弹性，而 LCD 的像素间距已经固定，所以支持的显示模式不像 CRT 那么多。LCD 的最佳分辨率，也叫最大分辨率，在该分辨率下，液晶显示器才能显现最佳影像。目前 15 英寸 LCD 的最佳分辨率为 1 024×768 像素，17～19 英寸的最佳分辨率通常为 1 280×1 024 像素，尺寸越大最佳分辨率越高。

　　③ 点距。LCD 显示器的像素间距（pixel pitch）的意义类似于 CRT 的点距（dot pitch）。点距一般是指显示屏相邻两个像素点之间的距离。我们看到的画面是由许多点形成的，而画质的细腻度由点距来决定，点距的计算方式是用面板尺寸除以解析度，但是 LCD 的点距对于产品性能的重要性却远没有对后者那么高。

　　④ 垂直扫描频率。垂直扫描频率也称刷新率，是显示器每秒刷新屏幕的次数，单位为 Hz。场频越低，图像的闪烁、抖动越厉害，但 LCD 显示器画面扫描频率的意义有别于 CRT，指显示器单位时间内接收信号并对画面进行更新的次数。由于 LCD 显示器像素的亮灭状态只有在画面内容改变时才有变化，因此即使扫描频率很低，也能保证稳定的显示，一般有 60Hz 就足够了，但在部分行业应用如医疗、监控中，要求液晶的刷新率能够达到 70Hz 甚至 85Hz，主要是要求能够以较快的频率读取数据进行显示。

　　⑤ 显示器接口。显示器接口是指显示器和主机之间的接口，通常有 DVI、HDMI 和 15 针 D-Sub 三种。

4.3.2　视频卡/盒

视频信号的采集就是将视频信号经硬件数字化后，再将数字化数据加以存储。在使用时，将数字化数据从存储介质中读出，并还原成视频信号加以输出。视频信号的采集可分为单幅画面采集和多幅动态连续采集。在单幅画面采集时，可以将输入的视频信息定格，并将定格后的单幅画面以多种图像文件格式加以存储。对于多幅动态连续采集，可以对视频信号进行实时、动态地捕获和压缩，并以文件形式加以存储。在捕获一段连续画面时，可以用 25 ~ 30 帧每秒的采样速度对该视频信号进行采集。对视频信号进行数字化采样后，则可以对数字视频进行播放、编辑或加工，如复制、删除、特技变换、改变视频格式等。

视频卡是基于 PC 的一种多媒体视频信号处理平台，它可以汇集视频源、声频源和 DVD 机、VCD 机、录像机（VCR）、摄像机等的信息，经过编辑或特技处理而产生非常漂亮的画面。这些画面还可以进行捕捉、数字化、冻结、存储、输出及其他的操作。对画面的修整、像素显示调整和缩放功能等都是视频卡支持的标准功能。多媒体视频卡除了可以实现视频信号数字化、捕捉特定镜头外，还可以在显示系统上开窗口并与显示信号叠加显示。

多媒体视频卡/盒根据其自身用途的不同大体可以分为：视频采集卡、DV 卡、电视卡/盒、非线性编辑卡、视频监控卡、视频信号转换器、视频压缩卡/盒、字幕卡等。

（1）视频采集卡。视频采集卡按照其用途可以分为广播级视频采集卡、专业级视频采集卡和民用级视频采集卡。它们的区别主要是采集的图像指标不同。

① 广播级视频采集卡的最高采集分辨率一般为 768×576 像素（均方根值）PAL 制，或 720×576 像素（CCIR-601 值）PAL 制 25 帧每秒，或 640×480/720×480 像素 NTSC 制 30 帧每秒最小压缩比一般在 4∶1 以内。这一类产品的特点是采集的图像分辨率高，视频信噪比高，缺点是视频文件庞大，每分钟数据量至少为 200MB。广播级模拟信号采集卡都带分量输入/输出接口，用来连接 BetaCam 摄/录像机，此类设备是视频采集卡中最高档的，用于电视台制作节目。

② 专业级视频采集卡的级别比广播级视频采集卡的性能稍微低一些，分辨率两者是相同的，但压缩比稍微大一些，其最小压缩比一般在 6∶1 以内，输入/输出接口为 AV 复合端子与 S 端子，此类产品适用于广告公司、多媒体公司制作节目及多媒体软件。

③ 民用级视频采集卡的动态分辨率一般最大为 384×288 像素，PAL 制 25 帧每秒。另外，有一类视频捕捉卡是比较特殊的，这就是 VCD 制作卡，从用途上看它应该属于专业级，而从图像指标上来看它只能算做民用级产品。

（2）DV 卡（1394 卡）。DV 卡也叫 1394 卡，是由 APPLE 公司和 TI（德克萨仪器）公司开发的高速串行接口标准，其传输速率快。目前市场上有两种 1394（DV）卡，一种是 1394A，一种是 1394B。1394A 的传输速率为 400MB/s，1394B 的传输速率为 800MB/s。1394 采集卡有时也叫数字采集卡，它插入计算机的 PCI 插槽里，数码摄像机与它相连，就可以把 DV 影片复制（采集）到计算机的硬盘里（或是从硬盘把信号传输到摄像机），在此转换过程中数据信号无损失。

（3）电视卡/盒。电视卡顾名思义就是通过计算机来看电视，让计算机变成数码录像机，目前市场电视卡的种类颇多，有二合一（一般是 AV+TV，它不仅可以看电视还可以将录像带通过 AV 接口转换成 MPEG 格式，刻录成 VCD/DVD）、三合一（AV+TV+DV）等。

电视盒是一个外置电视设备，它的优点就是可以不占用 IRQ（中断）\不开主机\PLUG&PLAY（即插即用），无须安装驱动程序，就能在显示器上看电视。不足之处就是不能采集节目，电视节目的效果跟它的芯片\高频头有直接的关系。

（4）非线性编辑卡。一般是对视频信号首先以未压缩的视频格式 AVI 存储到硬盘中，然后再进行视频编辑（比如加特技效果、转场、字幕、二维或三维的动画等），以上视频编辑效果一般是实时实现的。大部分影视后期制作都是采用非线性编辑卡。

（5）视频监控卡。一般是对摄像头或者摄像机等信号进行捕捉，并以 MPEG 格式存储在硬盘上的 PCI 插槽的卡。

（6）视频信号转换器。一般是指复合端口、Y/C 端口、YUV、DV、SDI、S-Video 端子、VGA 的信号进行互转，主要是模拟与数字信号的互转，DV 与 YUV 分量信号的互转，VGA 计算机信号与视频信号的互转等。

（7）压缩卡/盒。压缩卡就是把模拟信号或是数字信号通解码\编码按一定算法把信号采集到硬盘里或是直接刻录成光盘。因为它有压缩能力，所以它的容量较小，格式灵活。常见的硬件压缩卡压缩比一般不超过 1∶6。软件压缩卡的压缩比由软件而定。压缩一般有帧内压缩和帧间压缩。硬件压缩卡的优点就是不需要占计算机资源，故较低配置的计算机也可以采集出好质量的视频文件（VCD/DVD），软件压缩则不同，它需要有较高的计算机配置。

压缩盒是外置的压缩卡，一般是 USB2.0 接口与计算机连接，功能是将视频/音频的模拟信号或者数字信号以 MPEG 格式存储在硬盘中的视频盒。

（8）字幕卡。字幕卡主要完成在视频编辑或者视频信号上加字幕，包括左飞的字幕、上滚的字幕、滚动的动画和台标、卡拉 OK 字幕等。

4.4　多媒体 I/O 设备

4.4.1　笔输入

对于多媒体应用来说，数字笔为用户提供了用于输入和操纵应用的另一种手段。数字笔保留了从幼儿园时代我们使用蜡笔写字画图时就深入人心的笔和纸的特点，它允许写、画、点。笔的指针功能并不是完全新式的，CAD/CAM 系统使用的图形输入板（如图 4.13 所示）已经使用笔来点和选择。用笔代替鼠标来点、击、拖和双击对象是最近几年的事情。本小节简单介绍手写板、手写笔等比较有代表性的笔输入设备。

手写板和手写笔大多是配套使用的，如图 4.14 所示，所以手写笔和手写板常常相互指称。从技术的角度看，更为重要的是手写板的性能。目前有 3 种手写板：电阻式压力板、电磁式感应板和近期发展的电容式触控板。

图 4.13　图形输入板

图 4.14　手写笔和手写板

（1）电阻压力式手写板。电阻压力式手写板由一层可变形的电阻薄膜和一层固定的电阻薄膜构成，中间由空气相隔离。其工作原理是用笔或手指对上层电阻加压使之变形，当与下层接触时，下层电阻薄膜就感应出笔或手指的位置。

电阻压力板是早期手写板采用的技术，由于其原理简单，工艺不复杂，成本较低，价格也比较便宜，所以曾风行一时，但其不尽人意的地方也不少。比如，由于它是通过感应材料的变形来工作的，材料容易疲劳，使用寿命较短。虽然电阻压力板可以直接用手指操作，但对手指感触不灵敏，而且使用时压力不够则没有感应，压力太大时又易损伤感应板，致使使用者手指很快感到疲劳。另外由于使用时要加压，手写板实际上也不能当鼠标使用。

（2）电磁式手写板。电磁感应板是通过在手写板下的布线电路通电后，在一定时间范围内形成电磁场，来感应带有线圈的笔尖的位置进行工作。

这种技术目前被广泛使用，主要是其良好的性能决定的，它可以流畅地书写，手感很好。电磁感应板分为"有压感"和"无压感"两种，其中有压感的输入板能感应笔划的粗细，着色的浓淡，在 Photoshop 中画图时，会有不小的作用。特别是，现在主流的电磁感应板的压感达到了 512 级之高，甚至是对专业的 CAD/CAM 的设计也游刃有余。压感也成了评价一块手写板的一个很重要的指标。但随着广泛的应用，电磁感应板也渐渐表现出了一些不足，如电磁板对供电有一定的要求，容易受外界环境的电磁干扰，手写笔笔尖是活动部件，使用寿命短等。

（3）电容式写字板。电容式触控板的工作原理是通过电容的变化来感知手指的位置。即当手指接触到触控板的瞬间，就在板的表面产生了一个电容。在触控板表面附着有一种传感矩阵，这种传感矩阵与一块特殊芯片一起，持续不断地跟踪着手指电容的"轨迹"，经过内部一系列的处理从而每时每刻精确定位手指的位置（x、y 坐标），同时测量由于手指与板间距离（压力大小）形成的电容值的变化，确定 z 坐标，从而完成 x、y、z 坐标值的确定，所以这种笔无须电源供给，特别适合于便携式产品。这种触控板是在图形板方式（Graphics Table Mode）下工作的，其 x/y 坐标的精度可高达每英寸 1 000 点，即 40 点/mm。

与前面两种技术相比，它表现出了更加良好的性能：由于轻触即能感应，用手指和笔都能操作，使用方便。手指和笔与触控板的接触几乎没有磨损，性能稳定，机械测试使用寿命长达 30 年。电容触控技术在笔记本电脑中已经采用多年，实践证明了其质量性能极其稳定。从压感上来说同样也可具有 512 级压感，达到了目前的最高水平。而且它的成本比较低廉，因此无论是从技术角度还是从应用角度都可以看出，电容式触感手写板是未来手写板发展的方向。

4.4.2　触摸屏

触摸屏（Touch Screen）是一种定位设备。当用户用手指或者其他设备触摸安装在计算机显示器前面的触摸屏时，所摸到的位置（以坐标形式）被触摸屏控制器检测到，并通过串行口或者其他接口（如键盘）送到 CPU，从而确定用户所输入的信息。触摸屏的引入主要是为了改善人与计算机的交互方式，特别是非计算机专业的人员，使用计算机时可以将注意力集中在屏幕上，免除了人们对键盘不熟悉的苦恼。它有效地提高了人机对话的效率，实际使用时往往还能引起人们对计算机的兴趣。

1．触摸屏的分类

（1）按安装方式分类。以安装方式可分为以下 4 种。①外挂式：由用户自行把它挂到显示器的屏幕前，而且随时可以拆卸，如图 4.15 所示。②内置式：需拆卸显示器的外盖，把传感器夹在荧光屏玻璃与外盖之间，如图 4.16 所示。③整体式：传感器本身与显示器为一体的配置，如图 4.17 所示。④投影仪式：安装于大型投影屏前，可通过在投影屏的触摸来写字、绘图以及控制计算机流程等，如图 4.18 所示。

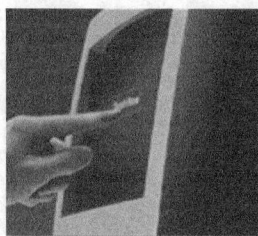

图 4.15　外挂式　　　　　图 4.16　内置式　　　　　图 4.17　整体式　　　　　图 4.18　投影仪式

（2）从结构特性与技术分类。从结构特性与技术分有以下不同类型。包括红外、电阻膜、电容、表面声波、压力矢量等多种类型。

① 红外技术触摸屏：红外触摸屏是在普通显示器的前面安装一个外框。通过外框中的电路板在屏幕四边排布红外发射管和红外接收管，对应形成横竖交叉的红外线矩阵。当用户触模屏幕时，手指就会挡住经过该位置的横竖两条红外线，从而利用 x、y 方向上密布的红外线矩阵来检测并定位用户的触摸位置，执行该位置的图标或热点、热键，如图 4.19 所示。

② 电容技术触摸屏：电容式触摸屏的构造主要是在玻璃屏幕上镀一层透明的薄膜层，再往导体层外加上一块保护玻璃、双玻璃设计能彻底保护导体层及感应器。此外，在附加的触摸屏四边均镀上狭长的电极，在导电体内形成一个低电压交流电场。用户触摸屏幕时，由于人体电场，手指与导体层间会形成一个锅台电容，四边电极发出的电流会流向触点，而电流的强弱与手指及电极间的距离成正比，位于触模屏幕后的控制器便会计算电流的比例及强弱，准确算出触模点的位置，如图 4.20 所示。

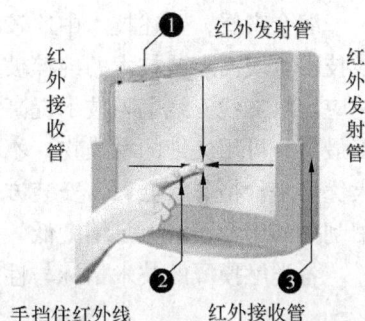

图 4.19　红外技术触摸屏

③ 电阻技术触摸屏：电阻触摸屏的主要部分是一块与显示器表面配合紧密的电阻薄膜屏。这是一种多层的复合薄膜，由一层玻璃或有机玻璃作为基层，表面涂有一层叫 ITO 的透明导电层，上面再盖有一层外表面硬化处理、光滑防刮的塑料层，它的内表面也涂有一层导电材料（ITO 或镍金），在两层导电层之间有许多细小（小于 10^{-3} 英寸）的透明隔离点把它们隔开并绝缘。当手指触摸屏幕时，两层导电层在触摸点位置就有了一个接触，控制器侦测到这个接通并计算出 x、y 轴的坐标，这就是电阻技术触摸屏的基本原理。

④ 表面声波触摸屏：表层声波技术触摸屏是根据罩在显示器上声波栅格的阻断情况来确定触点的位置，不过声波是通过附加的一层玻璃而不是空气传播的。该屏的四角分别安装垂直或水平方向超声波发射换能器及接收换能器，四边亦刻有反射条纹，发出如参照波形般的超声波信号。当手指接触屏幕，便会吸收一部分声波能量，控制器依据减弱的信号计算出触摸点的位置。

⑤ 压感触摸屏：压感触摸屏是在屏幕四角装上压力感应仪，当对触摸屏施加压力时，会由此引起感应仪电阻抗的变化，通过监测这些变化，就可计算出触摸点的确切位置和用力大小。

⑥ 电磁感应触摸屏：电磁感应触摸屏被认为是基于笔输入式计算机应用的最有希望的触摸屏产品。电磁感应触摸屏是基于笔输入式计算机的主流技术，在笔尖上安装的一个非机械式开关将电容变化转变为频率变化，此开关还可使笔传感 120 级压力，如图 4.21 所示。

图 4.20　电容技术触摸屏

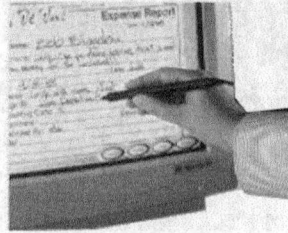

图 4.21　电磁感应触摸屏

2. 各种触摸屏技术特点的分析与对比

综合来看，上述技术中比较有特色的是表面声波技术、第二代五线电阻技术、抗光干扰红外线技术。表面声波技术的纯粹玻璃屏不怕刮擦和用力，寿命长，精度高，清晰透亮，还有压力轴响应。第二代五线电阻技术提高了电阻技术的寿命，虽然清晰度、透光率不如声波技术高，但精度最高，可用尖细的触摸物，不怕任何干扰和污染，最适合工控领域。抗光干扰红外线技术的最大优势是价格非常低廉，安装方便，屏幕前不加任何东西，因而不存在透光和清晰的问题，也不怕刮擦和用力；缺点是精度低，只能用手指来点，不够美观豪华。

各类触摸屏的技术指标与性能比较见表 4.2。

表 4.2　　　　　　　　　　　各类触摸屏的技术指标与性能

性能/指标	红　外	电　容	四线电阻	五线电阻	表面声波
清晰度	很好	有些模糊	有些模糊	较好	很好
反光性	很少	较大	较少	有	很少
透光率	100%	85%	55%	75%	92%（极限）
最大分辨率	79×63 像素	1 024×1 024 像素	1 024×1 024 像素	4 096×4 096 像素	4 096×4 096 像素
压力轴响应	无	无	无	无	有
漂移	无	有	无	无	无
反应速度	50～300ms	15～24ms	10～20ms	10ms	10ms
光干扰	不能超范围	没有此问题	没有此问题	没有此问题	没有此问题
电磁场干扰	没有此问题	有	没有此问题	没有此问题	没有此问题
防刮擦	好	怕硬物敲击	怕锐器	怕锐器	较好
色彩失真	无	有	有	无	无
寿命	不定，传感器多	2 000 万次	100 万次	3 000 多万次	5 000 万次

4.4.3　扫描仪

扫描仪（Scanner）是一种图像输入设备，利用光电转换原理，通过扫描仪光电管的移动或原稿的移动，把黑白或彩色的原稿信息数字化后输入到计算机中，它还用于文字识别、图像识别等新的领域。

1. 扫描仪的结构原理

（1）结构。扫描仪由电荷耦合器件（Charge Coupled Device，CCD）阵列、光源及聚焦透镜组成。CCD 排成一行或一个阵列，阵列中的每个器件都能把光信号变为电信号。光敏器件所产生的电量与所接收的光量成正比。

（2）信息数字化原理。以平面式扫描仪为例，把原件面朝下放在扫描仪的玻璃台上，扫描仪内发出光照射原件，反射光线经一组平面镜和透镜导向后，照射到 CCD 的光敏器件上。来自 CCD 的电量送到模数转换器中，将电压转换成代表每个像素色调或颜色的数字值。步进电机驱动扫描头沿平台作微增量运动，每移动一步，即获得一行像素值。扫描仪的图像数字处理过程如图 4.22 所示。

扫描彩色图像时分别用红、绿、蓝滤色镜捕捉各自的灰度图像，然后把它们组合成为 RGB 图像。有些扫描仪为了获得彩色图像，扫描头要分 3 遍扫描。另一些扫描仪中，通过旋转光源前的各种滤色镜使得扫描头只需扫描一遍。

2. 扫描仪的分类

（1）按扫描方式分类。按扫描方式分有 4 类通用的扫描仪：手动式扫描仪、平面式扫描仪、胶片（幻灯片）式扫描仪和滚筒式扫描仪。后 3 种可用于专业出版部门，平面式扫描仪是 3 种专业扫描仪中最便宜的，滚筒式扫描仪性能较好，是这 3 种中最贵的一种。

① 手动式扫描仪：用手动进行扫描，一次扫描宽度仅为 105mm，分辨率通常为 400dpi，但小巧灵活，如图 4.23 所示。

② 平面式扫描仪：平面式扫描仪如图 4.24 所示，用线性 CCD 阵列作为光转换元件，单行排列，称为 CCD 扫描仪。它的外形像一台复印机。CCD 是一种广泛使用于扫描仪和摄像机的器件，由几千个感光元件构成，集成在一片 20～30mm 长的衬底上。CCD 扫描仪使用长条状光源投射原稿，原稿可以是反射原稿，也可以是透射原稿。这种扫描方式速度较快，原稿安装也方便，价格较低。

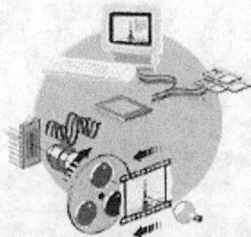

图 4.22　扫描仪原理图　　　　　图 4.23　手动式扫描仪　　　　　图 4.24　平板式扫描仪

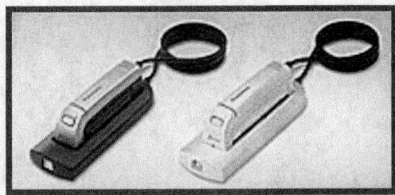

③ 滚筒式扫描仪：滚筒式扫描仪如图 4.25 所示，使用圆柱形滚筒设计，把待扫描的原稿装贴在滚筒上，滚筒在光源和光电倍增管 PMT 的管状光接收器下面快速旋转，扫描头做慢速横向移动，形成对原稿的螺旋式扫描，其优点是可以完全覆盖所要扫描的文件。PMT 在暗区捕获到的色彩效果很好，灵敏度很高，不易受噪声影响。但由于滚筒式与送纸式的光学成像系统是固定的，原稿通过滚轴馈送扫描，因此这种扫描仪进行扫描时，对原稿的厚度、硬度及平整度均有限制。滚筒式扫描仪可配以专用计算机，把 RGB 图像转换为 CMYK 值，为印刷做准备。

④ 胶片扫描仪：胶片扫描仪如图 4.26 所示，主要用来扫描透明的胶片。一些扫描仪只使用 35mm 格式，而另一些最大可扫描 4 英寸×5 英寸的胶片。专用胶片扫描仪的工作方式较特别，光源和 CCD 阵列分居于胶片的两侧。这种扫描仪的步进电机驱动的不是光源和 CCD 阵列，而是胶

片本身，光源和 CCD 阵列在整个过程中是静止不动的。

图 4.25　滚筒式扫描仪及其图像数字处理过程

图 4.26　胶片扫描仪

（2）按扫描幅面分类。幅面表示可扫描原稿的最大尺寸，最常见的为 A4 和 A3 幅面的台式扫描仪。此外，还有 A0 大幅面扫描仪。

（3）按扫描分辨率分类。分辨率有 600dpi、1 200dpi、4 800dpi，甚至更高。

（4）按灰度与彩色分类。扫描仪可分灰度和彩色两种。对于黑白或彩色图形，用灰度扫描仪扫描只能获得黑白的灰度图形。灰度扫描仪的灰度级表示图像的亮度层次范围。级数越多，图像亮度范围越大，层次越丰富。目前多数扫描仪为 256 级灰度。

（5）按反射式或透射式分类。反射式扫描仪用于扫描不透明的原稿，它利用光源照在原稿上的反射光来获取图形信息；透射式扫描仪用于扫描透明胶片，如胶卷、X 光片等。目前已有两用扫描仪，它是在反射式扫描仪的基础上再加装一个透射光源附件，使扫描仪既可扫反射稿，又可扫透射稿。反射式和透射式扫描仪的外形结构如图 4.27 所示。

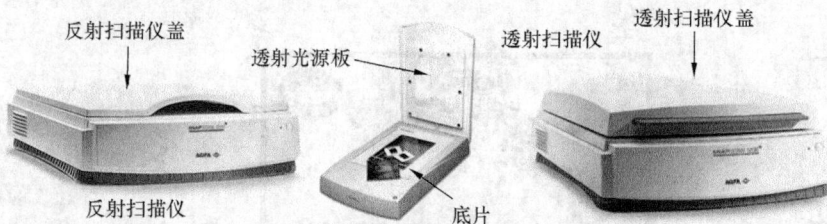

图 4.27　反射式和透射式扫描仪的外形结构

3.　扫描仪的技术指标

扫描仪的主要技术指标如下。

（1）原稿种类。透射或者反射原稿，连续调试线条稿，阳图或阴图原稿均可扫描分色。

（2）扫描分辨率。

① 分辨率的单位：以每英寸能分辨的像素点来表示，以 dpi 为单位。

② 分辨率与精度：输入分辨率的高低直接决定了扫描仪的精度，分辨率越高，采样图像的清晰度也越高。扫描仪的分辨率有 150dpi、200dpi、300dpi、400dpi、600dpi、1 200dpi、4 800dpi 等。对反射原稿，最高分辨率为 600～4 800dpi 即可；而对透射原稿，最高输入分辨度通常为 3 000～5 000dpi，有的甚至更高。

③ 光学分辨率和间插分辨率：扫描分辨率分为光学分辨率和间插分辨率两种，间插分辨率又称插值分辨率或逻辑分辨率。选择扫描仪时，光学分辨率（采集到的图像细节数量）是要考虑的首要因素。光学分辨率取决于扫描头里的 CCD 数量。但扫描机械系统的质量因厂家而异，因而

实际分辨率也千差万别。间插分辨率取决于扫描仪的硬件和软件。它通过算法在两个像素之间插入另外的像素，所以间插分辨率高于光学分辨率。使用时，输入分辨率的设定取决于输出图像分辨率和缩放倍率。印刷时图形的放大倍数越大，扫描时所需的分辨率就越高。对半色调输出的推算公式如下：

$$扫描分辨率 = 输出网线数×2×倍率$$

以 CCD 为光电转换器件的平台式扫描仪，分辨率受 CCD 集成的制约。若需要作高分辨率大幅面的扫描输入，最好还是采用滚筒式扫描仪（以光电倍增管作为光电转换器件）。

（3）色彩精度。彩色扫描仪要对像素分色，把一个像素点分解为红（R）、绿（G）和蓝（B）三基色的组合。对每一基色的深浅程度也要用灰度级表示，称为色彩精度。高档扫描仪对每一基色可识别和表达 1024（10bit）级灰度，处理时取每色 8bit，能确保 16.7M 种颜色再现，通常称为真彩色。

（4）扫描速度。生产型专业扫描仪的扫描速度也是一个不容忽视的指标，扫描一张 45mm× 60mm 反转片的全精度图像，时间不应大于 30min，否则会使其他配套设备出现闲置等待状态。

（5）其他参数。包括阶调、灰阶、鲜锐度、色彩再现能力、接口标准等。

4.4.4　数码相机

数码相机也叫数字式相机，英文全称 Digital Camera，简称 DC。数码相机是集光学、机械、电子一体化的产品。它集成了影像信息的转换、存储和传输等部件，具有数字化存取模式，与计算机交互处理和实时拍摄等特点。

1. 数码相机的感光器件

提到数码相机，不得不说到数码相机的心脏——感光器件。与传统相机相比，传统相机使用"胶卷"作为其记录信息的载体，而数码相机的"胶卷"就是其成像感光器件，而且是与相机一体的，是数码相机的心脏。感光器是数码相机的核心，也是最关键的技术。目前数码相机的核心成像部件有两种：一种是广泛使用的 CCD（电荷藕合）元件；另一种是 CMOS（互补金属氧化物导体）器件。

（1）电荷藕合器件图像传感器。电荷藕合器件图像传感器（Charge Coupled Device，CCD），它使用一种高感光度的半导体材料制成，能把光线转变成电荷，通过模数转换器芯片转换成数字信号，数字信号经过压缩以后由相机内部的闪速存储器或内置硬盘卡保存，因而可以轻而易举地把数据传输给计算机，并借助于计算机的处理手段，根据需要和想像来修改图像。

（2）互补性氧化金属半导体。互补性氧化金属半导体（Complementary Metal-Oxide Semiconductor，CMOS）和 CCD 一样同为在数码相机中可记录光线变化的半导体。CMOS 的制造技术和一般计算机芯片没什么差别，主要是利用硅和锗这两种元素所做成的半导体，使其在 CMOS 上共存着带 N（带−电）和 P（带+电）级的半导体，这两个互补效应所产生的电流即可被处理芯片记录和解读成影像。然而，CMOS 的缺点就是太容易出现杂点，这主要是因为早期的设计使 CMOS 在处理快速变化的影像时，由于电流变化过于频繁而产生过热的现象。

2. 数码相机的主要性能参数

（1）CCD/CMOS 尺寸。CCD/CMOS 的尺寸，就是感光器件的面积大小。感光器件的面积越大，也即 CCD/CMOS 面积越大，捕获的光子越多，感光性能越好，信噪比越低。

现在市面上的消费级数码相机 CCD/CMOS 主要有 2/3 英寸、1/1.8 英寸、1/2.7 英寸、1/3.2 英寸 4 种。CCD/CMOS 尺寸越大，感光面积越大，成像效果越好。1/1.8 英寸的 300 万像素相机效果通常好于 1/2.7 英寸的 400 万像素相机（后者的感光面积只有前者的 55%）。而相同尺寸的 CCD/CMOS 像素增加固然是件好事，但这也会导致单个像素的感光面积缩小，有曝光不足的可能。但如果在增加 CCD/CMOS 像素的同时想维持现有的图像质量，就必须在至少维持单个像素面积不减小的基础上增大 CCD/CMOS 的总面积。目前更大尺寸 CCD/CMOS 加工制造比较困难，成本也非常高。因此，CCD/CMOS 尺寸较大的数码相机，价格也较高。感光器件的大小直接影响数码相机的体积重量。超薄、超轻的数码相机一般 CCD/CMOS 尺寸也小，而越专业的数码相机，CCD/CMOS 尺寸也越大。

（2）光学变焦与数字变焦。数码相机的光学变焦（Optical Zoom）是依靠光学镜头结构来实现，就是通过镜头、物体和焦点三方的位置发生变化而产生的。当成像面在水平方向运动的时候，视觉和焦距就会发生变化，更远的景物变得更清晰，让人感觉像物体递进的感觉。

另一种变焦的方式也称为数码变焦（Digital Zoom）。它是通过数码相机内的处理器，把图片内的每个像素面积增大，从而达到放大的目的。这种手法如同用图像处理软件把图片的面积改大，不过程序在数码相机内进行，把原来 CCD 影像感应器上的一部份像素使用"插值"处理手段做放大，将 CCD 影像感应器上的像素用插值算法将画面放大到整个画面。与光学变焦不同，数码变焦是通过在感光器件垂直方向向上的变化，而给人以变焦效果的。在感光器件上的面积小，则视觉上就会让用户只看见景物的局部。但是由于焦距没有变化，所以，图像质量是相对于正常情况下较差。

目前数码相机的光学变焦一般在 6 倍左右，如果变焦倍数不够，我们可以在镜头前加一增距镜，其计算方法是这样的，一个 2 倍的增距镜，套在一个原来有 4 倍光学变焦的数码相机上，那么这台数码相机的光学变焦倍数由原来的 1 倍、2 倍、3 倍、4 倍变为 2 倍、4 倍、6 倍和 8 倍，即以增距镜的倍数和光学变焦倍数相乘所得。

（3）最大像素和有效像素。最大像素（Maximum Pixels）是指经过插值运算后获得的图像像素数。插值运算通过设在数码相机内部的 DSP 芯片，在需要放大图像时用最临近法插值、线性插值等运算方法，在图像内添加图像放大后所需要增加的像素。插值运算后获得的图像质量不能够与真正感光成像的图像相比。

有效像素数（Effective Pixels）与最大像素不同，是指真正参与感光成像的像素值。最高像素的数值是感光器件的真实像素，这个数据通常包含了感光器件的非成像部分，而有效像素是在镜头变焦倍率下所换算出来的值。以美能达的 DiMAGE7 为例，其 CCD 像素为 524 万（5.24Megapixel），因为 CCD 有一部分并不参与成像，有效像素只为 490 万。在选择数码相机的时候，应该注重看数码相机的有效像素是多少，有效像素的数值才是决定图片质量的关键。

（4）存储介质。数码相机将图像信号转换为数据文件保存在磁介质设备或者光记录介质上。如果说数码相机是计算机的主机，则存储卡相当于计算机的硬盘。存储记忆体除了可以记载图像文件以外，还可以记载其他类型的文件，通过 USB 和计算机相连，就成了一个移动硬盘。用于存储图像的介质越来越多，如何选择合适的存储介质是很重要的一件事。市面上目前常见的存储介质有 CF 卡、SD 卡、MM 卡、SM 卡、记忆棒（Memory Stick）、xD 卡及小硬盘 MICRODRIVE 等，都可以作为数码相机的存储介质。

（5）接口类型。为了方便下载数码相机存储介质中的数据，数码相机和计算机的连接有多种方式，常见的就是 USB 接口和 IEEE 1394 接口。另外，数码相机一般都有 AV OUT 视频输出。带有视频输出接口，可在电视机上欣赏所拍摄的图片。

4.4.5　数码摄像机

随着数码摄像机存储技术的发展，目前市面上数码摄像机依据记录介质的不同可以分为以下几种：Mini DV（采用 Mini DV 带）、Digital 8 DV（采用 D8 带）、CMOS 超迷你型 DV（采用 SD 或 MMC 等扩展卡存储）、专业摄像机（摄录一体机）（采用 DVCAM 带）、DVD 摄像机（采用可刻录 DVD 光盘存储）、硬盘摄像机（采用微硬盘存储）和高清摄像机（HDV）。

1. Mini DV

Mini DV 采用 Mini DV 带的数码摄像机。DV 格式是一种国际通用的数字视频标准，它最早在 1994 年由 10 多个厂家联合开发而成。1/4 英寸的金属蒸镀带来记录高质量的数字视频信号。DV 视频的特点是影像清晰，水平解析度高达 500 线，可产生无抖动的稳定画面。DV 视频的亮度取样频率为 13.5MHz，与 D1 格式的相同，为了保证最好的画质记录，DV 使用了 4∶2∶0（PAL）数字分量记录系统。

DV 录取的音频可以达到 48kHz，16bit 的高保真立体录音，质量等同于 VCD 的音频效果，还可以降低层次，以 12bit，录频率为 32kHz 的音，质量优于 FM 广播。DV 的体积小巧，重量轻，方便携带，采用 IEEE 1394 或是 USB 连接计算机。DV 真正实现了个人影像普及化的概念，拥有 DV 的人，轻易地可以制造自己的电影和音像制品。使用 IEEE 1394 与计算机相连，把 DV 上音视频转化为数字格式，在计算机上进行非线性编辑。DV 转录计算机的视频文件为 AVI 格式，未经压缩的 AVI 格式非常大，通常 10min 的 AVI 就会占用 2GB 的空间。但是图像和声音效果十分出色，可以录制 DVD 格式，或者转录 DV 带和家庭录像机的 VHS 格式。

2. Digital 8 DV

Digital 8 与 DV 带一样，拥有 500 线水平解像度以上的画质，所以质量上比旧式摄像机要好。而 Digital 8 与 DV 带不同的是，它采用了 8mm 的金属磁带，比 DV 带的磁带要粗，而且 Digital 8 兼容旧式的 8cm 磁带，灵活性和适应性显得更高。D8 磁带的体积只有家庭录像带的 1/5 大小，尺寸为 15mm×62.5mm×95mm。它与过往的 Hi8 和 V8 录像带通用，只不过 D8 磁带里能储存的是数字信号，所以水平清晰度能达到 500 线。

3. DVD 数码摄像机

DVD 数码摄像机（光盘式 DV）的存储介质是采用 DVD-R、DVR+R 或是 DVD-RW、DVD+RW 来存储动态视频图像的。DVD 数码摄像机最大的优点是"即拍即放"，能快速在大部分 DVD 播放机上播放。而且 DVD 介质在目前所有的介质数码摄像机中，安全性、稳定性最高。它既不像磁带 DV 那样容易损耗，也不像硬盘式 DV 那样对防震有非常苛刻的要求。

4. 硬盘摄像机

硬盘摄像机，就是采用硬盘作为存储介质的数码摄像机。硬盘式数码摄像机是 2005 年由 JVC 率先推出的，用微硬盘作存储介质，可以说是集各种介质优点之所成。硬盘摄像机除一般数码摄像机常规参数外，硬盘容量也是一个重要指标。硬盘摄像机具备很多好处，尤其外出拍摄时不用再携带大量 MiniDV 磁带或 DVD 光盘，让外出拍摄变得更加轻松、愉快。

5. 高清摄像机（HDV）

2003 年，由索尼、佳能、夏普和 JVC 四家公司联合宣布了 HDV 标准。2004 年，索尼发布了全球第一部民用高清数码摄像机 Handycam HDR-FX1E，这是一款符合 HDV 1080i 标准的高清数码摄像机，从此拉开了高清数码摄像机（HDV）向民用普及的序幕。

大家常说的数字高清晰度电视，就是指在拍摄、编辑、制作、播出、传输、接收等一系列电视信号的播出和接收全过程都使用数字技术。数字高清晰度电视是数字电视（DTV）标准中最高级的一种，简称为 HDTV。它是水平扫描行数至少为 720 行的高解析度的电视，宽屏模式为 16：9，并且采用多通道传送。HDTV 的扫描格式共有 3 种，即 1280×720p、1920×1080i 和 1920×1080p，我国采用的是 1920×1080i/50Hz。

HDV 标准的概念是要开发一种家用便携式摄像机，它可以方便录制高质量、高清晰的影像。HDV 标准可以和现有的 DV 磁带一起使用，以其作为记录介质。按照该标准，可以在常用的 DV 带上录制高清晰画面，音质也更好。采用该标准摄像机拍摄出来的画面可以达到 720 线的逐行扫描方式（分辨率为 1280×720 像素）以及 1080 线隔行扫描方式（分辨率为 1440×1080 像素）。

4.4.6　虚拟现实的三维交互工具

为了使参与者能以人类自然技能与虚拟环境交互，必须要借助于专门的三维交互工具，用来把信息输入计算机，同时它又可以向用户提供反馈。目前的虚拟现实工具根据几种人类传感渠道在功能和目的上的不同而有所不同。例如，三维方位传感器跟踪人体运动，传感手套数字化手势，视觉反馈发送给主体显示器等。第 2 章提到了一些不同媒体类型的设备，本小节将介绍常用的虚拟现实 I/O 工具，主要包括跟踪探测设备、手数字化设备、立体显示设备等。

1. 跟踪探测设备

虚拟现实系统的关键技术之一是跟踪技术（Tracking），即对 VR 用户（主要是头部）的位置和方向进行实时的、精确的测量。

（1）跟踪器。跟踪需要使用一种专门的装置——跟踪器（Trackor）。其性能可以用精度（分辨率）、刷新频率、滞后时间及跟踪范围来衡量。不同的应用要求可选用不同的跟踪器，它们主要有如下几种。

① 机械式跟踪器：这是较老式的一种，它使用连杆装置组成。其精度、响应速度均可，但工作范围相当有限，对操作员有一定的机械束缚。

② 电磁式跟踪器：目前用得最多，其原理是在 3 个顺序生成的电磁场中有 3 个接收天线（安装在头盔上），所接收的 9 个场强数据可计算出用户头部的位置和方向。其优点是体积小，价格便宜。其缺点是滞后时间长、跟踪范围小，且周围环境中的金属和电磁场会使信号畸变，影响跟踪精度。

③ 超声式跟踪器：原理与电磁式相仿，头盔上安装有传感器，通过对超声传输时间的三角测量来定位。其重量小，成本不高。但由于空气密度的改变及物体遮挡等因素，因而跟踪精度不够高。

（2）跟踪球。跟踪球主要用于在虚拟环境中飞行和漫游，通常用于桌式虚拟现实系统和部分沉浸虚拟现实系统中。跟踪球所用传感器是三维的，三维传感器都是绝对的、独立的，因为它们返回的是一个运动物体相对于一固定坐标系统的绝对位置和方向。"六维"跟踪球由差动传感器构成。它能测量出用户手在允许范围内的 3 种作用力和 3 种力矩。力和力矩是基于"弹簧变形"定律间接测量得到的，球的中心固定有 6 个发光二极管，在球的外层可移动 6 个对应的光电传感器，通过串行口把这些力和力矩传送给主机，在主机中经过软件处理获得，并返回虚拟现实物体位置和方向的差动变化，变化越大意味着虚拟现实物体运动速度越快。但如果主机不能以足够快的速率刷新屏幕，物体运动就不平滑。

2. 数字手套

跟踪器和跟踪球都具有简单、紧凑、易于操作等优点，但由于它们自身构成的限制，使用者的手的活动自由度仅限于在桌上的一个小区域中。因此牺牲了用户手的自然活动,减弱了与虚拟世界交互作用的直观性。为了获得大范围的基于手势的交互作用,I/O 工具有必要把手的自由活动维持在一定体积之内。同时也希望通过感知单个手指的运动来增加自由度,人类手指具有曲屈伸展灵活性和侧面/横向的张缩功能;而大拇指还可前后运动使得它与手掌的位置相对应。数据手套就是为实现虚拟现实工具的以上需求而设计的。

目前使用最多的数据手套是一种戴在用户手上的传感装置,它能将用户手的姿势转化成计算机可读的数据。光纤传感器安装在手套背上,用来监视手指的弯曲。数据手套也包括一个 6 个自由度的探测器,以监测用户手的位置和方向。它能给出用户所有手指关节的角度变化,用于捕捉手指、大拇指和手腕的相对运动。由应用程序来判断出用户在 VR 中进行操作时的手的姿势,从而为 VR 系统提供了可以在虚拟境界中使用的各种信号。它允许手去抓取或推动虚拟物体,

图 4.28　数据手套

或者由虚拟物体作用于手(即力的反馈)。数据手套把光纤和一个三维位置传感器缠绕在一个轻的、有弹性的手套上,如图 4.28 所示。

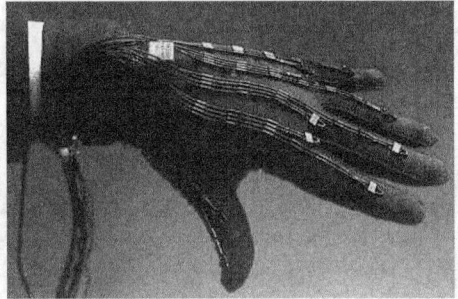

每个手指的每个关节处都有一圈光纤,用以测量关节位置。光纤是通过与塑料附属物贴在一起缠绕在手套上的,由于手指屈伸允许小小的偏移。依标准配置而言,每个手指的背部只连有两个传感器,感知其他次要关节的光导传感器以及伸曲活动的传感器仅作为选择使用。光纤传感器的优点是它的体积小、重量轻,而且用户戴这种手套感觉舒适。为了适应于不同用户手的尺寸,数据手套有"小"、"中"、"大"3 种尺寸。

3. 立体视觉设备

人类的视觉是最灵敏的感觉器官,用以产生视觉效果的显示设备与普通的计算机屏幕显示不同,虚拟现实要求提供大视野、双眼立体显示。在虚拟现实系统中,常用的视觉反馈工具有头盔显示器、立体活动眼镜和双眼全方位监视器等。最通用的一种是头盔显示器(如图 4.29 所示)和立体眼镜(如图 4.30 所示),但头盔显示器所能提供的临场感要比立体眼镜好得多。其他的视觉反馈工具还有监视器以及大屏幕立体投影等。

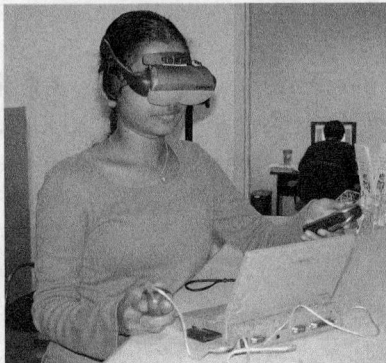

图 4.29　头盔图显示

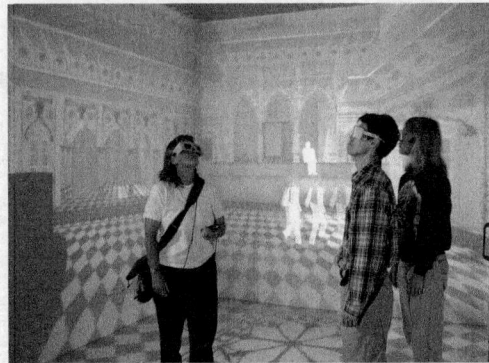

图 4.30　立体眼镜

(1)头盔显示器。头盔显示器(Head Mounted Display,HMD)是专为用户提供虚拟现实中景物的彩色立体显示器,通常固定在用户的头部,用两个 LCD 或 CRT 显示器分别向两只眼睛显

示图像。这两个显示屏中的图像由计算机分别驱动，屏上的两幅图像存在着细小的差别，类似于"双眼视差"。大脑将融合这两个图像获得深度感知，因此头盔显示器，具有较好的沉浸感，但分辨率较低、失真大。

头部位置跟踪设备是头盔显示器上的主要部件。通过头部跟踪，虚拟现实用户的运动感觉和视觉系统能够得以重新匹配跟踪，计算机随时可以知道用户头部的位置及运动方向。因此，计算机就可以随着用户头部的运动，相应地改变呈现在用户视野中的图景，从而提高了用户对虚拟系统知觉的可信度。头部追踪还能增加双眼视差和运动视差，这些视觉线索能改善用户的深度感知。

（2）立体眼镜。立体眼镜由液晶光栅眼镜和红外线控制器组成。在一些应用中，如科学可视仪和极细微的外科手术，参与的每个专家都需要看到一幅同样的立体图像。

在这种多用户环境下，如果每个人都佩戴一个头盔显示器，这要花费很多钱。因此，可以改用一种价格便宜与立体显示监视器相连的立体"活动"眼镜。每个使用者都戴着这样的一副眼镜观看监视器。

这种立体显示监视器能以两倍的普通扫描速率更新屏幕，即 120～140 幅/s 的显示频率。计算机把 RGB 信号发送给监视器。这些信号由两幅交替的、偏移的透视图像组成。一个与信号同步的红外线控制器、用于控制无线模式工作下的活动眼镜。控制器操纵液晶光栅交替地关闭两眼中的一只眼睛的视野。这样大脑寄存下了一系列左、右眼图像并通过立体观测，把左、右眼图像进行融合。极其短促的光栅开/关时间（nms）和120Hz的监视器刷新频率形成了无闪烁图像。这种图像比基于 LCD 的 HMD 要清晰得多，而且长时间观察也不会令人疲倦。然而，由于光栅过滤器泄漏一部分光，所以使用者看到的图像亮度不如普通屏幕好。

这种立体眼镜产生的沉浸感不同于头盔显示器。由于使用者没有与显示器相联。因此使用者感觉不到是被一虚拟世界所包围，而是把显示器当作一观看虚拟世界的窗口。如同一个真正窗口那样，使用者希望画面随着自身位置的变化而改变。有时当使用者只改变方向时，他不希望改变画面显示。他的眼睛持续盯着一个方向，即朝着显示器看。这类似于某人在离窗口很近的位置面对窗口，他们希望窗外风景保持不变。由此可见，对于一个固定显示 VR 系统来讲，三维位置数据比三维方向数据的跟踪重要得多。

4.4.7 输入/输出接口

1. SCSI 接口

SCSI（Small Computer System Interface）即"小型计算机系统接口"，是当今世界上最流行的用于小型机、工作站和微机的输入/输出设备标准接口。虽然 SCSI 标准最初是为磁盘驱动器而设计的，但是它现在已是一个通用的 I/O 标准。如图 4.31 所示，带有 SCSI 标准接口的主机和外部设备用 SCSI 总线串接在一起，构成一个 I/O 子系统。

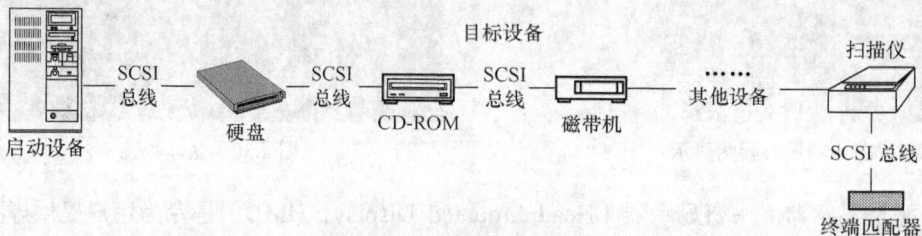

图 4.31 SCSI 总线 I/O 子系统

8 位 SCSI 总线为 50 线。对于单端非平衡输出方式，信号线共有 18 根，包括 9 条数据线（8 位数据加 1 位奇偶校验线）和 9 条控制线，其余是地线，保证良好的信号屏蔽。SCSI 总线上两端的设备，要加上终端匹配电阻以防止信号的反射。

单端输出方式的 SCSI 总线长度限制为 6m。如果采用差分（平衡）方式，把单端输出方式中的一部分地线改成与数据线和控制线对称的差分信号线，提高数据抗干扰能力，这样总线的总长度可延长至 25m。SCSI-B 支持 10MB/s 的数据传输速率，数据总线为 16 位/32 位，其 SCSI 总线除原有 50 线电缆外，还增加了一根 68 线的电缆，有时又称为 Wide SCSI 接口。

连接到 SCSI 总线上的设备（包括外设和主机）都有一个标识号 ID，从 0，1，2，…，7 共有 8 个。在复杂配置下，允许多台外设并行操作，也允许多台主机共享外设。SCSI 总线上的设备分成发出命令的启动设备和接收并执行命令的目标设备。通常，主机充当启动设备的角色，外设充当目标设备的角色。在某些小型机、工作站和计算机服务器上集成了 SCSI 接口，而普通的计算机需要在总线扩展槽上插一块主机适配器（SCSI 控制卡）才能跨接到 SCSI 总线上，如图 4.32 所示。SCSI 控制卡是计算机的 SCSI 总线上主要的启动设备。

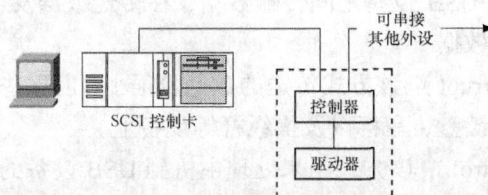

图 4.32　计算机与 SCSI 外设的连接示意图

SCSI 总线可以采用异步和同步两种数据传送方式。8 位总线通常使用的异步方式能够实现最大 1.5MB/s 的数据传输速率，可选的同步方式可实现 4MB/s 的数据传输速率。而 SCSI-Ⅱ 的数据传输速率则达 10MB/s。因此，SCSI 标准为大块数据交换提供了高效率的传送接口。

SCSI 接口是智能型接口。在 SCSI 标准里描述了主机与智能外设之间交互的方式。在总线上，启动设备以命令描述块（Command Descriptor Block，CDB）的形式向目标设备传送命令，目标设备在执行完命令后予以应答。

SCSI 总线上的设备可以并行工作。SCSI 协议中的可选功能支持总线断开/重联和总线主控工作方式。目标设备在接收命令后，就释放总线（Disconnectinn，断开），这时总线上的启动设备可以选择其他目标设备并发送命令，使多个外设并行工作。目标设备执行完命令操作后，向启动设备发应答，建立起两者的联系，即重联（Reconnection）。

2. USB 接口

USB 是英文 Universal Serial Bus 的缩写，中文含义是"通用串行总线"。它不是一种新的总线标准，而是应用在计算机领域的新型接口技术。USB 的目标想把各种不同的接口统一起来，使用一个 4 针插头作为标准插头。通过这个标准插头，采用菊花链形式可以把所有的外设连接起来，并且不会损失带宽。也就是说，USB 将取代计算机上的串口和并口。

USB 需要主机硬件、操作系统和外设 3 个方面的支持才能工作。目前的主板一般都采用支持 USB 功能的控制芯片组，主板上也安装有 USB 接口插座。Windows 98 操作系统支持 USB 功能。目前已经有很多 USB 外设问世，如数码相机、计算机电话、数字音箱、数字游戏杆、打印机、扫描仪、键盘、鼠标等。

USB 规范中将 USB 分为 5 个部分：控制器、控制器驱动程序、USB 芯片驱动程序、USB 设备以及针对不同 USB 设备的客户驱动程序。

① 控制器（Host Controller）：主要负责执行由控制器驱动程序发出的命令。

② 控制器驱动程序（Host Controller Driver）：在控制器与 USB 设备间建立通信信道。

③ USB 芯片驱动程序（USB Driver）：提供对 USB 的支持。

④ USB 设备（USB Device）：包括与计算机相连的 USB 外围设备，分为两类。一类设备本身可再接其他 USB 外围设备；另一类设备本身不可再连接其他外围设备，前者称为集线器（Hub），后者称为设备（Function）。或者说，集线器带有连接其他外围设备的 USB 端口，而设备则是连接在计算机上用来完成特定功能并符合 USB 规范的设备单元。

⑤ 设备驱动程序（Client Driver Software）：就是用来驱动 USB 设备的程序，通常由操作系统或 USB 设备制造商提供。

针对设备对系统资源需求的不同，在 USB 规范中规定了 4 种不同的数据传输方式。

① 等时传输方式（Isochronous）：该方式用来连接需要连续传输数据，且对数据的正确性要求不高而对时间极为敏感的外部设备，如麦克风、喇叭以及电话等。等时传输方式以固定的传输速率，连续不断地在主机与 USB 设备之间传输数据，在传送数据发生错误时，USB 并不处理这些错误，而是继续传送新的数据。

② 中断传输方式（Interrupt）：该方式传送的数据量很小，但这些数据需要及时处理，以达到实时效果，此方式主要用在键盘、鼠标以及操纵杆等设备上。

③ 控制传输方式（Control）：该方式用来处理主机到 USB 设备的数据传输。包括设备控制指令、设备状态查询及确认命令。当 USB 设备收到这些数据和命令后，将依据先进先出的原则处理到达的数据。

④ 批（Bulk）传输方式：该方式用来传输要求正确无误的数据。通常打印机、扫描仪和数码相机以这种方式与主机连接。

3. IEEE 1394 接口

IEEE 1394 接口是 Apple 公司开发的串行标准，中文译名为火线接口（firewire）。同 USB 一样，IEEE 1394 也支持外设热插拔，可为外设提供电源，省去了外设自带的电源，能连接多个不同设备，支持同步数据传输。

IEEE 1394 分为两种传输方式：Backplane 模式和 Cable 模式。Backplane 模式最小的速率也比 USB1.1 最高速率高，分别为 12.5 Mbit/s、25 Mbit/s、50 Mbit/s，可以用于多数的高带宽应用。Cable 模式是速度非常快的模式，分为 100 Mbit/s、200 Mbit/s 和 400 Mbit/s 几种，在 200Mbit/s 下可以传输不经压缩的高质量数据电影。

4.5 小　　结

由计算机传统硬件设备、光盘存储器（CD-ROM）、音频输入/输出和处理设备、视频输入/输出和处理设备、多媒体通信传输设备等选择性组合，可以构成一个多媒体硬件系统。其中最重要的是根据多媒体技术标准而研制生产的多媒体信息处理芯片和板卡、光驱等。本章系统地介绍了多媒体的基本硬件环境，包括多媒体存储、音频接口、视频接口、多媒体 I/O 设备等，但没有专门介绍多媒体计算机，也就是以前常说的 MPC，这是因为如果按照过去的这个标准，现在几乎所有的计算机都可以称为多媒体计算机了。而且，目前这个领域发展得太快，可以说是日新月异，读者可以通过其他的途径加以了解。

习题与思考题

1. 试述光存储的类型及主要原理。
2. CD-ROM、CD-R、CD-RW 三种光驱的差别有哪些?
3. 什么是 MIDI? 它与波形音频的本质区别是什么?
4. 视频卡与音频卡的核心部件是什么?
5. 触摸屏可以分为哪几类,各自的特点是什么?
6. 扫描仪的主要性能指标有哪些?
7. 投影仪有哪几种基本类型?

第5章
多媒体软件基础

如果说硬件是多媒体系统的基础，那么软件就是多媒体系统的灵魂。由于多媒体涉及种类繁多的各种硬件，要处理形形色色差异巨大的各种多媒体数据，因此，如何将这些硬件有机地组织到一起，使用户能够方便地使用多媒体数据，是多媒体软件的主要任务。除了常见软件的一般特点外，多媒体软件常常要反映多媒体技术的特有内容，如数据压缩、各类多媒体硬件接口的驱动和集成、新型的交互方式，以及基于多媒体的各种支持软件或应用软件等。通常，各种与多媒体有关的软件系统都可以划到多媒体的名下，但实际上许多专门的软件系统，如多媒体数据库、超媒体系统等都单独分出，多媒体软件常指那些公用的软件工具与系统。

5.1 多媒体软件系统层次

多媒体软件可以划分成不同的层次或类别，这种划分是在发展过程中形成的，并没有绝对的标准。本书按其功能划分为 5 类 4 个层次：驱动软件、多媒体操作系统、多媒体数据准备软件、多媒体编辑创作软件和多媒体应用软件，如图 5.1 所示。

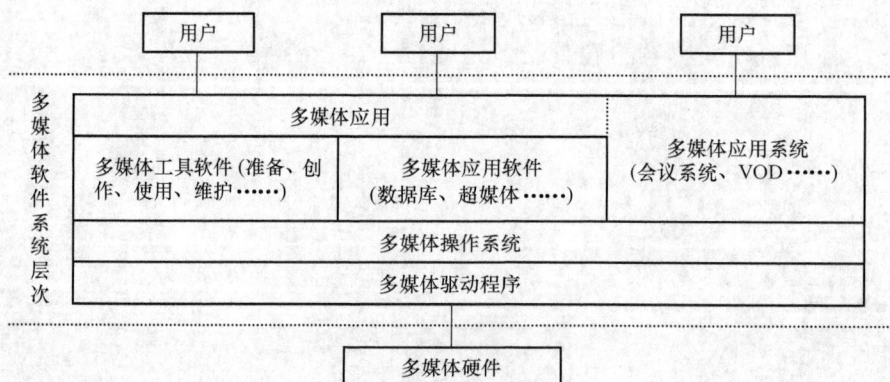

图 5.1　多媒体软件系统分层示意

1. 多媒体驱动软件

多媒体软件中直接和硬件打交道的软件称为驱动程序，它完成设备的初始化，各种设备操作以及设备的打开、关闭，基于硬件的压缩解压，以及图像快速变换等基本硬件功能调用。这种软件一般随硬件提供。

2. 支持多媒体的操作系统或操作环境

多媒体操作系统，又称多媒体核心系统（Multimedia Kernel System）。它应具有实时任务调度、多媒体数据转换和同步控制机制，对多媒体设备的驱动和控制，以及具有图形和声像功能的用户接口等。一般是在已有操作系统基础上扩充、改造，或者重新设计。例如：Intel/IBM 在 DVI（数字视频交互）系统开发中推出的 AVSS（音频视频子系统）和 AVK（音频视频核心系统）；Apple 公司在 Macintosh 上推出 System 7.0 中提供 Quick Time 多媒体操纵平台；Microsoft 公司在计算机上推出的 Windows 95/98、Windows NT、Windows XP、VISTA 等微软视窗系列操作系统等。

3. 多媒体素材制作软件

多媒体素材制作软件是用于采集多种媒体数据的软件，如声音录制、编辑软件；图像扫描及预处理软件；全动态视频采集软件；动画生成编辑软件等。从层次上看，多媒体素材制作软件不能单独算作一层，它实际上是创作软件中的一个工具类部分。

4. 多媒体编辑创作软件

多媒体编辑创作软件又称多媒体著作工具，是多媒体专业人员在多媒体操作系统之上开发的供特定应用领域的专业人员组织编排多媒体数据，并把它们连接成完整的多媒体应用的系统工具。

5. 多媒体应用软件

多媒体应用软件是在多媒体硬件平台上设计开发的面向应用的软件系统，由于与应用密不可分，有时也包括那些用软件创作工具开发出来的应用。例如，一般所说的多媒体 "Title"，它可能是一套小学生物课教学系统，也可能是一部声像俱全的百科全书，还可能是一部用户可参与但实际像电影的游戏。目前，多媒体应用软件种类已经十分丰富，既有可以广泛使用的公共型应用支持软件，如多媒体数据库系统等，也有不需二次开发的软件应用。这些软件已开始广泛应用于教育、培训、电子出版、影视特技、动画制作、电视会议、咨询服务、演示系统等各个方面；也可以支持各种信息系统过程，如通信、I/O 和数据管理等；而且，它还将逐渐深入到社会生活的各个领域。

本章仅从上述层次的多媒体工具和多媒体应用入手，介绍有关的多媒体数据准备与编辑软件、多媒体编辑创作软件、多媒体程序设计基础、多媒体应用设计等基础性的内容，其他较为专业的内容，如多媒体数据库、超媒体、基于内容检索等，将在后续章节中介绍。

5.2　多媒体素材制作软件

媒体素材指的是文本、图像、声音、动画、视频等不同种类的媒体信息，它们是多媒体产品的重要组成部分。准备媒体素材包括对上述各种媒体数据的采集、输入、处理、存储、输出等过程，与之相对应的软件，我们称之为多媒体素材制作软件。

5.2.1　文本编辑与录入软件

数字和文字可以统称为文本，是符号化的媒体中应用得最多的一种，也是非多媒体的计算机中使用的主要的信息交流手段。在多媒体创作中，虽然有多种媒体可供使用，但是在有大段的内容需要表达时，文本方式依然是使用最广泛的。尤其是在表达复杂而确切的内容时，人们总是以文字为主，其他方式为辅。

1．文本数据的输入方式

（1）直接输入。如果文本的内容不是很多，可以在制作多媒体作品时，利用著作工具中提供的文字工具，直接输入文字。直接输入的优点在于方便快捷。传统的文字输入方法是键盘。

（2）幕后载入。如果在制作的作品中需要用到大量的文字，应考虑由录入人员在专用的文字处理软件中将文本输入到计算机，并将其存成文本文件（如 TXT），然后再用著作工具载入到多媒体作品中。

（3）利用 OCR 技术。如果要输入印刷品上的文字资料，可以使用 OCR 技术。OCR 技术是在计算机上利用光学字符识别软件控制扫描仪，对所扫描到的位图内容进行分析，将位图中的文字影像识别出来，并自动转换为 ASCII 字符。识别效果的好坏既依赖于软件的技术水平，也依赖于文本的质量和扫描仪的解析度。

（4）其他方式。利用其他方法如语音识别、手写识别等，也可以将文本文件输入到计算机中。有的语音识别系统中还带有语音校稿功能等，使用很方便。

2．文本处理的内容

一般文本处理的主要内容包括字的格式和段落的格式。

① 字的格式：包括字体、字形、字号、颜色、字间距、下划线、效果等。

② 段落的格式：包括段缩进、段间距、行距、对称方式等。

由以上的几种变化不同的组合形成各种不同的显示方式，使文本的内容显示出活泼的景象。如果采用幕后输入，通常多媒体制作软件并不认识输入所使用的文字处理软件产生的文件格式，故不能直接使用这种文件作为多媒体制作软件的输入。经文字处理软件排版后的结果送入制作工具的方法有两种，一种是将排版结果转化为图像文件粘贴进去，另一种是用 OLE 的方法让文字处理软件自己完成有关的显示工作。

3．相关的文本处理软件

常用的文本编辑软件包括 Microsoft Word、WPS；常用的文本录入软件包括 IBM ViaVoice、汉王语音录入和手写软件、清华 OCR、尚书 OCR 等。

5.2.2　图形图像编辑与处理软件

1．图形与图像数据的编辑与处理

在制作多媒体产品时，图形、图像资料一般都是以外部文件的形式加载输入到产品中的（如果静态图像数据量大，也可以自行建立动态库），所以可以把准备图像资料理解为准备各种数据格式（如 BMP、PCX 和 TIF 等）的图像文件。

（1）图像的采集和存储。多媒体应用对图形、图像有不同的要求。这些素材可以从以下几个途径获得。

① CD-ROM 数字化图形、图像素材库：目前，光盘数字化图形、图像素材库越来越多，这些素材库分类详尽，包括点阵图、矢量图和三维图形，其质量、尺寸、分辨率、色彩数等都可以选择。

② 使用软件创建图形、图像：如果自己有一定的绘画水平，可以利用专业绘图软件如 Paint Bush、Photo Style、Painter、Freehand、Photoshop、CorelDraw、iPhoto 等绘制图形、图像。这些软件中都提供了相当丰富的绘画工具和编辑功能，可以轻易完成创作，然后存成适当格式的图像文件。如果产品对图像的品质要求较高，需聘请专业的电脑美工来绘制图像。

③ 利用扫描仪扫入图像：多媒体应用中的许多图像来源于照片、艺术作品或印刷品，扫描仪可以将其变换成单色或真彩的点阵图。

④ 利用摄像机捕获图像：摄像机与视频卡相连，可以拍摄现场的视频图像，得到连续的帧图像。如果需要静态图像，则需经过帧捕器把捕获的模拟信号转换成数字数据，得到点阵图。

⑤ 利用数码相机拍摄图像：数码像机拍摄景物时，景物直接以数字化的形式存入照像机内的存储器，然后再送入计算机处理。

⑥ 使用解压卡捕获图像：通过 MPEG 解压卡播放 VCD 的电影、卡拉 OK 等视频图像时，可使用帧捕获功能从电影画面获取所需的图像。

⑦ 通过 Internet 下载图形、图像：Internet 上有各种各样的图形、图像，可以很方便地通过那些提供图库的站点获取素材，但应考虑图形、图像文件的大小。矢量图文件较小，下载所用的时间短；点阵图的文件较大，有些达几十兆，传输费用较高。

（2）常用图像处理技术与特技处理。

① 常用图像处理技术：包括图像增强、图像恢复、图像识别、图像编码、点阵图转换为矢量图等。

② 图形、图像的特技处理：图形、图像的特殊处理技术通常有模糊、锐化、浮雕、旋转、透射、变形、水彩化、油画化等多种效果。

2. 图像处理软件 Photoshop 简介

Adobe Photoshop 的 Windows 版本从早期的 2.5 版一路走来，直到后来推出的 Photoshop CS，作为一种优秀的图像处理软件，成为业内用户的首选。根据 Adobe 公司自己公布的数据，Photoshop 已占据同类产品市场的 50%以上。

Adobe Photoshop 的特点是图像处理功能强大，它集图像编辑、图像合成、图像扫描等多种图像处理功能于一体，同时支持多种图像文件格式，并提供多种图像处理效果，可制作出生动形象的图像效果，是一个非常理想的图像处理工具。

Photoshop 主要功能如下。

① 绘图功能：利用选定工具来指定所需绘图范围，然后利用绘图工具进行设计。用户可选择不同的底纹图案，可自己定义画笔特性，还可以利用海绵工具来改变图像的浓度。

② 浮动功能：Photoshop 提供了一套对色彩的明暗、浓度、色调和透明度等操作的方法。

③ 变形功能：用户能够对选定的图像进行任意角度的旋转、拉伸等变形操作。

④ 滤镜功能：Photoshop 提供了数十种滤镜功能，利用滤镜功能可以产生多种特殊效果的图像。

⑤ 层功能：在图像与图像、图像与文字的合成时，利用层功能可以提高制作的灵性。

⑥ 接受多种图像输入设备。

Adobe Photoshop 在出版印刷、广告设计、美术创意、图片加工等诸多领域中得到了广泛应用。目前该软件已成为许多涉及图像处理行业的标准。Photoshop 在加强图像处理能力的同时，也提高了对图形处理的能力，特别是在矢量文字方面应用的加强和与 ImageReady（网页制作工具）的有机结合，利用本身开放式的结构，支持第三厂商开发滤镜的不断扩充，使得 Photoshop 的应用更加广泛和深入。

目前 Photoshop 的最高版本是 Photoshop CS 3（Creative Suite）（如图 5.2 所示）。在 Photoshop CS 3 中不但加强了矢量图形处理的功能，而且进一步加强了对网页设计的能力，利用相关联的 ImageReady CS 可以直接输出 Flash 动画文件。另外 Photoshop CS 3 与 Adobe 其他系列产品组合成一个创作套装组件，与其他产品的融汇更加协调通畅。

图 5.2　Photoshop CS 软件包装及工作界面

5.2.3　音频编辑与处理软件

1. 音频数据采集、编辑与处理

声音与音乐在计算机中均为音频（Audio），是多媒体节目中使用最多的一类信息。音频主要用于节目的解说配音、背景音乐以及特殊音响效果等。音频的种类包括以下 3 种：①波形音频（Wave form Audio），文件格式为 WAV；②MIDI 音频（MIDI Audio），文件格式为 MID；③数字音频（CD Audio）。

通常我们将音频制作成前两种格式储存起来。其中，波形音频的应用范围最广，利用波形音频能够录制或播放语音及各种音响，也可以从 CD-ROM 光盘驱动器中加载声音和其他数据。而 MIDI 音频则仅适用于重现打击乐或一些电子乐器的声音，通常用于仅有音乐的场合。MIDI 文件比 WAV 文件所占用的存储空间要小得多。两种音频文件各有优缺点，适用范围不同，在选择使用何种音频时需视实际情况而定。

（1）音频获取的途径。

①完全自己制作：对于波形声音可以利用 Windows 的 Sound Recorder（录音程序）或专业录音软件（如 WaveEdit），或租用数字录音棚录制；对于 MIDI 音乐只能用专业 MIDI 编辑合成软件生成。②利用现有的声音素材库。③通过其他外部途径（如 CD、电视等）购买版权获得音频。

（2）音频数据的处理。音频数据处理软件可分为两大类，即波形声音处理软件和 MIDI 软件。

① 波形声音处理软件。对于已有的 WAV 文件，波形声音处理软件可以对其进行各种处理，常见的有波形显示、波形的剪贴和编辑、声音强度的调节、声音频率的调节及制作特殊的声音效果等功能，常用的波形声音处理软件有 Audition、GoldWave、WaveEdit、Creative WaveStudio 等。

② MIDI 软件。MIDI 软件编辑处理 MIDI 文件，如 MIDI Orchestrator。有一些作曲软件是基于 MIDI 的，其界面通常像五线谱，可用鼠标在上面写音符并作各种音乐标记，若用一块支持 MIDI 接口的声卡及一台有 MIDI 输入接口的电子琴（或电子合成器）即可演奏所作的曲子。

2. 数字波形声音的采集、编辑处理软件 GoldWave 概述

GoldWave 是一款简单易用的数码录音及编辑软件，除了附有许多效果处理功能外，它还能将编辑好的文件存成 WAV、AU、SND、RAW 和 AFC 等格式，对于 SCSI 接口的 CD-ROM 驱动器，它可以不通过声卡直接抽取 CD-ROM 中的音乐来录制编辑。GoldWave 是一个"环保"的软件，

程序解压后就可直接运行，不会改写系统文件。

安装英文版 GoldWave 时直接运行 glodwave.exe 文件即可。中文版 GoldWave 将文件解压到某一个目录下，不需安装，直接运行 glodwave.exe 文件即可。

GoldWave 是一个功能强大的数字音乐编辑器，可以对音乐进行播放、录制、编辑、转换格式等处理，它具有以下特性。

① 直观、可定制的用户界面，使操作更简便。

② 多文档界面可以同时打开多个文件，简化了文件之间的操作。

③ 编辑较长的音乐时，GoldWave 会自动使用硬盘，而编辑较短的音乐时，GoldWave 就会在速度较快的内存中编辑。

④ GoldWave 允许使用很多种声音效果，如倒转（Invert）、回音（Echo）、偏移、镶边（Flange）、动态（Dynamic）和时间限制、增强（Strong）和扭曲（Warp）等。

⑤ 精密的滤波器（如降噪器和突变过滤器）帮助修复声音文件。

⑥ 批转换命令可以把一组声音文件转换为不同的格式和类型。该功能可以转换立体声为单声道，转换 8 位声音到 16 位声音，或者是文件类型支持的任意属性的组合。如果安装了 MPEG 多媒体数字信号编解码器，还可以把原有的声音文件压缩为 MP3 的格式，在保持出色的声音质量的前提下使声音文件的尺寸缩小为原有尺寸的十分之一左右。

⑦ CD 音乐提取工具可以将 CD 音乐复制为一个声音文件。为了缩小尺寸，也可以把 CD 音乐直接提取出来并存为 MP3 格式。

⑧ 表达式求值程序在理论上可以制造任意声音，支持从简单的声调到复杂的过滤器。内置的表达式有电话拨号音的声调、波形、效果等。

图 5.3 所示为 GoldWave 5.0 的主工作界面。

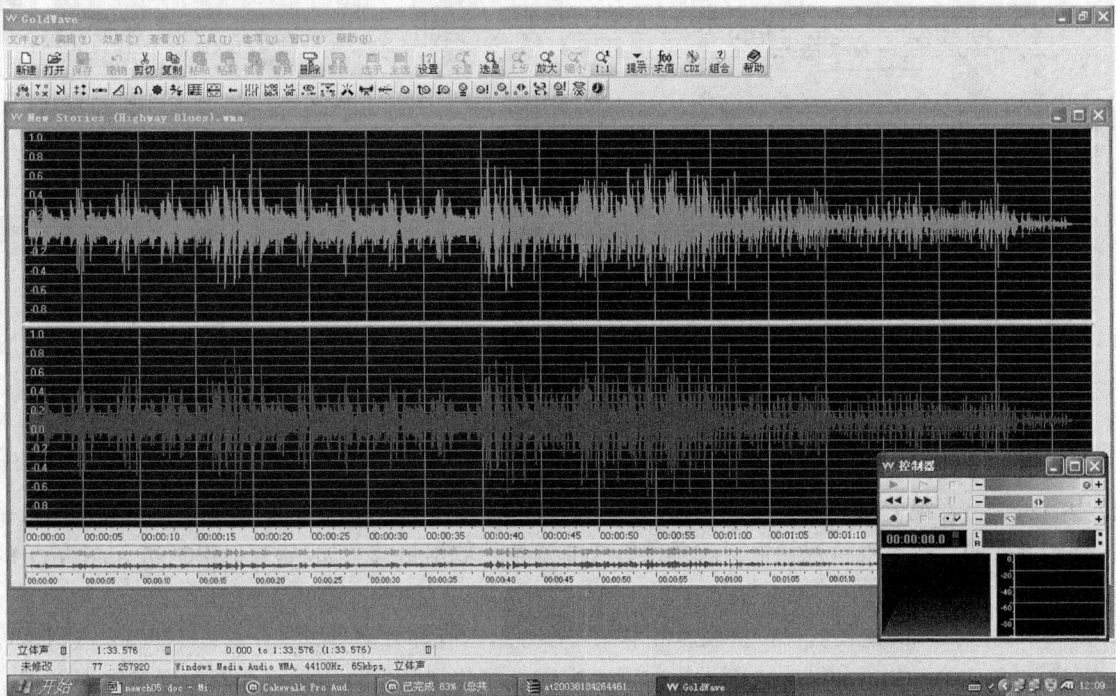

图 5.3　GoldWave 5.0 的主工作界面

3. MIDI 的制作、编辑软件 Cakewalk 概述

有如 Photoshop 在图像处理领域中的地位一样，Cakewalk 可算作是计算机平台上最负盛名的音序器软件。它功能强大，不仅能够实现 MIDI 音符的采集、记录和编辑，还具备较强的音频处理能力。它也是一款比较容易上手的专业级软件，提供了钢琴卷帘窗、五线谱窗和事件列表窗等多个界面友好的编辑窗口，可以很方便地编辑音乐中的每一细节。Cakewalk 可录制多达 256 个音轨，每条音轨的各项参数均能独立调节，如音量、音色选择、变调、声像位置、通道、端口等。对于录制过程中所出现的节奏和时值偏差，可以通过量化功能自动修正；运用步进录音的方式还可以轻松完成具有高难度演奏技巧的乐句。熟练运用各种后期编辑处理功能不仅能够弥补演奏技巧的缺陷和失误，而且能创造出许多意想不到的精彩效果。

图 5.4 所示为 Cakewalk Pro Audio 9.0 的主工作界面。

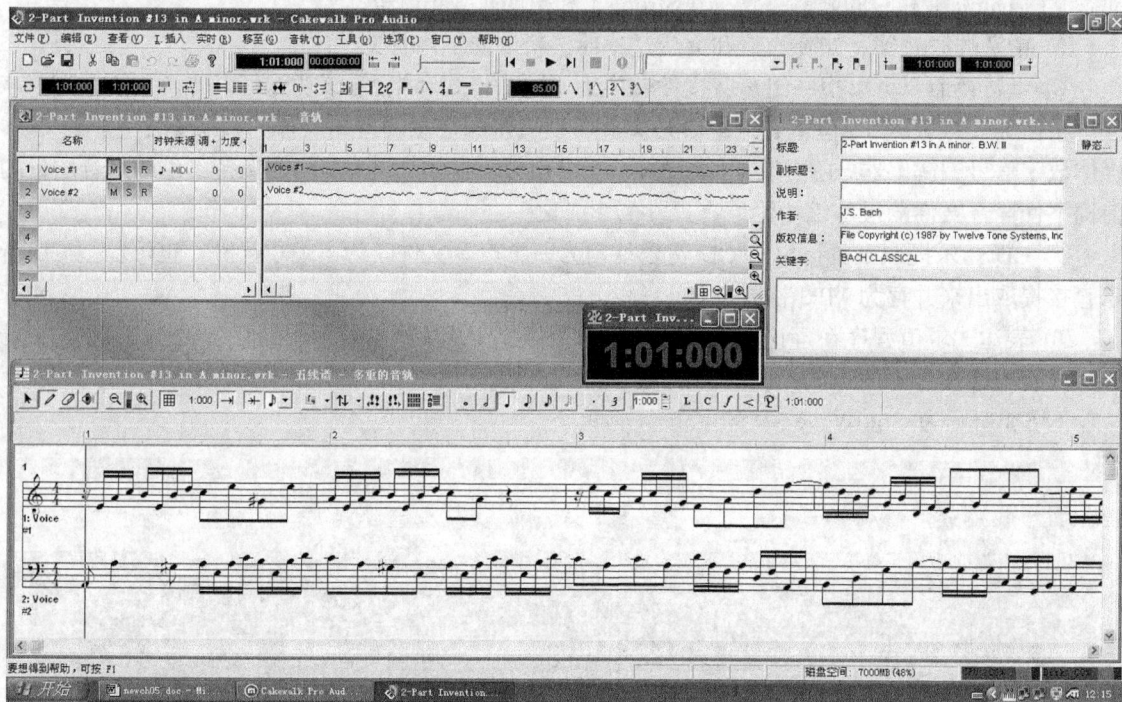

图 5.4　Cakewalk Pro Audio 9.0 的主工作界面

5.2.4　视频编辑软件

1. 视频数据采集、编辑与处理

近年来，由于 CPU 运行速度不断提高，以及多媒体硬件和软件所取得的进展，在多媒体计算机中演示数字影视节目日益盛行。与图形、图像数据准备一样视频也是以外部文件的形式加载输入到产品中的，所以准备视频资料就是采集或准备各种数据格式（如 AVI、MPG 和 AVS 等）的视频图像文件。

（1）视频获取的途径。视频获取途径不像图形、图像有那么多种，主要从以下两个途径获得。

① CD-ROM 数字化图形、图像素材库：光盘数字化视频素材库虽不像图像素材库那么多，但 VCD 电影、卡拉 OK 已十分普及，可以从中节选一些作为素材。

② 利用视频卡捕获视频：摄像机、录像机与视频卡相连，可以拍摄现场的视频图像，得到连

续的帧图像。如果有数字摄像机可以直接抓取数字视频。

（2）视频编辑。数字视频编辑与模拟视频编辑有许多共同点，因此也借用了大量的相关概念。

① A/B ROOL（A/B 卷）：是指由两个独立的视频源编辑合成的视频。

② 合成视频与 S-VIDEO：合成视频是指色度和亮度信息已经合成在同一视频信号中，而 S-VIDEO 恰好相反，它里面的色度和亮度信号分离成两路独立的信号。

③ 视频合成：视频合成是指将一个视频信号叠加在另一个视频信号上，并合成为单一视频文件的过程，因此也称为视频叠加。

④ 编辑决策表（Edit Decision List，EDL）：是一系列视频编辑指令的列表，可以由视频编辑软件生成。在 EDL 中包含了时间代码标记、持续时间、修剪标记、顺序和过渡效果等方面的信息。

⑤ 进出标记、时间码标记：进出标记（IN/OUT MARKER）通常置于数字视频或音频文件中，用来标记文件的开始或结束。而时间码（Time Codes）是出现在视频片段中各帧的时间标记，每一个帧上都有时间代码，帮助帧定位并度量一个片段的持续时间等。

（3）常用视频格式及采集工具。多媒体节目中的动态视频有 3 种格式：AVI、M-JPEG 和 MPEG，均需用软件或特殊的硬件进行播放。由于大多数多媒体著作工具不能捕捉或编辑动态视频（MEDI Ascript OS/2），所以它们的采集及加工工作需专门进行。

AVI 格式视频文件的播放一般不需要专门的硬件解压缩卡，可在中低档计算机上通过软件解压缩方式正常回放。这一优点特别有利于多媒体节目的普及使用。AVI 格式的数字视频通常来源于录像带，需要用专门的硬件设备进行捕捉，需一块视频捕获卡（如 Video Blaster 等）或视频压缩卡及相关的软件工具就可完成这个工作，也可以用视频编辑软件来完成部分片断的制作。具有视频编辑功能的软件很多，其中比较著名的有 Microsoft Video for Windows、Adobe Premiere 和 Asymetrix DVP（Digital Video Producer），可根据需要加以选用。

2. 视频编辑软件 Adobe Premiere 概述

Premiere 是 Adobe 公司推出的一种专业化数字视频处理软件，其系统界面如图 5.5 所示。

图 5.5　Adobe Premiere Pro Cs3.0 的系统界面

它可以配合多种硬件进行视频捕获和输出，提供各种精确的视频编辑工具，并能产生广播级质量的视频文件。因此，它可以为多媒体应用系统增添高水平的创意。在欣赏电影电视节目的时候，人们常常会被各种特技效果所吸引。现在有了 Premiere 之后，不仅可以制作出这些效果，而且可以让每位掌握它的用户都成为一名出色的导演。传统的影视编辑大多采用模拟方式，通过对复制的剪贴等方式制作出各种特技效果。而 Adobe Premiere 则是利用数字方式对数字化的视频信息进行编辑处理，制作出具有多种视觉效果的视频文件。

Premiere 的基本功能如下：①可以实时采集视频信号，采集精度取决于视频卡和计算机的功能，主要的数据文件格式为 AVI；②将多种媒体数据综合处理为一个视频文件；③具有多种活动图像的特技处理功能；④可以配音或叠加文字和图像。

5.2.5　动画制作软件

1．动画的编辑

动画具有形象、生动的特点，适宜模拟表现抽象的过程，易吸引人的注意力，在多媒体应用软件中对信息的呈现具有很大的作用。动画的素材的准备要借助于动画创作工具，如二维动画创作工具 Animator Pro、三维动画创作工具 3D Studio 等。

动画的制作方法分为两类：一类是由人具体地告知计算机角色运动的矢量及变化的方式；另一类是人只告知计算机角色的起始与最终状况，由计算机自动计算生成角色的运动方法。

（1）手工式动画。计算机上制作的手绘式动画大致上可分为两类：以 Macintosh 机为平台的影片式（.PICS 格式）动画和在 IBM PC 上制作的帧动画。

① 影片式动画：如 Director，其动画是以角色为主体的，制作时必须单独设计每一个运动物体，并为每个物体指定特性（位置、样式、大小和颜色等）。动画的每帧画面中都有几个角色成员，角色成员能独立于帧画面，它们可以在连续的帧画面中独立地改变自己的位置和形象，动画中可以含有音乐和同步的配音。

② 帧动画：是一幅幅画面的简单叠加，放映时只需快速地一幅一幅地显示即可。

（2）影集式动画。

① AVI 动画：利用影像捕捉卡和 Video for Windows 软件对实时视频信号或录像带上的影像，进行连续捕捉，捕捉下来的画面可以生成 AVI 动画。

② MPG 动画：MPG 动画也称作影片，它的生成机制与.AVI 动画相仿。

2．平面动画制作软件 Flash MX 概述

Flash MX 是 Macromedia 公司的产品，其系统界面如图 5.6 所示，是主要用于制作 Web 站点的动画、图形、文本的应用程序，它支持动画、声音以及交互，具有强大的多媒体编辑功能。随着版本的不断升级，Flash MX 已经由一个单纯的网页动画软件制作工具成为一个多媒体制作标准。由它制作的 Flash 动画，目前已渗透到计算机多媒体应用的多个方面，特别是在 Web 网站中 Flash 动画的应用占据着举足轻重的地位。

Flash 动画主要由矢量图形组成，是典型的二维动画。而且 Flash 动画是压缩的，体积相对于 Gif 动画要小得多。由于动画基于矢量图形结构，其动画在尺寸上可以随意调整缩放，而不会影响动画文件的大小和观看质量。Flash MX 提供的透明技术和物体变形技术，以及利用内置编程语音 Action Script 的控制，使得利用 Flash MX 可以轻松地创建出复杂的动画和灵活地交互控制。此外，Flash 中还可以包含导入的视频、位图图形和声音的多种媒体。Flash 动画支持交互操作，允许观看者进行交互控制，可以创建与其他 Web 应用程序交互的非线性影片。

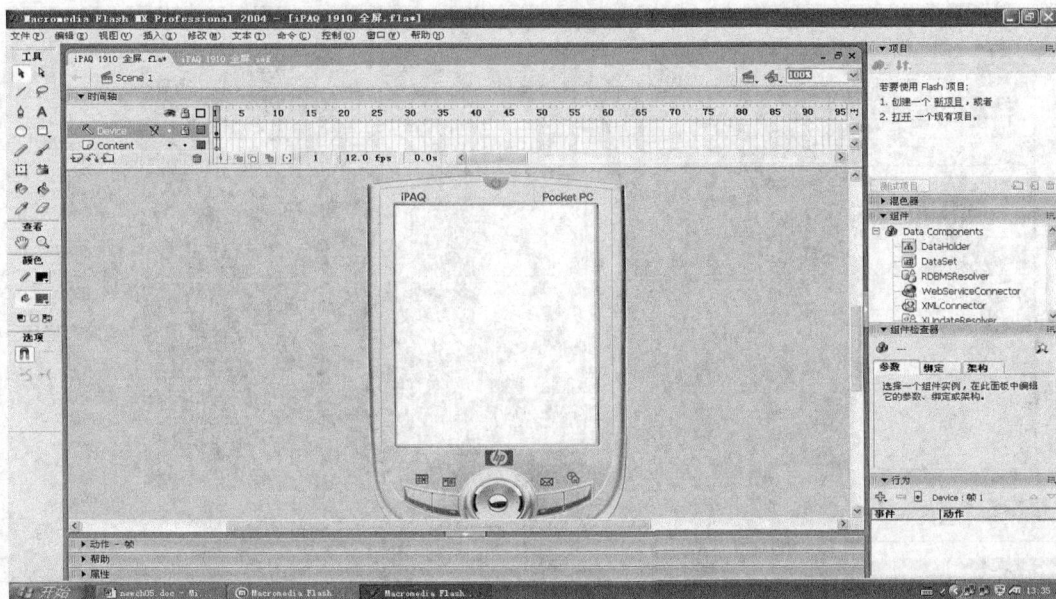

图 5.6　Flash MX 7.0 的系统界面

Flash 主要应用于网页设计、制作和多媒体创作等领域，其主要功能如下。

① 网页动画设计。Flash 动画在网页中占有重要地位，特别是网站的 Logo 动画和 Banner 动画以它清新悦目和动感十足的表现，为网站的主页添色不少。Logo 动画和 Banner 动画的设计历来是网站设计者注重的内容之一。

② 整体网页设计。利用 Flash MX 能够完成网站的开发和制作。

③ 多媒体编著。Flash MX 能够对多种媒体进行导入、整合，制作成一个完整的、可独立运行的多媒体程序。

④ 交互式网络游戏开发。利用 Flash MX 的易用操作环境、丰富的媒体资源和不断升级完善的 "Action Script" 编程语言控制功能，可以开发出精彩的 Flash 交互游戏。

3. 三维动画制作软件 3D Studio MAX 概述

3D Studio MAX 是 Autodesk 公司推出的，应用于计算机平台上最为优秀的、应用最广泛的三维建模、动画和渲染软件。尽管近年来其他优秀的三维制作软件，如 Maya、SoftImage、LightWave、Lightscape 等，也从工作站平台、苹果机平台移植到了计算机平台上，但由于 3D Studio MAX 的功能实用、简便易学、对操作环境要求低、有众多优秀外挂插件和学习资料充足等优点，目前在国内使用 3D Studio MAX 的人数仍占据着主要地位。在游戏角色设计、建筑装潢设计、影视片头包装、电影电视特技、工业产品造型设计、军事模拟训练等多个领域中都能见到它的身影。3D Studio MAX 6 的系统界面如图 5.7 所示。

计算机三维动画应用技术是计算机三维图像技术的最完美体现，是技术与艺术的高度结合，三维动画制作的过程也是艺术的创造过程。下面列出了通常制作三维动画时的基本过程，在这个过程中要始终将 "艺术创作" 贯穿其整个过程，只有这样才能创作出富有 "生命力" 的作品。3D Studio MAX 三维动画制作的基本过程包括：①确定制作主题，收集资料，完成分镜头脚本文字和关键帧绘画；②建立 3D 模型，并完成空间定位、材质处理；③设计场景，完成灯光、摄像机、背景及场景气氛的设定；④设定和调整动画，添加特效，并进行预览；⑤渲染输出影像或视频文件。

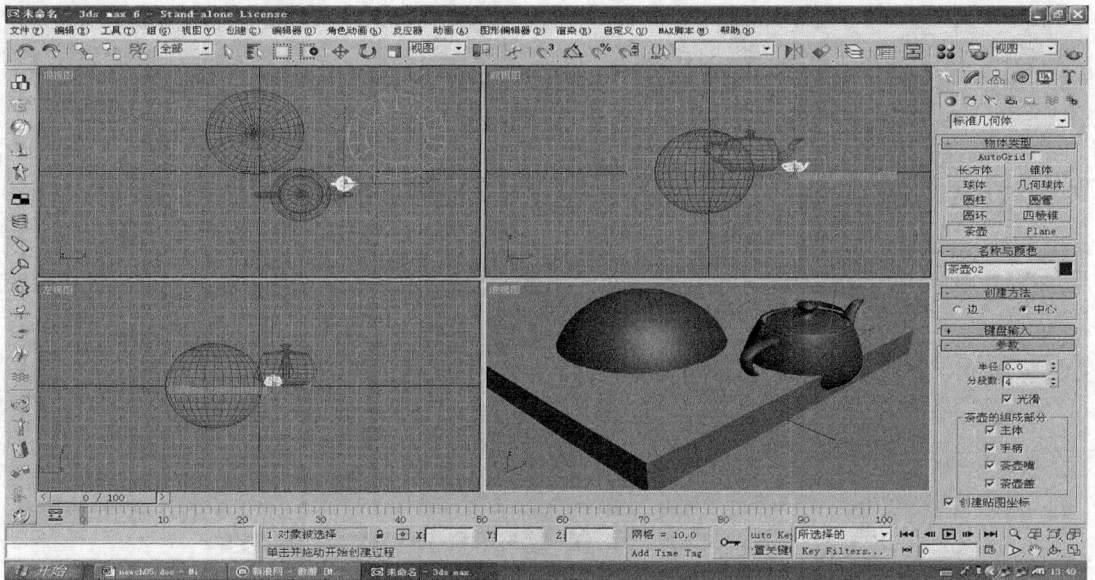

图 5.7　3D Studio MAX 6 的系统界面

5.3　多媒体著作工具

早期的多媒体应用软件的制作，大多是依赖程序语言。但是由于多媒体技术的复杂性以及对各种媒体处理与合成的高难度，通常用程序设计多媒体应用系统比一般计算机应用系统的开发要难得多。为了有效地提高开发多媒体应用系统的质量和速度，人们把注意力放在适合各种开发需要的多媒体著作工具上，通过这些多媒体著作工具，使得多媒体应用系统不再是专业程序员的专利，普通应用领域的开发人员也能够高效率地制作出适合不同专业的多媒体应用系统。

5.3.1　多媒体著作工具概述

1. 什么是多媒体著作工具

所谓多媒体著作工具是指能够集成处理和统一管理多媒体信息，使之能够根据用户的需要生成多媒体应用系统的工具软件。与多媒体著作工具相关的概念有以下几个。

① 创作环境：用于创作的整套硬件、固化软件（永久性内建在硬件里的软件）和软件。

② 创作系统：环境中所有专用于创作的软件程序。

③ 创作工具：环境中一个专用于创作的软件程序，它可完成一项或多项创作任务。

④ 集成工具：用于安排多媒体对象、处理其时空关系使之集成为一个简报或应用软件的工具。

使用多媒体创作程序的目的就是简化多媒体的创作，使得创作者可以不必关心有关的多媒体程序的各个细节而创作多媒体的一些对象、一个系列以至整个应用程序。

2. 多媒体著作工具的标准

通常，多媒体著作工具应该具有下列 8 个方面的功能和特性。这 8 个方面往往也是评测同类创作工具是否优劣的一种标准。

① 编程环境：多媒体创作工具应提供编排各种媒体数据的环境，即能对单媒体进行基本的操作控制，如循环、条件分支、变量等价、布尔运算、计算管理等。

②　超媒体功能和流程控制功能：一般著作工具都提供超媒体链接功能，即从一个静态对象跳转到一个相关的数据对象进行处理的能力。

③　支持多种媒体数据输入和输出，具有描述各种媒体之间时空关系的交互手段。

④　动画制作与演播。

⑤　应用程序间的动态链接。

⑥　制作片段的模块和面向对象化：多媒体创作工具应能让用户编成的独立片段模块化，使其能"封装"和"继承"，使用户能够在需要时独立使用。

⑦　界面友好、易学易用。

⑧　良好的扩充性。

3. 多媒体创作模式

多媒体创作模式是应用程序创作中的概念模型，常见模式有 8 种，如图 5.8 所示。

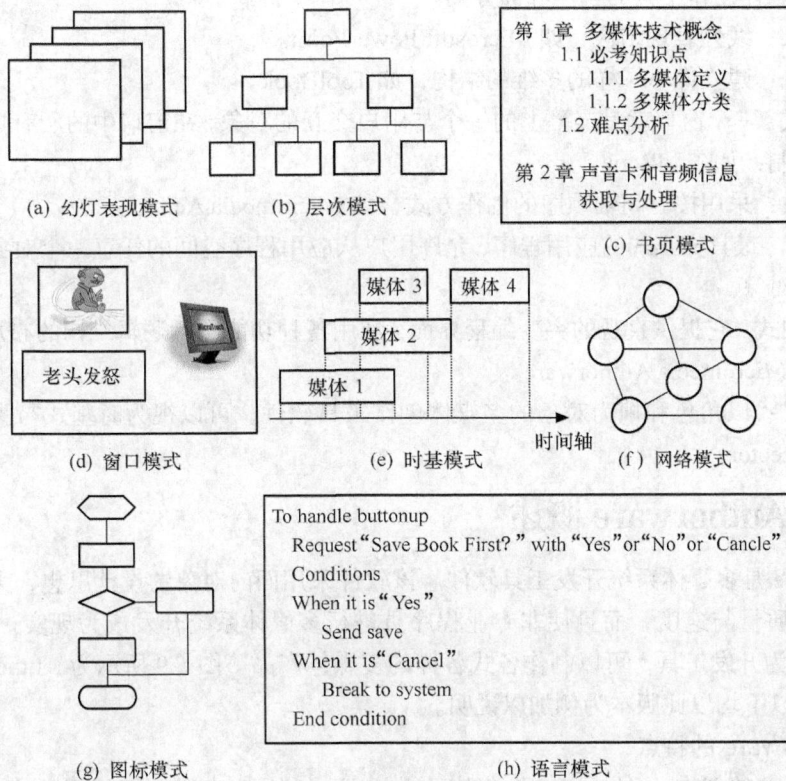

图 5.8　多媒体创作模式

①　幻灯表现模式：一种线性表现模式，使用这种模式的工具假定表现过程可以分成一序列"幻灯片"，即顺序表现的分离屏幕。

②　层次模式：这种模式假定目标程序可以按一个树形结构组织。

③　书页模式：这种模式中应用程序组织成一本或更多的"书"，书又按照"页"的分离屏幕来组织。

④　窗口模式：目标程序按分离的屏幕对象组织成为"窗口"的一个序列。

⑤　时基模式：主要由动画、声音以及视频组成的应用程序或表现过程，可以按时间轴顺序制作。

⑥ 网络模式：这种模式允许程序组成一个"从任何地方到另外任意地方"的自由形式结构，没有已建好的表现顺序或结构。

⑦ 图标模式：图标用来标识对应的内容、动作或交互控制，在制作过程中，它们通过一张显示一系列有不同对象连接的流程图来表示。

⑧ 语言模式：使用一种语言来建立应用程序的结构与内容，它本身就是一种模式。

4. 多媒体创作工具的类型

（1）按多媒体创作工具分类。

① 以图标为基础的多媒体著作工具，如 Micromedia Authorware。

② 以时间为基础的多媒体著作工具，如 Micromedia Action。

③ 以页为基础的多媒体著作工具，如 ToolBook。

④ 以传统程序设计语言为基础的多媒体著作工具。

（2）按多媒体创作工具的创作界面分类。

① 幻灯式：线性表现结构，如 Microsoft PowerPoint。

② 书本式：建立像书一样的多维的结构，如 ToolBook。

③ 窗口式：一个窗口就是屏幕上的一个与用户交互的对象，在窗口中的所有控件和对象都通过窗口接受控制，如 ToolBook。

④ 时基式：采用按时间轴顺序的创作方式，如 Micromedia Action。

⑤ 网络式：最具交互式的应用程序，允许用户从应用程序空间的任意一个对象不受限制地跳转至任何其他对象。

⑥ 流程图式：它提供直观的突变编程界面，利用各种功能图标逻辑结构的布局，体现程序运行的结构，如 Micromedia Authorware。

⑦ 总谱式：以角色和帧为对象的多媒体创作工具软件，可以视为时基式与脚本的结合，如 Micromedia Director。

5.3.2　Authorware 概述

Authorware 是多媒体系统开发工具软件。该软件采用面向对象的设计思想，大大提高了多媒体系统开发的质量与速度，而且使非专业程序员进行多媒体系统开发成为现实。以 Authorware Professional 作为开发工具，可以制作各式各样的多媒体产品。图 5.9 所示为 Authorware 7.0 的创作环境界面，以下均以此版本为例加以说明。

1. Authorware 的特点

① 面向对象的创作：提供了直观的图标控制界面，利用对各种图标的逻辑结构布局，来实现整个应用系统的制作，从而取代了复杂的编程语言。

② 跨平台体系结构：无论是在 Windows 或 Macintosh 平台上，Authorware 提供了几乎完全相同的工作环境。

③ 灵活的交互方式：提供了最为灵活的、丰富多彩的人机交互方式。

④ 高效的多媒体集成环境：通过 Authorware 自身的多媒体管理机制，开发者可以充分地利用包括声音、文字、图像、动画、数字视频等在内的多种内容，来实现整个多媒体系统。

⑤ 标准的应用程序接口：Authorware 提供了相应的标准接口，使具有各专业编程知识的开发人员更加充分地发挥 Authorware 的潜在功能。

⑥ 脱离开发环境独立运行：Authorware 产品最终可完全脱离开发环境独立运行。

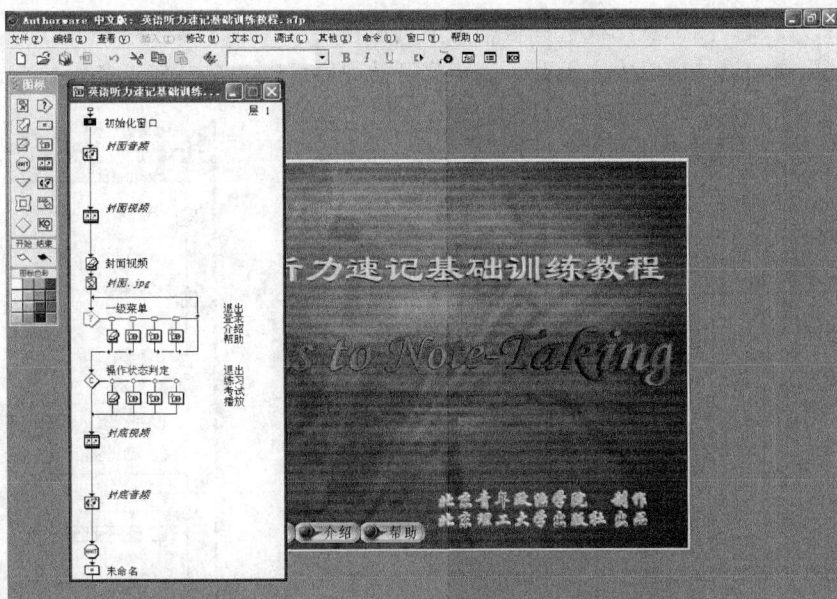

图 5.9　Authorware 7.0 的创作环境界面

2．Authorware 的图标及作用

Authorware 设计按钮工具箱中的设计按钮称为图标，共有 16 个，如图 5.10 所示。

① 显示图标：用于展示文本、图像，其显示效果可通过属性菜单变换效果来设定。

② 移动图标：可使对象在二维平面上以不同速度作不同方式的运动。

③ 擦除图标：可以用来擦除当前显示的任何图标，能够擦除的对象包括文本、图像、动画、运动等。

④ 等待图标：可以使文件暂停执行，等待用户单击鼠标、按任意键或单击"继续"按钮，或等待指定的一段时间后继续执行。

⑤ 导航图标：用来建立导航链和超文本链。

⑥ 框架图标：给出了一个简易建立导航的方法。

⑦ 判定图标：它决定着程序将向挂在判定图标下的哪个图标运行。

⑧ 交互图标：建立由一个交互图标和下挂在它上面的几个图标组成的交互结构。挂在一个交互图标下的图标叫响应图标，每个响应图标对应一个用户交互方式。交互响应类型有按钮、热区、热物体、目标区域、下拉菜单、条件判断、文本输入、按键交互、限定时间、限定次数等。

⑨ 计算图标：打开一个计算编辑窗口，在此窗口内可以输入计算表达式或注释。

⑩ 群组图标：表示着有一组或有相关的各种图标组合。可以将流程线上的连续的图标组合成一个群组图标。

⑪ 视频图标：将视频文件调入到 Authorware 文件中。

⑫ 声音图标：将各种声音集成到文件中。

⑬ DVD 图标：允许用户在多媒体应用系统中播放 DVD 片段。

⑭ 知识对象图标：用于创建自定义的知识对象。

⑮ 开始图标和结束图标。

3．Authorware 的设计窗口

Authorware 的设计窗口是用于绘制程序流程图的设计平台，如图 5.11 所示。在这里多媒体应

用设计人员可以将设计图标从图标选择板中拖放到流程线上，设计出各种逻辑结构。嵌套的逻辑结构处于不同层次的设计窗口中，因此，一个打开的程序可以拥有一个或多个设计窗口。

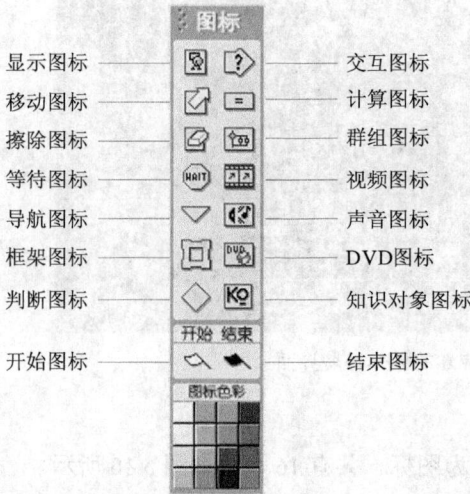

图 5.10　Authorware 7.0 的图标

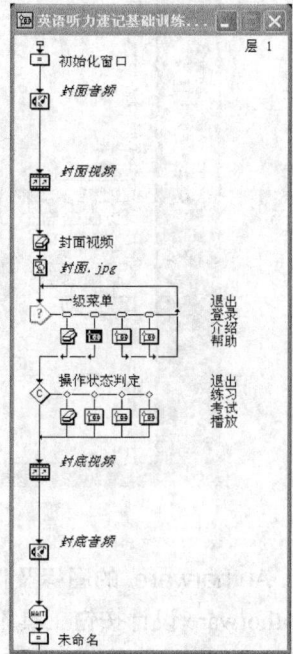

图 5.11　Authorware 7.0 的主设计窗口

5.3.3　Director 概述

Director 多媒体编辑软件是 Macromedia 公司的产品，是专业的多媒体和网页制作工具，能制作和整合多种媒体，制成高品质的互动式光盘。利用 Shockwave 技术，Director 可将作品通过电子商务在网上发布，这在商业应用上极为广泛。Director 的最新版本是 10.0，即 Director MX 2004。

在 Director MX 2004 中新增了多项功能，能够与 Macromedia MX 系列产品整合得天衣无缝。它采用了 Macromedia MX 系列流线型设计的用户接口，设计了全新的工作流程，可以大大提升开发效率。此外，这套产品可以在所开发的内容中增设协助功能，方便残障人士观赏以 Director 制作的互动影音多媒体作品。

Director MX 以时间线为编著基础，所有的素材就像是一个个准备出场的角色，按照时间的顺序逐一登台亮相。Director 的程序设计以"时间线"为主，动画是由各种媒体（角色）根据时间进展先后，按顺序排列的一系列元素组成。在编辑设计过程中，对关键帧进行控制，可以产生不同的动画和交互效果。另外，Director 提供了 Lingo 编程语言，可以对动画和交互进行更高级的设计。

Director MX 2004 的工作界面如图 5.12 所示。

1. Director MX 的基本功能

Director 以编导"Movie"（影片）的概念，来制作多媒体程序。所有开发程序的过程相当于对控制"角色"在"舞台"上进行表演的过程，"Director"（导演）软件的名称也由此产生。在"Movie"电影制作过程中，图像、文字、声音、动画、视频等媒体作为角色（Cast），在剧本（Score）中，安排每个角色出场的顺序，再加入特效、交互等功能，把它们包装成执行文件或网页的形式，完成媒体的整合制作。

图 5.12　Director MX 2004 的工作界面

由于 Director 的基本概念是由"电影"派生出来的，所以"帧"（Frame）在 Director 软件中有着重要的意义和作用。尽管"帧"在播放时稍纵即逝、流动不停，但正是对"关键帧"的控制，使得 Director 有了丰富活泼的动态特性。

Director MX 的主要功能如下。

① 从外部导入图像、声音和视频等多种媒体，编辑整合为电影片段、场景等。

② 创建动画、多媒体演示软件、游戏、广告等演示软件。

③ 与 Internet 紧密接轨，制作生产的 Shockwave 电影在网络中得到了很好的应用。

④ 与 Macromedia 公司的其他软件，如 Dreamweaver MX、Flash MX 等紧密结合。

2. Director MX 的常用术语

① 电影（Movie）：Director MX 中的文件。

② 舞台（Stage）：屏幕上的矩形显示区，精灵（角色）出现的地方。

③ 精灵（Sprite）：电影中的角色，它的动作由脚本（Script）的内容所制约。

④ 编排表（Score）：相当与"分镜头脚本"，通过它编排各个角色在舞台上的出场顺序、出场方式、动作等。

⑤ 行为（Behavior）：赋予"精灵"表演的动作。

⑥ Lingo 语言：它是 Director 软件中面向对象的编程语言，可以对"精灵"赋予更复杂的动作或某种特殊效果。

5.4　多媒体软件编程技术

5.4.1　媒体控制接口（MCI）

媒体控制接口（Media Control Interface，MCI）在控制像音频、视频外围设备这样的设备方面，提供了与设备无关的应用程序。用户的应用程序可以使用 MCI 控制标准的多媒体设备，如音频播放设备、音频记录设备和动画播放设备，也可以控制像影碟机这样的可选设备。由于 MCI 的设备无关性，系统升级十分方便，使用它开发应用系统无须了解每种多媒体产品的细节，从而大大提高了应用系统的开发效率。

为提供可扩展性，MCI 是围绕着应用特殊 MCI 设备驱动程序来编译和执行 MCI 命令的结构进行设计的。

MCI 设备驱动器可以直接或通过 Windows 提供的低级多媒体函数控制媒体硬件，最常用的设备（例如：波形音频和乐器数字接口（MIDI）设备）是通过低级多媒体函数进行控制的。

1. MCI 编程接口

MCI 提供了两种编程接口，命令字符串和命令消息。

（1）命令—字符串接口。允许用户使用英语命令与 MCI 设备通信。例如，下面的命令字符串播放名字为 TIMPANI.WAV 的波形文件：

```
Play timpani.wav
```

命令—字符串接口是可以与 Microsoft Visual Basic 编程环境一起使用的接口。提供基于文本接口的应用程序使用命令—字符串接口，让用户来控制 MCI 设备。

（2）命令—消息接口。应用信息传递方式与 MCI 设备进行通信，下面的例子执行的操作与前面命令—字符串所执行的操作相同。

```
WORD wDeviceID;
MCI_PLAY_PARMS mciPlayParms;
MciSendCommand(wDeviceID, MCI_PLAY, 0,（DWORD）(LPVOID)&mciPlayParms);
```

命令—消息接口是为需要 C 语言接口以控制多媒体设备的应用程序而设计的。直接控制多媒体设备的应用程序使用命令—字符串。

2. MCI 命令集

MCI 命令集提供了原始命令核心集来控制不同类型的媒体设备。例如，MCI 用相同的命令开始波形音频文件、视频文件和动画的重放。有些设备具有独特的功能，如动画播放可使用基于帧的时间格式，像这样的设备，MCI 提供了扩展的命令，这些命令只用于某一类型的设备。

命令—字符串接口中的命令描述了 MCI 命令集，每一条命令在命令—消息接口中都有对应的命令消息。例如，close 命令字符串等同于 MCI_CLOSE 命令消息。

MCI 命令可分成 4 类：系统命令、需求命令、基本命令和扩展命令，常用的 MCI 命令见表5.1。

表 5.1　　　　　　　　　　　常用的 MCI 命令

命 令	描 述
Capality	请求某一设备能力的信息
Close	关闭用过的设备
Info	请求某一设备的信息（例如：与该设备相关的硬件描述）
Open	打开并初始化某一设备
Pause	暂停止在播放和记录的设备
Play	开始设备播放
Record	开始设备记录

续表

命　　令	描　　　述
Resume	恢复暂停播放和记录设备
Seek	改变媒体的当前位置
Set	改变控制设置，比如，设备正在使用的时间格式
Status	请求设备状态的信息（例如：设备是正在播放还是处于暂停状态）
Stop	停止设备的播放或记录

MCI 命令由一字符串组成，语法如下：

```
Command device_name arguments
```

其中，Command：MCI 所使用的命令；device_name：指设备类型、文件名称或别名； arguments：指令所带的参数列表。

3. 关于 MCI 设备

MCI 设备驱动程序可以按简单和复合设备进行分类。简单设备重放时不需要数据文件。视盘机和激光唱盘机（CD）都是简单设备。复合设备重放时需要数据文件。MIDI 序列和波形音频播放机都是复合设备。与复合设备相关的数据文件叫设备元素，MIDI 文件和波形文件都是设备元素的例子。

4. 标准 MCI 设备类型

设备类型标识响应一组共用命令集的一类 MCI 设备。典型的 MCI 设备类型见表 5.2。

表 5.2　　　　　　　　　　　典型的 MCI 设备类型

设 备 类 型	描　　　述
Animation	动画设备
Cdaudio	CD 音频播放机
Dat	数字音频磁带机
Digitalvideo	在某一窗口中的数字视频（不基于图形设备接口）
Other	未定义的 MCI 设备
Overlay	重叠设备（某一窗口中的模拟视频）
Sacnner	图像扫描器
Sequencer	MIDI 序列器
Videodisc	视盘机
Waveaudio	播放数字化波形文件的音频设备

5. 设备名

对于某一给定的设备类型，可能有几种 MCI 驱动程序共享命令集，但使用不同的数据格式。例如，动画设备就有几种驱动程序使用同一命令集，但使用不同的文件格式，要单独标识 MCI 驱动程序，MCI 使用设备名。

设备名是在注册中的［mci］部分标出的，这一部分标明了所有 Windows MCI 设备驱动程序，下面是典型的［mci］部分的一部分。

```
[mci]
waveaudio=mciwave.drv
sequencer=mciseq.drv
```

```
MMMovie=mcimmp.drv
Cdaudio=mcicda.drv
```

键名（在等号左边）是设备名，与键名相对的值（在等号的右边）标识 MCI 驱动程序的文件名，设备名通常与该驱动程序中的设备类型名相同，这与前面例子中的播放数字化波形文件的音频设备、MIDI 序列器、视盘机等设备的情况是一样的。MMMovie 设备是一个动画设备，它使用了一个独特的设备名。

如果用一个已经在 ［mci］部分中存在的设备名安装 MCI 设备驱动程序，Windows 就给新驱动程序的设备名加上一个整数，以产生一个独特的设备名。在前面的例子中，用 cdaudio 设备名安装的驱动程序其设备名为 cdaudio1，而以后的 cdaudio 设备名应为 cdaudio 2。

6. 打开 MCI 设备

在使用 MCI 设备以前，用户必须打开该设备将其初始化，打开设备就将它的驱动程序装入了内存（如果该程序还没有装入），并且建立一个设备标识符用来指定在后续命令中的设备（命令字符串接口不使用该设备的标识符）。以下方法可以指定用户要打开的设备。

- 对于简单设备，用户只需指定设备名将其打开。
- 对于复合设备，用户只需指定设备名、设备元素或两者同时指定来打开这个设备。

例如，下列命令字符串用指定设备名的方法打开一个 CD 音频设备（简单设备）。

```
Open cdaudio
```

下面的命令字符串用指定设备名和设备元素的方法打开一个波形音频复合设备。

```
Open bell.wav type waveaudio
```

也可以像下面给出的例子那样只指定设备的元素来打开一个复合设备。

```
Open bells.wav
```

打开一个复合设备时，如果只指定设备元素，则 MCI 用设备元素文件的扩展名确定要打开哪一个设备。注册中包含一个与文件扩展名和相应的 MCI 设备类型相关的 [mci extensions] 部分。下面是[mci extensions]部分的一部分。

```
[mci extensions]
wav=wavaudio
mid=sequencer
rmi=sequencer
```

5.4.2 多媒体控件

多媒体控件本身与开发平台无关，具有可共享、可重复使用的特点。多媒体控件的出现大大地丰富和增强了使用高级语言进行多媒体编程功能，提高了编程的效率，缩短了程序开发的时间。下面介绍几种常用的多媒体控件，具体的使用方法可参见附录 A。

1. Multimedia MCI 控件

MCI 控件是 VB 专业版中提供的一个控制对象，可用于管理媒体控制接口（MCI）设备的录制和播放，是 VB 中最简单最方便的控制多媒体对象的方法。控件表现为一组执行 MCI 命令的按钮，如图 5.13 所示。

2. ActiveMovie 控件

ActiveMovie 控件是 Microsoft 公司推出的用

图 5.13   MCI 控件

于多媒体程序设计的控件，它提供了非常完善的音频和视频媒体文件的回放功能，它可以播放

Wave、Midi、Avi、MPEG、QuickTime Movie 等格式文件，甚至还可以用它来看电影光盘。该控件能根据文件后缀自动判别设备类型，并完成相应的控制。事实上，很多优秀的多媒体应用程序，其内部的多媒体回放就是利用 ActiveMovie 控件来实现。在 Windows 操作系统中，ActiveMovie 控件已作为操作系统的一部分来提供，即使用户系统中没有安装 ActiveMovie 控件，Microsoft 的许可协议也允许在应用程序的发行包中发布 ActiveMovie 的运行文件。

3. ShokewaveFlash 控件

Flash 是一种矢量格式的动画文件，可以包含动画、声音、超文本链接，而文件的体积却很小，目前是互联网上最流行的一种动画形式。浏览器（如 IE）之所以能显示 Flash 是安装了由 Macromedia 公司提供的 ShokewaveFlash 控件（swflash.ocx），由于 ActiveX 控件在 Windows 里是通用的，因此使用此控件，就可以很方便地用 VB 或 VC 等开发工具在自己的应用程序中播放 Flash 动画。

5.4.3　多媒体软件开发工具包

多媒体控件为普通多媒体应用程序的开发提供了简单快捷的渠道，然而大多数多媒体控件的功能非常有限，通常只是提供了对某些媒体的播放和控制手段，而对于功能比较复杂的多媒体应用程序（例如视频监控、字幕探测、语音识别等）则远远不够，这时通常需要各类多媒体软件开发工具包的支持。软件开发工具包（Software Development Kit，SDK）是辅助开发某一类软件的相关文档、范例和工具的集合，通过使用多媒体软件开发工具包中提供的各种接口和工具，开发人员可以无须了解复杂的技术内幕（如视频压缩技术原理、文字识别技术、语音识别技术等），而方便有效地开发多媒体应用程序。下面介绍两种比较典型的多媒体软件开发工具包。

1. DirectShow

DirectShow 是 Microsoft 公司在 ActiveMovie 和 Video for Windows 的基础上推出的新一代基于 COM 的流媒体处理的开发包，与 DirectX 开发包一起发布。DirectShow 技术是建立在 DirectDraw 和 DirectSound 组件基础上的，它通过 DirectDraw 对显卡进行控制以显示视频，通过 DirectSound 对声卡进行控制以播放声音。DirectShow 可提供高质量的多媒体流的捕获和回放功能；支持多种媒体格式，包括 ASF（Advanced Systems Format）、MPEG（Motion Picture Experts Group）、AVI（Audio-Video Interleaved）、MP3（MPEG Audio Layer-3）和 WAV 声音文件；可以从硬件上捕获媒体数据流；可以自动检测并使用视频和音频加速硬件。

DirectShow 的目的就是使多媒体数据传输、硬件兼容、流同步等底层处理相对于多媒体软件开发者来说是透明的，开发者无须关心底层细节就可创建 Windows 平台上的多媒体应用程序。

DirectShow 将多媒体数据的处理看成一条流水线，该流水线含有多道工序，每道工序由一种称为滤波器（Filter）的组件来完成，每个滤波器完成特定的功能。滤波器按照功能大致可以分为 3 类：源过滤器（Source Filters）、变换过滤器（Transform Filters）和提交过滤器（Renderer Filters），其中源过滤器负责从数据源获取数据，包括本地文件、Internet、采集卡、数据摄像机等。变换过滤器负责从源过滤器获得数据，并负责对数据进行处理和传输。提交过滤器则负责数据的最终去向，它可以将数据传给声卡、显卡进行多媒体演示，也可以传输到文件中保存。

另外，DirectShow 还提供了一个高层组件过滤器图表管理器（Filter Graph Manager），它负责将这些既分工又合作的过滤器装配成一条流水线，具体包括监管过滤器的连接、控制过滤器中的数据流、传递事件通知应用程序等。

这样，多媒体应用程序与过滤器图表管理器交互，过滤器图表管理器与过滤器交互。通过细分多媒体数据处理的各个阶段，各道工序可以用最高效的实现方式来实现。而通过定义过滤器之间合作的规范，即它们之间的接口，不同处理阶段的不同过滤器之间的组合更具有灵活性。因此，DirectShow 可以充分发挥媒体的性能，提高运行速度，可以简化媒体播放、媒体间的格式转换、媒体捕获等工作。同时，过滤器是基于组件设计的，经注册后成为操作系统的一部分，能够与操作系统完善结合，这也是 DirectShow 架构的优越性所在。

但是，由于多媒体应用的巨大差异性，DirectShow 架构提供的过滤器对某个具体的应用来说不一定是最优的，也不一定是现有的。为解决这个问题，Microsoft 公司将 DirectShow 设计成一种开放的架构，开发者可以按照预先制定的 Filter 规范编制用于特定场合的过滤器，并将其加入 DirectShow 结构中以支持新的格式或特殊的效果，这样就使 DirectShow 成为了一种易于扩展的多媒体应用程序架构。

应用程序与 DirectShow 组件以及 DirectShow 所支持的软硬件之间的关系如图 5.14 所示。

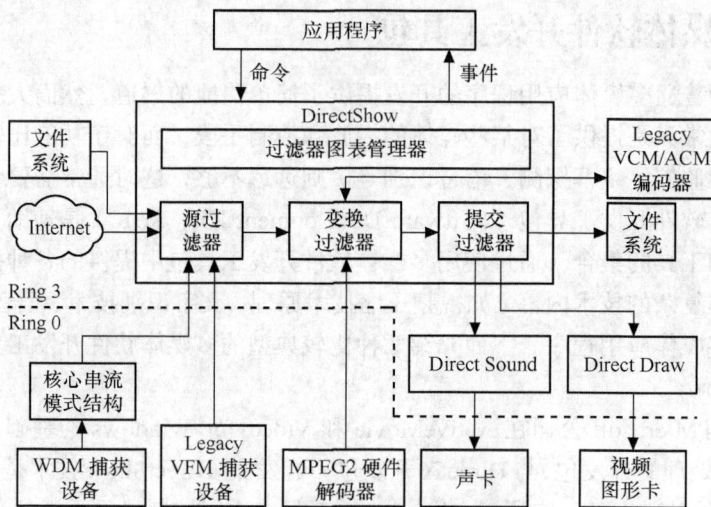

图 5.14　DirectShow 系统框图

DirectShow 是建立在 COM 组件技术基础上的，所以开发 DirectShow 程序必须要掌握 COM 组件技术。DirectShow 与 COM 紧密相连，它所有的部件和功能都由 COM 接口来构造和实现，其开发方式相当灵活，没有固定的模式，通常随不同的需要使用不同的 COM 接口。但是其中几个重要的接口确实经常需要用到的：IGraphBuilder 接口，这是最为重用的 COM 接口，用来创建 Filter Graph Manager；IMediaControl 接口，用来控制流媒体在滤波器图表（Filter Graph）中的流动，例如流媒体的启动和停止；IMediaEvent 接口，该接口在 Filter Graph 发生一些事件时用来创建事件的标志信息并传送给应用程序。

2. Microsoft Speech SDK

采用语音与计算机进行交互操作是未来人—机界面设计的一个发展方向。这里的语音技术包括两项内容：语音识别（Speech Recognition，SR）与语音合成（Speech Synthesis，SS，即 TTS）。语音识别用于告诉计算机我想让它做什么，而语音合成用于使计算机告诉我们它想让我们知道什么。利用这两项技术即可以完成人—机交互。但是由于这两项技术很复杂，一般的程序员很难自己开发。为此 Microsoft 公司推出了 Microsoft Speech SDK 开发工具，提供关于语音处理的一套应用程序编程接口（Speech Application Programming Interface，SAPI）。SAPI 提供了实现文字—语音转换（Text-to-Speech）和语音识别（Speech Recognition）程序的基本函数，大大简化了语音编程的难度，降低了语音编程的工作量。

目前 5.1 版本的 SDK 一共可以支持 3 种语言的识别（英语、汉语和日语）以及 2 种语言的合成（英语和汉语）。其中还包括对于低层控制和高度适应性的直接语音管理、训练向导、事件、语法编译、资源、语音识别（SR）管理以及 TTS 管理等强大的设计接口。它采用 COM 标准开发，底层协议都以 COM 组件的形式完全独立于应用程序层，为应用程序设计人员屏蔽掉复杂的语音技术，充分体现了 COM 的优点，即语音相关的一系列工作由 COM 组件来完成：语音识别由识别引擎（Recognition Engine）管理，语音合成由语音合成引擎（Synthesis Engine）负责。程序员只需专注于自己的应用，调用相关的语音应用程序接口（SAPI）来实现语音功能。

5.5　小　　结

多媒体系统是指能对文本、图形、图像、音频、动画和视频等多媒体信息，进行逻辑互连、获取、编辑、存储和播放等功能的一个计算机系统。其中多媒体软件是多媒体系统的灵魂，它能灵活地调度和使用多种媒体信息，使之与硬件协调地工作。本章在阐述了多媒体软件层次结构的基础上，重点介绍了多媒体软件中的媒体编辑与处理软件和著作工具，并简单分析了一般多媒体应用的设计过程。其他多媒体软件将在后续章节中讨论，如超媒体系统、多媒体数据库系统、多媒体会议系统和视频点播系统等。

习题与思考题

1. 试述多媒体软件的层次结构。
2. 文本数据的输入方式有哪些？它们各自的特点是什么？
3. 获得图像素材有哪些途径？
4. 有哪几种动画制作方法？它们各自的特点是什么？
5. 多媒体创作模式有哪些？各自的特点是什么？
6. 什么是多媒体著作工具？为什么要使用多媒体著作工具？
7. 媒体控制接口的作用是什么？
8. 与 MCI 有关的多媒体高级函数有哪些？试述它们的功能。
9. 试用 DirectShow 建立一个视频捕捉程序。

第6章
网络多媒体技术

　　网络技术的发展，使基于网络的多媒体技术和应用得到了迅速发展，多媒体应用也扩展到了网络多媒体应用。网络多媒体应用系统中传输的是多媒体信息，它对网络基础设施提出了较高的要求。本章在分析网络多媒体应用对通信的需求、多媒体通信服务质量及管理技术的基础上，介绍超媒体技术、流媒体技术、无线多媒体技术以及适合多媒体通信的网络协议。

6.1　多媒体网络

　　目前，各种类型的计算机网络已经相当普及，大量的计算机和工作站都连接在网络上（包括局域网和远程网），因此在现有的网络基础上发展多媒体网络具有极大的市场，在此基础上可以建立多种多样的网络多媒体应用。

6.1.1　多媒体网络的通信需求

　　网络多媒体应用系统中传输的是多媒体信息。多媒体信息的数据量巨大，特别是连续媒体信息源产生的大量实时数据，即使经过压缩编码，压缩后的数据量仍很可观。因此，多媒体信息的传输对网络基础设施（主要是指网络硬件环境）提出了较高的要求，如高带宽、低延迟、支持 QoS 以及资源动态分配等。

1. 多媒体数据流的基本特征

　　（1）比特率可变性

　　多媒体传输按其特点可以分为恒定比特率和可变比特率两种类型。在恒定比特率（CBR）传输中，多媒体信息源以恒定速率产生输出，网络必须按恒定比特率来传输这些数据流。例如像 CD-ROM 之类的应用将以 CBR 方式产生数据流。而在可变比特率（VBR）传输中，多媒体信息源以可变速率产生输出，在不同的时间周期内产生数目不等的数据，网络的传输速率也要随时间的变化而变化，这种传输通常以猝发和跳变的形式出现。VBR 传输对多媒体通信技术提出了新的要求。

　　（2）时间依赖性

　　连续媒体的传输必须是实时的，端到端的等待时间应当控制在一个很短的时间段内。例如，在视频会议系统中，为了保持会议的视听效果，延迟应控制在 250ms 内。而对于诸如多媒体电子邮件的应用，并不要求实时传输信息。

　　（3）信道对称性

　　在端到端的传输系统中，传输信道是双向的，分为上行信道和下行信道。上行信道是指源端到目的端的通信通道，下行信道是指目的端到源端的通信通道。根据多媒体应用类型的不同，上行信道和下行信道的通信量可能是对称的，也可能是不对称的。例如，在视频点播应用中，下行信道用来传输视频流，而上行信道用来传输少量的控制信息，下行信道的通信量远大于上行信道的通信量。在对等式视频会议系统中，由于每个与会者都参与会议讨论，所产生的数据流通常是对称的。

2. 多媒体通信的性能需求

多媒体通信对网络环境要求较高，这些要求必然涉及一些关键性的网络性能参数，它们是网络的传输速率、吞吐量、差错率及传输延迟等。在这些性能参数中，除了传输速率对多媒体信息传输产生重要影响外，其他参数对评价网络当前运行状况和多媒体通信质量也很重要。

（1）吞吐量需求

网络吞吐量（Throughput）是指有效的网络带宽，通常定义成物理链路的传输速率减去各种传输开销，如物理传输开销以及网络冲突、瓶颈、拥塞、差错等开销，它反映了网络的最大极限容量，测量内容与具体的对象相关。例如，在网络层，吞吐量可表示成单位时间内接收、处理和通过网络的分组数或比特数。它是一种静态参数，反映了网络负载的情况。在许多情况下，人们习惯将额外开销忽略不计，直接把网络传输速率当作吞吐量。实际上，吞吐量要小于传输速率。

无论是局域网还是广域网，网络的吞吐能力一般都是随时间变化而变化的。有时因发生网络故障（节点故障或线路故障）或者出现峰涌的数据流而造成网络拥塞，使网络的吞吐能力发生急剧变化。影响网络吞吐量的因素主要有：网络故障、网络拥塞、瓶颈、缓冲区容量、流量控制等。

多媒体通信的吞吐量需求与网络传输速率、接收端缓冲容量以及数据流量有关。它要满足高传输带宽需求、大缓冲容量需求和流量需求。

（2）可靠性需求

差错率（Error Rate）是一种重要的性能指标，它反映了网络传输的可靠性。差错率可以用以下 3 种方法定义。

① 位差错率（BER）：它定义为出错的位数与所传输的总位数之比。

② 帧差错率（FER）：它定义为出错的帧数与所传输的总帧数之比。

③ 分组差错率（PER）：它定义为出错的分组数与所传输的总分组数之比。

它们分别用于在不同的网络协议层次上计算差错率。例如，在分组交换网中，其传输单位是分组，通常使用 PER 计算差错率；ATM 网络上的传输单位是信元（Cell），可以使用 FER 计算差错率；而物理传输网（如 SONET）以位为传输单位，故使用 BER 计算差错率。光纤传输网的 BER 范围一般为 $10^{-9} \sim 10^{-12}$，卫星传输网的 BER 为 10^{-7}。网络差错主要是由位出错和分组丢失及乱序等原因引起的。

由于受到人类感知能力的限制，人的视觉和听觉很难分辨和感觉图像或声音本身微小的差异。因此，多媒体应用有别于其他的应用，它允许网络传输中存在一定程度的错误。但是，要想精确地表示多媒体网络的可靠性需求是很困难的。通常，由于人类的听觉比视觉更敏感，容忍错误的程度要相对低一些。例如，在冗长的视频流中，个别数据分组的出错是很难被人的视觉察觉出来的。但在音频流中，如果出现相同数量的出错分组，则可能被人的听觉察觉出来。因此，音频比视频的可靠性需求要高一些。这一要求在多媒体应用系统中须引起注意。

在很多情况下，可靠性需求是和端到端的等待时间相冲突的。因为要保证传输可靠性，必须在端到端采取差错控制措施，对于出错的分组，通常采用重新传输的方法来纠正，这样势必会增加延迟。对于实时视频和音频流传输来说，延迟比差错率的影响更大。因此，在很多应用场合中，一般按所接收数据流的现状进行视频或音频的演示，而将传输错误忽略不计。

部分媒体的可接受差错率见表 6.1。

表 6.1 部分媒体的可接受差错率

	语 音	图 像	视 频	压缩视频	数 值
BER	$<10^{-1}$	$<10^{-4}$	$<10^{-2}$	$<10^{-6}$	0
PER	$<10^{-1}$	$<10^{-9}$	$<10^{-3}$	$<10^{-9}$	0

（3）延迟需求

延迟（Delay）是衡量网络性能的重要参数，它可采用多种方式来表示。这里主要是从端到端延迟的角度来讨论延迟问题。端到端延迟是指发送端发送一个分组到接收端正确地接收到该分组所经历的时间。端到端延迟包含了下列延迟时间。

● 传播延迟：表示端到端之间传输一个二进制位所需要的时间。这是一个受光速限制的物理参数，且是一个常数，为 200m/μs，它仅仅与所经过的传输距离有关。

● 传输延迟：表示端到端之间传输一个数据块（如分组）所需要的时间，该参数与网络传输速率和中间节点处理延迟有关。

● 网络延迟：表示传播延迟与传输延迟之和。

● 接口延迟：表示发送端从开始准备发送数据块到实际利用网络发送所需要的时间。

与延迟有关的另一个性能参数是延迟抖动（Delay Jitter）。在以分组方式传输一个很大文件或数据流时，各个分组到达接收端的延迟时间是不相同的。所谓延迟抖动是指在一条连接上分组延迟的最大变化量，即端到端延迟的最大值与最小值之差。在理想情况下，端到端延迟为一个恒定值（零抖动）。然而，延迟抖动总是不可避免的。对于连续媒体流的传输来说，应将延迟抖动限制在一定的范围内。这样有利于改善所接收的音频流和视频流的质量。

网络延迟可分成固有延迟和随机延迟。固有延迟与传播延迟和链路比特率的高低有关，而随机延迟则由网络故障、传输错误以及网络拥塞等引起，一般是不可预测的。

对于网络来说，最理想的情况是端到端延迟为一个恒定值（零抖动）。这样便于事先分配缓冲区资源，也有利于改善所接收音频流和视频流的质量。然而，延迟抖动总是不可避免的。在接收端设置足够的缓冲区容量可以缓和延迟和延迟抖动的问题。对于一个冗长的视频流，如果接收端在回放之前进行充分的缓冲，则可以大大减小延迟抖动。

在多媒体会议之类的应用中，多媒体信息流中包含有音频流和视频流，并且它们之间存在着对应的时间关系（如一个画面及其解说词等），即流内和流间的同步关系。在理想情况下，要求网络以最小的延迟来传输这些音频流和视频流，并且能够同时到达，这样接收端就能在相应的演示设备上同步地播放。要达到这一目标，网络必须将延迟和延迟抖动限制在一个很小的范围内。否则，将会在接收端产生同步失调现象，从而对多媒体信息的演播质量产生不利的影响。在这种情况下，必须采用同步控制技术来实施强制同步，以维持多媒体流内和流间的同步关系。

（4）多点通信需求

多媒体通信涉及音频和视频数据，在网络多媒体应用中有广播（Broadcast）和多播（Multicast）信息。因此，除常规的点对点通信外，多媒体通信需要支持多播通信方式。

广播通信是把相同数据传送到其他所有站点；而多播通信又称组播，其传送方式是把相同的数据传送到其他相关站点。多播信息传递用的是组地址，组地址是网络上与多个站点相关的多目的地址。

（5）同步需求

多媒体通信的同步有两种类型：流内同步和流间同步。流内同步是保持单个媒体流内部的时间关系，即按照一定的延迟和抖动约束来传送媒体分组流，以满足感官上的需要。流内同步与传输延迟抖动等服务质量有关，如果不能满足流内同步，音频会出现断续现象，视频会变得不连续。流间同步是不同媒体间的同步，当音频和视频以及其他数据流经不同的路径或从不同的信源传送过来时，为了达到媒体表现的同步，需要在目的地对这些媒体流进行同步。流间同步和具体应用有关，是一种端到端的服务。

6.1.2　多媒体网络的服务质量

服务质量（Quality of Service，QoS）是一种抽象概念，用于说明网络服务的"好坏"程度。在开放系统互连（OSI）参考模型中，有一组 QoS 参数，描述传送速率、可靠性等特性。但这些参数大多作用于较低协议层，某些 QoS 参数是为传送与时间无关的数据而设置的，因此多媒体通信网络需要定义合适的 QoS。

由于不同的应用对网络性能的要求不同，对网络所提供的服务质量期望值也不同。这种期望值可以用一种统一的 QoS 概念来描述。从支持 QoS 的角度，多媒体网络系统必须提供 QoS 参数定义和相应的管理机制。

1．QoS 参数

QoS 是多媒体网络为了达到应用要求的能力所需要的一组定量的和定性的特性，它用一组参数表示，典型的有吞吐量、延迟、延迟抖动、可靠性等。QoS 参数由参数本身和参数值组成，参数作为类型变量，可以在一个给定范围内取值。例如，可以使用上述的网络性能参数来定义 QoS，即

$$QoS = \{吞吐量，差错率，端到端延迟，延迟抖动\}$$

由于不同的应用对网络性能的要求不同，因此对网络所提供的服务质量期望值也不同。用户的这种期望值可以用一种统一的 QoS 概念来描述。在不同的多媒体应用系统中，QoS 参数集的定义方法可能是不同的，某些参数相互之间可能又有关系。QoS 参数的 5 种分类方法见表 6.2。

对连续媒体传输来说，端到端延迟和延迟抖动是两个关键的参数。多媒体应用，特别是交互式多媒体应用对延迟有严格限制，不能超过人所能容忍的限度；否则，将会严重地影响服务质量。同样，延迟抖动也必须维持在严格的界限内，否则将会严重地影响人对语音和图像信息的识别。表 6.3 为几种多媒体对象所需的 QoS 参数。

表 6.2　　　　　　　　　　　　　QoS 参数的 5 种分类方法

分 类 方 法	举 例 参 数
按性能分	端到端延迟、比特率等
按格式分	视频分辨率、帧率、存储格式、压缩方法等
按同步分	音频和视频序列起始点之间的时滞
从费用角度分	连接和数据传输的费用和版权费
从用户可接受性分	主观视觉和听觉质量

表 6.3　　　　　　　　　　　　几种多媒体对象所需的 QoS 参数

多媒体对象	最大延迟/ms	最大延迟抖动/ms	平均吞吐量/（Mbit/s）	可接受的比特差错率
语音	0.25	10	0.064	$<10^{-1}$
视频（TV 质量）	0.25	10	100	10^{-2}
压缩视频	0.25	1	$2 \sim 10$	10^{-6}

续表

多媒体对象	最大延迟/ms	最大延迟抖动/ms	平均吞吐量/（Mbit/s）	可接受的比特差错率
数据（文件传送）	1	—	1～100	0
实时数据	0.001～1	—	<10	0
图像	1	—	2～10	10^{-9}

从支持 QoS 的角度，多媒体网络系统必须提供 QoS 参数定义方法和相应的 QoS 管理机制。用户根据应用需要使用 QoS 参数定义其 QoS 需求，系统要根据可用资源（如 CPU、缓冲区、I/O 带宽以及网络带宽等）容量来确定是否能满足应用的 QoS 需求。经过双方协商最终达成一致的 QoS 参数值应该在数据传输过程中得到基本保证，或者在不能履行所承诺的 QoS 时应能提供必要的指示信息。因此，QoS 参数与其他系统参数的区别就在于它需要在分布系统各部件之间协商，以达成一致的 QoS 级别，而一般的系统参数不需要这样做。

2. QoS 的参数体系

在一个多媒体网络系统中，通常采用层次化的 QoS 参数体系结构来定义 QoS 参数，如图 6.1 所示。在 QoS 参数体系结构中，通信双方的对等层之间表现为一种对等协商关系，双方按所承诺的 QoS 参数提供相应的服务。同一端的不同层之间表现为一种映射关系，应用的 QoS 需求应当自顶向下地映射到各层相对应的 QoS 参数集，各层协议按其 QoS 参数提供相对应的服务，共同完成对应用的 QoS 承诺。

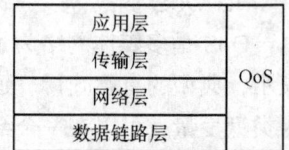

图 6.1　QoS 参数体系结构

在不同的应用系统中，QoS 参数集的定义方法是不同的，经常使用吞吐量、差错率、端到端延迟、延迟抖动等网络性能参数来定义 QoS。对连续媒体传输来说，端到端延迟和延迟抖动是两个关键的性能参数。

（1）应用层

应用层 QoS 参数是面向端用户的，应当采用直观、形象的表达方式来描述不同的 QoS，供端用户选择。例如，通过播放不同演示质量的音频或视频片断作为可选择的 QoS 参数，或者将音频或视频的传输速率分成若干等级，每个等级代表不同的 QoS 参数，并通过可视化方式提供给用户选择。

（2）传输层

传输层协议主要提供端到端的、面向连接的数据传输服务。通常，这种面向连接的服务能够保证数据传输的正确性和顺序性，但以较大的网络带宽和延迟开销为代价。传输层 QoS 必须由支持 QoS 的传输层协议提供可选择和定义的 QoS 参数。传输层 QoS 参数主要有：吞吐量、端到端延迟、端到端延迟抖动、分组差错率、传输优先级等。

（3）网络层

网络层协议主要提供路由选择和数据报转发服务。通常，这种服务是无连接的，通过中间点（路由器）的“存储—转发”机制来实现。在数据报转发过程中，路由器将会产生延迟（如排队等待转发）、延迟抖动（选择不同的路由）、分组丢失及差错等。网络层 QoS 同样也要由支持 QoS 的网络层协议提供可选择和定义的 QoS 参数，如吞吐量、延迟、延迟抖动、分组丢失率、差错率等。

网络层协议主要是 IP，其中 IPv6 可以通过报头中优先级和流标识字段支持 QoS。一些连接型网络层协议，如 RSVP 和 ST II 等可以较好地支持 QoS，其 QoS 参数通过保证服务（GS）和被控负载服务（CLS）两个 QoS 类来定义。它们都要求路由器也必须具有相应的支持能力，为所承诺的 QoS 保留资源（如带宽、缓冲区等）。

（4）数据链路层

数据链路层协议主要实现对物理介质的访问控制功能，与网络类型密切相关，并不是所有网络都支持 QoS，即使支持 QoS 的网络其支持程度也不尽相同。各种以太网都不支持 QoS，Token-Ring、FDDI 和 100VG-AnyLAN 等是通过介质访问优先级定义 QoS 参数的。ATM 网络能够较充分地支持 QoS，它是一种面向连接的网络，在建立虚连接时可以使用一组 QoS 参数来定义 QoS。主要的 QoS 参数有峰值信元速率、最小信元速率、信元丢失率、信元传输延迟、信元延迟变化范围等。

在 QoS 参数体系结构中，通信双方的对等层之间表现为一种对等协商关系，双方按所承诺的 QoS 参数提供相应的服务。同一端的不同层之间表现为一种映射关系，应用的 QoS 需求自顶向下地映射到各层相对应的 QoS 参数集，各层协议按其 QoS 参数提供相对应的服务，共同完成对应的 QoS 承诺。

3. QoS 的管理

在多媒体网络系统中，端用户和网络之间必须经过协商最终达成一致的 QoS。在数据传输过程中，网络应当按所承诺的 QoS 提供相应的服务。由于网络负载是动态变化的，可能会引起 QoS 的波动。网络是否能够履行所承诺的 QoS 主要取决于 QoS 类型。QoS 服务总体上可分成以下 3 类。

① 确定型（Deterministic）QoS。在数据传输过程中，网络提供"硬"的 QoS 保证，即对所承诺的 QoS 必须严格保证，否则可能会造成严重的后果。这类服务一般用于硬实时应用。

② 统计型（Statistical）QoS。在数据传输过程中，网络提供"软"的 QoS 保证，即对所承诺的 QoS 允许一定范围内的波动，并且不会造成不良的后果。这类服务一般用于软实时应用。

③ 尽力型（Best-Effort）QoS。尽力型 QoS 也称最佳效果传输，网络不提供任何 QoS 保证，网络性能将随着负载的增加而明显下降。由于受到带宽的限制，现有 Internet 上的分布式多媒体应用大多提供这类服务。

为了保证端到端的 QoS，在媒体流传输路径上的各个中间点（路由器）都必须支持和保证所承诺的 QoS，并且按确定型、统计型及尽力型 QoS 的优先级次序为相应的媒体流分配和保留资源。目前，主要采用为特定媒体流保留资源（如带宽、缓存及排队时间等）的资源分配策略来保证其 QoS。

为了实现不同厂商设备之间互通，QoS 参数的定义必须标准化。为此，有关国际组织制定了一系列相关的协议，如 IEEE 802.1p、资源保留协议（RSVP）、区分服务（DiffServ）以及 ATM 等。它们从不同的网络协议层次提供了 QoS 定义、分类和保证机制，为 QoS 的有效管理奠定了基础。

802.1p 是 IEEE 802.1 标准系列中的子标准，它定义了在虚拟局域网（VLAN）中数据流优先级标记和动态多播（Multicast）过滤服务。与之相关的协议标准有 IEEE 802.1Q（有关 VLAN 协议标准）和 802.1D（第二层交换和桥接协议）标准，它们构成了 LAN 交换机的技术基础和协议标准。802.1p 作为 802.1Q 标准的一部分，它使用的标记格式与 802.1Q 所规定的基本相同，但增加了 3 个附加的优先级标记位，用于设置数据分组的优先级，以实现服务级别（Class of Service，CoS）控制。在 802.1p 协议支持下，端系统可以通过定义不同的优先级标记值对数据流进行分类，交换机或路由器可以通过在被转发的帧中插入优先级标记值定义一种 CoS 控制和管理机制。当然，在概念和内涵上，QoS 和 CoS 是有区别的，QoS 是一种带宽保证要求，CoS 则是优先使用带宽要求。因此它们在控制机制和实现策略上存在一定的差异。

Internet 工程任务组（Internet Engineering Task Force，IETF）提出了两种 QoS 保证机制，一是由 RSVP 提供的保证型服务；二是在区分服务（DiffServ，DS）中定义的区分型服务。由于保证型服务具有面向连接的特性，并通过 QoS 协商、接纳控制、保留带宽、实时调度等机制来实现。区分型服务具有无连接的特性，主要通过缓冲管理和优先级调度机制来实现，而无须进行 QoS 协商和保留带宽等控制。随着网络规模的增长，保证型服务的复杂性将会迅速增加，并难以扩展。由于 IP 网络的发展仍然是基于无连接的，区分型服务与之相适应，更适合在大型 IP 网络中应用。区分服务规定了一个网络内部转发报文分组的传输特性，这些特性可以用定量或静态项来指定，如吞吐量、丢失率、延时及延时抖动等，也可以用访问网络资源的相对优先级项来指定。区分服务体系结构定义了实现区分服务的系统模型和基本功能元素。在一个网络节点上，实现区分服务的基本功能元素包括一个逐跳行为（Per-Hop Behavior，PHB）组、报文分组的分类以及网络流量的调节等功能。区分服务建立在一种 DS 域模型之上，并规定了一个 DS 域边界节点和内部节点。在边界节点上，对进入网络的流量进行分类和调节，从该域内部支持的 PHB 组中选择一个 PHB 来标记该流量的每个报文分组。在内部节点上，将根据 IP 报头中的 DS 字段所定义的 PHB 来选择该报文分组的转发行为，分配缓冲区和带宽资源。这样就使得网络具有对不同报文分组流提供有区别服务的能力，而且便于功能的扩展，并降低了实现的复杂度。

QoS 管理实质上反映了对网络资源的最佳配置和有效管理问题。QoS 管理机制应当具有可配置性、可协商性以及动态自适应性等管理特性。近年来，人们提出了一些 QoS 管理技术，其中比较有效的是基于策略的 QoS 管理技术，它通过预先定义的策略规则来解决网络资源的合理配置和有效管理问题，为特定的数据流提供特性化服务和资源保证。

从支持 QoS 的角度，多媒体网络系统必须提供 QoS 参数定义和相应的 QoS 管理机制。用户能够根据应用的需要使用 QoS 参数定义其 QoS 需求，网络系统要根据系统可用资源（如 CPU、缓冲区、I/O 带宽以及网络带宽等）容量来确定是否能满足应用的 QoS 需求。经过双方协商最终达成一致的 QoS 参数值应该在数据传输过程中得到基本保证，或者在不能履行所承诺的 QoS 时应能提供必要的指示信息。

在多媒体通信中，仅在建立连接时说明 QoS 参数值并且要求它们在整个连接生命期内保持不变是不够的，在实际应用中也不易实现。系统应提供一种较灵活的机制和界面，允许用户可根据实际情况在连接活跃的时候动态地变更连接的 QoS 参数值。为了支持这种 QoS 协商和动态控制能力，网络基本设施和传输协议内部必须提供必要的支持机制，以实现对链路级带宽的动态变更、对中间节点资源的控制和动态调整。

总之，一个良好的多媒体通信系统必须具有 QoS 支持能力，能够按照所承诺的 QoS 提供网络资源保证，最大限度地满足用户的 QoS 需求。

6.2　超媒体技术

超媒体技术的出现，为实现多媒体信息综合有效的管理带来了希望，尤其是在 Internet 飞速发展的今天，超媒体技术已经成为网络信息搜索的核心技术。

6.2.1　超媒体的概念和发展历史

1. 超文本与超媒体的概念

1945 年，科学家 V.Bush 写了一篇引起争议的文章，提出了第二次世界大战后可能的科学研究项目。他明智地察觉到了信息超载问题，并且提出采用交叉索引链技术来帮助解决这个问题。

他甚至设计了一种被称为"Memex"的系统，来对当时主要的存储方式——缩微胶片进行管理和检索。60 多年过去了，问题也真的发生了，但人们解决的方法却是超媒体（Hypermedia）技术。

随着信息与数据以爆炸的方式不断增长，使得人们感到现有的信息存储与检索机制越来越不足以使信息得到全面而有效的利用，尤其不能像人类思维那样以通过"联想"来明确信息内部的关联性，而这种关联却可以使人们了解分散存储在不同地点的信息块之间的连接关系及相似性。正如有的科学家指出的那样，"我们可能已经发现了一种治疗癌症或心脏病的方法，我们可能已经找到摆脱时空限制的途径，我们可能……这种种问题的答案细分为成百上千个部分，以点滴信息的形式分散在世界各地，有待于搜索起来、联系起来"。今天，我们已经拥有大量的信息，但信息之多，相互关系之复杂，甚至连某学科的专家也不可能掌握该学科的全部知识。因此，迫切需要一种技术或工具，它可以建立起存储于计算机网络中的信息之间的链接结构，形成可供访问的信息空间，使各种信息能够得到更广泛的应用。

科学研究表明，人类的记忆是一种联想式的记忆，它构成了人类记忆的网状结构。人类记忆的这种联想结构不同于文本的结构，文本最显著的特点是它在组织上是线性的和顺序的。这种线性结构体现在阅读文本时只能按照固定的线性顺序阅读，先读第一页，然后读第二页、第三页……这样一页一页地读下去。这种线性文本作为一种线性组织表现出贯穿主题的单一路径。但人类记忆的 Internet 状结构就可能有多种路径，不同的联想检索必然导致不同的访问路径。例如，某人对"夏天"一词可能联想到"游泳"，对一张汽车的照片可能联想到飞机。尽管我们对某一对象具有相同的概念，但由于文化基础和受教育的背景，由于不同时间或不同的地点，产生联想结果就可能是千差万别的。

这种联想方式实际上表明了信息的结构和动态性。显然，这种互联的网状信息结构用普通的文本是无法管理的，必须采用一种比文本更高一层次的信息管理技术，即超文本（Hypertext）。超文本结构就类似于人类的这种联想记忆结构，它采用一种非线性的网状结构组织块状信息，没有固定的顺序，也不要求读者必须按某个顺序来阅读。采用这种网状结构，各信息块很容易按照信息的原始结构或人们的"联想"关系加以组织。例如，一部百科全书有许许多多"条目"，它可以按照字母次序进行排列，也可以按照各专业分类用链加以连接，以便于人们"联想"查找。图 6.2 所示的是一个完整的小型超文本结构。从图 6.2 中可以看到超文本是由若干内部互连的文本块（或其他信息）组成，这些信息块可以是计算机的若干屏，也可以是若干窗口、文件或更小块信息。这样一个信息单元就称为一个节点（Node）。不管节点有多大，每个节点都有若干指向其他节点或从其他节点指向该节点的指针，这些指针被称为链（Link）。链有多种，它连接着两个节点，通常是有向的，从一个节点（称之为源节点）指向另一个节点（称之为目的节点）。链的数量通常不是事先固定的，它依赖于每个节点的内容和信息的原始结构。有些节点与其他节点有许多关联，因此它就有许多链；有些节点没有启程链，它就只能作为目的节点。超文本的链

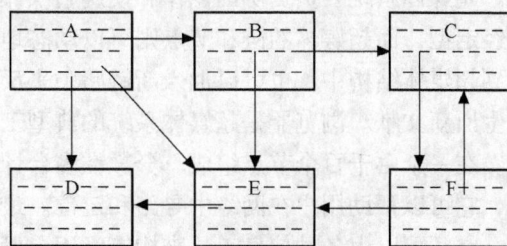

图 6.2　超文本结构示意

通常连接的是节点中有关联的词或词组而不是整个节点。当用户主动点触该词时将激活这条链从而迁移到目的节点。

图 6.2 所示的超文本结构实际上就是由节点和链组成的一个信息网络，称为 Web。读者可以在这个信息网络中任意"航行"浏览。这里要强调的不仅仅是"阅读"，更重要的是用户可以主动

地决定阅读节点的顺序。假如读者是从标记为 A 的文本块开始阅读，与单一路径的文本不同，该超文本结构有 3 条阅读路径摆在读者面前，即可到 B、D 或 E。如果读者选择 B，则可以继续选择到 C 或 E，从 E 又可以到 D。当然读者也可以从 A 选择直接到 D。这个例子表明，在超文本结构中任意两节点之间可以有若干条不同的路径，读者可以自由地选择最终沿哪条路径阅读文本。这同时要求超文本结构的制作者事先必须为读者建立一系列可供选择的路径，或者由超文本系统动态地产生出相应的路径，而不是单一的线性路径。

传统印刷文本中的脚注和有许多交叉参考条目的百科全书，同超文本的结构很相似。对于有脚注的文本，当读者遇到一个脚注时，可以做出不同的选择，或者继续阅读正文，或者追踪脚注。百科全书就更加典型了，读者可以根据自己的理解程度和兴趣追踪条目中所含的条目。在条目或词中常会遇到"参见"，读者循此指示便找到适当的卷和适当的条目，而在这些参见的条目中又可能出现"参见"，因此，阅读的逻辑路径就构成了一个网络。然而，无论脚注文本或百科全书与超文本结构多么相似，超文本与它们有着本质的区别，这就是超文本充分利用了计算机的特点。现代大百科全书中，相互参照往往要在几十卷大部头书之间来回查阅，显然速度很慢，十分费时。而使用超文本文献可以用不到 1s 的时间从一个节点转移到下一个节点，而且文献所容纳的信息可以印刷成为千百册图书。

早期超文本的表现形式仅是文字的，这就是它被称为"文本"的原因。随着多媒体技术的发展，各种各样多媒体接口的引入，信息的表示扩展到视觉、听觉及触觉媒体。多媒体的表现是具有特定含义的，它是一组与时间、形式和媒体有关的动作定义。多媒体表现的交互式特性可提供用户控制表现过程和存取所需信息的能力。多媒体信息的组织将有助于信息的表达和交互。多媒体和超文本技术的结合大大改善了信息的交互程度和表达思想的准确性。多媒体的表现又可使超文本的交互式界面更为丰富。例如，瑞典的 AVICOM 公司设计了一个用于斯德哥尔摩自然历史博物馆的多媒体化的超文本系统"自然世家"，它具有传统超文本的全部特性，节点包含多媒体数据。例如，在对若干行政区域介绍中，配有行政区域地图，并附带介绍了生活在那里的各种鸟类。当用户激活某种鸟的名称时，就会出现这种鸟的照片同时伴有它的叫声。这种超文本系统甚至还能控制一台幻灯机，把一幅背景图像放映在观众站立的地板上。例如，当系统在介绍整个斯德哥尔摩地区尚处于水下的地质时代时，背景便是一片蓝色的海洋，使得用户有身临其境的感觉。正是由于把多媒体信息引入了超文本，而产生了多媒体超文本，即超媒体（Hypermedia）。创作和管理超媒体的系统就称为超媒体系统。

超媒体系统要负责协助创作和使用超媒体文献。一般的文献组织和相互参照结构在印刷时就已经定型，而超媒体的链和节点则可以动态地改变。各个节点中的信息可以更新，可将新节点加入到超媒体结构中，也可以加入新链路来反映新的关系，形成新的组织结构，或从旧的文献中产生出新文献。浏览器是超媒体系统的典型工具，它通过导航图帮助用户在网络中定位和使用信息。在一个由千百个节点组成、分散在多台计算机中的超媒体信息网络中，浏览工具显得十分重要，它可以帮助用户在网络中寻路和定位。最终超媒体系统实现的是一个超媒体化的信息空间，这个空间可以由各种信息工具来构筑，用户可以通过专门的浏览器进行访问。

2. 超媒体的发展简史

一般认为，超文本的历史可以追溯到美国著名科学家 V.Bush。早在 20 世纪 30 年代初期，他就提出了一种叫做 Memex（Memory extender，存储扩充器）机器的设想，并于 1939 年写出了有关的论文稿。由于种种原因，这篇名为 *As We may Think*（由于我们可以思考）的著名论文直到 1945 年才发表，但其影响至今。尽管 Bush 还没有使用超文本或超媒体这个术语，实际上 Memex 已经提出了今天超媒体的思想。Bush 提出 Memex 设想的原因是他担心由于科学信息量迅速增长，即使是某一门学科的专家也不可能跟踪该学科的发展情况。而且 200 多年来印刷技术没有什么突破性的进展，有关共享与表现信息的方法也很少，不敷应用。同时 Bush 也指出了传统的顺序检索方式的缺点，即当要查找某一信息时，就要遍历所有对象逐一查找，而且信息的定位需要繁琐的规则。Bush 试图用 Memex 的联想检索的方法来克服这些缺点。按照 Bush 的描述，Memex 是"一种个人文件和图书的管理机"，"一种专门存储书籍、档案和信件的设备。由于它是机械的，所以它能快速而灵活地进行查阅。"他设想把信息存在缩微胶片中，并配有一个扫描器，用户可用它来输入新的资料，也可以在页边用手加写注释和说明。所有各种书籍、图片、期刊和报纸等均可方便地输入到 Memex 中。Bush 的论文发表后曾引起广泛的注意，然而事实上并未制造出任何实际的 Memex 机器。有趣的是，作为早期的计算机专家的 Bush，却没有用计算机技术作为他的设想的基础，这大概与当时的计算机既庞大又昂贵有关。

Bush 的论文发表后的一二十年间，在超媒体研究方面没有取得重要的进展，Douglas Engelbart 的工作却值得一提。1959 年，Engelbart 在斯坦福研究所开展了 Augment 课题的研究，这是办公自动化和文本处理方面的重要工作。Augment 课题中的一个实验工具联机系统（ON Line System，NLS）虽然还不是一个超文本或超媒体系统，但已具有若干超文本的特性。设计 NLS 是为了"存储所有的说明书、计划、程序、文献、备忘录、参考文献、旁注等，做所有的琐事，制定计划，进行设计、跟踪等，以及通过控制台进行大量的内部通信。"

超文本（Hypertext）这个词是由 Ted Nelson 在 20 世纪 60 年代创造的，所以他被认为是早期超文本的创始人。20 世纪 60 年代末期，Nelson 应布朗大学的邀请共同研究超文本问题，他提出了 Xanadu 系统的设想，根据他的想法，任何人任何时候所写的东西都可以存储在通用的超文本中，Xanadu 便是"文字记忆的魔地"的意思。Nelson 把超文本看作是一种文字媒介，他认为："任何事物之间都有很深的联系"，因此可以把它们连在一起。后来，Xanadu 成为了一个实际的系统。

从 Ted Nelson 创立超文本概念之后的十几年中，超文本的研究不断取得可喜的进展。这个阶段出现了许多超文本概念系统，如超文本编辑系统 FRESS、NLS、ZOG、Aapen Movie Map 等。尤其是 Aspen Movie Map（白杨城影片地图），其想象力之丰富在今天仍被人津津乐道。进入 20 世纪 80 年代，由于技术的进步，超文本研究发生了质的飞跃，达到了实用的水平。这期间最著名的系统有 SDE、NoteCards、Intermedia、Guide 及 HyperCard 等。

1987 年到 1989 年几次国际性的超文本会议最终确定了超文本领域的形成，标志着超文本已进入了成熟期。由于多媒体的产生，超文本技术与多媒体技术发生了融合，从而产生了超媒体的概念。特别是 20 世纪 90 年代兴起的信息高速公路热，以超文本技术实现的 WWW（World Wide Web）系统的广泛应用，使得超文本和超媒体更受瞩目。WWW 的出现，实际上代表着超媒体发展的未来。

国内超文本和超媒体的研究起步较晚，由国防科技大学设计的 HWS 系统（1991）、HDB（1995）系统是最早的工作之一，前者是一个以多媒体创作为主的单机超媒体系统，而后者是一个可以在网络上运行的、具有丰富创作功能的、并且可以进行多媒体数据库管理的超媒体系统，受到同行的重视。后面介绍的许多内容与实例都与它们有关。

6.2.2　超媒体的组成要素

1. 节点（Node）

超媒体是由节点和链构成的信息网络，节点是围绕一个特殊主题组织起来的数据集合，这个集合可以是有形的，例如是一个数据块，它也可以是无形的，是信息空间中的一个部分。我们可以把一篇文章分解成若干块，这些块就是有形的节点。若对文章不进行分解，而只是根据需要对相应的内容进行定位，则这个定位周围的信息就是一个无形的节点。节点中可以嵌入链，使它能与其他节点相链接。

节点有许多种，而且分类方法也不尽相同。在早期超文本中节点的内容一般是有形的节点，内容主要是文本、符号或数字。现在根据媒体的种类、媒体的内容和功能的不同，节点可以是媒体节点，其中可以包含各种媒体，也可以包含数据库、文献等；也可以是动作类节点、组织类节点、推理型节点等。

（1）媒体类节点

媒体类节点中存放各种媒体信息，包括文本、图像、图形、视频、动画等各种媒体，也包括数据库和文献，以及存放这些媒体信息的来源、属性、表现方法等。在一些情况下，每一个节点中确实包含媒体数据本身，但也有一些情况特别是在网络环境下，许多媒体数据需要临时从网络或机器中得到，所以节点中只有路径、属性等信息，而没有数据本身。

节点中对媒体数据的描述直接关系到多媒体数据的表现，不同的媒体会有不同的属性和表现方法。例如，对文本要能够表现出文本的字体、排版和大小；对图像来说要能够指明位置和大小；对视频要能够定义诸如快进、暂停之类的操作；对数据库这种结构化的数据要能具有符合数据库操作的手段。对混合媒体来说，媒体之间的同步、配合和效果，就要有更复杂的描述形式。

（2）动作与操作节点

动作与操作也是一类媒体，因此可以当作一种动态节点，它通过超媒体的按钮来访问，所以有人也称之为按钮节点。在这种节点中常常定义了一些操作，例如电话通信、传真等，通过这种节点为用户提供动作和操作的可能。例如，有些超媒体系统就专门提供了电话通信功能，只要用户选择一个"自动拨号盘"的按钮，就可以开始一次通话。还有一些超媒体系统将传真服务引入，并与电视通信相结合，用户按下"传真"按钮，系统就在当前节点上发送所需传送的内容。实际上这类节点是通过按钮做一些超媒体表现以外的工作，赋以人的操作或动作。但要注意，动作和操作并不一定非要专门的节点，可以嵌入到任何节点中，按钮也一般都与链相连接，只不过动作和操作的按钮连接的是执行链。

（3）组织型节点

组织型节点是组织节点的节点。加索引是描述节点的一种方法，同时也是数据库管理的需要。组织型节点可以实现数据库的部分查询工作，如结构查询。组织型节点包括各种媒体节点的目录节点和索引节点。目录节点包含各个媒体节点的索引指针，指向索引节点。索引节点由索引项组成，索引项用指针指向目的节点，或指向相关的索引项，或指向相关表中相对应的一行，或指向原媒体的目录节点。

（4）推理型节点

推理型节点用于辅助链的推理与计算，它包括对象节点和规则节点。推理型节点的产生是超媒体智能化发展的产物。

需要指出的是，现代的许多超媒体系统中有的已经没有了节点的概念，或者说节点已经无形了。也有的系统将节点分为原子节点和组合节点。原子节点是不能再进一步分割的对象，如标志、图元、背景、表格的字段等；组合节点由原子节点构成，例如文本的词或段落可以是原子节点，文本就是组合节点。当我们了解了节点的有形概念，还是有利于对超媒体的理解。

2. 链（Link）

链，又称超链（Hyperlink），是节点间的信息联系，它以某种形式将一个节点与其他节点连接起来。由于超媒体没有规定链的规范与形式，所以分类方法也不尽相同。但最终达到的效果却是一致的，即建立起节点之间的联系。链是有向的，一般结构可分为 3 个部分：链源、链宿及链的属性。链源是导致浏览过程中节点迁移的原因，可以是热标、媒体对象或节点等。链宿是链的目的所在，可以是节点，也可以是其他任何媒体内容。链的属性决定链的类型。

由于各超媒体系统的链型不完全一样，这里仅介绍一些比较典型的链型，供读者参考。

（1）基本结构链

基本结构链是构成超媒体的主要链形式，它具有固定明确的特点，必须在建立一个超媒体文献时事先由作者连好，是一种实链。基本结构链又包括基本链、交叉索引链和节点内注释链。

① 基本链。它是建立节点之间基本顺序的链，这有些类似于一本书中具有的章、节、小节、段落等结构。它使信息在总体上呈现出层次结构，如图 6.3 中的实线所示。基本链的链源和链宿都是节点。在表现时常用"上一节点"、"下一节点"等来表现节点的先后顺序，即链的方向。

② 交叉索引链。它将节点连接成交叉的网状结构，如图 6.3 中的虚线所示。交叉索引链的链源可以是各种热标、单媒体对象及按钮，链宿为节点或任何内容。在表现时常常用热标激活转移、"回退"、"返回"等表示先后顺序。要注意的是，这些操作基本链与交叉索引链不同，基本链的动作决定节点间的固定顺序，而交叉索引链的动作决定访问顺序。

③ 节点内注释链。它是一种指向节点内部附加注释信息的链，注释源主要通过热标确定，注释体则为一单媒体对象。之所以称其为节点内注

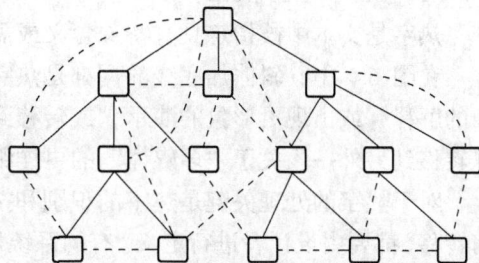

图 6.3　节点中的基本链和交叉索引链

释链，是因为链源和链宿均在同一节点内，一般这种节点都是混合媒体节点。采用节点内注释链的好处是不用另设节点，在需要时注释才出现。在表现形式上，注释需要对热标进行激活才能动作。

（2）组织链和推理链

组织链用于节点的组织，推理链则在链的迁移过程中通过推理来决定目标。

① 索引链。它将用户从一个索引节点引到该节点相应的索引入口。索引用于文献与数据库的接口及查找共享同一索引项的文献，按钮表现常是"总目录"、"影片索引"等。

② 执行链。执行链将一种执行活动与按钮节点相连。执行链使应用程序不再是孤立的，可以激发一个动作或操作。一般的操作系统无法记录程序的功能、目的等，但超媒体的按钮节点与执行链可以通过建立节点方便地解释应用程序的功能和目的，使超媒体成为高层程序的界面。

（3）其他链型

① 自动链接。自动链接是超媒体中一个非常重要的概念，它允许系统自动地把当前节点与相似主题或满足某些条件的所有其他节点链接在一起。例如，可以在文本文件中搜寻关键词并报告关键词所在的行数，或是通过内容检索确定某些特征，或是通过特殊的通信协议与外部的服务器中的内容建立联系等。但目前能够实现的主要是文本节点间的自动链接，实现其他类型媒体节点间自动链接的超媒体系统还未见到。自动链接的另一个意义在于对超媒体进行基于内容的检索，检索时输入某些主题、特征或条件，超媒体将能满足该主题、特征或条件的节点自动链接起来，提交用户浏览，大大减少了用户在信息海洋中无用的操作。

② 类型链。有些超媒体系统允许用户描述存在于两个节点之间的关系，即用户可以定义链的类型。例如，如果节点 B 给出一个例子，来说明节点 A 中的规则或原理，连接 A、B 的链就称为"注释"链。但假设存在另一个节点 C，它对节点 B 有一个更详细的解释，可以称 B、C 之间的链是"扩展"链。对于这种类型链，必须用一个独立的数据实体来描述链。链实体独立于节点，因为任何给定的节点都可以用不同的方式与其他节点链接。采用类型链有以下几点好处。首先，在一条链迁移前，用户可以预先知道目标节点的自然属性。其次，从理论上讲，它允许用户对节点进行预查询。另外，有了类型链，开发智能超媒体就大大方便了。这是因为关于知识最重要的方面是事实、假设或规则之间的关系。单个的事实、假设或规则都不能说明问题，除非知道它们之间是怎样相互联系的。如果超媒体网络中存储了关于各种节点之间关系的知识，则可以查询这些知识，例如可以询问："显示所有讨论某问题或与之类似问题的节点"，"显示包含与某问题相反论据的节点"等。

3. 热标（Hotspot）

热标是确定信息关联的链源，由它将引起向相关内容的转移。很显然，不同的媒体应有不同形式的热标。根据媒体种类的不同，热标的形式一般有以下几种。

（1）热字（Hot-word）

热字是文本中被指定具有特殊含义或需进一步解释的字、词或词组，如图 6.4 所示。

在图 6.4 中，斜体加底线的词都是热字，点击这些词将会按照设计者的安排出现相应的进一步的解释，或出现更形象的演示，或转移到另外相关内容显示。例如，点击"多媒体"一词，可以转移到另外一段关于"多媒体"的更详细的说明，点击"图 2.5"将会出现一幅图像等。

对于热字的处理关键是热字的识别和按要求进行转移。一个字或词究竟是不是热字，热字如何转移，都要由设计者进行定义。有的系统用特殊的符号标识热字，凡是热字一律用保留字符"@"括起，并用"|"指明转移的方向或处理的方式。下面是一些不同类型的例子。

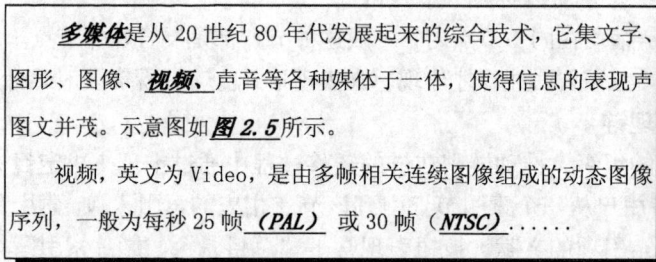

> *多媒体*是从 20 世纪 80 年代发展起来的综合技术，它集文字、图形、图像、*视频*、声音等各种媒体于一体，使得信息的表现声图文并茂。示意图如*图 2.5*所示。
>
> 视频，英文为 Video，是由多帧相关连续图像组成的动态图像序列，一般为每秒 25 帧 *(PAL)* 或 30 帧 *(NTSC)*……

图 6.4　带热字的文本

① …… @ 图 2.5 | Example.bmp @所示…
② …… @ 视频 | ∧18 @ …（转至第 18 自然段）
③ …… @ 多媒体 | ∧（节点名或地址）@ …
④ …… @ 多媒体 | ∧（文献名）∧节点名@ …

其中，"@"之后"|"之前的词为热字，在"|"之后则是相应的转移目的地。在实际显示时，各个保留字及转移目的地等均不显示，热字被赋予特别的颜色，所以仍然可保持原有媒体的显示风格，并且很容易与一般的文本编辑器相兼容。转移的目的地与转移的处理方法，与超媒体系统本身的设计有关。

（2）热区（Hot-area）

热区是在所显示的图像或类似于图像的显示区上指明的一个敏感区域，作为触发转移的源点。在一幅图像上的不同区域可以有不同的信息表现。例如，一幅人体图像中的不同区域可以设置成不同的热区，当触发这些热区时，系统就会按设定好的方法进行表现，介绍该人体部位的详细情况和细节。热区的设定不同于热字，由于图像十分直观但不便于用语言或文字描述，所以一般都采用所见即所得的方式在图中直接指定热区。早期的热区一般使用矩形，但当敏感区域为复杂边缘时，矩形会造成较大的误差，所以近来一般都改用多边形。事实上，当图像都是文字时，也可以用热区的方法模拟热字，但此时系统并不知道热区中的字或词是什么，文本本身也无法滚动。对文本的修改会引起图像位置的改变，从而使热区也不准确，同时也不利于对文本的查询。热区在触发后所引起的转移与文本中的热字相同，区别是文本热字必须在文中描述转移的目的地，而热区则需要在生成时指明并存于节点的链中。

（3）热元（Hot-element）

在图形媒体中，图元是其最基本的单位，如一个图、一条线或一串文字等。为了使这些相对独立的图形单位能够作为信息转移的链源，就引入了热元的概念。这种方式既不影响图形本身的变换（例如移位、放大或缩小），又可以由该图元引发相应的进一步关联信息的表现。例如，在军事态势图上，某图标代表某个部队，该部队的进一步情报都由该图标触发。当图标移位后（如部队调动），仍能引发出相应的信息。这用热区、热字都是无法做到的。同样地，热元也可以用在 CAD 工程设计中做建筑图注释、机器设备联机维护手册等方面。由热元而导致的转移与热区相似。

（4）热点（Hot-point）

热点是另外一种热标概念，主要用于时基类媒体如动态视频、声音等在时间轴上的触发转移。在应用中常常出现这种情况，当用一段视频介绍某个重大历史事件时，观众会突然对其中某个片段更感兴趣，从而希望了解更多的内容。这就要求能从这段视频的相应时间轴处转移到另外有关解释的其他内容处，这个起点处就称为热点。在这一点上它与文本媒体十分相似，帧序列可以像文本段一样在序列内、文献内或文献间进行转移。视频对象可以采用长序列，要由起始帧和结尾帧确定所选定的视频段，从而可以从一个视频段直接跳往另外一个视频段，也就可以实现自我解释。其他时基类媒体也基本相同。

由于时基类媒体是动态的，在使用时不能仅将热点定为时间上的某一时刻，因为用户很难准确地确定这一时间点。热点应是一个由用户设定的时间区间。热点如果定于 a，则在识别时应给出一个$[b, a, c]$的敏感区间，在此区间内的触发都应算作有效。由于时基类媒体有"表现—理解"的滞后效应，往往在理解了某一段内容后才可能有了解其他信息的愿望，而此时该时刻已过。为了正确地对应，热点区间亦往后对应，一般至少区间$[b, a]$要远小于区间$[a, c]$，以适应该滞后效应。

（5）热属性（Hot-attribution）

这是把关系数据库中的属性作为热源来使用。关系框架下的各元组可以根据操作产生许多不同的结果。例如，不同的排序顺序、选择不同元组子集等。总而言之，数据媒体是一种特定的格式化符号数据，所以大多数情况下可以采用类似于热字的热标方法。热标源单位一般为一个属性，用特定的保留属性字的方法指明热标触发表现的内容，如用!IMAGE 属性表示以下各元组中该属性的字符为图像对象名。属性中的元组有多个，每个元组又对应不同的内容，所以在把属性当作热源时，就要对每一个元组分别指明不同的链（转移方向）。元组改变，方向也随之改变。

4. 宏节点

宏节点是指链接在一起的节点群，更准确地说，宏节点就是超文本网络的一个有某种共同特征的子集。当超媒体信息网络十分巨大时，或者该信息网络分散在各个物理地点上时，仅通过一个层次的超媒体信息网络管理会很复杂，因此分层是简化网络拓扑结构最有效的方法。国外有人专门定义了宏文本（Macrotext）和微文本（Microtext）的概念，来表示不同层次的超文本。微文本又称小型超文本，它支持对节点信息的浏览；而宏文本又称大型超文本，由多个微文本（称为宏节点）组成，支持对微文本（即宏节点）的查找与索引。宏文本强调存在于许多文献之间的链，构造出文献相互间的关系，查询与检索将跨越文献进行。例如，在计算机网络上，很多超媒体的 Web 网分散在多台计算机中，这些 Web 网称为宏节点或文献，它们之间通过跨越计算机网络的链进行链接，而多个宏节点或文献将组成宏文献，如图 6.5 所示。很显然，跨越网络的超链将需要更复杂的协议支持。

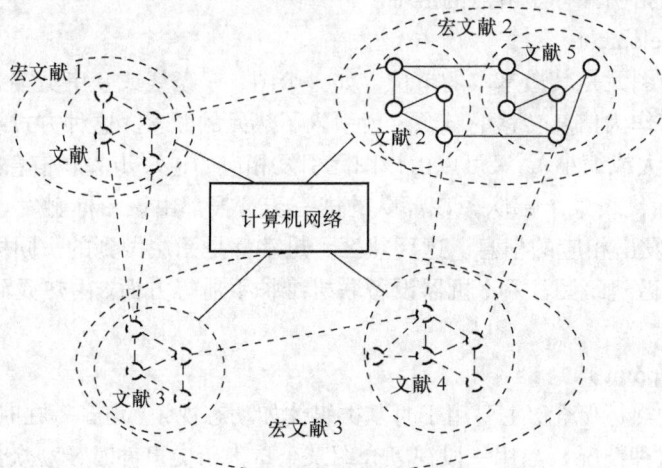

图 6.5 宏文献和宏节点示意

宏节点的引入虽然简化了 Web 网络结构，但增加了管理与检索的层次。宏文本文献的查询与检索也是研究的主要问题之一，现已推出了许多模型系统，如 SMART 宏文本系统（康奈尔大学研制），电子黄页系统（ETP），同 Guide 超文本系统相结合的宏文本系统 INDEX 系统等。事实上，宏文本与微文本之间的界限十分模糊，其优点是在应用上一目了然，符合常规的信息存取习惯。

6.2.3 超媒体协议与标记语言

WWW 中以超文本传输协议（HTTP）作为传输超文本的通信协议，用超文本标记语言（HTML）描述超媒体。SGML（通用标记语言标准 ISO 8879:1986）是 HTML 的前身技术，它是文件和文件中信息的构成主体。SGML 与 HTML 不同，它允许用户扩展标记集合，允许用户建立一定的规则。SGML 所产生的标记集合是用来描述信息段特征的，而 HTML 仅仅是一个标记集合，所以我们可以将 HTML 看作是一个 SGML 的子集。

XML 的产生源于 SGML 的设计者对 SGML 的改造。他们已经在 SGML 上投入了大量精力，但 SGML 已不适用于网络社会的需要。W3C 提出了"网络上的 SGML"计划，打算让 SGML 以全新的面目出现在网上，给 SGML 以全新的面貌，故给它命名为"可扩展标识语言"，即 XML。下面我们重点介绍 HTTP、HTML 和 XML。

1．HTTP：超文本传输协议

HTTP 最初只是一个面向对象的应用级协议，并非专用于超文本/超媒体的传输，但它精巧快速，特别是通用、无状态性以及面向对象的特点，使之非常适合于分布式协作化超文本/超媒体系统，因此取名为超文本传输协议。其实 HTTP 经过扩展可用于许多任务当中，如名字服务、分布式对象管理系统等。

（1）HTTP 的运作方式

HTTP 采用请求/响应的握手方式，其运作的基本过程如图 6.6 所示。一个请求程序（称之为"客户"）首先与接收程序（称之为"服务器"）建立一条连接，并向"服务器"发送请求服务的消息，"服务器"接到请求后发一个响应消息给"客户"，然后关闭连接。其中"客户"与"服务器"是一个相对概念，只存在于某个特定的连接期间，而非专用程序，即在某个连接中的"客户"在另一个连接中可能作为"服务器"，也就是说对于 HTTP 中的程序它应具有"客户"与"服务器"双重功能。HTTP 的"服务器"还可以

(1) 客户	建立 TCP/IP 连接 →	服务器
(2) 客户	发送请求消息 →	服务器
(3) 客户	← 发送响应消息	服务器
(4) 客户	← 关闭连接	服务器

图 6.6　HTTP 运作的基本过程

是其他类型的信关，通过这样的服务器代理，HTTP 允许超媒体访问现存的 Internet 协议，如 SMTP、NNTP、FTP、Gopher、WAIS 等。

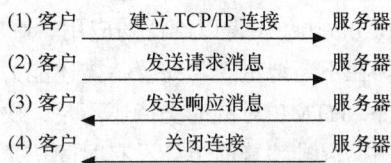

在 Internet 上的通信一般是建立在 TCP/IP 连接上的，HTTP 的连接也不例外。正常的握手过程要求"客户"在每次请求之前先建立连接，并由"服务器"在发送响应之后关闭，但"客户"和"服务器"都还必须具有处理任意一方因突发情况（如用户强制、自动超时或程序失败等）而关闭连接的能力，在这些突发情况下不论当前状态怎样都中止当前请求。

（2）HTTP 的消息结构

HTTP 的消息有两类，即"客户"发出的请求消息与"服务器"发出的响应消息。HTTP 的请求消息采用了开放式的方法库形式，即方法可以扩充。用方法表示请求的目的，用 URL（Uniform Resource Locator）表示某个方法用在哪个资源上，即链接。消息的传送格式与 Internet Mail（Internet 邮件）和 MIME（Multipurpose Internet Mail Extersions，多用途 Internet 邮件扩展）的传送格式相似。完整的请求消息格式如下：

请求消息 = 请求行 *（通用信息头 | 请求头 | 实体头）CRLF [实体内容]
请求行 = 方法　请求 URL　　HTTP 版本号　CRLF
方法 = "GET" | "HEAD" | "POST" | 扩展方法
URL = 协议名称 + 宿主名 + 目录与文件名

下面就是一个仅含请求行的简单请求消息的例子：

```
方法    协议      宿主名              目录与文件名                      协议版本
GET  http://www.w3.org/hypertext/www/TheProject.html  HTTP/1.0
```

HTTP 的响应消息以状态码来表示响应类型。状态码可以扩充，用 3 位数字表示，其中第一位标识不同的响应类型。目前共有 5 种类型：1××，表示保留，HTTP 未用；2××，表示请求成功地接收；3××，表示为了完成请求"客户"必须进一步细化请求；4××，表示"客户"错误；5××，表示"服务器"错误。完整的响应消息格式如下：

响应消息 = 状态行 *（通用信息头 | 响应头 | 实体头）CRLF [实体内容]
状态行 = HTTP 版本号　　状态码　原因叙述

2．HTML：超文本标记语言

HTML 是一种用于建立超文本/超媒体文献的标记语言，是标准通用标记语言（Standard Generalized Markup Language，SGML）的一种应用。它具有特定的语义，适合于表示各种领域的信息。HTML 通过 URL 语法，可以描述跨越 Internet 节点的超链，简单而实用地实现了以整个 Internet 空间为操作背景的超文本/超媒体的数据存取，且具有易于在不同表现系统上移植而保持文献的逻辑完整性的特点。

HTML 的应用相当广泛，它可用于描述超文本化的新闻、邮件及文献；超媒体文献；操作菜单；数据库查询结果；嵌入图形的结构化文献等。自 1990 年起，它作为 WWW 的支撑协议之一，在 Internet 中得以广泛的应用，影响面很大。为此有关组织专门制定了 HTML 规范，并且此规范仍在不断地更新与完善，描述能力不断增强。但是，目前 HTML 还不稳定，未成为国际标准。此外，HTML 对链的支持还不足，缺乏空间描述，处理图形、图像、声音及视频等媒体能力也较弱，图文混排功能简单，没有时间信息，也不能表示多种媒体之间的同步关系等，因此，HTML 很难用于表示大规模的、复杂的超媒体数据。

（1）HTML 语法

HTML 语法着重描述文献的逻辑结构，它提供了以下两类元语法。

① 文献类型定义（Document Type Definition，DTD）。HTML DTD 定义了 HTML 文献的标准类型和若干属性变量，语法遵从 SGML DTD 的形式：

一组标记（编码—特定文献类型）＋内容模型＋属性表

② 文献标记语法。文献标记语法包括文献结构语法；字符、词与段语法；超链语法以及格式语法等。

- 文献结构语法。描述文献的基本结构（如文献内容、文献头、文献主体的起始、文献标题、段落起始、行与块及层次结构等）、列表元素（如目录、菜单、有序与无序列表等）、数据元素（如图像）等结构性语义。
- 字符、词与段语法。描述字符与词的格式（如引用、代码、强调、链入、例子、再强调、变量、黑体和斜体等）及段落格式（如预格式化文本、块引用和文本域等）。
- 超链语法。描述超文本/超媒体"跳转"的语法。其基本格式如下：

```
<A NAME="…"  HREF="…"> 链源 </A>        －链源语句
<A NAME="…"> 链宿 </A>                  －链宿语句
```

其中 HREF 属性给出链宿文献在网络上的地址（用 URL 表示），当链宿在本文献内时，HREF 属性将给出链宿名，并以"#"加在链宿名前。NAME 属性给出链宿名，该属性可选，只有当链宿为另一文献中某个语句时才存在。链源表示超链的起始，它可以是词也可以是某个图像的热区。链宿表示超链的目的，目前只能是词。下面是 3 个超链的例子：

远地文献的 URL

例1：`<A HREF="http://www.w3.org/hypertext/www/index.html">HTTP</A>`

例2：`<A HREF="#Form">Form</A>`   —链源

　　　…　…   —文献内部超链

　　　`<A NAME="Form">Form</A>`   —链宿

例3：`<A HREF="../cgi_bin/htimage/maps/books.map">`   —热区记录文件

　　　`<IMG SRC="image.gif" ISMAP>`   —链源图像

　　　`</A>`

● 格式语法。描述一些类似 Windows 的界面格式，如文本输入框、选取框、按钮和组框等。

（2）HTML 的文献结构

HTML 文献逻辑结构分为两大部分：DTD 声明和文献内容，如图 6.7 所示。具体的 HTML 的例子可以参考有关 Internet 的书籍。

（3）超文本传输与导航

从上面可知，在 WWW 上多个超文本文献是分散在网络的多个机器节点上的。用户若要传输远地的超文本文献，则要激活连接。如图 6.8 所示，系统 A 运行 WWW 的客户程序，系统 B、C 是运行 HTTP 的 WWW 服务器。HTML 文献 docu1.html 和 docu2.html 分别存放于系统 B 和系统 C 上。激活连接后，客

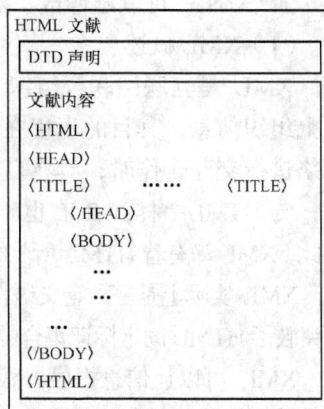

图 6.7　HTML 文献结构

户 A 根据 HTTP 向系统 B 发出请求，说明客户想要传送 docu1.html，以及客户使用 HTTP 的版本。同时要说明客户能够接收的扩展类型、客户本身的地址和程序类型（例如 Netscape）。如果连接成功，服务器返回的应答报文将报告成功（用 200 表示），并说明发送文件的类型和长度，空行后传送超文本数据。传送结束后，便显示在客户 A 的浏览器中。若文件 docu1.html 中含有指向 docu2.html 的连接，URL 为 http://SystemC.domain/ docu2.htm，并且用户激活了此连接，则客户进程将向系统 C 发送与上述类似的请求报文。系统接到请求后，发送 docu2.htm 文件给客户。上述过程对用户来说是透明的，用户的操作十分简单。

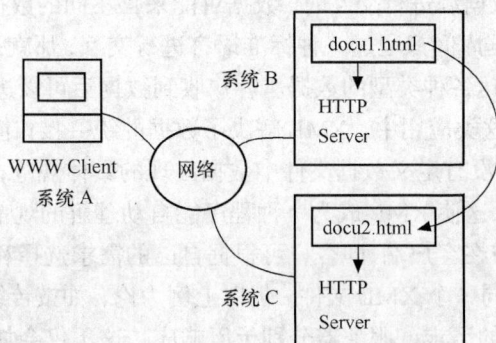

```
GET/docul.htm/HTTP/1.0            HTTP/1.0 200 OK
Accept: www/source               Date: Wednesday，024-Aug-96 10:03:12 GMT
Accept: text/html                Server: NCSA/1.1
Accept: mage/gif                 MIME-version: 1.0
User-Agent: Netscape/2.0         Content-type: text/html
From: hxf@nudt.edu.cn            Content-length: 235
* 空行 *                         * 空行 *
* 客户 A 向系统 B 发的请求报文 *   〈HTML〉〈HEAD〉〈TITLE〉… 〈/TITLE〉…
                                 * 服务器返回的应答报文 *
```

图 6.8　超文本传输与导航的例子

3．XML：可以延伸或扩展的标记语言

（1）XML 概述

XML 是互联网联合组织（W3C）创建的一组规范，以便于软件开发人员和内容创作者在网页上组织信息，其目的不仅在于满足不断增长的网络应用需求，同时还希望借此能够确保在通过网络进行交互合作时，具有良好的可靠性与互操作性。

与 HTML 一样，XML 也源自 SGML，它保留了 SGML 80%的功能，使复杂程度降低了 20%，尽管如此，XML 却有着 HTML 所欠缺的巨大的伸缩性与灵活性。XML 不再像 HTML 那样有着一成不变的格式。XML 实际上是一种定义语言，即使用者可以定义无穷无尽的标记来描述文件中的任何数据元素，从而突破了 HTML 固定标记集合的约束，使文件的内容更丰富、更复杂，并组成一个完整的信息体系。

XML 可以让信息提供者根据需要，自行定义标记及属性名，也可以包含描述法，从而使 XML 文件的结构可以复杂到任意程度。XML 主要有 3 个要素：文档定义（DTD/XML Schema）、可扩展样式语言（eXtensible Stylesheet Language，XSL）和 XLink。Schema 规定了 XML 文件的逻辑结构，定义了 XML 文件中的元素、元素的属性及属性之间的关系，它可以帮助 XML 的分析程序校验 XML 文件标记的合法性；XSL 是用于规定 XML 文档样式的语言，它能在客户端使 Web 浏览器改变文档的表示法，从而不需要再与服务器进行交互通信；XLink 将进一步扩展目前 Web 上已有的简单链接。

良好的数据存储格式、可扩展性、高度结构化、便于网络传输是 XML 主要的 4 大特点，决定了其卓越的性能表现。由于 XML 能针对特定的应用定义自己的标记语言，这一特征使得 XML 可以在电子商务、政府文档、报表、司法、出版、联合、CAD/CAM、保险机构、厂商、中介组织信息交换等领域中一展身手，根据不同的系统，厂商提供各具特色的独立解决方案。

XML 的应用一般可分为以下 4 类。

① 应用于客户需要与不同的数据源进行交互时。数据可能来自不同的数据库，它们都有各自不同的复杂格式。但客户与这些数据库间只通过一种标准语言进行交互，那就是 XML。由于 XML 的自定义性及可扩展性，它足以表达各种类型的数据。客户收到数据后可以进行处理，也可以在不同数据库间进行传递。总之，在这类应用中，XML 解决了数据的统一接口问题。但是，与其他的数据传递标准不同的是，XML 并没有定义数据文件中数据出现的具体规范，而是在数据中附加 tag 来表达数据的逻辑结构和含义。这使 XML 成为一种程序能自动理解的规范。

② 应用于将大量运算负荷分布在客户端，即客户可根据自己的需求选择和制作不同的应用程序以处理数据，而服务器只需发出同一个 XML 文件。仍以上例为论，如按传统的"客户/服务器"工作方式，客户向服务器发出不同的请求，服务器分别予以响应，这不仅会加重服务器本身的负荷，而且网络管理者还需事先调查各种不同的用户需求以做出相应不同的程序。假如用户的需求繁杂而多变，则仍然将所有业务逻辑集中在服务器端是不合适的，因为服务器端的编程人员可能来不及满足众多的应用需求，也来不及跟上需求的变化，双方都很被动。应用 XML 则将处理数据的主动权交给了客户，服务器所作的只是尽可能完善、准确地将数据封装进 XML 文件中，正是各取所需、各司其职。XML 的自解释性使客户端在收到数据的同时也理解数据的逻辑结构与含义，从而使广泛、通用的分布式计算成为可能。

③ 应用于将同一数据以不同的面貌展现给不同的用户。这一应用也可在上例中体现出来。它又类似于一个剧本，我们可以用电视剧、电影、话剧和动画片等不同形式表现出来。这一应用将会为网络用户界面个性化、风格化的发展铺平道路。

④ 应用于网络代理对所取得的信息进行编辑、增减以适应个人用户的需要。有些客户取得数据并不是为了直接使用而是为了根据需要组织自己的数据库。例如，教育部建立一个庞大的题库，

考试时将题库中的题目取出若干组成试卷，再将试卷封装进 XML 文件。接下来便是最精彩的部分，在各个学校让其通过一个过滤器，滤掉所有的答案，再发送到各个考生面前，未经过滤的内容则可直接送到老师手中，当然考试过后还可以再传送一份答案汇编。此外，XML 文件中还可以包含诸如难度系数、往年错误率等其他相关信息，这样只需几个小程序，同一个 XML 文件便可变成多个文件传送到不同的用户手中。

综合以上 4 种不同类型的应用，我们可以总结出，XML 其实源自一种"数据归其主，用户尽其欢"的哲学。即数据制作者并不考虑日后这些数据具体会有哪些用途，只是尽量全面地考虑今后有可能会被用到的信息，并将其完整、规范地制作成 XML 文件，服务商则不会被拘禁于特定的脚本语言、制作工具及传输引擎的囚笼内，而是提供一种标准化、可独立销售、有级别操作的领域，在那里不同的制作及传输工具将各显神通，一决雌雄，从而极大限度地满足客户的需求，成为"最信得过"的服务商。

（2）XML Schema

XML 必须有其严格的规范，以适应广泛的应用。XML 文档必须符合 XML 的语法限制，这是很容易被验证的。与此同时，在特定的应用中，数据本身有含义上、数据类型上、数据关联上的限制，也就是语义限制。例如，在 FOML（一种描述数学公式的 XML）中，每种函数都有其特定的组成部分。积分函数必须包含积分上限，积分下限和被积分项，同时不可包含其他非法成分。这种限制不是 XML 语法所能规定的，必须用其他方式告诉用户和计算机。

微软公司的 Schema 成为现今的 W3C 定义的 Schema 的原型。但是 W3C 发展了一套不同于 DTD 的方法来定义 XML 数据类型，并给出了自己的定义。

Schema 相对于 DTD 的优势是 XML Schema 文档本身也是 XML 文档，而不像 DTD 一样使用特殊格式。这大大方便了用户和开发者，因为他们可以使用相同的工具来处理 XML Schema 和其他 XML 信息，而不必专门为 Schema 使用特殊工具。DTD 对用户来说是一种神秘的黑色艺术；Schema 却简单易懂，人人都可以立刻理解。

Schema 是一种描述信息结构的模型，它是借用数据库中一种描述相关表格内容的机制，为一类文件树立了一个模式。这个模式规范了文件中 tag（标签）和文本可能的组合形式。例如，要判断一个邮政地址是否合法，如下所示：

```
<address>
<name>Namron H. Slaw</name>
<street>256 Eight Bit Lane</street>
<city>East Yahoo</city>
<state>MA</state>
<zip>12481-6326</zip>
</address>
```

当我们自己判断时，实际上也是在经过一个 Schema 的检查。大致的过程是这样的：一个邮政地址包括一个人名、一个公司或组织名、一行或多行地址、一个城市名、一个省区名和一个邮政编码，另外还可以有选择地加上一个国家名。依照这个标准，上面的邮政地址是合法的。在 Schema 中规范了两种限制：一种是内容模式限制，用来规定文件中 element（元素）的顺序；另一种是数据类型限制，用来限制数据单元的合法性。

就上面的例子，Schema 要规定一个合法的<address>，就必须包括一个<name>元素、一个或多个<street>元素，有且仅有一个<city>、<state>或<zip>元素。<zip>元素还要加上其他的限制，它必须是连续的 5 位数字或是在连续的 5 位数字后加连字符，再接连续的 4 位数字。 Schema 的目的就是让机器识别正确的邮政地址。只要文件通过了 Schema 的检查，它就是合法的，否则就是非法的。例如，下面的邮政地址就是非法的：

```
<address>
<name>Namron H. Slaw</name>
<street>256 Eight Bit Lane</street>
<city>East Yahoo</city>
<state>MA</state>
<state>CT</state>
<zip>blue</zip>
</address>
```

它违反了两条限制：第一，它没有包括一个 `<state>`；第二，`<zip>` 的内容形式不对。Schema 能检查出这些错误，这对于网上数据交换是非常必要的，不符合一定标准的数据可以不被接受。

（3）XLS

HTML 网页使用预先确定的标识（tags），即所有的标记都有明确的含义。例如 `<p>` 是另起一行，`<h1>` 是标题字体。所有的浏览器都知道如何解析和显示 HTML 网页。然而，XML 没有固定的标识，我们可以建立自己需要的标识，所以浏览器不能自动解析它们。例如，`<table>` 可以理解为表格，也可以理解为桌子。由于 XML 的可扩展性，使我们没有一个标准的办法来显示 XML 文档。为了控制 XML 文档的显示，我们有必要建立一种机制，CSS 就是其中的一种，但是 XSL（Extensible Stylesheet Language）是显示 XML 文档的首选样式语言，它比 CSS 更适合于 XML。

XSL 由两部分组成：一是转化 XML 文档；二是格式化 XML 文档。换而言之，XSL 是一种可以将 XML 转化成 HTML 的语言，一种可以过滤和选择 XML 数据的语言，一种能够格式化 XML 数据的语言。

XSL 可以被用来定义 XML 文档如何显示，可以将 XML 文档转换成能被浏览器识别的 HTML 文件。通常，XSL 通过将每一个 XML 元素"翻译"为 HTML 元素，来实现这种转换。

XSL 能够向输出文件里添加新的元素，或者移动元素。XSL 也能够重新排列或者索引数据，它可以检测并决定哪些元素被显示，显示多少。

（4）Xlink

Xlink 是说明如何在网络上做到识别、定址及连接的规格文件。Xlinks 有一重要功能就是建立「topicmaps」，这是一种依据 metadata 连接到种种不同网络资源的方式。Topicmaps 允许不同的资料有外在的注解（External Annotation）。因此，我们可以说 Topicmaps 是有结构性的 metadata，而依据各特性关联主题，可以连接到不同的网络资源。

Xlink 定义了几种常用的连接型态：Simple、Extended、Group 和 Document。

① Simple 的用法比较接近在 HTML 内 a 标志的用法。

② Extended 的用法包含 arc 和 locator 的元素，并允许各种种类的扩充连接。

③ Group 和 Document 的用法，是让群组连接到一些特别的文件。

6.3　流媒体技术

流媒体（Stream Media）技术的出现，使得在窄带互联网中传播多媒体信息成为可能。在 Internet 产生后的很长一段时间内，网络上的应用一直局限于下载使用的模式。但是，自从 1995 年 Progressive Network 公司，即后来的 RealNetwotk 公司推出第一个流产品以来，Internet 上的各种流应用迅速涌现，逐渐成为网络界的研究热点。随着流技术的不断发展，已有越来越多的网站开始采用流式技术作为传播多媒体信息的方式，从而使网站的内容变得丰富多彩。

6.3.1　流媒体技术概述

流媒体技术是一种新兴的网络传输技术。通过这项技术，可以把连续的影像和声音信息经过压缩处理后放到网络服务器上，让浏览者一边下载一边观看、收听，而不需要等到整个多媒体文件下载完成就可以即时观看。

1．流媒体

目前在网络上传输音/视频等多媒体信息主要有下载和流式传输两种方案。A/V 文件一般都较大，所以需要的存储容量也较大；同时由于网络带宽的限制，下载常常要花数分钟甚至数小时，所以这种处理方法延迟也很大。流式传输时，声音、影像或动画等时基媒体由音视频服务器向用户计算机连续、实时传送，用户不必等到整个文件全部下载完毕，而只需经过几秒或十数秒的启动延时即可进行观看。当声音等时基媒体在客户机上播放时，文件的剩余部分将在后台从服务器内继续下载。流式传输不仅使启动延时十倍、百倍地缩短，而且不需要太大的缓存容量，这就避免了用户必须等待整个文件全部从 Internet 上下载完毕才能观看的缺点。

流媒体指在 Internet/Intranet 中使用流式传输技术的连续时基媒体，如音频、视频或多媒体文件。流式媒体在播放前并不下载整个文件，只将开始部分内容存入内存，流式媒体的数据流随时传送随时播放，只是在开始时有一些延迟，其最大优点是不会占用本地的硬盘空间。对于用户来说，观看流媒体文件与观看传统的音视频文件在操作上几乎没有任何差别。唯一有区别的就是在影音品质上，由于流媒体为了解决带宽问题以及缩短下载时间，采用了较高压缩比的有损压缩，因此用户感受不到很高的图像和声音质量。但随着网络带宽的不断增加，以及压缩算法的不断改进，用户最终可以欣赏到满意的效果。

2．流媒体文件格式

无论是流式的还是非流式的多媒体文件格式，在传输与播放时都需要进行一定比例的压缩，以得到品质与尺寸的平衡。在压缩过程中多媒体文件中的数据信息进行了重新的编排，在使其重新恢复到原有状态时需要进行解压缩。通常，压缩编码的过程交由专门的压缩软件进行，而解压缩则是播放器的工作。

（1）压缩媒体文件格式

压缩格式有时称为压缩媒体格式，尽管它的文件被处理得更小，但包含了描述声音和图像的信息。常用视频、音频文件格式见表 6.4。

表 6.4　　　　　　　　　　　常用视频、音频文件格式

文 件 格 式	媒体类型与名称	压 缩 情 况
MOV	QuickTime Video V2.0	可以
MPG	MPEG-1 Video	有
MP3	MPEG Layer-3 Audio	有
WAV	Wave Audio	没有
AVI	Audio Video Interleaved V1.0	可以
SND	Sound Audio File Format	没有

（2）流媒体文件格式

流媒体文件格式是经过特殊编码的，适合在网络上边下载边播放，而不是等到整个文件下载完成才能播放。并不是普通的标准多媒体文件不能够在网络中以流的方式播放，而是由于其播放效率太低，所以很少采用。另外，在编码时还需要向流媒体文件中加入一些其他的附加信息，比如计时、压缩和版权信息。

目前在流媒体领域中，竞争的公司主要有 3 个：Microsoft、RealNetworks 和 Apple 公司。相应的产品就是 Windows Media、Real System 和 QuickTime。表 6.5 为 3 个公司的产品中所分别使用的流媒体文件格式。

表6.5　　　　　　　　　　　　流媒体文件格式

公 司 名 称	文 件 格 式	媒 体 类 型
Microsoft	ASF(Advanced Stream Format)	video/x-ms-asf
RealNetworks	RM(Real Video)	application/x-pn-realmedia
	RA(Real Audio)	audio/x-pn-realaudio
	RP(Real Pix)	image/vnd-rn-realpix
	RT(Real Text)	text/vnd-rn-realtext
Apple	MOV(QuickTime Movie)	video/quicktime
	QT(QuickTime Movie)	video/quicktime

另外还有一个 WMV 格式，是 Windows Media Video 的简称，它与 ASF 文件稍有区别。WMV 一般采用 Windows Media Video/Audio 格式；ASF 视频部分一般采用 Microsoft MPG 4V（3/2/1）格式，音频部分采用 Windows Media Audio V2/1 格式。由于现在很多制作软件都没有把它们分开，所以直接更改后缀名就能够互相转换为对方的格式。此外，还有一些其他公司的流媒体文件格式，如 Macromedia 公司的 SWF（Shock Wave Flash）、Vivo 公司的 VIV（Vivo Movie）以及由 RealNetworks 和 Macromedia 公司共同开发的 RF（RealFlash）等。

（3）流媒体发布文件格式

制作完成的流媒体文件需要发布到网络上才能被别人使用，这就需要以特定方式安排压缩好的流媒体文件，而安排流媒体文件的格式就称为流媒体发布格式。这类文件本身并不提供压缩格式，也不描述影音数据，它们的作用在于以特定的方式安排影音数据的播放。虽然流媒体发布文件在流媒体播放的过程中并不是必需的，但使用流媒体发布文件非常有利于流式多媒体的发展及使用。例如：实际的流媒体文件可以位于多个不同的存储地点，而由流媒体发布文件中的信息控制这些流媒体的播放。另外，由流媒体发布文件隐藏流媒体文件的实际位置也是好的做法。

常用的流媒体发布文件格式见表 6.6。

表6.6　　　　　　　　　　　常用的流媒体发布文件格式

文 件 格 式	注 释
ASF	Advanced Streaming Format
ASX	Active Stream Redirector
RAM	Real Audio Media
RPM	Embedded Ram
SMI/SMIL	Synchronised Multimedia Integration Language
XML	Extensible Markup Language

3. 流媒体传输方式

流媒体实现的关键技术就是流式传输。流式传输定义很广泛，现在主要指通过网络传送媒体（如视频、音频）的技术总称。其特定含义为通过 Internet 将影视节目传送到计算机。实现流式传输有两种方法：实时流式传输（RealTime Streaming）和顺序流式传输（Progressive Streaming）。通常，如视频为实时广播，或使用流式传输媒体服务器，或应用如 RTSP 的实时协议，即为实时流式传输；如使用 HTTP 服务器，文件即通过顺序流发送。采用哪种传输方法依赖于用户的需求。当然，流式文件也支持在播放前完全下载到硬盘。

（1）顺序流式传输

顺序流式传输是顺序下载，在下载文件的同时用户可观看在线媒体，在给定时刻，用户只能观看已下载的那部分，而不能跳到还未下载的部分，顺序流式传输不像实时流式传输在传输期间根据用户连接的速度做调整。由于标准的 HTTP 服务器可发送这种形式的文件，而且不需要其他特殊协议，它经常被称作 HTTP 流式传输。顺序流式传输比较适合高质量的短片段，如片头、片尾和广告，由于该文件在播放前观看的部分是无损下载的，这种方法可保证电影播放的最终质量。这意味着用户在观看前，必须经历延迟，对较慢的连接尤其如此。

通过调制解调器发布短片段，顺序流式传输显得很实用，它允许用比调制解调器更高的数据速率创建视频片段。尽管有延迟，毕竟可让用户发布较高质量的视频片段。

顺序流式文件放在标准 HTTP 或 FTP 服务器上，易于管理，基本上与防火墙无关。顺序流式传输不适合长片段和有随机访问要求的视频，如讲座、演说与演示。它也不支持现场广播，严格来说，它是一种点播技术。

（2）实时流式传输

实时流式传输指保证媒体信号带宽与网络连接匹配，使媒体可被实时观看到。实时流与 HTTP 流式传输不同，它需要专用的流媒体服务器与传输协议。

实时流式传输总是实时传送，特别适合现场事件，也支持随机访问，用户可快进或后退以观看前面或后面的内容。理论上，实时流一经播放就可不停止，但实际上，可能发生周期暂停。

实时流式传输必须匹配连接带宽，这意味着在以调制解调器速度连接时图象质量较差。而且，由于出错丢失的信息被忽略掉，网络拥挤或出现问题时，视频质量很差。如欲保证视频质量，顺序流式传输也许更好。实时流式传输需要特定服务器，如 QuickTime Streaming Server、RealServer 与 Windows Media Server。这些服务器允许用户对媒体发送进行更多级别的控制，因而系统设置、管理比标准 HTTP 服务器更复杂。实时流式传输还需要特殊网络协议，如 RTSP（Realtime Streaming Protocol）或 MMS（Microsoft Media Server）。这些协议在有防火墙时可能会出现问题，导致用户不能看到一些地点的实时内容。

4. 流媒体系统的组成

流媒体由各种不同软件构成，这些软件在各个不同层面上互相通信，基本的流媒体系统包含 3 个组件：编码器、服务器和播放器。

流媒体播放器是一种能够与流媒体服务器通信的软件，这种软件能够播放或丢弃收到的媒体流。它既可以像应用程序那样独立运行，也可以作为网络浏览器的插件。流媒体播放器通常都提供对流的交互式操作，如播放、暂停、快放等。某些播放器还提供一些额外的功能，如录制、调整音频或视频，甚至提供文件系统记录所喜欢的流媒体文件。

流媒体服务器用来存放和控制流媒体的数据。文件在编码前，被存放在流媒体服务器上，流媒体服务器处理来自客户端的请求。服务器在流媒体传输期间，同用户的播放器保持双向通信，这种通信是必须的，因为用户很有可能会暂停或快放一个文件。流媒体服务器除了要响应播放器，还必须及时处理新接收的实时广播数据，并将其编码。实际上，流媒体服务器可能同时处理多个任务，一边要处理多个新接收的实时广播数据，一边要响应观众发出的请求，而且还要处理服务器硬盘上备份的数据流。许多流媒体服务器还提供各种额外功能，如数字权限管理（DRM）、插播广告、分割或镜像其他服务器的流，还有组播等。

流媒体编码器负责将原始的音频视频文件转换为流媒体文件，以便在互联网上传播。编码过程包括两项工作：一是在尽可能保证文件原有声音影像质量的情况下尽量降低文件的数据量；二是按照容错格式将转换后的文件打包，这种处理方式能够避免数据传输时发生丢失。

6.3.2　流媒体播送技术

为了能让多媒体数据在网络中很好地传输，并在客户端精确地回放，人们从网络带宽、传输线路、传输协议、服务器，甚至节目本身等多个方面进行过努力，在流媒体的播送技术上也做了不少改进。

1. 单播与多播

所谓单播就是客户端与服务器之间点对点的连接，这也是大多数网络通信的连接方式。在流媒体播放过程中，客户端与媒体服务器之间需要建立一个单独的数据通道，从一台服务器送出的每个数据包只能传送给一个客户机，发送源和接收端是一对一的关系，这种传送方式称为单播。每个用户必须分别对媒体服务器发送单独的查询，而媒体服务器必须向每个用户发送所申请的数据包副本。这种方式会对服务器造成沉重的负担，同时由于每个客户端各自连接服务器，对网络带宽的占用也很大。

单播方式播放流媒体只适用于客户端数量很少的情况，否则很难保证播放的质量，较适合于视频点播应用。

多播也称组播，其概念早已在 IP 网络中提出。当多播发送时，服务器将一组客户请求的流媒体数据发送到支持多播技术的路由器上，然后，路由器一次将数据包根据路由表复制到多个通道上，再向用户发送。媒体服务器只需要发送一个数据包，所有发出请求的客户端都共享同一数据包，并且数据可以发送到任意地址的客户机，没有请求的客户机不会收到数据包。在多播方式中，发送源和接收端是一对多的关系。多播技术可以让单台服务器承担数万台客户端的数据发送，同时保证较高的服务质量。这个服务质量的保证主要依靠数据包的复制数量少和发送目的地址少这两点，从根本上减少了网络中传输的数据总量，从而保证了流媒体传输的最小带宽占用，使得带宽利用率增加，同时也减少了服务器所承担的负载。

多播技术也存在一定的局限性，它需要全网内的路由器支持多播，否则许多用户将无法接收到多播数据。这一点在局域网或小范围的网络内容易实现，但要在广域网内就有一些困难。另外，多播技术本身不适用于 VOD 应用，其原因是每个 VOD 用户对点播的需求不同，因此无法形成一个统一的多播流，也就无法进行多播。所以多播技术更适合现场直播应用。

2. 点播与广播

点播连接是客户端主动连接到服务器的单播连接。在点播连接中，用户通过选择内容项目来初始化客户端连接。一个客户端从服务器接收一个媒体流（这个连接是唯一的，其他用户不能占用），并且能够对媒体进行开始、停止、后退、快进或暂停等操作，客户端拥有流的控制权，就像看电影光盘一样。

点播方式由于每个客户端各自连接服务器，服务器需要给每个用户建立连接，因此，对服务器资源和网络带宽的需求都比较大。

与点播正好相反，广播指的是用户被动接收流。在广播过程中，客户端接收流，但不能控制流，用户不能暂停、快进或后退该流。广播的发送流和接收端是一对多的关系，但这种一对多的关系与多播的一对多的关系不太一样，因为它将数据包的单独一个副本发送给网络上的所有用户，而不管用户是否需要，在一定程度上造成了网络带宽的浪费。

广播又分为广播单播与广播多播两类，两者都是被动地接收媒体流。广播单播的用户是通过链接而获得媒体流，他们都有各自的服务器连接。而广播多播则需要客户端监视特定的 IP 地址来接收媒体流，客户端没有与服务器单独连接。

3. 智能流技术

当前的 Internet 用户所使用的接入方式是多种多样的，有 Cable Modem、ADSL、ISDN 等，由于接入方式不同，每个用户的连接速率也会有很大差别，因此流媒体广播必须提供不同传输速率下的优化图像，以满足各种各样用户的需求。

为每一种不同接入速度的用户提供不同的优化图像是非常困难的。即使我们提供了几种对不同接入方式进行编码的文件，仍然存在一些问题。例如，现在大多数用户使用的连接速率为 56kbit/s 的拨号上网，由于线路质量和网络阻塞等原因，实际上用户的连接速率有差别，主要分布在 28kbit/s ～ 37kbit/s，用户最多的峰值在 33kbit/s 附近。如果提供了 33kbit/s 的连接速率，则对于小于这一数值的用户来说，可能会频繁出现缓冲，直到接收足够数据；而对于大于这一数值的用户来说，对接收的效果也不能满意。更何况用户的连接速率是随时变化的。

解决这种带宽矛盾一般有两种方法，一种方法是以一种编码速率的文件为基础，根据情况从服务器端减少发送到客户端的数据，以避免频繁出现缓冲。也就是用户的连接速率降低，发送的数据量也随之降低，最终导致图像质量很差。RealNetworks 公司提出的"视频流瘦化"技术采用的就是这种方法。另一种方法是根据不同连接速率创建多个文件，服务器根据用户连接速率发送相应文件，但这种方法带来制作和管理上的困难。而且用户连接是动态变化的，服务器也无法实时协调。

智能流（SureStream）技术是为解决上述矛盾而设计的。该技术通过两种途径克服带宽协调和流瘦化，可以在不同类型编码方式的基础上为多种不同带宽提供合适的影音质量。首先，确立一个编码框架，允许不同速率的多个流同时编码，合并到同一个文件中；其次，采用一种复杂的客户端/服务器机制探测带宽变化。

针对软件、设备和数据传输速度上的差别，用户以不同带宽浏览音视频内容。为满足客户要求，编码及记录不同速率下的媒体数据，并保存在单一文件中，此文件称为智能流文件，即创建可扩展流式文件。当客户端发出请求时，它将其带宽容量传送给服务器，媒体服务器根据客户带宽将智能流文件的相应部分传送给用户。以此方式，用户可以看到最可能的优质传输，制作人员只需要压缩一次，管理员也只需要维护单一文件，而媒体服务器根据所得带宽自动切换。智能流通过描述现实世界 Internet 上变化的带宽特点来发送高质量媒体并保证可靠性，并对混合连接环境的内容授权提供解决方法。

在智能流技术中，多种不同速率的编码保存在一个文件或数据流中。播放时，服务器和客户端自动确定当前可用的带宽，服务器提供适当位率的媒体流，即在混合环境下以不同速率传送媒体。如果客户端连接速率降低，服务器会自动检测带宽的变化，并提供更低带宽的媒体流；如果客户端连接速率增大，服务器将提供更高带宽的媒体流，即根据网络变化无缝切换到其他速率。对于关键帧，采用优先策略，音频数据比部分帧数据重要。

6.3.3 流媒体技术原理

流式传输的实现需要缓存。因为 Internet 以包传输为基础进行断续的异步传输，一个实时 A/V 源或存储的 A/V 文件，在传输中要被分解为许多包，由于网络是动态变化的，各个包选择的路由可能不尽相同，故到达客户端的时间延迟也就不等，甚至先发的数据包还有可能后到。为此，使用缓存系统来弥补延迟和抖动的影响，并保证数据包的顺序正确，从而使媒体数据能连续输出，而不会因为网络暂时拥塞使播放出现停顿。通常高速缓存所需容量并不大，因为高速缓存使用环形链表结构来存储数据：通过丢弃已经播放的内容，流可以重新利用空出的高速缓存空间来缓存后续尚未播放的内容。

流式传输的实现需要合适的传输协议。由于 TCP 需要较多的开销，故不太适合传输实时数据。在流式传输的实现方案中，一般采用 HTTP/TCP 来传输控制信息，而用 RTP/UDP 来传输实时声音数据。

流式传输的过程一般是这样的：用户选择某一流媒体服务后，Web 浏览器与 Web 服务器之间使用 HTTP/TCP 交换控制信息，以便把需要传输的实时数据从原始信息中检索出来；然后客户机上的 Web 浏览器启动 A/VHelper 程序，使用 HTTP 从 Web 服务器检索相关参数对 Helper 程序初始化。这些参数可能包括目录信息、A/V 数据的编码类型或与 A/V 检索相关的服务器地址。

A/VHelper 程序及 A/V 服务器运行实时流控制协议（RTSP），以交换 A/V 传输所需的控制信息。与 CD 播放机或 VCR 所提供的功能相似，RTSP 提供了操纵播放、快进、快倒、暂停及录制等命令的方法。A/V 服务器使用 RTP/UDP 将 A/V 数据传输给 A/V 客户程序（一般可认为客户程序等同于 Helper 程序），一旦 A/V 数据抵达客户端，A/V 客户程序即可播放输出。

需要说明的是，在流式传输中，使用 RTP/UDP 和 RTSP/TCP 两种不同的通信协议与 A/V 服务器建立联系，是为了能够把服务器的输出重定向到一个不同于运行 A/VHelper 程序所在客户机的目的地址。实现流式传输一般都需要专用服务器和播放器，其基本原理如图 6.9 所示。

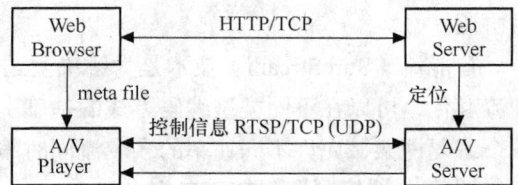

图 6.9　流式传输基本原理

6.3.4 流媒体技术应用

Internet 技术的发展为流媒体技术提供了广阔的空间。通过网络直播、点播视频节目，用户能随时随地观看自己喜欢的节目，在家办公，以及通过网络召开视频会议。社会职业深入分化，使教育向个性化方向发展，用户需要根据自己的需求选择课程并制定学习计划；另外教育也向终身化发展，使得传统的学校不能满足人们的需求，而以远程视频教学为主体的现代远程教育能通过网络、最大限度地利用教育资源，使分散在世界各地的用户能随时随地参加最优秀教师的课程，以上这一切，都是流媒体的一些应用。

1. 在线直播

随着 Internet 的普及，网络上传输的资料不再局限于文字和图形，有许多的视频应用需要在网上直播，如世界杯现场直播、春节晚会直播等。对电视台来说，利用流媒体技术实现在线直播，可以最大范围地覆盖观众，能像电视直播一样达到宣传、广告或满足观众需求的目的。

2. 视频点播

随着多媒体技术、通信技术以及硬件存储技术的发展，人们已不再满足以往单一、被动的单方向信息获取方式，用户一般很难自行挑选喜欢的节目。采用流媒体技术的视频点播（Video on Demand，VOD）正是一种交互式业务，受到人们的欢迎。现在网上很多的在线影院都是采用RealNetworks 公司的 RealSystem 或 Microsoft 公司的 Windows Media System。

3. 远程教育

远程教育系统与传统学校教育相比，突破了时空限制，增加了学习机会，有利于扩大教育规模，提高教学质量，降低教学成本。学习者可以在自己方便的时间、适合的地点，按照自己需要的速度和方式，运用丰富的教学资源来进行学习。目前，许多大学都已经采用流媒体技术实现了远程教育，如北京邮电大学就采用了 Cisco 公司的 IP/TV 流媒体系统进行远程教育。

另外，流媒体技术在电子商务、远程医疗、视频会议等许多方面都有成功应用。

总的来说，目前流媒体技术的应用主要有宽带和窄带两种方式。窄带方式包括多媒体新闻、重大新闻事件的直播、远程教学、e-Learning、股评分析、视频会议等；宽带方式包括网络电视、KTV、企业培训、多媒体 IDC 等。

6.4　无线多媒体通信技术

在任何时候、任何地方可以和任何人（anytime、anywhere、anybody）进行通信，这自古以来就是人类美好的梦想，无线通信就是实现这个梦想的基础。近年来，无线通信技术的发展进入了空前活跃的历史时期，移动多媒体通信是当今多媒体通信发展的重要方向，车载电话、手机等移动终端是移动多媒体通信的主要终端，是未来业务发展的重要发展方向。

6.4.1　无线多媒体通信网的系统结构

无线多媒体终端具有多媒体终端和无线通信的功能，一个典型的无线多媒体终端包括信源编码器、信道编码器、RF 调制器和功率放大器。

在无线多媒体通信系统中，基站和常规的移动通信基站一样，实现与终端的双向通信和同基站控制器的连接。

基站控制器是实现接入不同固定通信网络的重要设备，通过协议转换等方式完成介入功能。由于 ATM 交换机和 IP 路由器的通信协议和通信规程不同，基站控制器除了完成对基站的控制管理、数据业务通信外，还要有接入网络适配器、ATM 网络接口和相应的软件系统。

6.4.2　无线多媒体通信的关键技术

1. 无线多媒体信源编码技术

多媒体信息中大部分是音频和视频数据，它们数字化的数据量相当庞大，H.263、H.26L、MPEG-4、G.729、G.723.1 等国际标准提供了很好的压缩方法。

2. 无线多媒体信道编码和差错恢复技术

陆地移动无线信道的传播环境十分恶劣，由于多经引起的多经衰落、电波传播扩散损耗和阴影效应引起的阴影衰落等，均会对信号的传输质量产生严重的影响，为了支持多媒体通信，应该采用有效的纠错技术。

信道编码一般有自动重传（ARQ）和前向纠错（FEC）两种方式，信道编码能有效降低系统的误差比特率，但是会减小带宽利用率，增加比特率。现有的无线系统中不存在专门的 ARQ 信道。

Turbo 码，又称并行级联卷积码（PCCC），是由 C.Berrou 等在 ICC'93 会议上提出的，它巧妙地将卷积码和随机交织器结合在一起，实现了随机编码的思想；同时，采用软输出迭代译码来逼近最大似然译码。Turbo 码有着接近信道极限的性能，因此特别适合对功率要求严格的情形；另外由于 Turbo 码接近随机码，有很好的距离特性，因此有很强的抗干扰能力，但是它有计算量大、译码延时长的缺点。随着快速译码算法和更快速的硬件技术的出现，Turbo 码的应用会越来越广泛。Turbo 码已被美国空间数据系统顾问委员会（CCSDS）作为深空通信的标准，同时它也被确定为第三代移动通信系统 IMT-2000 的信道编码方案之一。

现有的视频压缩标准，如 H.263+、H.263++、MPEG-4 等，为了提高差错复原能力，以满足已发生差错环境下视频传输业务的要求，均采用了若干差错复原技术，并成为标准中的重要内容。在 MPEG-4 中定义了多种差错复原的工具，主要有重同步（Resynchronization）、数据分割（Data Partitioning）、可逆变长编码（Reversible VLC，RVLC）等。在 H.263+中用于差错复原的编码选项有前向纠错编码（FEC）模式、条带（Slice）模式、独立分段解码（Independent Segment Decoding）、参考图像选择（Reference Picture Selection）等。H.263++则在 H.263+的基础上又增加了数据分割的条带模式，并对参考图像选择进行了修改。

3. 无线多媒体信息传输技术

从视频技术的角度来看，无线多媒体信息传输技术并没有多大的发展，但新频段的开发和应用却从来没有停止。第三代移动通信系统规定使用 2GHz 频段，而其他的一些宽带技术使用各种各样的频段。

从技术层面来看，3G 主要以 CDMA 为核心技术，4G 则以正交频分复用（OFDM）技术最为瞩目。研究者们针对 OFDM 技术在移动通信技术上的应用，提出了相关的基础理论。例如无线区域环路（WLL）、数字音讯广播（DAB）等，都将在未来采用 OFDM 技术，而第四代移动通信系统则计划以 OFDM 为核心技术，提供增值服务。

从应用的角度来看，无线多媒体信息传输中一个重要的方面就是同步，例如视频与音频的同步。由于无线信道的特性非常恶劣，容易造成信息的拥塞、丢失与延时，这对于视频传输非常不利，终端接收到的视频质量很容易遭受损害，同步技术对于无线多媒体通信的最终商用非常重要。

6.4.3　无线多媒体通信新技术

1. 3G 移动通信

第三代（3G）移动通信不仅能提供现有的各种移动通信业务，还能提供高速率的宽带多媒体业务，支持高质量的分组数据业务、语音以及实时的视频传输。3G 开创了无线通信与多媒体融合的新时代，由此产生的无线多媒体必将成为未来无线移动通信业务新的增长点。

相对于第一代模拟制式手机（1G）和第二代 GSM、TDMA 等数字手机（2G），第三代手机（3G）是指将无线通信与国际互联网等多媒体通信结合的新一代移动通信系统。国际电信联盟（ITU）确定 3G 通信的 3 大主流无线接口标准分别是 W-CDMA（宽频分码多重存取）、CDMA2000（多载波分复用扩频调制）和 TD-SCDMA（时分同步码分多址接入）。它能够处理图像、音乐、视频流等多种媒体形式，提供包括网页浏览、视频会议、手机电视、电子商务等多种信息服务。为了提供这种服务，无线网络必须能够支持不同的数据传输速度，即在室内、室外和行车的环境中能够分别支持至少 2Mbit/s、384kbit/s 以及 144kbit/s 的传输速度。融合了多媒体通信的 3G 手机将具有以下特点。

① 数据量大。多媒体通信的数据量远远大于语音通信，例如，移动可视电话一般采用 QCIF 分辨率的图像，有 176×144=25 344 像素。如果每个像素由 24 位表示，一帧图像的数据量就达 594kbit。实时视频图像传输要求的帧频为 25f/s，则数据传输速率将达到 14.5Mbit/s。

② 实时性要求高。多媒体通信往往对实时性的要求比较高，比如视频电话，要求延迟小、实时性好。

③ 多媒体业务对终端要求较高，比如下载类的视频业务，对终端存储容量也有着较高的要求，音乐、视频类的业务需要手机能支持相应功能。

④ 可以提供手机定位、互动游戏、移动银行、可视电话、视频邮件等多媒体业务。

针对移动多媒体通信的上述特点，人们想出了一些解决办法。相对于移动多媒体业务数据量大的特点，有两个解决办法：一是采用更加先进的网络技术，从而提高网络的通信速率；另一个办法则是采用较好的编码技术，这样也可以使待传输的数据量变小。好的编码技术还可以在一定程度上对抗无线信道不可靠的特点，这对于提高移动多媒体业务的质量也大有好处。另外，针对一些需要下载的多媒体业务对终端存储容量要求较高的问题，引入了流媒体技术，这样就不需要把所有的内容都下载下来，可以边下载边播放，一方面可以缓解终端存储空间的不足，另一方面流媒体启动播放的延时非常短，使用户能够即时收看收听视频业务，提高了实时性。当然，终端技术的发展，如彩屏、摄像头、音乐功能等，对移动多媒体业务的发展也会起到保障和推动作用。

2. 4G 移动通信

3G 移动通信系统在不少国家已经进入商用，然而，随着移动多媒体业务的发展，3G 已经不能满足人们的需要了，其局限性主要体现在以下几个方面。

① 难以达到较高的通信速率。3G 最高可支持 2Mbit/s 的速率。然而在高速移动环境下，却远远达不到这一速率，因此不能满足用户对高速多媒体业务的要求。

② 难以提供动态范围多速率业务。由于 3G 空中接口标准对核心网有所限制，因此 3G 将难以提供具有多种 QoS 及性能的各种速率的业务。

③ 难以实现不同频段的不同业务环境间的无缝漫游。由于采用不同频段的不同业务环境需要移动终端配置有相应不同的软、硬件模块，而 3G 移动终端目前尚不能够实现多业务环境的不同配置。

人们希望能够通过 4G 移动通信来解决 3G 系统的局限性。4G 系统具有如下特点。

① 速率更快。4G 通信系统的速率可以达到 10Mbit/s～20Mbit/s，最高可达 100Mbit/s。

② 各系统（IMT-2000、WLAN、卫星、广播等）之间无缝的业务支持，并提供全球无缝漫游。

③ 支持多种模式、对称/非对称业务。

④ 全 IP 网络，支持 QoS。

4G 系统并不是一个明确的定义，在人们的构想中，4G 集 3G 与 WLAN 于一体，并能够传输高质量视频图像，它的图像传输质量与高清晰度电视不相上下。4G 系统能够以 100Mbit/s 的速度下载，比目前的拨号上网快 2 000 倍，上传的速度也能达到 20Mbit/s，并能够满足几乎所有用户对于无线服务的要求。此外，4G 可以在 DSL 和有线电视调制解调器没有覆盖的地方部署，然后再扩展到整个地区。很明显，4G 有着不可比拟的优越性。

与传统的通信技术相比，4G通信技术最明显的优势在于通话质量及数据通信速度。然而，在通话品质方面，目前的移动电话消费者还是能接受的。随着技术的发展与应用，现有移动电话网中手机的通话质量还在进一步提高。另外由于技术的先进性确保了成本投资的大大减少，未来的4G通信费用也要比目前的通信费用低。

4G通信技术将是继第三代以后的又一次无线通信技术演进，其开发更加具有明确的目标性：提高移动装置无线访问互联网的速度——据3G市场分三个阶段走的发展计划，3G的多媒体服务在10年后将进入第三个发展阶段，此时覆盖全球的3G网络已经基本建成，全球25%以上人口使用第三代移动通信系统。在发达国家，3G服务的普及率更将超过60%，这时就需要有更新一代的系统来进一步提升服务质量。

3. 超宽带无线技术

无线技术超宽带（Ultra WideBand，UWB），正如其名称一样，是一种使用1GHz以上带宽的最先进的无线通信技术，被认为是未来5年电信热门技术之一。但是UWB不是一个全新的技术，它实际上整合了业界已经成熟的技术如无线USB、无线1394等连接技术。

UWB的历史渊源，可以追溯到一百年前波波夫和马可尼发明越洋无线电报的时代。现代意义上的UWB无线技术，又称脉冲无线电（Impulse Radio）技术，出现于20世纪60年代。与传统通信技术不同的是，UWB是一种无载波通信技术，即它不采用载波，而是利用纳秒（ns）至皮秒（ps）级的非正弦波窄脉冲传输数据，因此其所占的频谱范围很宽。UWB是利用纳秒级窄脉冲发射无线信号的技术，适用于高速、近距离的无线个人通信。按照FCC的规定，从3.1GHz～10.6GHz之间的7.5GHz的带宽频率为UWB所使用的频率范围。

从频域来看，超宽带有别于传统的窄带和宽带，它的频带更宽。窄带是指相对带宽（信号带宽与中心频率之比）小于1%。相对带宽在1%～25%之间的被称为宽带。相对带宽大于25%，而且中心频率大于500MHz的被称为超宽带。

从时域上讲，超宽带系统有别于传统的通信系统。一般的通信系统是通过发送射频载波进行信号调制，而UWB是利用起、落点的时域脉冲（几十纳秒）直接实现调制，超宽带的传输把调制信息过程放在一个非常宽的频带上进行，而且以这一过程中所持续的时间，来决定带宽所占据的频率范围。由于UWB发射功率受限，进而限制了其传输距离，据资料表明，UWB信号的有效传输距离在10m以内，故而在民用方面，UWB普遍地定位于个人局域网范畴。

由于UWB与传统通信系统相比，工作原理迥异，因此UWB具有如下传统通信系统无法比拟的技术特点。

① 系统结构的实现比较简单。当前的无线通信技术所使用的通信载波是连续的电波，载波的频率和功率在一定范围内变化，从而利用载波的状态变化来传输信息。而UWB则不使用载波，它通过发送纳秒级脉冲来传输数据信号。UWB发射器直接用脉冲小型激励天线，不需要传统收发器所需要的上变频，从而不需要功用放大器与混频器，因此，UWB允许采用非常低廉的宽带发射器。同时在接收端，UWB接收机也有别于传统的接收机，不需要中频处理，因此，UWB系统结构的实现比较简单。

② 高速的数据传输。民用商品中，一般要求UWB信号的传输范围为10m以内，再根据经过修改的信道容量公式，其传输速率可达500Mbit/s，是实现个人通信和无线局域网的一种理想调制技术。UWB以非常宽的频率带宽来换取高速的数据传输，并且不单独占用现在已经拥挤不堪的频率资源，而是共享其他无线技术使用的频带。在军事应用中，可以利用巨大的扩频增益来实现远距离、低截获率、低检测率、高安全性和高速的数据传输。

③ 功耗低。UWB 系统使用间歇的脉冲来发送数据,脉冲持续时间很短,一般在 0.20ns ~ 1.5ns,有很低的占空因数,系统耗电可以做到很低,在高速通信时系统的耗电量仅为几百微瓦至几十毫瓦。民用的 UWB 设备功率一般是传统移动电话所需功率的 1/100 左右,是蓝牙设备所需功率的 1/20 左右。军用的 UWB 电台耗电也很低。因此,UWB 设备在电池寿命和电磁辐射上,相对于传统无线设备有着很大的优越性。

④ 安全性高。作为通信系统的物理层技术具有天然的安全性能。由于 UWB 信号一般把信号能量弥散在极宽的频带范围内,对一般通信系统,UWB 信号相当于白噪声信号,并且大多数情况下,UWB 信号的功率谱密度低于自然的电子噪声,从电子噪声中将脉冲信号检测出来是一件非常困难的事。采用编码对脉冲参数进行伪随机化后,脉冲的检测将更加困难。

⑤ 多径分辨能力强。由于常规无线通信的射频信号大多为连续信号或其持续时间远大于多径传播时间,多径传播效应限制了通信质量和数据传输速率。由于超宽带无线电发射的是持续时间极短的单周期脉冲且占空比极低,多径信号在时间上是可分离的。假如多径脉冲要在时间上发生交叠,其多径传输路径长度应小于脉冲宽度与传播速度的乘积。由于脉冲多径信号在时间上不重叠,很容易分离出多径分量以充分利用发射信号的能量。大量的实验表明,对常规无线电信号多径衰落深达 10dB ~ 30dB 的多径环境,对超宽带无线电信号的衰落最多不到 5dB。

⑥ 定位精确。冲激脉冲具有很高的定位精度,采用超宽带无线电通信,很容易将定位与通信合一,而常规无线电难以做到这一点。超宽带无线电具有极强的穿透能力,可在室内和地下进行精确定位,而 GPS 只能工作在 GPS 定位卫星的可视范围之内;与 GPS 提供绝对地理位置不同,超短脉冲定位器可以给出相对位置,其定位精度可达厘米级。此外,超宽带无线电定位器更为便宜。

4. 移动多媒体广播

移动多媒体广播(MMB)最重要的一个特征就是要让人们随时随地接收到广播电视节目,从技术实现上主要有两种模式:一种是通信方式,即基于移动通信的方式,通过无线通信网向手机点对点提供多媒体服务;另一种是广播方式,利用数字广播技术,向手机、PDA、笔记本电脑或小型接收终端点对面提供广播电视节目的移动广播媒体。利用通信方式需要支付较高的通信费用,广播方式(卫星及地面补点)的覆盖率高,并有较高的带宽,而移动通信网络的盲区多,带宽不足。所以采用移动多媒体广播应该是未来发展的方向。

(1)MMB 概念

中国移动多媒体广播系统,是指通过卫星和地面无线广播的方式,供 7 英寸以下小屏幕、小尺寸、移动便携的手持类终端,如手机、MP3、手提电脑等接收设备,随时随地接收广播电视节目、信息服务等业务的系统。

(2)MMB 的技术体系

MMB 技术体系利用大功率 S 波段卫星信号覆盖全国,利用地面增补转发器同频同时同内容转发卫星信号、补点覆盖卫星盲区信号,利用无线移动网络构建回传通道,统一标准、全程全网,形成卫星大面积覆盖为主、地面增补网络为辅,无缝覆盖的单项广播和双向交互结合的移动多媒体广播网络。实现天地一体覆盖,全国漫游。

(3)MMB 的特点

移动数字多媒体广播不受时空的限制,能够随时随地接收广播电视信息,覆盖率达到 100%;广播内容更加丰富,信息的传递更加快捷,改变了用户的收视习惯和消费时尚,提高了收视率,节省了成本。

6.5　多媒体通信协议

网络传输协议是在网络基础结构上提供面向连接或无连接的数据传输服务，以支持各种网络应用。目前，在实际系统中经常使用的网络传输协议有 TCP/IP、SPX/IPX、AppleTalk 等。其中，TCP/IP 应用最为广泛。由于这些传输协议是在 20 世纪 70 年代到 80 年代间开发的，当时还没有多媒体的概念，也就没有考虑支持多媒体通信的问题。随着多媒体技术的发展，对网络支持多媒体通信的能力提出越来越高的要求，这些传输协议便显露出明显的不足，越来越难以满足多媒体通信对服务质量的需求。于是，人们提出了一些支持多媒体通信的新协议。对于新协议的研究，有两种观点：一是采用全新的网络协议，以充分支持多媒体通信，但存在着和大量已有的网络应用程序相兼容的问题，在实际中很难推广应用；二是在原有传输协议的基础上增加新的协议，以弥补原有网络协议的缺陷。尽管这种方法在某些方面也存在一定的局限性，但可以保护用户大量已有的投资，容易得到广泛的支持。这也是目前增强网络对多媒体通信支持能力的主要方法。

由于 Internet 的核心协议是 TCP/IP，为了推动 Internet 上多媒体的应用，近几年 IETF 提出一些基于 TCP/IP 的多媒体通信协议，对多媒体通信技术的发展产生重要的影响。

6.5.1　IPv6

随着 Internet 迅猛地发展，现有的 IPv4 在地址空间、信息安全和区分服务等方面显露出明显的缺陷。为了解决 Internet 目前和将来可预测的问题，IETF 提出了下一代 IP（Ipng）建议方案，并将它定名为 IPv6。IPv6 在 IP 地址空间、路由协议、安全性、移动性以及 QoS 支持等方面做了较大的改进，增强了 IP 的功能。

IPv6 的一个重要设计目标是保证与 IPv4 兼容。对于像 Internet 一样的大型、异种机的网络来讲，不可能一次性将所有 IP 点都过渡到新版协议的节点上。运行在 IPv6 上的主机和路由器要与以前的 IPv4 的主机同时存在，才能使这种节点过渡更为顺利。因此，IPv6 是建立在与旧的 IP 版本相同的思想基础上的、无连接型的数据报协议，网络层中没有差错控制或流量控制。它有一些十分吸引人的新特点。

① 128 位的地址空间允许更多的主机被寻址，并且允许地址层上有更多的层次。

② 改进的多站点寻址方案允许将多站点路由限制在指定的范围内。多站点地址中的"区字段"限制了地址的正确性范围。另一个"标志字段"允许 Intranet 区分永久性多站点组地址与临时性多站点组地址。

③ 组块头的新定义的"流标志字段"允许鉴别属于同一数据流的所有组块。一个流指的是被一个主机发送给一个单站点地址或一个多站点地址的组块序列。因此，路径上所有路由器都可以鉴别一个流的所在组块，并且以流特有的方式去对待这些组块。流标志是 IPv6 的关键特征，Internet 的 IP 层使用它来完成资源预定和 QoS 承诺。

④ 用于真实性、完整性及数据加密性的新机制。

IPv6 作为下一代 IP，在协议性能和功能上都做了较大的改进，以满足 Internet 业务不断增长的需要。从支持多媒体通信的角度，IPv6 通过优先级和流标识字段提供了 QoS 支持机制，但要求数据流传输路径上各个路由器也应具备 QoS 支持能力，这样才能实现端到端的 QoS 保证。

IPv6 的报头有版本号（4 位）、优先级（4 位）、流标识（24 位）、载荷长度（16 位）、后续报头（8位）、步跳限制（8位）、源 IP 地址（128位）和目的 IP 地址（128位）。它可以通过扩展报头来增强协议的功能，扩展报头是可选的。如果选择了扩展报头，则位于 IPv6 报头之后。IPv6 定义了多种扩展报头，如逐次步跳、路由、分段、封装、安全认证以及目的端选项等，除了逐次步跳扩展报头外，其他的扩展报头由端点解释，中间节点并不检查这些内容。一个数据报中可以包含多个扩展报头，由扩展报头的后续报头字段指出下一个扩展报头的类型。

在 IPv4 中，32 位的 IP 地址被分成网络地址和主机地址两部分，根据不同的地址类别，网络地址和主机地址所分配的位数是不同的。这种地址分配方法的缺陷是不够灵活。IPv6 对 128 位的地址没有作类别限制，允许服务提供者根据实际需要进行地址划分。IPv6 的标准地址格式为 X:X:X:X:X:X:X:X，每个 X 为 16 位。在 IPv6 地址中，允许出现连续的 0，并可用 "::" 表示，但一个地址中只能出现 "::" 一次，这样对连续多组 X 为 0 的地址起到一定的压缩作用。IPv6 地址使用了地址前缀（FP）概念，用来表示该地址的前几位，并用 X/Y 形式表示，其中 X 是地址前缀，Y 是地址前缀的位数。例如，5D4C:0000::/16 表示其地址前缀为 5D4C。

IPv6 目前定义了 3 种地址：单播（Unicast）、多播（Multicast）和任播（Anycast），利用地址格式前缀表示各种类型。

路由器的基本功能是存储转发数据报。在转发数据报时，路由选择算法将根据数据报的地址信息查找路由选择表，选择一条可到达目的站点的路径。路由选择表的维护和更新由路由协议来完成。IPv6 的路由选择是基于地址前缀概念实现的，这样可以很方便地建立层次化的路由选择关系，服务提供者可以根据网络规模来汇聚 IP 地址，充分利用 IP 地址空间。IPv6 中的路由协议尽量保持了与 IPv4 相一致，当前 Internet 的路由协议稍加修改后便可用于 IPv6 路由。此外，IETF 正在研究一些新的路由协议，如策略路由协议、多点路由协议等，研究的重点集中在支持 QoS 和优化路由等方面，这些研究成果将应用于 IPv6。

IPv6 报头中的优先级和流标识字段提供了 QoS 支持机制。IPv6 报头的优先级字段允许发送端根据通信业务的需要设置数据报的优先级别。通常，通信业务被分为两类：可流控业务和不可流控业务。前者大多数是对时间不敏感的业务，一般使用 TCP 作为传输协议，当网络发生拥挤时，可通过调节流量来疏导网络交通，其优先级值从 1 到 7。后者大多数是对时间敏感的业务，如多媒体实时通信，当网络发生拥挤时，则按照数据报优先级对数据报进行丢弃处理来疏导网络交通，其优先级值从 8 到 15。

数据流是指一组由源端发往目的端的数据报序列。源节点使用 IPv6 报头的流标识符来标识一个特定数据流。当数据流途经各个路由器时，如果路由器具备流标识处理能力，则为该数据流预留资源，提供 QoS 保证；如果路由器不具备这种能力，则忽略流标识，不提供任何 QoS 保证。可见，在数据流传输路径上，各个路由器都应当具备 QoS 支持能力，这样网络才能提供端到端的 QoS 保证。通常，IPv6 应当和诸如 RSVP 等资源保留协议一起使用，才能充分发挥应有的作用。

6.5.2　RSVP

RSVP 是一种支持多媒体通信的传输协议，它在无连接协议上提供端到端的实时传输服务，为特定的多媒体流提供端到端的 QoS 协商和控制功能，以减小网络传输延迟。RSVP 通过目的地址、传输层协议类型和目的端口号的组合来标识一个会话。RSVP 消息可以使用原始 IP 数据报发送，也可以使用 UDP 数据报发送。

RSVP 是一种基于网络资源保留的多媒体通信协议，它通过建立连接为特定的媒体流保留资源，提供 QoS 保证，并定义了 GS 和 CLS 两个 QoS 类，主要用于支持诸如 Internet 视频会议等多媒体应用。

RSVP 的资源保留方案由接收方根据发送方所通告网络资源状况来确定，每个接收方可以选择不同的资源保留策略，其资源保留方案可以是异构的。并且，加入或退出多播组也由接收方控制，而不是由发送方规定，因此具有较好的伸缩性和灵活性。

实现 RSVP 的关键技术是路由器对 RSVP 的支持能力，包括路由器的 QoS 编码方案、资源调度策略、可提供的 RSVP 连接数量等。由于 RSVP 会话与 ATM 虚路径概念相吻合，这意味着 RSVP 将在 LAN-ATM 体系结构中发挥更大的作用。

为了适应不断增长的 Internet 综合服务的需求，IETF 设立了综合服务工作组，专门负责制定有关综合服务的服务质量（QoS）类。现在已完成了保证服务（Guaranteed Service，GS）和被控负载服务（Controlled-Load Service，CLS）两个 QoS 类，并指定和 RSVP 一起使用。

GS 为合法的数据分组提供一种保证的带宽级、恒定的端到端延迟范围和无排队丢失的服务。这种服务具有很高质量，主要用于有严格实时传输需求的场合，如多媒体会议，远程医疗诊断等。这类应用通常使用"回放"缓冲器，不允许声音或图像信息延迟到回放时间之后到达。在数据流传输路径上的每个路由器，通过分配一个带宽和数据流可能占用的缓冲区空间为特定的数据流提供保证服务。

CLS 提供的是有一定延迟量和数据丢失的服务，但延迟和丢失被限制在一个合理范围内，并且数据流的传输特性并不随着网络负载的增加而明显降低，仍保持在一个稳定的级别上。CLS 主要用于允许有一定延迟和丢失的实时传输场合，如远程多媒体点播。CLS 通过参数控制网络延迟和数据丢失，提供一种相当于轻负载的传输特性。

一旦发送者和接收者之间协商好 QoS（GS 或 CLS）级后，就可以进行数据流传输了。在数据流传输过程中，每个数据分组都必须符合已定义的参数，否则，路由器将按非法分组处理。对于非法的数据分组，路由器可以有选择地降低 QoS 级，以最佳效果方式传输，并且采取适当的服务策略和更新动作来保证非法数据流不会影响正在传输数据流的 QoS。因此，在 RSVP 中，可将 QoS 分成以下 3 类。

- 确定型 QoS（如 GS）：必须严格保证 QoS。
- 统计型 QoS（如 CLS）：允许 QoS 有一定范围的波动。
- 尽力型 QoS（如最佳效果传输）：不提供任何 QoS 保证。

路由器将按 GS、CLS 及最佳效果传输的优先次序分配系统资源。

一个 RSVP 报文由公共头和报文体组成。公共头的组成有：版本号（4位）、标志（4位）、报文类型（8位）、报文检查（16位）、报文生存期（8位）和报文长度（16位）。报文体是用对象表示的，每个对象的第一个 32 位字段是对象头，其中包括对象长度（16位）、对象类编号（8位）和对象类型（8位），对象内容的最大长度为 65 528Byte。

RSVP 规定，发送者在发送数据前首先要发送 Path 报文与接收者建立一个传输路径，并协商 QoS 级。一个 Path 报文包含的信息有：后续节点地址（Phop）、发送者模板（Sender Template）、发送者传输说明（Sender Tspec）和通告说明（Adspec）。其中 Adspec 是一个可选项。Path 报文通过多个中间支持 RSVP 的路由器传输给一个或多个接收者，并形成一个传输路径。在各个路由器上，Path 报文建立起相应的路径状态，并等待接收者 Resv 报文的协商确认，最终将按所需 QoS 确定该路径上的保留资源。

接收者接收到 Path 报文后，从 Sender Tspec 和 Adspec 字段中提取传输特性参数和 QoS 参数，利用这些参数建立起接收者保留说明 Rspec。利用 Rspec 可以创建 Resv 报文。一个 Resv 报文包含保留模式指示、过滤器说明（Filter spec）、数据流说明（Flow spec）和保留确认对象（Resv Conf）等。其中保留确认对象是可选项。Resv 报文按指定的路径逆向传送给发送者。在每个路由器节点上，Resv 报文对发送者的保留请求给予确认，并且可以和达到同一端口的其他 Resv 报文合并，再传送给由 Phop 指示的上游路由器，直至到达发送者。

6.5.3　RTP

RTP（Real-time Transport Protocol）是由 IETF 开发的一种实时传输协议，可以在面向连接或无连接的下层协议上工作，通常和 UDP 一起使用。

RTP 的工作机理与 RSVP 不同，主要实现一种端到端的多媒体流同步控制机制，既不需要事先建立连接，也不需要中间节点的参与，为其保留资源。在网络带宽充足的情况下，RTP 具有一定的带宽调控能力，保证端到端的多媒体流同步。在网络带宽不足时，RTP 的带宽调控能力将受到一定的限制。ITU 的视频会议标准 H.323 采用了 RTP。

RTP 提供了一种端到端的强制性同步控制机制，以满足多媒体流内和流间的同步控制需求。基于 RTP 的带宽调节控制算法可以将报文丢失率限制在某一范围内，使基于无连接协议的网络传输质量的不稳定性得到了一定的补偿。与其他多媒体通信协议相比，IETF 的 RTP 具有协议简单、易于实现、传输控制信息占用的通信带宽小，以及无须路由器支持等特点。

RTP 定义了两种报文：RTP 报文和 RTCP 报文。RTP 报文用于传送媒体数据（如音频和视频），它由 RTP 报头和数据两部分组成，RTP 数据部分称为有效载荷（Payload）；RTCP 报文用于传送控制信息，以实现协议控制功能。RTP 报文和 RTCP 报文将作为下层协议的数据单元进行传输。如果使用 UDP，则 RTP 报文和 RTCP 报文分别使用两个相邻的 UDP 端口，RTP 数据报文使用低端口，RTP 控制报文使用高端口。如果使用其他的下层协议，RTP 报文和 RTCP 报文可以合并，放在一个数据单元中一起传送，控制信息在前，媒体数据在后。通常，RTP 是由应用程序实现的。

RTP 报文由两部分组成，即报头和有效载荷。RTP 报头中有：V（RTP 协议的版本号，占 2 位）、P（填充标志，占 1 位）、X（扩展标志，占 1 位）、CC（CSRC 计数器，占 4 位）、M（标记，占 1 位）、PT（有效载荷类型，占 7 位）、序列号（占 16 位）、时戳（占 32 位）、同步信源（SSRC）标识符（占 32 位）、特约信源（CSRC）标识符（占 32 位）。

在发送端，上层应用程序以分组形式将编码后的媒体数据传给 RTP 通信模块，作为 RTP 报文的有效载荷，RTP 通信模块将根据上层应用提供的参数在有效载荷前添加 RTP 报头，形成 RTP 报文，通过 Socket 接口选择 UDP 发送出去。在接收端，RTP 通信模块通过 Socket 接口接收到 RTP 报文后，将 RTP 报头分离出来做相应处理，再将 RTP 报文的有效载荷作为数据分组传递给上层应用。

RTP 控制协议（RTCP）通过周期性地发送 RTCP 报文实施协议控制功能。RTCP 报文是一种短报文，由固定的 RTCP 报头和结构化的元素两部分组成，其发送机制与 RTP 报文相同。为了实施不同的控制功能，RTCP 定义了 4 种不同的报文类型。SR：发送者报告报文；RR：接收者报告报文；SDES：信源描述报文；BYE：结束报文。

RTCP 报文由公共的报头和结构化的内容组成，报文内容根据报文类型的不同而具有不同的长度，但一般以 32 位为边界。RTCP 报文是可堆叠的，多个 RTCP 报文可以连接起来而无须插入任何分隔符，从而形成一个复合 RTCP 报文，并作为下层协议的一个报文来发送。在复合 RTCP 报文中，每个 RTCP 报文均被独立地处理。

RTCP 的控制功能是每个 RTP 系统必须实现的，并由内部功能模块定期自动执行。它主要提供一种基于接收者反馈的网络传输 QoS 监测机制，在 RTCP 的接收报告中包含了当前网络传输 QoS 有关信息，如报文丢失率、报文丢失累计、接收到的最高序列号、平均延迟抖动以及用于计算发布接收报告往返所需时间的时间标签等。通过这些信息可以监测和评价网络传输 QoS 状况，并可采取适当的策略实施同步控制。

在多媒体通信中，由于多媒体数据的特殊性，不宜采用通常的重传纠错法来提供正确性，通常采用控制传送带宽方式来减少报文丢失，以满足多媒体应用所需的 QoS。为了实时传输数据，RTP 利用了简单而快捷的 UDP 实现网络传输。UDP 是一种无连接传输协议，不保证报文传输的正确性和有序性，也不提供流量控制功能。RTP 通过报头中的序号、时戳等字段，以及 RTCP 报文，可提供一种基于无连接传输协议的端到端控制机制。

要实施端到端的强制同步控制，前提条件是发送端要能获取网络失调状态信息。一种可行的同步控制策略是：各个接收端将一种轻载的网络失调状态信息（如 QoS 参数状态）反馈给发送端，发送端据此进行强制性同步控制，以满足接收端演示质量的要求。基于 RTP 的带宽控制算法正是利用这种控制策略来实施强制性同步控制的。其基本思想是在 RTP 机制支持下，发送端通过接收端周期反馈的接收报告来评价当前网络传输的 QoS，并以此对数据发送速率进行调整。这种方法的特点是：利用 RTP 机制来传送网络状态信息，不需要另外构造网络检测机构，易于实现；此外，RTCP 报文是一种轻载报文，占用较少的通信带宽。

6.5.4　RTSP

RTSP 协议是由 RealNetworks 公司、Netscape 公司和哥伦比亚大学共同开发的，它建立在 RealNetworks 公司的 RealAudio 产品和 Netscape 公司的 LiveMedia 产品对流媒体的应用基础上。

RTSP 协议和前述的 RSVP、RTP 等协议不同，它既与实时传输有关，又与流式传输有关，是在服务器端和客户端之间建立和控制音视频流的协议。RTSP 在服务器端与客户端之间扮演着"远程遥控器"的角色，也就是通过客户端对服务器上的音视频流做播放、录制等操作的请求。

由于多媒体数据传输量非常大，因此，在传输时会将其分割成多个适合在网络中传输的小数据包，再实时地以流的形式传送。对于客户端来讲，数据包的接收、解压、播放可能在同一时刻进行，用户不需要将整个文件下载就可以开始欣赏节目。节目既可以是现场的实况，也可以是事先制作好的作品。在客户端应用程序中，对流式多媒体内容的播放、暂停、快进、录制和定位等操作都是通过 RTSP 实现的。

RTSP 是一个应用层协议，它必须以底层的 RTP、RSVP 等协议为依托，才能够在 Internet 上提供完整的流媒体传输服务。在数据选择传送通路和传送机制上都遵循底层的 RTP 或 TCP。它能够为单点传送和多点传送流式多媒体提供很高的播放性能，同时，也能够兼容不同厂商的发送端和接收端的应用程序。

RTSP 提供的操作主要有 3 种。

① 从媒体服务器上取得多媒体数据，客户端可以要求服务器建立会话并传送被请求的数据。

② 要求媒体服务器加入会议，并回放或录制媒体。

③ 向已经存在的表达中加入媒体，任何附加的媒体变为可用时，客户端和服务器之间要互相通报。

RTSP 提供音视频数据的传输就像在 HTTP 上提供文本和图像的传输一样。基于这个初衷，两者的语法和操作有很大相似之处。每一个媒体流都对应一个 URL，媒体的各种属性都被定义在一个描述文件中，包括语言、编码、目的地址、端口等。描述文件可以通过 HTTP 或邮件等方式传送。除此之外，两者也有很多不同。其中一个很大的差别是 HTTP 中的请求必须由客户端发出，服务器作出响应。而在 RTSP 中，客户机和服务器都可以发出请求，即 RTSP 是双向的。

6.6　小　　结

多媒体通信是网络多媒体应用中极为重要的环节。但是，多媒体的引入对通信网产生了很大的影响，这些影响主要体现在对网络带宽、实时性、时空约束及分布处理等各个方面。一方面，要使网络传输得更快；另一方面，也要使得传输的费用尽可能的低，这就需要对网络的特性加以很好的折衷。本章对多媒体网络的通信需求进行了论述，简介了流媒体传输技术和无线多媒体通信的关键技术，最后介绍了多媒体通信协议，以供读者了解这方面的进展。

习题与思考题

1. 在多媒体信息传输过程中，最大的问题是什么？应该如何解决？
2. 多媒体对通信网络提出了哪些需求？
3. QoS 是什么？为什么需要 QoS？
4. QoS 有哪几类？其管理机制是什么？
5. 多媒体通信网的具体含义是什么？一般的 LAN 或 WAN 可否进行多媒体通信？
6. 什么是超媒体？超文本和超媒体的共同之处和不同之处何在？超媒体的"超"字体现在何处？它与普通的信息管理方法的关键不同之处在哪里？
7. 顺序流式传输和实时流式传输有何区别？它们分别适用于哪些应用？
8. 简述流媒体传输原理。
9. 无线多媒体通信的关键技术有哪些？
10. 简述 IPv6、RSVP、RTP 和 RTSP 的主要内容。

第7章
多媒体应用开发与系统

　　信息技术领域与其他现代科学技术领域的发展规律一样，要靠应用和技术的双翼才能起飞，多媒体系统也不例外。多媒体系统应用非常广泛，涉及工作、生活的各个方面，如多媒体出版系统、多媒体办公自动化系统、多媒体信息咨询系统、交互式电视与视频点播系统、交互式电影与数字化电影、数字化图书馆、家庭信息中心、远程教育与远程医疗、虚拟协同设计、虚拟仿真系统等。本章将首先介绍多媒体应用开发的类型、方法，通过几个典型系统的介绍，使读者对多媒体应用系统的功能、结构、设计与实现等方面有一个直观的了解，从而获得一个整体的技术概念。

7.1　多媒体应用开发

7.1.1　多媒体应用的类型

　　多媒体可以应用于相当多的领域，但开发一个多媒体的应用首先必须明确系统的总体目标是什么。根据总体目标，确定应用的类型，并采用合适的开发方法。这一点与其他软件系统的开发是一样的。

　　多媒体的应用一般分为以下几类。

　　（1）开发系统：这一类系统实际上就是被用于开发应用的工具性或支持类软件系统，如创作工具、数据库系统、创作语言、多媒体编辑器等。

　　（2）Title：主要是指具有一定主题的应用型光盘产品，如大百科全书、词典、教科书，某一专题的介绍，如风光、古迹、邮票等。

　　（3）演示系统：专为某一单位或某一应用设计的演示系统，更加强调演示上的创意或应用上所要求的特殊效果，如单位的介绍、产品的演示、科研项目表演等。

　　（4）教育培训：复杂的信息组织格式和交互是此类系统十分重要的特点，因为在教学过程中，不仅仅只是表现信息，而且还要不断地穿插测验、回答、习题等内容。

　　（5）娱乐：多媒体的游戏、影视节目等均属这一类。这一类软件更强调交互性和实时性，并不一定要求很大的信息量和准确性。

　　（6）专门的应用系统：此类系统是为特定目的设计的，如多媒体会议系统、医学诊断系统等，具有鲜明的专业特色。

　　以上是几类主要的多媒体应用类型，它们的开发方法具有一定的相似性。在这些应用中，有的需要按照要求和功能用合适的语言开发，强调很强的程序设计能力，如第（1）类；有的则需要用合适的创作工具进行生成后才能使用，强调多媒体信息的组织和创意，如第（2）、（3）、（4）类；有的则需要更复杂的系统结构设计或技巧设计，如最后两类。这些特点都决定了它们的开发方法迥然不同。

7.1.2　多媒体应用开发的常用方式

1. 平台开发

多媒体 Windows 是最常用的基本开发平台。此外，还有各种由 Windows 引伸的开发平台。各种开发平台都提供了一个面向对象的工作环境。设计者可以在平台上建立应用文件，使用各种图标并把不同的图标看做激活的链源，还可穿插叠加对象，将高分辨率图形、全动态视频、三维动画、立体声及文本等素材有机地组合起来，最终生成交互式多媒体应用程序。

（1）Windows 环境：在 Windows 环境中进行多媒体开发有两种方法，一种是使用 SDK 软件包，结合语言编程进行创作；另一种是在 Windows 环境中，将各媒介的设备驱动程序装配进去，在编程中打开 MCI 接口，直接调用各媒介的文件。

（2）超文本：超文本实际上是一种多媒体信息管理技术，它是图、声、文等多种媒介信息相链接的产物。超文本能对这些介质进行输入和输出，是综合表达信息的强有力手段。它具有超媒体信息处理能力，还可作为一种接口技术，提供非常直接、灵活的人机交互方法。

2. 程序开发

程序开发即利用 Visual Basic 语言、C 语言或 PASCAL 语言进行多媒体软件的开发。使用程序开发的优点是，开发者可以充分发挥想象，灵活自如地设计出各种变化的人机界面，并根据对象特性设计出最合适的算法，因此软件开发灵活性大，应用范围广。使用程序设计语言的另一个优点是执行速度快。一个用程序设计语言编写的应用程序经编译和连接后，其执行速度大大快于用创作系统设计的解释型软件。通常一个经过编译的程序显示一屏要等待 1/4s，而用创作工作创作的软件完成同样任务需等待约 4～5s，这一差别在最终用户端尤为明显。此外使用程序设计还可编写出运行在指定机器上的占用最少机器资源和具有独特界面控制的应用软件。程序开发的缺点是：编程复杂，开发周期长；要求开发者具有一定的专业素质和较高的调试技术水平。使用程序进行开发时，开发者首先要选择模型，然后以流程图的形式建立应用程序的初始结构，最后再往结构中添加内容形成应用程序结构。还需对照设计方案随时修改完善。

3. 创作系统开发

创作系统是一种综合性的集成软件包，可以把应用系统的各个部分连接起来，并调用各种素材。它是多媒体应用制作中常用的方法，可通过菜单、工具或帮助信息引导开发人员一步步地进行制作。所有的内部控制功能均由创作系统自动完成和执行，系统和用户之间具有直观的交互作用。设计者无须编程。

常见的创作系统还需要与图形编辑、动画编辑、数字式动画和视频编辑工具软件相配合。创作系统的优点是：无须编程，调试方便；对开发者的计算机专业技术水平要求较低，容易使用；开发周期短，具有可预见性和可靠性，不仅简化了制作过程，而且可以极大地提高效率；提供样板应用程序，有利于快速拼装应用软件，获取反馈信息，并可进行适当改动。但用创作系统开发较复杂的多媒体应用的灵活性较差。某些要求的特定功能仍需通过创作系统提供的编程语言或外接程序来实现。

4. 创作系统和编程语言的有机结合开发

创作系统和编程语言都能提供设计多媒体应用的方法，各有优势和不足。有些开发工具可以把两者结合起来，如创作工具 Action 由许多场景组成，每个场景又包含许多对象，如文本、图形和声音等，这些对象可以由工具板制作，也可以由外部输入。又如 Director 创作系统允许用户将交互式对象安排在时间链上，并提供一种名为 Lingo 的稿本语言，应用越复杂，该语言涉及的内容也越复杂。此外 Visual Basic 除了可通过语言编程外，还允许把独立的代码模块集成到程序中，并编译成可执行文件。因此，它是一种具有创作系统风格的编程语言。

7.1.3 多媒体应用设计过程

1. 多媒体应用的选题

多媒体应用系统的选题首先从分析用户的需求开始，应充分考虑多方面问题，如应用系统的用户有哪些？应用场合和应用环境是什么？该系统题材类型是科技、教育、娱乐还是商业用？系统主要内容有哪些？要传递哪些信息？解决什么问题？该系统是真实情境，还是模拟环境？要表达的内容是否适合多媒体？系统实现难度是否很高？是否有足够人力、物力配合？是否有市场潜力？……在此基础上可以确定项目的对象、多媒体信息的种类、表现手法，以及要达到的目标，完成应用的选题。

2. 脚本设计

多媒体应用基本上都是通过恰当地组织各类多媒体信息，以达到应用的目的。为了组织好信息，编写好脚本是成功的第一步。脚本是多媒体应用系统的主干，它必须覆盖整个多媒体系统结构。各种媒体信息的结构需要仔细安排，是组织成网状形式、还是组织成金字形式的层次结构，取决于应用。很多情况下这一类应用都采用按钮结构，由按钮确定下一级信息的内容，或者决定系统的控制及走向（如上页、返回等）。

另外一种方式是试题驱动方式，常用在教育、训练等系统中，通过使用者对试题的回答，了解他对信息主题的理解程度，从而决定控制走向。复杂一些的是超媒体信息组织，应尽可能地建立起联想超链关系，使得系统的信息丰富多彩。因此，脚本不仅要规划出各项内容显示的顺序和步骤，还要描述其间的分支路径和衔接的流程，以及每一步骤的详细内容。

脚本设计必须兼顾诸多方面，包括系统的完整性和连贯性。设计中既要考虑整体结构，又要善于运用声、光、画、影、物多重组合达到最佳效果，注意系统的交互性和目标性。特别要注意根据不同的应用系统运用相关的领域知识和指导理论。在脚本设计中要注意媒体的选择和脚本内容顺序及控制路径的设计。

3. 创意设计

脚本设计完成之后的重要工作就是进行创意设计。创意设计首先是对屏幕进行设计，确定各种媒体的排放位置、相互关系，各种按钮的名称、排放方法、以及各类能引起系统动作的元素的位置、激活方式等。在时间安排上也要充分安排好，何时播放音乐，何时播放伴音，应恰如其分。其次是设计交互过程，要充分发挥计算机交互的特点。创意的好坏取决于对内容的深刻理解以及创意人员的水平，也取决于软件系统的性能，它决定了最终应用的质量高低。因此，所有的设计人员，包括编剧、导演、美工、配乐等人员都应互相沟通，充分发挥各自的想象力和创造思维能力，根据脚本，设计全部场景、画面、音乐效果以及动作或动画的细节。在创意设计中，要对屏幕设计和交互设计中的背景、标题、描述（文字、图形、动画）、各种控件（按钮、热字和热键）等空间组成，以及背景、音乐、解说词和动作出现的时间序列勾画出多种草图或场景，反复对比，择优选择确定。

创意设计是多媒体活泼性的重要来源，好的创意不仅使应用系统独具特色，使原本呆板的剧本生动活泼，也大大提高了系统的可用性和可视性。

4. 人机界面设计

人机界面指用户与计算机系统的接口，人机界面设计涉及计算机科学的很多领域。

多媒体界面的成功并不在于仅向用户提供丰富的媒体，而应在语义层上将各种媒体有机地结合起来以便更有效地传递信息。在人机界面设计中，首先应进行界面设计分析，即收集有关用户及其应用环境信息后，进行用户特性分析，用户任务分析，记录用户有关系统的概念、术语等。分析任务中对界面设计要有界面规范说明，选择界面设计类型，并确定设计的主要组成部分。由于人机界面是为适合人的需要而建立的，所以要清楚使用该界面的用户类型（是从未使用过计算机的外行，还是略有使用经验的初学者，还是熟练的操作用户等），要了解用户使用系统的频率、用途，以及对用户的综合知识和智力的测试，这些均是用户分析中的内容。在此基础上产生任务规范说明，进行任务设计。

任务设计的目的在于重新组织任务规范说明以产生一个更有逻辑性的编排。设计应分别给出人与计算机的活动，使设计者较好地理解在设计一个界面时所遇到的问题，这样形成系统操作手册、训练文件和用户指南的基础。在考虑用户工作方式及系统环境和支持等因素下，进行任务设计。

任务设计后，要决定界面类型。目前有多种人机界面设计类型，如问答型、菜单按钮型、图标型、表格填写型、命令语言型、自然语言型等，它们各有不同的品质和性能，设计者要了解每种类型的优点和限制。大多数界面使用一种以上的设计类型。对其使用的标准主要考虑使用的难易程度、学习的难易程度、操作速度（即完成一个操作时，在操作步序、击键和反应时间等方面效率有多高）、复杂程度、控制能力及开发的难易程度。因此，选择界面设计类型时要全面考虑。一方面要从用户状况出发，决定对话应提供的支持级别和复杂程度，选择一个或几个适宜的界面类型；另一方面要匹配界面任务和系统需要，对交互形式进行分类。由于界面类型常常要在现有硬件基础上进行选择，限制了许多创新的方法，所以界面类型也将随着硬件环境及计算机技术的发展而丰富。

一旦考虑了所有因素，界面类型选定，即可将界面分析结果综合成设计决策，进行界面结构的设计与实现，包括界面电话设计、数据输入界面设计、屏幕显示设计、控制界面设计等。

7.2 多媒体电子出版物

7.2.1 多媒体电子出版物概述

多媒体电子出版物是把多媒体信息经过精心组织、编辑并存储在光盘上的一种电子图书，包括电子期刊、电子新闻报纸、电子手册与说明书、电子广告、电子声像制品等。

它具有以下特点：存储容量大；媒体种类多，可以集成文本、图形、图像、动画、视频和音频等多媒体信息；运输与携带方便；检索迅速；可长期保存，不会像纸质出版物那样出现变色、发霉、虫蛀和粉化等；及时传播，经由计算机网络可立即发行到国内外各地；价格低廉，成本是普通图书的几分之一，甚至几百分之一。

因此，电子出版物不仅改变了传统图书的出版、阅读、收藏、发行和管理方式，而且对人们传统的文化观念也将产生巨大的影响。

7.2.2　多媒体电子出版物的分类

多媒体电子出版物根据发行方式可分为电子网络出版和单行的电子书刊两大类。根据出版物的形式来分，电子出版物主要有联机数据库、电子报刊和电子图书 3 种典型的类型。根据出版物的内容来分，可分为教育类、娱乐类和工具类（含数据库）。下面介绍多媒体电子出版物的几种应用。

1. 多媒体电子图书

多媒体电子图书主要包括电子字典、百科全书、经典类作品及参考书籍等。

（1）字典类

字典可以查找字的拼法、音标及字义，还可以查找相关字。在多媒体字典中，除了可以协助查找字的本意外，还可以提供该字的读法、含有该字在内的整个句子的读法以及动画与真实照片，且通过超媒体技术，可在相关字上直接跳转到相应的画面上，可使读者通过查找相关字而对该字的相关信息了解得更为透彻。

（2）百科全书类

百科全书与字典类似，只是它在提供某一个"字"或"词"的所含本意之外，还加上了许多与它相关的数据，使与该字或该词相关的所有知识结合在一起，成为一个单元的完整知识。多媒体除提供以上各项数据之外，再加上声音、影片，使百科全书内容更为丰富。

（3）经典类

经典类的作品一般内容与章节都很多，所经历的年代也很久远，在阅读时需要前后引证、互相贯通。若利用光盘来查找或引经据典，再配合图片与声音可以加强阅读的效果。

（4）参考书籍类

查阅参考书籍以便进一步去查找所需的信息，也是多媒体光盘数据库的特长。因为加入了图片、照片及动画、视频等，必定比只有文字的资料更受人欢迎。

2. 地图与旅游

多媒体节目可以以电影或电视的记录片为基础，加上文字、动画、地图等资料，使观众能获得更完整的信息。它还可以由用户来控制选择参观的地方与参观的速度，加上交通、住宿等相关信息，可以用于导游。

（1）地图类：利用多媒体，可以使地图的查找非常方便。只要输入地名或街道名，系统会自动显示该地区或街道的位置，还可以获取该地区的人口、市容、面积、气候等信息。

（2）旅游类：以多媒体来介绍旅游名胜的风光、文物与习俗，更能达到身临其境的效果，深受旅游者的欢迎。

3. 家庭应用

家庭中的多媒体光盘主要包括医药与娱乐两类。

（1）医药类：在家庭中，对小伤口的处理或家人身体有些不适时，做一些最基本的诊断与护理是非常必要的，因此家用护理箱与多媒体护理医疗的光盘便可成为家庭咨询与护理的必备工具。

（2）娱乐类：通过使用多媒体光盘来做游戏、讲故事及观赏电影等，可以充实家庭生活的情趣，也是多媒体应用的重要市场之一。

4. 商业

多媒体也可以应用于商业场上。通过充分发挥它的特长，可以协助商业界来训练员工，以最经济有效的方法来给员工实施在职教育。也可以利用多媒体来展示商品或举办说明会，以多变化、新颖化吸引顾客。还可以提供顾客查询的方式。

（1）员工训练

多媒体技术可以将员工训练及工作成效密切地结合在一起。员工通过使用多媒体去学习基本操作方法或学习一项新技术，比传统的方法经济且有效。

（2）商品介绍

现在已有愈来愈多的商品利用多媒体进行商品的介绍工作，顾客可以通过计算机观赏商品的介绍，也可以利用多媒体的按钮来选择所需的信息与问题，如此便形成了双向的沟通。

（3）查询服务与浏览

很多场合需要有查询服务，多媒体的查询服务为人们提供了方便的交互手段和丰富多彩的查询界面。

7.2.3　多媒体电子出版物的创作流程

多媒体电子出版物是一种应用软件，这种软件与其他形式软件的最大不同之处在于它以内容为导向，出版物的内容往往由软件本身所提供，用户可以随意地阅读、观赏、倾听和浏览该系统所提供的内容。因此，多媒体电子出版物的设计就像电影导演创作一个内容丰富、表现多样化的作品一样。一套好的多媒体电子出版物必须由空间设计人员、绘图艺术家和编剧家共同完成，其显示方式的安排必须根据稿本进行详细规划。具体地讲，多媒体电子出版物创作的全过程可分为下述 10 个步骤。

1. 分析多媒体的特点，了解客户，进行环境需求分析

一个多媒体电子出版物常常起始于一个想法或者一种需要，而最初的设想往往是不成熟的，需要逐步完善，这就要进行系统的需求分析。需求分析通常要由信息需求方和多媒体项目制作方共同参加，对多媒体电子出版物的表现主题、内容、规模、查询方式、设计风格等进行深入细致的分析，并作出尽可能详尽的描述，最后完成"需求分析报告"。

2. 构思整体结构，组成项目创作小组

根据需求分析所确认的项目规模、内容构成等需求确定项目的主题及结构，再结合多媒体的特点构思出出版物的整体框架，从而确定软件的系统结构。与此同时，组成项目创作小组，并根据系统结构进行成员的任务分工，明确各部门各单元的工作主题及相应的职责。

3. 稿本编写

这部分工作是整个多媒体电子出版物的重点。稿本要描述所有可见活动，规划各项显示的顺序与步骤，并且陈述其间环环相扣的流程以及每个步骤的详细内容。对于有解说的多媒体电子出版物，稿本还要给出具体台词。稿本设计必须兼顾多方面。整个系统的完整性和连贯性不可忽视，但同时也要注意每一个片段的完整性，因为用户可能只观赏其中的某些片段。除了表现整体的故事结构外，还要善于运用声、光、画、影等多重组合来达到更佳的效果，使系统具有更高的活泼性与交互性。

4. 软件结构设计

多媒体电子出版物的制作者拿到稿本后，首先要考虑节目类型。所谓确定类型就是确定该节目是图书出版型、教育或培训型，还是演示型、查询型等，这对软件结构设计有很大的影响。明确节目类型后，便可进行项目的软件结构设计，这是电子出版物创作的关键阶段。首先要进行信息类型划分、内容定义、层次结构关联及规定最终表现方式等，即完成整个项目的总体设计框图。而后对出版物进行界面设计、屏幕设计、接口设计、导航设计等。在界面设计时要尽量根据认知科学的原则，充分考虑用户的心理，使设计的界面能够被用户所接受。

5. 采集、制作多媒体素材

本阶段将完成对多媒体电子出版物中所需要的全部原始素材进行收集及加工制作的任务。多

媒体素材通常包括文本、图像、声音、动画、视频文件等。采集、制作多媒体素材是一件相当繁重的工作，其工作量占多媒体电子出版物创作全部工作量的 70%~80%。

6. 产品制作

由软件工程师根据预先编写好的多媒体稿本，利用现有的著作工具或程序将各种制作好的文字、图形、音频、视频和动画等多媒体素材进行集成，并生成最终产品。

7. 产品的调试、测试

出版物制作完毕后，应对其各模块及整个软件分别进行运行调试，做彻底的检查，确保节目的正常运行。对存在的错误及漏洞进行改正和修补，有可能还要进行系统优化，如版式设计是否漂亮，速度是否可以提高等。具体内容包含：内容的正确性测试、系统功能测试、安装测试、执行效率测试、兼容性测试、跨平台测试、内部人员测试以及外部人员测试。

8. 生成产品

经过测试优化，确认出版物没有任何问题后，就可以制作 CD-R 盘了。在正式压制 CD-ROM 光盘之前可对研制的多媒体电子出版物在光盘上的实际运行效果进行最后的测试，这时只须制作少量的 CD-R 盘即可。

9. 检验

将刻有多媒体电子出版物的 CD-R 盘提供给一些用户使用，进行实测，并请专家对节目内容进行评估，听取各方面对多媒体电子出版物的意见，必要时对出版物的部分细节进行修改优化，直至满意为止。

10. 包装上市

先把多媒体电子出版物刻制成母盘，然后送到专门工厂用专门设备制作模板，再在生产线上批量生产。与此同时，需制作一些使用说明书，并印刷宣传材料，对产品进行精美的包装。

多媒体电子出版物创作融科学和艺术为一体。创作者除需具备计算机方面的多媒体知识外，还应具备各方面的人文社会知识和良好的艺术素养。多媒体电子出版物的界面既是作品的门面，也是作品的一个重要部分。不少多媒体电子出版物以艺术创意为核心设计界面。例如，英国 DorlingKindereley 公司（简称 DK 公司）的界面设计方法为"文字图解设计"，将文字与图像（场景）密切结合起来，多层次传递信息。

音乐是多媒体作品的重要组成部分。音乐在多媒体作品中可分为以下 5 类：背景音乐；片头、片尾音乐；提示功能音乐；音乐游戏；音乐、音效库。一件作品的音乐设计应该结合作品的总体结构进行统筹安排，并由专门的音乐设计师创作产生。

多媒体作品的美术设计应为作品主题营造美观和谐的动态视觉环境，给人以动态的美。另外，一部好的多媒体电子出版物的美术风格应与作品主题相适应。多媒体电子出版物的创作者还应充分考虑用户心理、民族习惯、文化背景、知识基础等因素。

7.3 多媒体会议系统

7.3.1 多媒体会议系统概述

1. 概述

多媒体通信网络为传输多媒体的信息提供了必要的手段，因而产生了许多新的系统和应用。

未来通信服务和控制将成为多媒体系统应用的一般功能，媒体也不仅仅是单独的数据或音频，而是多种媒体如视频、音频和数据的复合体，并且可以用共享的形式提供。多媒体会议系统就是一种新的以多媒体形式支持多方通信和协同工作的应用系统。多媒体会议系统（Multimedia Conferencing System）的基本特征是：通过计算机远程地参加会议或交流；合作工作不受地理位置分离的限制；通信涉及多个参与者站点之间的连接，以及在这些连接之上的操作；会话可以通过视频、音频以及共享应用空间来进行；连接不限于用户之间，媒体播放器或记录器也可以当作连接方；除了非实时性的电子邮件或传真连接外，连接主要用于建立"活动"的会话。多媒体会议系统不只是传统的远程会议系统的延伸，它将在日常工作、教育和娱乐中发挥更基础和普遍的作用。

2. 会议系统发展过程

早在 1964 年，AT&T 在世界上首次推出可视电话（当时称 Picture Phone），人们争相参观。这是一种个人对个人的会议工具，当时 AT&T 宣称它将改变远程通信的面貌。然而由于当时技术和市场的限制，这种产品并没有发展起来。直到 20 世纪 80 年代才出现了各种各样的会议系统，这些系统大多使用专用的设备和线路，它们装配在特别设计的会议室中。这个阶段的会议系统由于其专用性和昂贵的价格，其市场并不大。20 世纪 90 年代以后，随着计算机技术、通信网络技术和多媒体技术的发展，视频通信重新引起人们的兴趣。会议系统引入了标准的数据压缩技术对视频信号进行高倍率压缩，遵循国际标准的会议系统终端可以借助公共网络进行工作，系统的可用性得到加强。进入 21 世纪，人们对视频和音频信息的需求越来越强烈，追求远距离的视音频同步交互成为新的时尚。依托计算机技术、通信技术和网络条件的迅速发展，集音频、视频、图像、文字和数据为一体的多媒体会议系统，使越来越多的人开始通过互联网享受到网上生活、远程医疗和远程通信的乐趣，缩短了时区和地域的距离。此外，"9·11"、SARS 等重大事件为过去发展缓慢的视频会议市场注入了"强心针"，政府部门和企业集团开始大规模采购与使用视频会议系统。另一方面，随着国内外大型网络运营商对网络环境的建设和改造，视频会议系统的使用环境也变得越来越好。近几年，随着视音频编解码技术趋于成熟，特别是 Internet 技术的迅速发展，桌面视频会议系统（Desktop Videoconferencing System）产品得到迅速发展，特别是基于 Internet/ Intranet 环境的桌面视频会议系统已经进入实用化阶段。此外，随着对下一代互联网 NGN 技术研究的不断深入，基于协议 SIP 的多媒体会议系统、基于流媒体广播技术的多媒体会议系统已经成为新的研究热点。

3. 会议系统的分类

常见的会议系统可以按以下几种类型进行划分。

（1）按会议设备配置划分

① 会议室会议系统。会议地点安排在某个固定的专用会议室中，配置专用的硬件和软件、大屏幕显示器以及音响系统，通常使用专用的宽带通信信道，能为与会者提供接近广播级的视频通信质量。缺点是价格昂贵，这种系统主要用于固定地点和时间的大型会议。

② 桌面会议系统。计算机是常用的桌面事务处理工具。把会议系统的硬件，主要是视音频编解码器和通信接口集成到计算机中就可以构造成桌面会议系统。桌面会议系统利用公共通信网络来通信。因为终端就在桌面上，所以可以随时与其他人讨论问题，或在家里就可以参加一个远程会议。桌面会议设备的价格相对较便宜，根据所使用的通信网络带宽的不同，视频质量一般在专业级以下水平，能基本满足人们的要求。

（2）按照是否利用计算机设备划分

① 电视会议。电视会议又称会议电视，它是一种用于会议用途的电视系统，传送的主要是视

音频信号。也可以用传真机和资料摄像机等辅助设备传送会议文件。会议电视的终端一般也安装在专用会议室内，用于大型的会议。

② 计算机会议。计算机会议是一种基于计算机的会议。会议中可以有也可以没有实时的音频和视频。计算机作为会议的终端。由于会议中采用了计算机，就可以利用计算机进行会议控制和管理，与会者的交互能力很强，可以实现应用程序共享和工作空间（数据）共享。对于计算机会议，按照交互方式可以分为异步计算机会议和同步计算机会议。异步计算机会议指所有会议用户不必同时处于激活的状态，例如在没有提供音频和视频的计算机会议中，通过布告板、电子邮件等方式召开通信会议。同步计算机会议中，所有用户同时处于激活状态，他们利用实时的视频、音频或数据消息进行交流。

（3）按照使用的信息流类型划分

① 音频图形会议。在音频图形（Audio Graphics）会议中，利用语音进行多方的交流，辅以传真机等通信设备传送图形文件。这是一种早期的会议系统形式。

② 视频会议。数字视频压缩技术的进展促使人们把视频信息流加入到会议中。视频会议（Video Conferencing）有时又称视听会议（Audio Visual）。在会议中，与会者不仅可以听到他人的说话声，而且可以看到对方的手势和面部表情。

③ 数据会议。数据会议实际上是利用计算机，在相当于窄带宽的通信网络上进行的一种交换数据形式信息的会议。会议可以是同步的或是异步的，在会议终端上运行的是用户数据应用程序。

④ 多媒体会议。在多媒体会议中，利用全面的信息流来交换与会者的思想。这些信息流为实时音频和视频、同步或异步的多媒体数据。在多媒体会议系统中，不仅可以在与会者之间传递多媒体数据（如图形、静止图像等），而且作为协作工作的支撑工具，会议系统支持用户应用程序共享，以及提供描绘讨论的电子白板和文字交谈程序。会议中的多媒体概念不仅仅表现在信息流的多媒体形式，而且体现在多媒体集成化的共享空间，很强的用户交互性，以及对多媒体交流信息的一致性控制（不是单独针对某种媒体，且不是零散的而是集成一体的通信和会议控制）。

（4）按照基于的网络环境划分

按照支持会议系统的传输网络，会议系统可以分为 ISDN 会议系统、局域网络会议系统、电话网会议系统、Internet 网络会议系统等。

7.3.2　多媒体会议系统结构与关键技术

1. 多媒体会议系统一般结构

不同类型的会议系统根据传输网络的不同，各组成部件以及所遵循的协议有所不同，但系统结构基本一致。图 7.1 所示为多媒体会议系统的结构框图。会议系统主要由终端设备、传输信道、多点控制单元等组成。

图 7.1　多媒体会议系统结构框图

（1）终端设备

终端设备的主要功能是将视频、音频、数据、信令等各种数字信号分别进行处理后组成一路复合的数字码流，再将它转变为适合在传输网络中传输的帧格式送到信道中进行传输。它主要包括以下几部分。

① 音频、视频 I/O 设备。视频输入设备包括摄像机、录像机、图文摄像机、VCD、DVD 等，主要功能是将模拟视频信号通过视频输入口送入编码器进行处理。视频输出设备包括监视器、投影机、电视机等，主要功能是显示收到的图像。

音频输入、输出设备包括麦克风、扬声器、调音设备和回声拟制器等。麦克风和扬声器用于与会者的发言和收听远端会场的发言。调音设备用于调节本会场的麦克风、扬声器的音色和音量。回声抑制器应用回波抑制原理将对端的干扰信号抑制掉，保证发送的只有本端会场的发言。

② 视频、音频编解码器。视频编解码器是视频会议终端的核心设备，它能对各种制式的模拟视频信号进行实时数字化和压缩编码处理，以便在信道上传输。音频编解码器能对 50Hz～3 400Hz（50Hz～7 000Hz）的模拟语音信号数字化，以 PCM 或 ADPCM、LD-CELP 等方式进行编码和解码。此外，音频编码器还要增加适当的时延，解决由视频编码引起的唇音同步问题。

③ 信息处理设备与应用软件。信息处理设备包括电子白板、书写电话等。应用软件通常包括白板系统、应用程序共享系统等，与会人员可以通过这些设备和应用软件来讨论问题和实现数据共享等功能。

④ 多路复用/分接设备。该设备将视频、音频、数据、信令等各种数字信号组合为符合规范速率的数字码流，并成为与用户网络接口相兼容的信号格式。

（2）传输网络

会议系统的传输介质可采用光缆、电缆、微波、卫星等数字信道，或者其他类型的传输信道。在用户接入网的范围内，还可以采用 HDSL、ADSL 等设备进行传输。在传输方式上，它可以在现有的多种网络上展开，如 AT、DDN、ISDN、SDH 数字通信网或帧中继网络等。新的会议系统标准还允许它在各种计算机网络中传输，如 LAN、WAN、Internet 等。

（3）多点控制单元

由于目前各种网络本身的控制功能还不能满足会议系统所要求的多点对多点的控制，因此除了终端设备、通信线路外，还需要一种设备来控制各个通信会场之间的信息传输与切换，该设备叫多点控制单元（MCU）。MCU 的基本功能是对视频、语音及数字信号进行切换，就像电话网中的交换机一样，按用户的要求完成信息的转接，如它负责把传送到 MCU 某会场发言者的图像信号切换到所有会场。MCU 主要由网络接口单元、呼叫控制单元、多路复用和解复用单元、音频处理器、视频处理器、数据处理器、控制处理器、密钥处理分发器、呼叫处理器等模块组成。

2. 多媒体会议系统数据协议

多媒体会议系统与其他类型的会议系统不同之处在于，它不仅仅通过实时的视频和音频来交流，而且利用计算机技术，实现了应用程序共享、数据实时共享、多点文件传送等会议功能，从而使与会者以全面的媒体形式（视频、音频和数据），在计算机模拟的面对面共享环境中召开会议和交流思想。因此，数据环境是多媒体会议中的一个重要组成部分。

多媒体会议系统的数据协议模型由通信基础结构和使用基础结构的应用协议构成。图 7.2 所示是一个完整的会议系统数据协议模型示意。通常，每一层向上一层提供服务，每层用下层提供的服务，通过发送协议数据单元来与对等层通信。

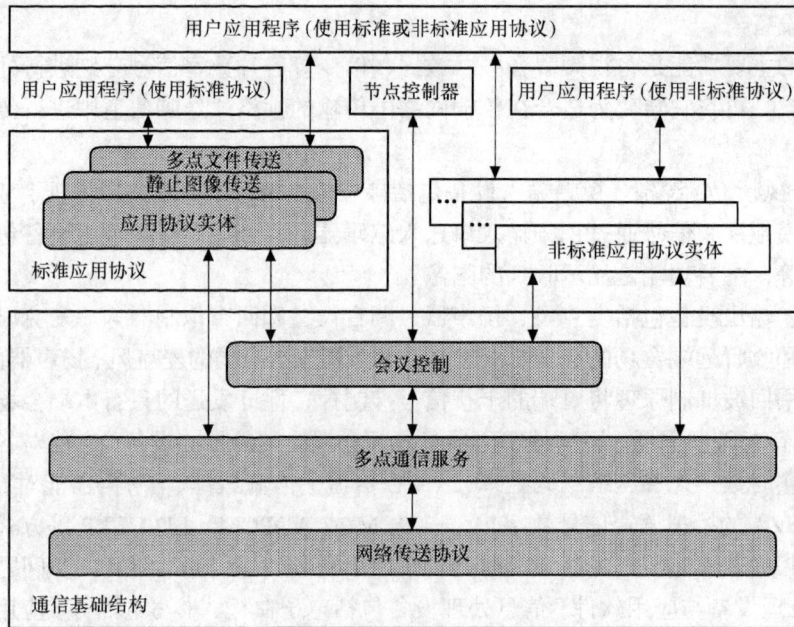

图 7.2　会议系统的数据协议模型

（1）用户应用

用户应用（User Applications）可以分为两种：使用标准应用协议的应用和使用非标准协议的应用。专门为多点会议系统而设计的应用是多点感知的。用户应用程序可以使用任何标准和非标准协议与对等用户应用程序进行通信。会议环境支持在相同会议中的多个用户应用同时操作。

（2）应用协议

应用协议（Application Protocols）由协议数据单元（PDU）及其应用程序对等通信的操作组成。应用协议可以是专用协议，或由 ITU-T 及其他国际和国家组织标准化的协议。这些协议提供多点同时文件传输；静止图像传送和用户注释；共享白板和传真等方面的约定。应用程序可以使用任意组合的标准和非标准应用协议。一个应用协议实体（Entity）是一个应用协议的实例（Instance）。它可以看成由两个功能部件组成：应用资源管理器（ARM），提供与所有协议有关的通用功能；应用服务元素（ASE），提供应用特殊的功能。

（3）节点控制器

节点控制器（Node Controller）是在终端或 MCU 上提供节点管理作用的元素。它与会议控制模块（启动和控制通信会话）相互作用。

（4）通信基础结构

通信基础结构（Communications Infrastructure）以可靠的数据交付为会议提供多点连接。它可以使多个应用在相同的多点环境中同时使用。节点之间的连接可以是任何电路交换远程通信网络，或基于分组的 LAN 和基于分组的数据网络的组合。基础结构由 3 个部件组成：会议控制、多点通信服务和网络传送协议。

会议控制（Conference Control，CC）提供建立和管理多点会议的一组服务。它提供会议的访问控制和能力仲裁（Arbitration）。多点通信服务（Multipoint Communications Service，MCS）提供通用的多点面向连接的数据服务。它选择点到点传输连接，并把它们结合，以形成提供多点通信的多点域。对上层来说，MCS 是作为资源提供者而独立于下面的网络，按需提供通信通道和令牌资源。为应用程序提供的令牌用于协调会议事件和过程。在会议中，MCS 提供从一个终端到任何所有其他终端传送控制信号和数据流的能力。它不需要知道任何有关应用数据流的内容。MCS 希望底层传送连接为它的协议数据单元 PDU 提供可靠的点到点按序数据交付。如果需要，可以对 PDU 进行分割后再传送。对于每种支持的网络，需要相应的网络传送协议，并为 MCS 层提供一致的 OSI 传送访问接口。可以选择适合于某种网络的现有链路层协议，然后把它们映射到公共接口层。因此，对于具体的网络，定义一个相应的传送配置文件。在传送层，会议被看成是一组点到点连接对，不同的连接对可能在不同的网络上。多点通信服务从低层得到传送对，并把它们映射成一个多点域。图 7.3 所示为独立于网络的传送协议的构造方式。

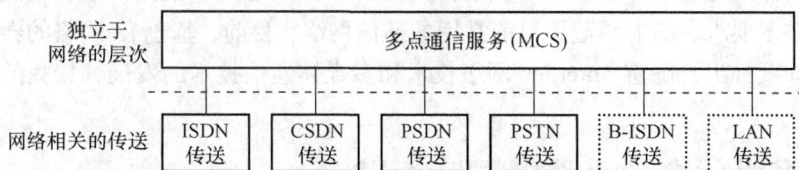

图 7.3　独立于网络的协议结构

3. 多媒体会议系统关键技术

在多媒体会议系统的发展过程中，涉及许多技术问题，其中有些是多媒体通信系统所共同面临的问题，有些是多媒体会议系统所特有的。

（1）网络传输与接口技术

会议系统要借助通信网络的通信线路进行信息传输，而现实的通信网络多种多样，如 PSTN、ISDN、DDN、LAN、WAN、IP 网及各种无线信道等。会议系统必须根据不同的信道、不同网络的传输特性来进行多媒体数据的传输，会议系统终端或 MCU 必须将自己的复合码流转换成传输网络所能接受的数据帧格式、信号格式和互控协议，然后经过网络接口送到传输网络。目前在多媒体通信中存在的网络不适应问题、网络间信息传输的障碍、用户网络的传输瓶颈问题等技术问题的解决都是会议系统得以发展的前提。因此，建立统一的高速宽带数据网络，如 B-ISDN 结构的 ATM 网络、基于 IP 的高速计算机网，并设立高速网络接口和宽带用户网络是发展多媒体会议系统的关键技术之一。

（2）信息压缩技术

几十年来，会议系统技术进步的中心内容之一就是寻找一种有效地表示图像和语音信息的符号代码，目标是在保证图像和声音质量的前提下寻求一种更有效的压缩算法，将需要传输的数据量压缩到最低。按照压缩编码所采用的算法不同，图像压缩编码的方法有 3 类，一类是消除图像时间冗余度的预测编码方法，另一类是消除图像空间冗余度的变换编码方法，第三类是将二者结合的所谓混合编码。目前，人们正在研究新的图像压缩算法，如模型基、语意基算法、神经网络法，基于混沌、分形理论的方法、小波变换算法等。语音的编码方法也有 3 类，一类是经典的基于语音波形进行编码的波形法，另一类是基于语音特征参数的参数法编码，第三类是在低速语音编码应用最多的混合编码方法。

（3）多点控制技术

会议系统需要实现多点之间的双向通信，同时又只能基于现有的通信网络来实现，限于目前通信系统的现状，多点之间会议信号的切换必须由专门的设备来完成，这个设备一般叫多点控制单元（Multipoint Control Unit，MCU）。MCU 是一个数字处理单元，具备对多个会议终端的信号进行切换和混合的功能，这些信号包括音频信号、视频信号、数据和信令等。同时还需要具备对会议进行有效控制和管理的功能，使它能模仿我们平时实际开会的方式，如与会者发言、主席发言和自由讨论等。MCU 是会议系统的关键设备，会议系统支持的终端规模、会议的管理方式、支持的网络类型等都与 MCU 密切相关。

（4）标准化技术

标准化是产业兴旺发达的基本前提，会议系统的发展也不例外。会议系统之所以近年来能够蓬勃发展，其中一个重要原因就是 ITU-T 陆续制定了一系列的有关会议系统的国际标准。从 1988 年 ITU-T 颁布 H.261 建议草案从而奠定了视频编码的基础起，ITU-T 制定的标准涵盖了会议系统的各个方面，具体规范了图像、语音编码、网络接口、多点连网、数据传输、码流复用和通信控制等多方面的技术要求，基本涵盖了目前常用的通信网络。目前，基于 IP 网络的会议系统的有关规范和标准也陆续推出，随着 Internet 网络技术和多媒体通信技术的发展，相关的标准化工作会越来越完善。

7.3.3　多媒体会议系统的国际标准

为了实现不同厂家设备产品之间的互连互通，国际标准化组织制定了一系列会议系统标准，主要包括国际电信联盟 ITU 制定的系列标准，以及 IETF 制定的适用于 Internet 的标准 RFC、Draft、SIP 协议等。随着个人计算机的普及，以 Intel 为首的 90 多家计算机和通信企业联合会制定了一个个人会议标准（Personal Conferencing Specification，PCS）。特别值得关注的是 IETF 针对下一代互联网 NGN 制定的基于 IP 网络的多媒体通信协议 SIP，它对未来多媒体会议系统会有非常大的影响。从目前市场占有率看，占主导地位的还是基于 ITU 标准的多媒体会议系统，本小节主要介绍 ITU 标准。

总部位于瑞士日内瓦的国际电信联盟（ITU），主要协调全球电信网和业务，其活动包括电信的协调、开发、规整和标准化等方面。在 20 世纪 80 年代，ITU 就专门成立了一个小组研究视频会议，建立了一系列的建议和标准，影响较大的标准是 H.320 系列和 T.120 系列建议，后来又陆续制定了 H.323、H.324 等建议。H 系列的建议和标准是专门针对交互式电视会议业务而制定的，而 T 系列是针对其他媒体的管理功能而制定的，二者的结合将使多媒体会议系统的通信有更完善的依据。

1．H.320 系列标准

H.320 系列标准是会议系统中应用最早、最成熟的标准，用于窄带 ISDN 及相似特性的非拨号（专用）网。H.320 系列标准包括了视频、音频的压缩和解压缩，静止图像、多点会议、加密以及其他改进特性，分为通用体系、音频、多点会议、加密、数据传送 5 个部分。它的视频编解码用 H.261，视频压缩后的数据率为 $P \times 64 \text{kbit/s}$。为了使 NTSC 和 PAL 制式之间兼容，它定义了公共中间格式 CIF。音频编解码用 G.711、G.722 或 G.728，其中 G.711（PCM 编码，64kbit/s）和 G.728（码激励线性预测 CELP，16kbit/s）规定了 3.4kHz 电话质量的语音压缩标准；G.722 是 7kHz 调频广播质量的语音编码，速率在 64kbit/s 以内。H.320 会议使用 64kbit/s 整数倍速率的信道，最高达 2 048kbit/s。信道使用 H.221 帧格式，呼叫控制在 H.242 和 H.243 中规定的范围内。H.230 定义了系统中使用的控制和指示 C&I 信号。多点会议控制单元在 H.231 中描述，以组成多点会议。H.224 为那些需要实时控制的业务提供开销低、执行时间和延迟短的简单可行的协议，它不需要可靠的流控制连接。H.281 是建立在 H.224 之上的实现点到点、点到多点的单向远端摄像机控制。另外，H.233 为会议系统提供了信息加密的方法，　H.234 确定了在不同点之间传送密钥以及其他与管理有关的问题。

2．H.323 系列标准

H.323 制定的会议系统标准主要描述无服务质量保障的 LAN 多媒体通信终端、设备和服务。它使用 H.261 或 H.263 作为视频编解码标准，音频用 G.711、G.722、G.723 或 G.728。用 H.225 代替 H.221 成帧功能，通信呼叫由 H.245 来定义。相应地，H.322 建议描述服务质量有保障的 LAN 会议系统，服务质量有保障的 LAN 的一个例子是综合业务（Integrated Services）局域网（IEEE 802.9A），它采用载波监听多路存取/冲突检测（CSMA/CD）的介质访问控制（MAC），提供等时传送服务。H.323 标准在 1996 年推出第一个版后，分别于 1998 年、1999 年、2000 年和 2003 年相继推出了后续第二、第三、第四和第五个版本，已经发展得相当成熟，目前最为流行，兼容性支持最好的两个版本是第二版和第四版。

3．H.324 系列标准

H.324 是电话网上的会议系统标准。视频标准用 H.263，音频标准用 G.723.1.1。多路复用/分接协议 H.223 把音频、视频和数据集中于一个流中，按逻辑通道传输，逻辑通道用 H.245 协议控制。网络访问用 V.34 调制解调器。H.324/M 对应的是无线网络环境下的会议标准。

4．T 系列标准

新设计的 T.120 系列标准与网络设施无关，为以上会议系统定义了应用的数据协议以及通用会议控制。T.120 建议为多媒体会议系统提供了数据共享、程序共享、远程指示和多点二进制文件传输等完整的功能，是目前多媒体会议必须支持的数据协议标准。

表 7.1 列出了 ITU-T 有关会议系统的常用建议及其名称。另外，基于 B-ISDN 和 ATM 网的会议系统由 H.310 描述。H.321 定义了 H.320 终端对 B-ISDN 环境的适配，使 B-ISDN/ATM 访问一旦可以获取，H.320 会议终端就可以利用这些宽带网络设施召开会议。

表 7.1　　　　　　　　　　　　　ITU-T 制定的有关会议系统的建议

分　类	标准号	名　　称
视听业务的系统和终端设备	H.320	窄带（ISDN）可视电话系统和终端设备
	H.323	服务无质量保证的局域网上，可视电话系统和终端设备
	H.324	低比特率多媒体通信终端
	H.324/M	无线移动网上，超低比特率可视电话业务的多媒体终端
	H.310	宽带 ISDN 可视电话系统和终端设备
	H.321	H.320 可视电话终端到 B-ISDN 环境的适配
	H.322	服务有质量保证的局域网上，可视电话系统和终端设备
视频编解码	H.261	$P \times 64$kbit/s 视听业务的视频编解码器
	H.262	ISO/MPEG-2，未被列入 H.323 推荐范围
	H.263	用于小于 64kbit/s 窄带远程通信信道的视频编解码器
	H.264	MPEG-4 Part10，比 H.263 节省 50%的比特率，并提高了网络适应能力
音频编解码	G.711	3.4kHz 语音脉冲编码调制（PCM）
	G.722	64kbit/s 以内的 7kHz 音频编码
	G.723	用于多媒体通信传送的双速率（5.3kbit/s 和 6.3kbit/s）语音编码
	G.728	低延迟码激励线性预测的语音编码
	G.729	共轭结构代数码激励线性预测编码

续表

分　　类	标准号	名　　称
数据协议	T.120	多媒体会议的数据协议
	T.121	通用应用模板
	T.122	音频图形和视听会议的多点通信服务
	T.123	音频图形和视听会议应用的协议栈
	T.124	视听和音频图形终端的通用会议控制
	T.125	多点通信服务的协议规范
	T.126	静止图像的协议规范
	T.127	多点二进制文件传送的协议规范
	T.128	应用程序共享协议
	T.130	提供 T.120 数据会议与 H.320 视频会议连接的概要描述
	T.131	特定网络影响
	T.132	实时连接管理
	T.133	音频、视频控制服务
	T.TUD	用户保留
成帧、多路复用和同步	H.221	视听业务中，64kbit/s～1 920kbit/s 信道的帧结构
	H.223	低比特率多媒体通信的多路复用协议
	H.224	使用 H.221 LSD/HSD/MLP 信道的单位应用实时控制协议
	H.225	在服务无保证的 LAN 上进行媒体流分组和同步
通信规程	H.241	在 H.300 系列协议中扩展视频通信能力的过程和控制信令
	H.242	使用 2Mbit/s 以内数字信道，在视听终端之间建立通信的系统
	H.243	使用 2Mbit/s 以内数字信道在 3 个或多个视听终端之间建立通信的规程
	H.245	多媒体通信控制协议
系统方面	H.230	视听系统的帧同步控制和指示（C&L）信号
	H.231	使用 1 920kbit/s 以内信道的视听系统的多控制单元
	H.233	视听业务保密系统
	H.234	视听业务的密钥管理和认证系统
	H.235	H 系列多媒体终端的安全和密码保护协议
其他	H.281	使用 H.224 的视频会议远程摄像机控制协议

7.3.4　虚拟空间会议系统

1. 目前多媒体会议系统的局限性

信息技术的发展使得信息的获取与使用越来越趋向于以用户为中心，而以人为中心的信息获取与处理技术要求建立和谐的人机交互环境。在这种环境中，人们能够以自然的方式（如语音、表情、手势和身体语言等）通过计算机实现信息的使用，以及与其他人之间直观的交互，完成协同工作。

传统的多媒体会议系统虽然初步实现了跨地域的实时研讨与协同工作，但还存在以下局限。

① 群体感知。目前的多媒体会议系统，与会者无法在同一时刻获得所有成员的信息，无法表

达感知信息（Awareness）。

② 群体成员之间的交互方式与交互深度受限。在实际会议中，与会者之间存在着深层次的交互行为，如身体语言（Body Language）、眼神接触（Eye Contact）、凝视感知（Gaze Awareness）等，这些自然方式的交互对于人与人之间的信息交流具有重要的意义。目前的多媒体会议系统中所有与会站点看到的仅仅是相同的与会者画面，无法实现基于与会者角度的交互行为。

③ 会议的空间感与真实感不强。空间概念是实现定位、感知进而进行交互的基础，目前的多媒体会议在进行过程中缺乏真实的会场气氛，不同会场的与会者对整个会议的感知没有空间感，基于窗口的会议空间是一种二维的显示平面，并且由于视频切换观察不同的分会场，造成了整个会议空间信息的分割，不利于与会者将注意力集中到会议应用的主题上，同时也无法实现更深层次的交互行为。

④ 协同工作的支持粒度不够。CSCW 的目标是共同任务。为完成共同任务，应用系统必须在工作组中提供相应的辅助工具以支持协同工作的进行。目前的多媒体会议系统还缺少通过虚拟现实技术对协同仿真、共享环境体验等 CSCW 的支持。

2. 虚拟空间会议系统

为了解决多媒体会议系统存在的不足与局限，适应 CSCW 更高的应用需求，虚拟空间会议系统（Virtual Space Teleconferencing System，VST）概念伴随着虚拟现实技术的发展而被提出。VST 通过对各个与会终端处的局部会场利用虚拟现实技术进行空间上的扩展，将分布在不同地点的局部会场合成为一个所有与会终端都能够感知与交互的虚拟会议空间，所有与会者仿佛在同一个会议室中召开会议，与会者之间能够以自然的方式进行信息交流，开展群体间的协同工作。所以，虚拟空间会议系统有"终极会议系统（Ultimate Teleconferencing System）"之称，它是技术发展的必然，也是应用发展到一定阶段后所提出的需求。

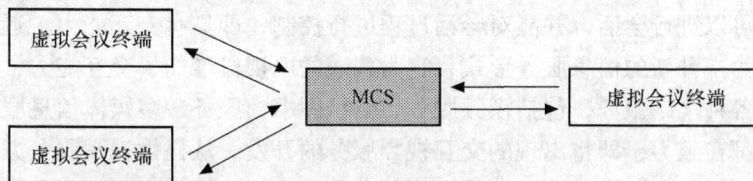

图 7.4　虚拟空间会议系统拓扑结构

VST 系统由虚拟会议终端与多点合成服务器（MCS）组成，图 7.4 显示了一个基本的系统框架。从逻辑上来说，MCS 作为系统运行框架主机，位于会议系统的中心，实现会议应用的管理控制。每个虚拟会议终端通过系统运行框架接口加入到会议应用中，其在会议应用执行过程中所进行的信息交互通过 MCS 来完成，这些信息包括与会者视频、音频，与会者空间状态信息，虚拟物体属性更新以及会议控制信息等。VST 系统能将来自于各个会场的信息通过分割、变换和综合，最后又合成到一个公共的虚拟空间中，使得与会者形成会场整体的感知效果。VST 系统中涉及了会议管理、通信管理、图像处理和空间感知等多种关键技术，感兴趣的读者可以查阅有关资料，这里不再介绍。

由于 CISCO、HP 等公司相继推出商业化产品，虚拟会议系统近两年已经从实验室走向应用和市场。CISCO 公司 2006 年宣布推出了一项名为 "Cisco TelePresence"（国内被译成 "思科网真"）的创新技术，并推出了包括 Cisco TelePresence1000、Cisco TelePresence3000 等不同规格的产品。这个构建于智能化 IP 网络之上的系统，能够将远程参会者的图像以真人大小的格式显示在会议室的显示屏幕上。真人大小的视频图像加上超高清晰度的图像效果，带空间感的音频系统和环境的完美结合，营造出一种与异地对话方共在一个会议室的感觉。一套完整的网真系统需要由合适的会议室、电源和高带宽网络通道、独立的墙面、桌子、椅子、灯光、视频显示设备、控制设备、音频设备组成。

目前，虚拟会议系统还处于孕育阶段，为满足高端用户群的需求而扮演着普通多媒体会议补充的角色。一方面是价格昂贵，另一方面是不同厂家之间的产品之间还不能互联互通。但随着技术的迅速发展，虚拟会议系统将会走入寻常百姓家，为我们的生产和生活带来极大的方便。

7.4 交互视频服务系统

7.4.1 交互视频服务系统的概念

1. 基本概念和发展概况

信息服务已经从过去的纸张印刷、报刊杂志、电视、广播和联机文本，发展到了今天的多媒体信息服务。特别是电视，已经成为我们生活中不可缺少的获取信息的工具。有线电视、无线电视、有偿收视服务（Pay Per View，PPV）、图文电视都进入到了家庭。但是，这些基于电视的信息服务都是广播形式的，即使是图文电视，也是以视频信号循环播放文字和图片信息。在这种形式的视频服务系统中，用户是被动的，只有频道选择权，没有视频播放控制权，更不能对视频和声音进行交互式的操作。在当今信息社会里，人们已经不满足被动地接受信息和其他被动形式的服务，而需要在一天忙碌中的不固定时间里去主动查询信息和获取服务。人们希望在信息提供者与信息接受者之间可以进行会话，并能对会话过程进行控制，即具有交互能力。近年来，交互视频服务系统已经成为一种新的信息服务形式，它为普通的电视机增加了交互能力，使人们可以按照自己的需求获取各种网络服务，包括视频服务、数字图书馆服务、多媒体信息服务等。电信部门和广播电视部门都在致力于即将出现的交互视频服务的开发。从提供视频服务方面来看，电信部门和广电部门既是合作者，又是竞争对手。这种竞争局面造成了交互视频服务（应用）的多种系统名称的产生。

广播电视部门倾向于把交互视频服务看成是一种电视系统，称为交互电视（Interactive Television，ITV），用户终端是电视机再加上一种称为机顶盒的交互设备，继续从电视网络上获取信号，但需要进行网络的双向化改造。从技术解决方案上看，广播电视部门走的是"数字电视"的技术路线。所谓数字电视，是指将传统的模拟电视信号经过抽样、量化和编码转换成用二进制数代表的数字式信号，使电视信号在发射、传输和接收的过程中全部实现数字化的电视系统。采用数字技术不仅使各种电视设备获得比原有模拟式设备更高的技术性能，而且还具有模拟技术不能达到的交互功能。其本质的变化是改变了观众收看电视节目的形式，从被动地收看变为主动地交互地收看等，观众可以在任何时候自由选择自己喜爱的节目并能够得到包括浏览网页、发送电子邮件、享受远程教育、视频点播、家居银行、电视购物等多种增值服务。

从电信运营商角度看，则更倾向于把交互视频服务看成是一种在IP网络上的宽带服务，称为视频点播（Video On Demand，VOD）。后端由服务运营商建设巨大的视频服务器系统，用户终端既可以是电视机加机顶盒，也可以是计算机，或者是其他可以获取视频信息的设备，如手机、PDA

等。通过这些终端设备，可以向视频服务器点播所需的节目，其中也包括电视服务和其他网络服务。目前最具有代表性的系统就是 IPTV。IPTV 是 Internet Protocol Television 的英文缩写，又叫网络电视。其基本原理是利用宽带网络的基础设施，以家用电视机或者计算机作为主要终端设备，通过互联网协议向用户提供包括视频服务在内的多种交互式数字媒体服务技术。由于使用的是 TCP/IP 网络及协议，IPTV 可以非常容易地将互联网网页浏览、电子邮件、多种在线信息咨询、游戏娱乐、教育及商务功能与交互视频服务功能结合在一起。

不论是交互电视还是视频点播，它们都是为用户提供交互的视频服务，虽然广电部门和电信部门强调通过不同的网络提供交互视频服务，但从长远来看，电信网和电视网应该并且一定会走向统一。未来这两种系统也将走向综合，它们可以利用同样的网络基础设施和视频服务器，在用户端根据用户的需要，提供家电式的 ITV/VOD 终端，或计算机式的个人终端。

本书中，我们也不刻意对数字电视、交互电视、网络电视和 IPTV 这些术语加以区分，希望读者注重把握交互视频服务概念的核心。

目前，交互视频服务的应用主要包括以下几个方面。

① 电影点播（Movies On Demand）：按用户点播的要求，以数字视频形式传送电影节目，用户具有仿真的 VCR 控制功能或影片片断选择收看功能。

② 交互电视新闻（Interactive News Television）：把大量采访到的新闻组织成新闻视频库，并与内容细节联系起来，用户交互检索和观看感兴趣的新闻。

③ 目录浏览（Catalog Browsing）：分类浏览商品和图书目录，选购商品、食物、书籍等物品，或者观看和检索证券股票市场行情。

④ 远程学习（Distance Learning）：收看远地教师的课程，并能够做练习，回答老师的问题，使学习者不受地域和时间的限制。

⑤ 交互视频游戏（Interactive Video Games）：把视频游戏传递到相应的用户终端上，用户可以与异地的其他用户一起参加游戏。

⑥ 交互广告（Interactive Advertising）：广告不仅是以被动的方式插播，而且可以随时被用户以交互方式观看，以获得较详细的内容信息，并可以向做广告宣传的厂商进行询问。

这里需要注意的是，在现阶段，将交互式电视设备作为视频服务系统的终端与采用计算机作为多媒体信息系统的终端是有差别的。相比之下，VOD 系统的应用领域非常具体，视频质量要求较高，强调为大量观众提供视频服务，但只支持相对简单的操作和功能，价格也比较便宜。而基于计算机的多媒体信息系统能够提供广泛的多媒体信息查询和检索服务，其中当然也包括视频信息，用户也可以对视频进行交互操作，系统中也可以有视频服务器，但这种基于计算机的多媒体信息系统的交互性更强，向用户提交的表示信息的媒体形式更多，更强调向用户提供对大型视频库的查询和检索能力，从而对终端设备的要求更高，价格更贵一些，用户操作过程也更复杂。

2. 纯视频点播与准视频点播

交互电视的基本特征是用户对视频的播放过程可以进行控制，这种控制可以作用于节目间（Inter-program）或节目内（Intra-program）。节目间的交互是指随时可以选择一部影片；节目内的交互是指随时可以在一个节目内的场景之间进行选择。节目间交互式电视又称为点播电视（Video On Demand，VOD），它又可分为纯视频点播（True Video On Demand，TVOD）和准视频点播（Near Video On Demand，NVOD）。

TVOD 要求严格的即时响应，从请求节目到发送节目可能短于 1s，还包括诸如对视频进行快进、快退、慢放等操作的即时响应，即提供较为完全的交互功能和虚拟 VCR 功能。TVOD 要求能够随机地、以任意间隔对开始播放的视频节目帧做即时的访问，即要求存储设备能够迅速地从一个随机位置切换到另一个位置。要实现这些功能，系统一般要根据用户的点播指令，向每个用户提供单独的信息流，这不仅对视频服务器和视频磁盘驱动器要求较高，而且对网络和用户终端都有较高的技术要求，在现阶段开展大范围的商业化运行具有一定困难。

NVOD 只要求从选择节目到发送节目之间的时间能够被用户所接受即可。这种情况下，时间间隔为几秒到几分钟，在有些情况下甚至可以是几十分钟。在这段间隔中，系统可以向用户终端发送准备好的资料，包括广告、视音频插曲等，使用户的等待感觉减少。NVOD 是把一个节目分段地组织成多个线程，每个线程偏移一段时间进行播放。例如，一部 90min（约 1GB）的视频节目分为 10个线程，每个线程偏移 9min 轮流播放。用户从中任意选择一个正在播放的线程观看，就可以基本上满足用户的片断选择需求。在这种情况下，用户选择影片片断的颗粒度是 9min，而不是 TVOD的每一帧。NVOD 的这种实现方式要比 TVOD 便宜得多，但它对视频的操作能力也大大减弱了。

7.4.2　交互视频服务系统的组成与结构

如图 7.5 所示，交互视频服务系统一般由视频服务提供商（Provider）、传送网络和用户 3 部分组成。视频服务提供商是视频源（信息）的提供方，他们收集、组织和管理各种类型的视频资料，利用视频服务器向用户提供丰富的视频服务。传送网络是连接视频服务提供商与远地用户的通信系统，通过网络分配视频信号和回送用户的选择和命令。用户通过简便易用的用户终端来获取视频服务，为了使视频服务的使用像电话和普通电视一样容易获得，用户终端要求接入到家庭。

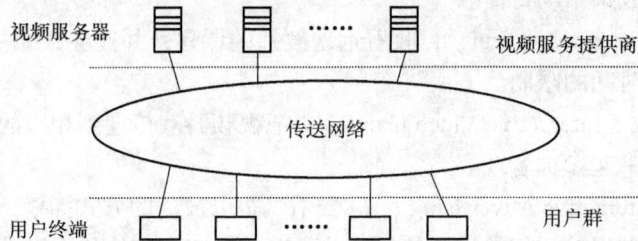

图 7.5　交互视频服务系统的一般结构

1. 视频服务和管理设备

视频服务提供商利用视频服务和管理设备向用户提供全面的视频服务，这些设备包括视频服务器、节目选择计算机、记账计算机等。对于大型的交互视频服务系统，视频服务由多个服务器组成，即由多个在线视频服务器和辅助存储服务器组成。图 7.6 所示为典型的视频服务和管理设备。

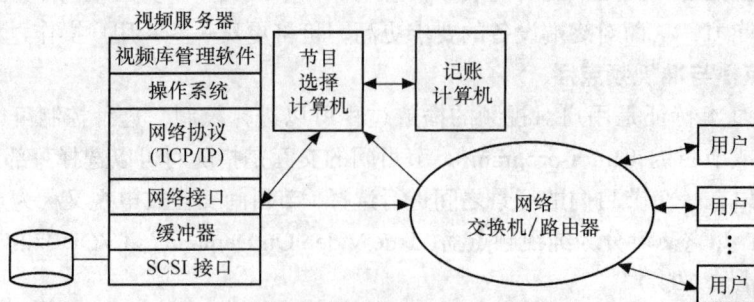

图 7.6　视频服务和管理设备

（1）视频服务器

用于存储视频资源并提供检索能力的设备称为视频服务器（Video Server）。由视频提供商设置的各种类型的视频服务器（包括在线视频服务器和后备辅助存储服务器）是交互视频服务系统的视频源。这些视频源包括运动图像、交互式视频（教育、销售、游戏和售货等方面）、远程广播（例如，电视台的广播节目）等。作为系统的中央控制和服务部分，其基本功能包括接收处理用户的访问请求、检查用户的权限、从服务器的存储系统中检索数据的存放位置、向用户提供一个实时的数据流以及支持用户的交互控制（实现类似 VCR 操作）等。从功能上看，视频服务器同普通服务器有很大的差异。普通服务器面向计算，研究的主要问题集中在高速计算性能、数据可靠性等问题上；而视频服务器则是面向资源，其主要技术问题是资源问题。有效地提供大量的实时数据，涉及对服务器的结构、存储介质、并行性和并行性粒度、缓冲机制、调度策略、可靠性、可用性等方面进行综合考虑和优化设计。

（2）节目选择计算机

为了对视频服务器尤其是分布的多个服务器进行管理，需要一种前端子系统，它可以是一台独立的计算机，称为节目选择计算机。前端子系统（即节目选择计算机）的功能是为用户提供一个友好的点播界面，管理视频资料的存储位置。用户只需与节目选择计算机交互，一旦用户提出点播请求和选择命令，节目选择计算机就会立即与视频服务器通信，初始化并启动检索，确定视频资料的存放位置，最终由视频服务器向用户提供视频服务。节目选择计算机并不参与压缩视频的传输。

视频点播系统通过节目选择计算机使视频服务器控制存储和检索的效率更高，处理更方便。节目选择计算机的配置有两种形式：一种是集中式的，在一个大范围的交互视频服务系统中设置一台节目选择计算机，它可以选择多个视频服务提供商的服务器；另外一种是分布式的，每一个视频服务提供商都有一个节目选择计算机，它们分配有相应的地址区间，由用户通过浏览后选择。

（3）记账计算机

记账计算机对用户账户进行管理，记录用户使用视频资源的时间、次数，并计算出相应的费用。用户可以查询到这些费用数据。根据服务类型的不同，如点播电影、购物、学习或游戏等，收费（计费）方式也不尽相同，需要一套收账软件来管理。具体的记账内容可以分为节目信息和客户信息。节目信息包括被检索的节目类型、节目时间和信令统计（例如，节目的远程控制和操作总量、视频节目利用率等）等。客户信息包括费率范围（观看频率、客户类型）、服务类型（TVOD、NVOD）等。

（4）服务管理

交互视频服务系统中的服务管理也是系统中的一个重要组成部分，它关系到系统能否正常持续地运行。服务管理包括系统诊断、系统扩展、加密等。系统诊断指系统可以经常或持续地对所有交互视频服务设备和网络进行全面诊断，及时地发现故障，保障系统连续运行。系统扩展是指通过对现有服务软件进行修改或更新，以及扩展新的硬件来扩展系统能力和提供新的或改进的服务，这也是服务管理的一部分。因为在不少分配网络中，用户能够接收到在他们网络段传送的所有信号，所以需要对视频流进行扰码或加密，制止非法存取，保护版权。对整个视频完全加密是不合适的，因为它使机顶盒解密成本和延迟大大增加，因此一般用密码或密钥的方式加密。

2. 用户终端/机顶盒

用户终端是交互视频服务系统中的用户端设备，从某种意义上说，它是用户与网络和视频服务设备打交道的"代理"。其基本功能包括在显示屏上显示服务项目（菜单）；为用户提供基本的控制和选择功能；把用户的选择传送到视频服务器；实时视频的解码和显示；指示设备工作、网络传输和节目资源的状态等。交互视频服务系统终端有两种形式：一种是机顶盒（Set Top Box）加上电视机；另一种是个人计算机加上解码器。

机顶盒主要是解决以电视机为图像显示设备的交互视频服务系统用户终端接口问题。机顶盒有两类，一类提供接收数字编码的电视信号（来自数据网络、有线电视网络，一般使用 MPEG 压缩格式），获得更清晰、更稳定的图像和更高的声音质量，这种机顶盒一般称为电视机顶盒。电视机顶盒是一个内置高速处理芯片与存储芯片的专用机器。它对接收到的数字信号流进行解码，一是将数字信号流中的数字电视信号转换为普通模拟电视可以接收的模拟电视信号，二是将数字信号流中的包括证券、电视杂志等各种数据信息提取出来并且加以处理和组织，再输出到模拟电视机，三是借助机顶盒强大的处理能力，提供各种其他的辅助功能。总之，电视机顶盒是享受数字电视的必需设备。另外一类机顶盒内部包含操作系统和因特网浏览器软件，通过电话网、数据网或者有线电视网连接 Internet，使用电视机作为显示器，从而实现没有电脑的上网，这类机顶盒称为网络机顶盒。

3. 传送网络

网络用于传送用户的节目选择信息和音、视频媒体信息流。我国已经建成了以电信公网、有线电视网和计算机互联网为代表的 3 大网络系统。目前网络资源作为实现分布式多媒体应用的基础设施还没有实现统一，因此各类交互电视和视频点播服务系统采用的传输网络往往与提供商所拥有的资源有关。广电部门主要基于覆盖全国的 CATV 网络和 HFC 网络提供数字电视解决方案，而电信部门则基于拥有的电信网络和计算机网络提供视频点播和交互电视服务。无论采用哪种网络来传输交互式视频服务这类典型的多媒体数据都需要对传统的网络进行改进，比如有线电视网在传送传统电视信号时是单向信息流，必须加以改进使之具有支持交互的双向信息传输功能。关于对多媒体通信网络的知识在前面章节已经做了介绍，这里不再展开讨论。

7.4.3 用户接入网技术

对于交互视频服务系统这类多媒体信息系统来讲，用户接入网是一个难点。用户入网既要高速宽带，又要便宜，使大量用户能够用得起。目前一般主干网的连接技术不适合于交互视频服务系统用户的接入，这就是常说的"最后一公里问题"，必须采取新的技术和方法加以解决。

1. 信息使用的非对称模式与对称模式

对于交互视频服务系统的用户接入来讲，有两个方向的通路：节目通路和返回通路。节目通路又称下行通路，是指视频信息向观众传送的通路，要求这条通路是高带宽的。返回通路又称上行通路，用户用来把自己的节目要求送到视频服务提供商那里。返回通路承载的信息是：节目选择要求、购物浏览和预订选择、教育节目中的测验问题回答、任何选择项目的应答、检测信号的应答等。对于视频方面的服务系统来讲，在两个方向上传送的信息量具有很大的差异。视频服务器需要以每秒兆位的速度向用户终端传送家用质量的视频信号，而从遥控器或键盘向视频服务方传送的平均数据率却很低。这种特性称为信息使用的非对称模式。它对计算机和通信领域来讲是一个新概念，因为过去的通信系统都是设计成双向同等速率的，相对地称为对称模式。

2. 基本的用户接入方式

随着信息时代的到来，如何将信息高速公路通向千家万户，是当前迫切需要解决的问题。就电信网而言，虽然交换系统已经实现了程控化，传输系统已经实现了光纤化和数字化，但用户接入网基本上还是传统的双绞铜线电话线，铜线电话线已经成为限制电信网和电信业务发展的"瓶颈"。对于有线电视网而言，传输干线目前已经实现了光纤化，并在部分地区完成了区域性连网。尽管有线电视网络具有其他网络无法比拟的带宽优势，但网络拓扑改造和用户宽带接入仍然制约着有线电视系统中宽带业务的开展。为了解决用户迫切需要的宽带接入问题，使得视频点播、交互电视、远程教育、远程医疗等宽带业务能正常开展，人们提出了多种利用现有的接入到普通用户家庭的铜质双绞线和有线电视系统的铜轴电缆实现宽带接入的方法。这些方法主要分成两大类：第一类方法是基于铜质双绞线的接入方案。这些技术包括目前最常见的 Modem 接入技术、ISDN 接入技术以及速率更高的数字用户线 DSL 技术。第二类方法是基于有线电视系统中的铜轴电缆的 HFC 接入技术和代表未来发展方向的光纤接入技术。下面简要介绍几种主要的接入方式。

（1）xDSL 接入

数字用户线（Digital Subscriber Line，DSL）技术的目标是希望通过采用数字技术和调制调解技术在常规的用户铜线上实现宽带信号的传送，它能利用现有的大量电话线资源，因此得以迅速部署和推广，已经成为目前应用最广泛的接入技术。DSL 是一种不断发展的技术，首先出现的是 ISDN。ISDN 首先利用数字传输技术将用户与电话局之间的模拟传输变成了数字传输，实现了信息从数据终端到数据终端的全程数字化，用户的接入速率由 Modem 的 33.6kbit/s 或 56kbit/s 上升到 128kbit/s。随后出现的是高速数字用户线 HDSL 技术，它将传输速率提高到 T1/E1 的标准速率。后来又出现了 ADSL、VDSL、RADSL、UADSL 等新的 DSL 技术，使得接入速率进一步提高。学术界将这一系列有关利用铜双绞线传送数据信号的新技术统称为 xDSL 技术。按上行（用户到交换局）和下行（交换局到用户）的速率是否相等可分为速率对称型和速率非对称型两种。速率对称型的 xDSL 技术主要有 HDSL、SDSL 两种形式。非对称型的 xDSL 技术主要有 ADSL、VDSL 等几种。特别值得注意的是，ITU 最新制定的两个新一代 ADSL 标准：ADSL 2 和 ADSL 2+技术。与 ADSL 相比，ADSL 2 下行速率达 12Mbit/s，增加了节电、无缝速率调整和测试等新功能，可根据线路变化调整带宽，大大提高了线路稳定性和选线率。ADSL 2+则在可用频带、上下行传输速率上又做了进一步的扩展，下行速率达 24Mbit/s，上行速率达 800kbit/s。

（2）HFC 接入

HFC（Hybird Fiber-Coax）最初的含义是指采用光纤传输系统代替全铜轴有线电视网（CATV网）的干线传输部分，而用户分配网络仍然保留铜轴电缆结构的新型有线电视网络。随着数字通信技术的发展，特别是高速带宽通信时代的到来，由于 HFC 具有现有其他网络无法比拟的带宽优势而成为现在和未来一段时间内宽带接入的最佳选择之一。现在 HFC 又被赋予新的含义，特指利用混合光纤铜轴进行宽带数字通信的 CATV 网络。

从网络的拓扑结构来看，HFC 通常具有星—树型结构，即有线电视系统的前端中心机房使用光发射机呈星型分出光纤，光纤传输到小区再由光接收机转换为电信号通过铜轴分配网络进入用户家庭。

HFC 网络一般采用电缆调制解调器（Cable Modem）技术进行数字传输。其工作原理与普通 Modem 基本相同，不同的是 Cable Modem 调制的信号是在有线电视系统的一个频道中传输的，传输的带宽比较宽。Cable Modem 的数据传输是非对称的，上行数据传输速率可达 10Mbit/s，下行数据传输速率可达 30Mbit/s～40Mbit/s。该技术已经有统一的国际标准，即 MCNS（Multimedia Cable Network System）组织推出的 DOCSIS（Data Over Cable Service Interface Specification）标准，该标准已得到 ITU 的批准。

（3）光纤接入

光纤接入网是指接入网中传输媒介为光纤的接入网。根据光纤深入用户群的程度，可将光纤接入网分为 FTTC（光纤到路边）、FTTZ（光纤到小区）、FTTB（光纤到大楼）、FTTO（光纤到办公室）和 FTTH（光纤到用户），它们统称为 FTTx。FTTx 不是具体的接入技术，而是光纤在接入网中的推进程度或使用策略。光纤接入网从接入技术上分成两大类：有源光网络（Active Optical Network，AON）和无源光网络（Passive Optical Network，PON）。有源光网络又可分为基于 SDH 的 AON 和基于 PDH 的 AON；无源光网络又可分为窄带 PON 和宽带 PON。

光纤接入技术与其他接入技术相比具有可用带宽大、传输质量好、传输距离长、抗干扰能力强和网络可靠性高等优点，而且还有巨大的开发潜力。无论是从传输性能还是对业务长远发展的支持能力来看，光纤接入技术都有较大优势，光纤用户环路是未来发展的方向。但目前其面临的最大问题是成本较高，尤其是光节点离用户越近，每个用户分摊的接入设备成本就越高。出于经济上的考虑，在发展初期有源光接入技术发挥了主要作用，国际上普遍的做法是把有源光接入技术用于接入网的馈线段和配线段，引入线则采用其他接入技术。随着光纤向用户逐步靠近，为节省光纤资源和降低设备成本，无源光网络设备将大量投入使用。

3. 新兴的接入方式——无线宽带接入

无线通信技术的快速发展，使得接入方式也发生了变化。除了传统的移动通信网络，LMDS、WLAN 、MMDS、Wi-Fi、WiMAX、FSO 等各种无线接入技术也纷纷涌现，成为人们讨论和关注的热点。无线宽带接入技术是指把高效率的无线技术应用于宽带接入网络中，以无线方式向用户提供宽带接入的技术。

IEEE 802 标准组负责制定无线宽带接入的各种技术规范。根据覆盖范围将无线接入划分为无线个人网（WPAN，10m 之内）、无线局域网（WLAN）、无线城域网（WMAN）和无线广域网（WWAN）。IEEE 802.11 标准及其子集是无线局域网的主流标准之一，也被称为 Wi-Fi。该标准的制定工作起步较早，技术相对成熟，其中 802.11g（峰值速率 54Mbit/s）在商用中比较普及，802.11n（峰值速率 100Mbit/s）也已经有产品面世。IEEE 802.16 标准及其子集是针对微波和毫米波频段（2～11GHz）提出的无线城域网（WMAN）技术标准，也被称为 WiMAX。其峰值速率可达 70Mbit/s，并具有较强的移动性，因而得到了业界的普遍关注和支持。IEEE 802.20 标准，也被称之为 Mobile-Fi，其目标是制定一种适用于广域网环境下满足高速移动需求的无线宽带接入系统的空中接口规范，其单小区覆盖半径为 15km，在移动性上可支持的最高速率为 250km/h，已经达到了传统移动通信技术（如 2G 和 3G）的性能，并且可以提供大于 1Mbit/s 的峰值速率，远远高于 3G 技术的性能指标。我国也推出了 TD-SCDMA 标准，并且在 2008 奥运会期间大力推广，在无线接入方面也占有了一席之地。

与有线接入方式相比，无线接入具备用户移动性好、建设周期短、提供服务快速、可按用户需求动态分配系统资源、系统维护成本低等诸多优势。而其高速接入速率，甚至令一些有线接入技术也难以企及，已经成为继 DSL、HFC 和光纤接入技术之后的第四种最重要的接入技术。

7.5　CSCW 和群件

7.5.1　CSCW 概述

近几十年来，计算机已成为人们熟悉的信息处理工具，但无论是单机系统还是网络系统，都是以支持单独用户操作为目标的，很少考虑对多个用户合作工作的支持。然而现在，计算机应用的重点已从求解问题向方便人们相互交流的方向转移，信息共享和人与人之间的合作越来越重要。计算机网络、多媒体技术等为这种合作奠定了基础，CSCW 和群件应运而生。

CSCW（Computer Supported Cooperative Work）即计算机支持的协同工作，它的概念最早由 Grief 和 Cashman 在 1984 年提出，用于描述他们正在组织的如何利用计算机支持交叉学科研究人员共同工作的课题。Bannon 和 Schnidt 在 1989 年提出"CSCW 应致力于研究协同工作的本质特征，并以此为基础来设计具有足够的计算机支持的协同工作的信息系统"。虽然对 CSCW 没有公共的定义，但现在 CSCW 已形成了一个独立的、发展迅速的、涉及多学科的研究领域。该领域的目的在于从理论和研究的角度解释人们的合作与交流，以及使用了计算机后这种合作与交流受到哪些影响，其涉及的学科包括计算机、管理学、通信、分布系统、人工智能、社会学、心理学等诸多方面。这些学科或学科方向要从不同角度、用不同的方法研究和解决 CSCW 的有关问题。

CSCW 的形成和发展有一定的必然性。首先，在现代的信息社会中，人的生活方式和劳动方式具有群体性、交互性、分布性、协作性等特点。其次，计算机技术（包括并行及分布处理技术、多媒体技术、数据库技术和认知科学等）、通信及计算机网络技术的飞速发展，构成了 CSCW 实现的技术基础。另外，并行工程（Concurrent Engineering）这一概念的提出也起到了重要的作用。并行工程是集成、并行设计产品及相关过程的系统方法，它强调 Team Work（组工作），而对 Team Work 的技术支持是和 CSCW 的研究密切相关的。因此可以说 CSCW 是在现代社会中，以人们协同工作方式为背景，以计算机和通信技术的发展和融合为基础，具有广泛的应用领域为前提条件而自然形成的。

作为支持 CSCW 的基础，计算机信息系统包括通信、分布系统和软件等方面的研究人员都试图创造出一种合适的环境和工具，用以支持人们之间的合作工作，这就产生了一类新的系统形式，相对于硬件与软件，这种系统形式被称为群件（Groupware）。这里需要注意，CSCW 是一门学科，而群件是一具体的技术或实体，具体实现的 CSCW 系统便被认为是群件一类的实例。由于尚无明确的定义，群件这一术语常与 CSCW 一起使用，但仍要注意两者定义的差别，本书中将 CSCW 系统与群件或群件系统看成相似的概念，不加区分。

7.5.2　群件系统

1．群件系统的基本特性

群件是用于支持从事某个共同任务的群体，在通信、合作、协调等方面给予协助，并提供对共享环境的连接接口的一种基于计算机的系统。

从该定义来看，"共同任务"和"共享环境"是群件概念中最为关键的内容。所谓"共同任务"，就是合作者共同要完成的任务。在传统的时间共享系统（如分时系统）中，多用户并发执行相对分离的、独立的任务，并不是针对共同任务进行工作，所以处于群件范围中共同任务维的低级。而像共同编辑系统这一类多人合作的系统可使一群设计人员在实时交互期内对某个数据实体进行共同编辑，该系统将协作人员集中于同一任务并密切交流，故处于群件范围中共同任务维的高级。所谓"共享环境"是合作者所处于的某个可共享的环境，该环境能实时地将现场各种信息传送给所有参加者，使得他们了解环境的各种情况，以便于合作操作。电子邮件系统对环境信息要求低，很少提供环境信息，处于群体范围中共享环境维的低级，而实时会议系统要模拟传统的会议室，对会议室环境现场、与会人员、讨论的主题等都要有清楚及时地提示，故处于群件范围中共享环境维的高级。图 7.7 给出了群件系统范围的示意。

共享环境和共同任务都是要靠计算机来支持的，这一点有别于那些基于模拟技术的系统（如电视会议系统、电话会议系统），是群件最重要的特征。计算机在群件系统中充当了处理中心、协调者、存储器、通信传输控制等多重角色，也可以使智能、知识库等进入到合作工作中来。多媒体化的信息系统支持环境为实现群件系统提供了可靠的基础。

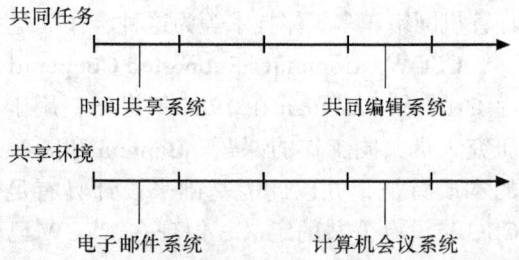

图 7.7　群件系统的范围

2. 群件系统分类

群体协作方式的多样性决定了支持多人协作的群件系统种类的多样性。图 7.8 所示为按群组成员之间的交互方式、地理位置和群体规模等特征对群件系统进行分类。交互方式是时间维，可分为同步方式和异步方式。在同步方式时，群体各成员在同一时间进行任务的协作；在异步方式时，群体成员在不同时间进行同一任务的协作。地理位置是空间维，可分为本地和远程两种方式。第三维是群体规模，可分为两人或多人等。

此外，还可以按其他方式对群件系统进行分类，如按使用的基本工具和工作环境分类，有消息系统、BBS、会议系统、工作流管理系统、协同编著系统、协同决策系统等。按应用进行分类，有协同设计系统、协同仿真系统、远程教育系统、协同办公系统、协同指挥决策系统、远程医疗系统等。

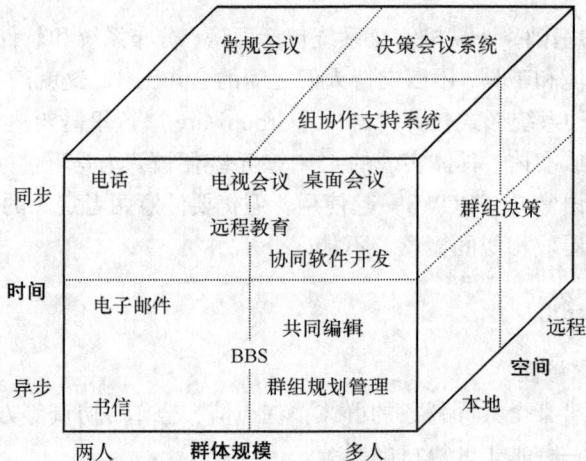

图 7.8　群件系统的分类

3. 典型群件系统简介

无论哪类群件，其目标都是要协助群组成员间的通信，支持群组成员的合作并协调群组成员之间的活动。下面简要介绍几种典型的群件系统的功能特点，使读者对 CSCW 系统的功能有个大致的了解。

（1）消息系统

该类系统的主要功能是为协作者提供一种消息交换手段，通常它支持用户群体间的各种媒体信息的异步交互，如电子邮件、BBS 公告板系统、基于移动通信的 MMS（Multimedia Message

Service）等。Internet 上的电子邮件系统可以到达地球上的各个角落，已成为目前使用最为广泛、也是最为成功的群件系统。BBS 则支持群组成员之间进一步的信息发布与交换功能，如用户可以针对某一问题发表自己的意见和观点，对消息可以进行回复、转发等处理。随着移动通信技术的成熟，以移动网络为基础，以手机和 PDA 为终端的消息服务已经成为人们进行联系和沟通的重要手段。

（2）共享对象协同操纵系统

该类系统的协作者之间有明确而具体的共享对象，如文本文档、设计方案文档等，协同工作的方式是对共享对象进行协同操纵。操纵是指在共享对象从生成到删除的生存期间能对其进行各种操作，具体内容因共享对象的不同而有差异，一般性的操纵有生成、修改、查询、存储、输出、删除等。我们把这类在共享环境中允许协作者对共享对象进行协作性共同操纵的系统叫作共享对象协同操纵系统。协同编辑系统、协同设计系统是典型的共享对象协同操纵系统。下面我们以协同编辑系统为例加以说明。

协同编辑系统支持合作的群体用户使用多用户编辑器合作组织和编辑某个共享的多媒体数据实体。例如，编辑报纸、指挥所中的态势的汇集生成、多专家决策支持等都要用到协同编辑系统。异步型的协同编辑器将作者的原始内容与不断追加的关于该内容的评论、注释和意见进行分离和组装，并由此生成最终的结果。同步型协同编辑器允许合作者在相同的时间中编辑相同的对象，由系统确定合作者具体对对象的哪一个逻辑部分进行操作，并进行锁定和并发控制。每个协作者对文档的操作都被立即合并到文档中，其结果及时被其他参与者看到，在协作过程的结尾得到一份反映各协作参与者共同意愿和智慧的文档文件。这种编辑器需要提供各用户行为的不同程度提示，有的仅为远程指示符配合语音，有的则还要提供现场的影像视频。

（3）计算机会议系统

与会议系统有关的知识我们已经在前面做过介绍，会议系统的主要目标是使用计算机支持地理位置上分散的多个用户之间进行实时的交互，使用户之间可以就共同关心的问题进行讨论和交流，典型的计算机会议系统一般提供音频、视频、白板、应用程序共享等多种交互手段。

（4）工作流管理系统

工作流的概念起源于生产组织和办公自动化领域，它是针对日常工作中具有固定程序的活动而提出的一个概念，其目标是通过将工作分解成定义良好的任务、角色，按照一定的规则和过程来执行这些任务，并对执行过程进行管理和监控，以提高办公效率、降低生产成本、提高企业和事业单位的管理水平和竞争能力。工作流管理系统是一个支持多人协同的计算机环境，它通过将文档、信息和任务按照预先定义好的规则和流程在各类角色的协作者之间传递，来帮助用户实现整个组织的管理或经营目标。工作流管理系统在办公自动化、企业管理和并行工程等领域得到了很好的应用。

（5）群决策支持系统（GDSS）

群决策支持系统是能帮助一起工作的多个决策者共同解决非结构化问题的一种交互式群件系统。目前学术界普遍认为，一个理想的群体决策支持系统应能提供 3 个级别的决策支持：第一层次的 GDSS 旨在减少群决策中决策者之间的通信、沟通信息，消除交流障碍；第二层次的 GDSS 提供使得决策过程结构化或准结构化，决策分析建模和判断方法的选择技术；第三层次是将上述一、二层次技术结合起来，用计算机来启发、引导群体通信方式，包括专家咨询和会议中规则的智能安排等。而目前国际上对第一层次的研究成果很多，有许多成熟的工具，包括电子邮件、BBS、多媒体会议系统等。引入以 AHP 等方法的 GDSS，部分地解决了第二层次的决策支持问题。而对第三层次的研究与开发不多。

上面介绍的几种群件系统是从功能的视角进行区分的，在实际的群件应用系统中，往往都或多或少地融合了多种支持协同工作的功能，如消息通信、视频会议、协同决策、工作流管理等。

4. 群件系统的关键技术

群件系统的研究和开发与以下 5 个领域的研究相辅相成。这 5 个研究领域是：分布式系统、通信、人机交互、人工智能及社会学理论。分布式操作系统、分布式数据库是群件系统最基本的环境，多媒体通信则为这个环境提供了合适的交换信息的手段。人机接口扩展到群接口形式，不仅仅是一个从少到多的转变，而且是在本质上的一次飞跃。知识的辅助是多媒体进一步发展的阶梯，社会学理论则为合作的群体提供各种角色在社会中的地位、作用及相互关系的有关研究成果，为设计一个合理的群件系统提供社会学的保证。

在群件系统中，以下关键技术需要加以解决和考虑。

（1）群接口

群接口是描述群体的行为并由多用户分布控制的接口，很显然具有相当的复杂性。具体的问题包括下述几项。

① WYSIWIS：WYSIWIS（你所见即我所见）表示在接口中所有参加者终端出现的共享内容都是相同的。这将保证所有参加者都可以正确地做出操作决策和环境判断。

② 屏幕空间管理：群接口的屏幕空间比单用户的要复杂得多，需要对窗口激增的问题有所处理。

③ 群体注意力控制：群接口应能描述群体行为，同时并不过多地分散注意力，解决方法是能提供有关群体行为的线索。

④ 群接口工具：群接口工具不仅是单用户工具的扩展，而且还应能引入新的构造以满足共享的应用。

（2）群处理

需要一群用户参与的任务称为群处理，它能提供用户间的配合及响应，但由于需要协调而要增加系统的开销。在这方面涉及的技术问题有下述几项。

① 群协议：确定系统整个交互控制过程及交换信息的约定就是协议。这些协议可以用硬件和软件来实现，称为技术协议，而由参与者控制的协议称为社会协议。

② 群操作：把多个用户的工作看作是一个合成的操作，称为群操作。群操作是一组合作者行为的综合，这种操作既可以是同步的，也可以是异步的。

（3）并发控制

在群件系统中，需要做相当多的工作来处理各参加者之间及与系统的冲突问题，包括实时应答、群接口、数据复制、故障恢复、广域分布等问题。

（4）其他问题

由于群件涉及的范围很广泛，还有许多问题要解决，包括群件系统的协作模式、体系结构、协作控制机制、群组通信协议、安全控制、同步机制、存取控制、广播通告、系统状态监测等，这里不一一赘述，有兴趣的读者可以参阅相关文献。

7.6 小　结

多媒体技术的发展需要应用需求的牵引，同时众多关键技术的突破反过来又对应用系统有极大的推动作用。本章介绍的多媒体会议系统、交互视频服务系统、群件系统等都是多媒体技术发展的必然产物。

会议系统可以使分散在不同地点的用户实现实时交互。会议系统主要由终端设备、传输信道和多点控制单元等组成。多媒体会议系统与其他类型的会议系统不同之处在于，它不仅仅通过实时的视频和音频来交流，而且利用计算机技术，实现了应用程序共享、数据实时共享、多点文件传送等会议功能，从而使与会者以全面的媒体形式（视频、音频和数据），在计算机模拟的面对面共享环境中交流思想。数据环境是多媒体会议中的一个重要组成部分。会议系统所遵循的国际标准主要由国际电信联盟（ITU）制定，包括 H.320、H.323、H.324、T.120 等标准序列。虚拟会议系统是虚拟现实技术、网络技术发展的必然结果，是未来会议系统的发展方向。

交互视频服务系统改变了用户被动接受信息的方式，是一种具有发展前景的应用方式。该系统提供的服务包括点播影片、交互游戏、新闻、购物、远程学习、交互广告等。交互视频服务系统的主要组成包括视频服务提供商、用户终端和传送网络。交互视频服务要普及到千家万户，必须解决宽带接入问题。人们已经提出了 ISDN、xDSL、HFC、光纤接入技术等多种利用现有的接入到普通用户家庭的铜质双绞线和有线电视系统的铜轴电缆实现宽带接入的方法，无线宽带技术为解决最后一公里问题提供了新的选择。

计算机支持的协同工作是多媒体技术应用的又一个重要领域。群件是用于支持从事某个共同任务的群体，在通信、合作、协调等方面给予协助，并提供对共享环境的连接接口的一种基于计算机的系统，其关键技术包括群接口、群处理、并发控制、协作模式、体系结构、协作控制机制、群组通信协议、安全控制等。共同任务和共享环境是群件系统的基本特征，通信、合作和协调是群件系统的 3 种基本活动。典型的群件系统有消息系统、共享对象协同操纵系统、计算机会议系统等。

习题与思考题

1. 试述多媒体应用设计过程及应注意的问题。
2. 什么是多媒体会议系统？它与传统的会议系统有何区别？
3. 多媒体会议系统的基本组成与一般结构是什么？
4. 什么是数据协议？简述会议系统数据协议模型各部分的基本功能。
5. ITU 制定了哪些会议系统标准？简述各标准序列之间的区别与联系。
6. TVOD 和 NVOD 向用户提供服务的方式有何不同？
7. 讨论数字电视和 IPTV 的区别和联系，就它们各自的发展前景谈谈你的看法。
8. 假设你负责设计一个视频服务系统。要求该系统能够为多个用户提供视频点播服务，每路视频信道假设为 2Mbit/s，用户通过另外的一个 10kbit/s 的信道向服务器发出请求。研究并讨论以下问题。

（1）系统的大致结构应如何？如果要支持 100 个用户，对通信带宽的要求至少是多少？假设只有 50Mbit/s 的带宽，如何才能为 100 个用户服务？为什么？

（2）压缩、解压应采用何种算法？怎样安排它们的位置？为什么？对大小为 640 像素×480 像素、256 颜色、每秒 25 帧的视频，至少需要压缩多少倍？

（3）对服务器的操作系统应提出什么样的要求？

（4）对用户终端应考虑哪些问题？

9. 在 Internet 上你发现有哪些应用系统是群件系统？它们有哪些优点和不足？

第8章
多媒体数据库

8.1　多媒体数据管理的问题

8.1.1　概述

我们已经开始迈入信息社会。随着信息量和信息媒体种类的不断增加，对信息的管理变得越来越困难。信息的洪水会继续泛滥，我们所要做的就是将成灾的信息洪水转变为灌溉思想田野的水源，使得广大的用户能够使用更加方便的工具获取到更多的信息，探索日益增长的信息空间。这里，多媒体数据库技术将扮演一个非常重要的角色。

从计算机技术的角度来看，数据管理的方法已经经历了多个不同阶段。最早，数据是用文件直接存储的，并且曾持续了很长一段时间，这与当时计算机应用水平有关。随着计算机技术的发展，计算机越来越多地用于信息处理，如财务管理、办公自动化、工业流程控制等。这些系统所使用的数据量大、内容复杂，而且面临数据共享、数据保密等方面的需求，于是便产生了数据库系统。数据库系统的一个重要概念是数据独立性。用户对数据的任何操纵（如查询、修改）不再是通过应用程序直接进行，而必须通过向数据库管理系统（DBMS）发请求实现。DBMS 统一实施对数据的管理，包括存储、查询、处理、故障恢复等，同时也保证在不同用户之间进行数据共享。如果是分布数据库，这些内容将扩大到网络范围之上。

依据独立性原则，DBMS 一般按层次被划分为 3 种模式：物理模式、概念模式和外部模式（也叫视图）。物理模式的主要职能是定义数据的存储组织方法，如数据库文件的格式、索引文件组织方法、数据库在网络上的分布方法等。概念模式定义抽象现实世界的方法。外部模式又称子模式，是概念模式对用户有用的那一部分。概念模式通过数据模型来描述，数据库系统的性能与数据模型直接相关。数据模型的不断完善和变革，也就是数据库系统发展的历史。数据库数据模型先后经历了网状模型、层次模型、关系模型等阶段。其中，关系模型因为有比较完整的理论基础，"表格"一类的概念也易于被用户理解，因而逐渐取代网状模型和层次模型，在数据库中居主导地位。关系模型把现实世界事物的特性抽象成数字或字符串表示的属性，每一种属性都有固定的取值范围。于是，每一个事物都有一个属性集及对应其属性的值的集合，如图 8.1 所示。

近年来，随着多媒体数据的引入，数据的管理方法又开始了新的变革。我们知道，传统数据库模型主要针对的是整数、实数、定长字符等规范数据。数据库的设计者必须把真实世界抽象为规范数据，这要求设计者具有一定的技巧，而且在有些情况下，这项工作会特别困难；即使抽象完成了，抽象得到的结果往往会损失部分的原始信息，甚至会出现错误。当图像、声音和动态视频等多媒体信息引入计算机之后，大大扩展了可以表达的信息范围，但又带来了许多新的问题。因为多媒体数据不规则，没有一致的取值范围，没有相同的数据量级，也没有相似的属性集。在这种情况下，如何用数据库系统来描述这些数据呢？表格还适用吗？另一方面，传统数据库可以在用户给出查询条件后迅速地检索到正确的信息，但那是针对使用字符数值型数据的。现在，我们面临着这样的问题：如果基本数据不再是字符数值型，而是图像、声音，甚至视频数据，那将如何表达多媒体信息的内容？该如何组织这些数据呢？查询该如何进行呢？这些都是不得不考虑的问题。

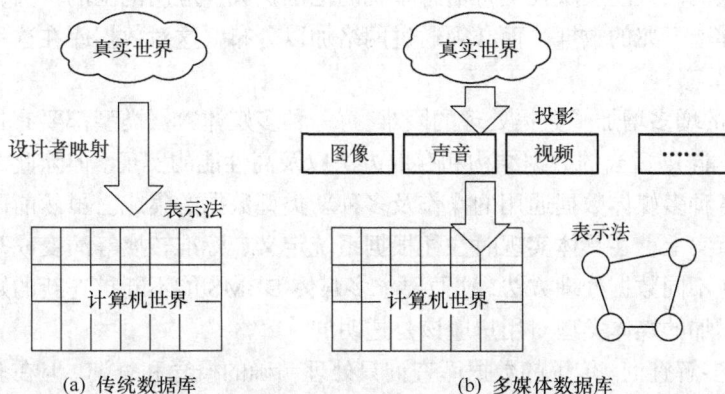

图 8.1　数据库概念的比较

随着技术的发展，产生了许多可以对多媒体数据进行管理和使用的技术。例如，面向对象数据库、基于内容检索技术和超媒体技术等。在本章中将主要介绍多媒体数据库的有关内容，下一章将结合多媒体信息分析介绍基于内容检索技术等方面的内容。

8.1.2　多媒体数据管理的问题

1. 传统的数据管理

传统的数据库有 3 种类型：关系型、层次型和网络型。Codd 关于关系数据库的开创性工作，建立了关系数据库的坚实理论基础，给出了清晰的规范说明，加上"表格"的概念直观易懂，使得关系数据库在理论和产品开发上都获得了巨大的成功，在数据库市场上占有明显的主导地位，特别是中小型数据库系统。

关系数据库就是采用关系框架来描述数据之间的关系，通过把数据抽象成不同的属性和相互的关系，建立起数据的管理机制。例如，某公司用的关系数据库管理雇员的资料。雇员的信息可以抽象为工号、姓名、年龄、性别、月工资、所在部门和该部门的经理等多项属性。按关系模型的要求，雇员信息可以用两个关系表示：雇员（工号、姓名、年龄、性别、月工资、部门编号）、部门（部门编号、部门名称、部门经理）。这两个关系就可以支持关于雇员的检索和查询工作。这个例子说明，对于一个具有复杂结构的实体（如雇员），关系数据库需要把它分解，分解的结果可以用最简单实用的关系（如雇员和部门）表示。实体的结构语义隐性地包含在两个关系的相同属性（部门编号）中。只有通过联结（Join）、投影（Project）等操作才能体现出结构语义。关系数据库的这一特性非常简洁，既可以用数学理论加以规范和证明，又通俗易懂，易于被人们接受。

2. 多媒体带来的问题

在传统的数据库中引入多媒体的数据和操作，是一个极大的挑战。这不是一个只要把多媒体数据加入到数据库中就可以完成的问题。传统的字符数值型数据虽然可以对很多的信息进行管理，但由于这一类数据的抽象特性，应用范围毕竟有限。为了构造出符合应用需要的多媒体数据库，必须解决从体系结构到用户接口一系列的问题。多媒体对数据库设计的影响主要表现在以下几个方面。

① 数据量巨大且媒体之间量的差异也极大，从而影响数据库的组织和存储方法。例如，动态视频压缩后每秒仍达上百 KB 的数据量，而字符数值等数据可能仅有几个 Byte。只有组织好多媒体数据库中的数据，选择设计好合适的物理结构和逻辑结构，才能保证磁盘的充分利用和应用的快速存取。数据量的巨大还反映在支持信息系统的范围扩大，应用范围的扩大，显然不能指望在一个站点上就存储上万兆的数据，而必须通过网络加以分布，这对数据库在这种环境下进行存取也是一种挑战。

② 媒体种类的增多增加了数据处理的困难。每一种多媒体数据类型都要有自己的一组最基本的概念（操作和功能）、适当的数据结构和存取方法以及高性能的实现。但除此之外也要有一些标准的操作，包括各种多媒体数据通用的操作及多种新类型数据的集成。虽然前面列出了几类主要的媒体类型，但事实上，在具体实现时往往根据系统定义、标准转换等演变成几十种媒体格式。不同媒体类型对应不同数据处理方法，这便要求多媒体 DBMS 能不断扩充新的媒体类型及其相应的操作方法。新增加的媒体类型对用户应该是透明的。

③ 数据库的多解查询。传统的数据库查询只处理精确的概念和查询。但在多媒体数据库中非精确匹配和相似性查询将占相当大的比重。因为即使是同一个对象若用不同的媒体进行表示，对计算机来说也肯定是不同的；若用同一种媒体表示，如果有误差，在计算机看来也是不同的。与之相类似的还有诸如纹理、颜色、形状等本身就不易于精确描述的概念，如果在对图像、视频进行查询时用到它们，很显然是一种模糊的、非精确的匹配方式。对其他媒体来说也是一样。媒体的复合、分散、时序性质及其形象化的特点，注定要使数据库不再是只通过字符进行查询，而应是通过媒体的语义进行查询。然而，我们却很难了解并且正确处理许多媒体的语义信息。这些基于内容的语义在有些媒体中是易于确定的（如字符、数值等），但对另一些媒体却不易确定，甚至会因为应用的不同和观察者的不同而不同。

④ 用户接口的支持。多媒体数据库的用户接口肯定不能用一个表格来描述，对于媒体的公共性质和每一种媒体的特殊性质，都要在用户的接口上、在查询的过程中加以体现。例如对媒体内容的描述、对空间的描述以及对时间的描述。多媒体要求开发浏览、查找和表现多媒体数据库内容的新方法，使得用户可以很方便地描述他的查询需求，并得到相应的数据。在很多情况下，面对多媒体的数据，用户有时甚至不知道自己要查找的是什么，不知道如何描述自己的查询。所以，多媒体数据库对用户的接口要求不仅仅是接收用户的描述，而是要协助用户描述出他的想法，找到他所要的内容，并在用户接口上表现出来。多媒体数据库的查询结果将不仅仅是传统的表格，而是丰富的多媒体信息的表现，甚至是由计算机组合出来的结果"故事"。

⑤ 多媒体信息的分布对多媒体数据库体系带来了巨大的影响。这里所说的分布，主要是指以 WWW 全球网络为基础的分布。Internet 的迅速发展，网络上的资源日益丰富，传统的那种固定模式的数据库形式已经显得力不从心。多媒体数据库系统将来肯定要考虑如何从 WWW 网络信息空间中寻找信息，查询所要的数据。

⑥ 传统的事务一般都是短小精悍，在多媒体数据库管理系统中也应尽可能采用短事务。但有些场合，短事务不能满足需要，如从动态视频库中提取并播放一部数字化影片，往往需要长达几个小时的时间，作为良好的 DBMS 应保证播放过程不致中断，因此不得不增加处理长事务的能力。

⑦ 服务质量的要求。许多应用对多媒体数据的传输、表现和存储的质量要求是不一样的，系统所能提供的资源也要根据系统运行的情况进行控制。对每一类多媒体数据都必须考虑这些问题：如何按所要求的形式及时地、逼真地表现数据？当系统不能满足全部的服务要求时，如何合理地降低服务质量？能否插入和预测一些数据？能否拒绝新的服务请求或撤销旧的请求？

⑧ 多媒体数据管理还要考虑版本控制的问题。在具体的应用中，往往涉及对某个处理对象（如一个 CAD 设计或一份多媒体文献）的不同版本的记录和处理。版本包括两种概念，一是历史版本，同一个处理对象在不同的时间有不同的内容，如 CAD 设计图纸，有草图和正式图之分；二是选择版本，同一处理对象有不同的表述或处理，一份合同文献便可以包含英文和中文两种版本。需解决多版本的标识和存储、更新和查询，尽可能减少各版本所占存储空间，而且控制版本访问权限。现有通用型 DBMS 大都没有提供这种功能，而由应用程序编制版本控制程序，显然是不合适的。

由此可见，多媒体对数据库的影响涉及数据库的用户接口、数据模型、体系结构、数据操纵以及应用等许多方面。自 1983 年提出多媒体数据库概念以来，已陆续提出了一些方法，后面将做简单介绍。

8.1.3 多媒体数据与数据库管理

前面已经详细地叙述了各种媒体信息与数据的类型和表示。在数据库中，一般常用的多媒体数据有字符、数值、文本、图像和图形一类的静态数据，也有像声音、视频、动画等基于时间的媒体类型。

1. 字符数值

字符数值型数据记录的是事物非常简单的属性（如性别）、数值属性（如人数），或是高度抽象的属性（如事物所属类别）。这种数据具有简单、规范的特点，因而易于管理。传统数据库主要是针对这种数据的，在多媒体数据库中仍然需要管理大量的这一类数据。

2. 文本数据

文本是最常见的媒体形式，各种书籍、文献、档案等无不是由文本媒体数据为主构成。

在计算机内，文本数据是由一个具有特定意义的字符串表示。字符串长短不一，给数据的存储和再现带来不便。自然语言理解技术的不成熟也使查询文本数据的难度加大。因此，许多通用型数据库系统根本就没有管理和使用文本媒体的有效手段。检索文本数据主要采用关键字检索和全文检索两种方法。关键字检索是在存储文本的同时，自动或手工生成能反映该文本数据主题的关键字的集合，并将其存储在数据库中。检索时通过某些关键字的匹配找到所需的文本数据。全文检索方法可以根据文本数据中的任何单词或词组检索，检索时进行全文扫描。此外，大多数的实用系统使用文件直接存储文本数据，或把数据规范成标准长度的字符串。在普通数据库中并不具备很强的文本数据管理能力。

3. 声音数据

音乐数据在计算机里是由符号表示的，因而数据量很小，对它的存储、查询可以当作文本处理。但计算机目前还无法模拟不同人的口音，以及人们讲话时的抑扬顿挫的语气。因而语音数据还是以数字化的波形数据为主，这样存储空间就比较大。语音识别技术还未达到可以广泛应用的程度，这对语音数据的直接检索带来不利。目前，对语音数据的检索主要有两种方法，第一种方法是给语音数据人工附加属性描述或文本描述，例如，可以给录音数据附加讲话人姓名、讲话日期、讲话题目甚至主要内容。然后，便可借用字符数字和文本数据的检索方法检索语音数据。第二种方法是浏览，把语音逐一播放出来，边听边判断所需查找的语音数据，这种方法最大的缺点是速度太慢。在具体应用中，一般是与第一种方法配合使用，由第一种方法缩小范围之后再进行浏览。

4．图形数据

图形数据的数据库管理已有一些成功的应用范例，如地理信息系统、工业图纸管理系统、建筑 CAD 数据库等。图形数据可以分解为点、线、弧等基本图形元素。描述图形数据的关键是要有可以描述层次结构的数据模型。对图形数据来说最大的问题就是如何对数据进行表示，这又与应用密切相关。对图形数据的检索也是如此。一般说来，由于图形是用符号或特定的数据结构表示的，更接近计算机的形式，所以易于管理。但管理方法和检索使用需要有明确的应用背景。

5．图像数据

图像数据是指位图式图像。图像数据在应用中出现的频率很高，也很有实用价值。图像数据库较早就有研究，已提出许多方法，包括属性描述法、特征提取、分割、纹理识别、颜色检索等。特定于某一类应用的图像检索系统已取得成功的经验，如指纹数据库、头像数据库等，但在多媒体数据库中将更强调对通用图像数据的管理和查询。

6．视频数据

动态视频要复杂得多，在管理上也存在新的问题。特别是由于引入了时间属性，对视频的管理还要在时间空间上进行。检索和查询的内容可以包括镜头、场景、内容等许多方面，这在传统数据库中是从来没有过的。对于基于时间的媒体来说，为了真实地再现就必须做到实时，而且需要考虑视频和动画与其他媒体的合成和同步。例如，给一段视频加上一段字幕，字幕必须在适当的时候叠加到视频的适当位置上。再如给一段视频配音，声音与图像必须配合得恰到好处。合成和同步不仅是多媒体数据管理的问题，它还涉及通信、媒体表现、数据压缩等诸多方面。

8.2　多媒体数据库体系结构

目前尚没有标准的多媒体数据库体系结构。现在大多数多媒体数据库系统还局限在专门的应用（如图像数据库、文本数据库等）上，只对那些专门的应用结构进行了设计。在这里仅介绍一般的多媒体数据库结构形式，在后面的章节中结合具体的应用再讨论特殊的多媒体数据库的体系结构。

8.2.1　多媒体数据库的一般结构形式

1．联邦型结构

针对各种媒体单独建立数据库，每一种媒体的数据库都有自己独立的数据库管理系统。虽然它们是相互独立的，但可以通过相互通信来进行协调和执行相应的操作。用户既可以对单一的媒体数据库进行访问，也可以对多个媒体数据库进行访问，以达到对多媒体数据进行存取的目的。这种多媒体数据库系统的体系结构示意图如图 8.2 所示。在这种数据库体系结构中，对多媒体数据的管理是分开进行的，可以利用现有的研究成果直接进行组装，每一种媒体数据库的设计也不必考虑与其他媒体的匹配和协调。但是，由于这种多媒体数据库对多媒体的联合操作实际上是交给用户去完成的，给用户带来灵活性的同时，也为用户增加了负担。该体系结构对多种媒体的联合操作、合成处理、概念查询等都比较难于实现。如果各种媒体数据库设计时没有按照标准化的原则进行，它们之间的通信和使用都会产生问题。

2．集中统一型结构

只存在一个单一的多媒体数据库和单一的多媒体数据库管理系统。各种媒体被统一地建模，对各种媒体的管理与操纵被集中到一个数据库管理系统中，各种用户的需求被统一到一个多媒体用户接口上，多媒体的查询检索结果可以统一地表现。由于这种多媒体管理系统是统一设计和研制的，所以在理论上能够充分地做到对多媒体数据进行有效的管理和使用。但实际上这种多媒体数据库系统是很

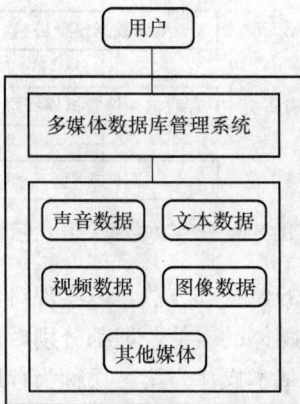

图 8.2　联邦型多媒体数据库结构

难实现的，目前还没有一个比较恰当而且效率很高的方法来管理所有的多媒体数据。虽然面向对象的方法为建立这样的系统带来了一线曙光，但要真正做到还有相当长的距离。如果把问题再放大到计算机网络上，这个问题就会更加复杂。集中统一型结构的结构示意图如图 8.3 所示。

3．客户/服务器结构

减少集中统一型多媒体数据库系统复杂性的一个很有效的办法是采用客户/服务器结构。各种单媒体数据仍然相对独立，系统将每一种媒体的管理与操纵各用一个服务器来实现，所有服务器的综合和操纵也用一个服务器来完成，与用户的接口采用客户进程来实现。客户与服务器之间通过特定的中件系统来连接。使用这种类型的体系结构，设计者可以针对不同的需求采用不同的服务器、客户进程组合，所以很容易符合应用的需要，对每一种媒体也可以采用与这种媒体相适合的处理方法。同时，这种体系结构也很容易扩展到网络环境下工作。但采用这种体系结构必须要对服务器和客户进行仔细的规划和统一的考虑，采用标准化的和开放的接口界面，否则也会遇到与联邦型相近的问题。客户/服务器体系结构的示意图如图 8.4 所示。

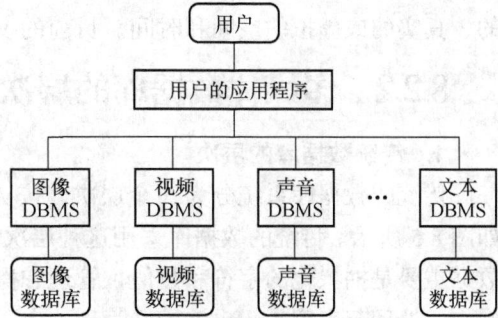

图 8.3　集中统一型多媒体数据库

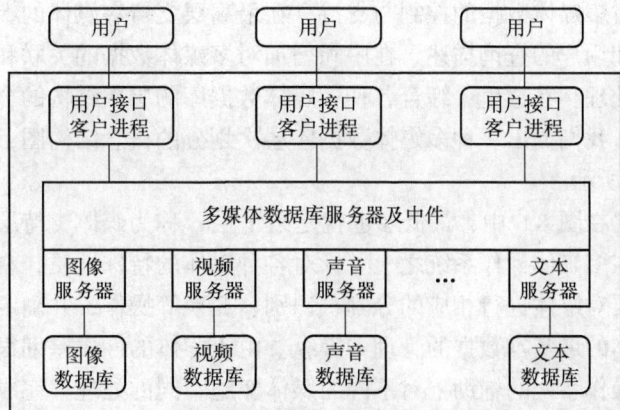

图 8.4　客户/服务器体系的多媒体数据库

4．超媒体型结构

这种多媒体数据库体系结构强调对数据时空索引的组织，在它看来，世界上所有的计算机中的信息和其他系统中的信息都应该连接为一体，而且信息也要能够随意扩展和访问。因此，也就没有必要建立一个统一的多媒体数据库系统，而是把数据库分散到网络上，把它看成一个信息空间，只要设计好访问工具就能够访问和使用这些信息。另外，在多媒体的数据模型上，要通过超

197

链建立起各种数据的时空关系，使得访问的不仅仅是抽象的数据形式，而且还可以去访问形象化的、真实的或虚拟的空间和时间。目前的 WWW 已经使我们看到了这种数据库的雏形。

8.2.2 多媒体数据库的层次结构

1. 传统数据库的层次

传统的数据库系统分为 3 个层次，按 ANSI 的定义分别为物理模式、概念模式和外部模式，如图 8.5 所示。传统的数据库采用这种层次结构是因它所管理的数据而决定的。在这种数据库中，数据主要是抽象化的字符和数值，管理和操纵的技术也是简单的比较、排序、查找以及增删改等操作，处理起来容易，也比较好管理。由于数据种类单一，数据模型比较简单，对数据的处理也可以采取相对统一的方法，用户除了表格之外没有更复杂的数据表现工作。因此，如果要引入多媒体的数据，这种系统分层肯定不能满足要求，就必须寻找恰当的结构分层形式。

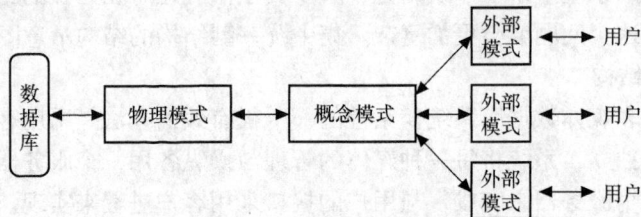

图 8.5　传统数据库的 3 层模式

2. 多媒体数据库的层次划分

已经有许多人提出过多媒体数据库的层次划分，包括对传统数据库的扩展、对面向对象数据库的扩展、超媒体层次扩展等。虽然各有不同，但总的思路很相近，大部分是从最低层增加对多媒体数据的控制与支持，在最高层支持多媒体的综合表现和用户的查询描述，在中间增加对多媒体数据的关联和超链的处理。在这里，综合各种多媒体数据库的层次结构的合理成分，我们提出一种多媒体数据库层次划分的概念结构图，如图 8.6 所示。

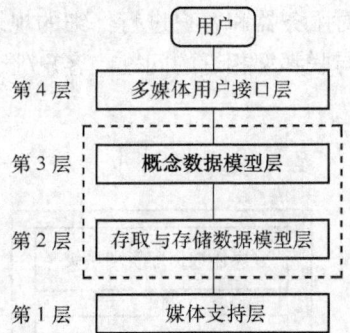

图 8.6　多媒体数据库层次示意

在图 8.6 中，最低层也就是第 1 层，称为媒体支持层，建立在多媒体操作系统之上。针对各种媒体的特殊性质，在该层中要对媒体进行相应的分割、识别、变换等操作，并确定物理存储的位置和方法，以实现对各种媒体的最基本数据的管理和操纵。由于媒体的性质差别很大，对于媒体的支持一般都分别对待，在操作系统的辅助下对不同的媒体实施不同的处理，完成数据库的基本操作。第 2 层称为存取与存储数据模型层，完成多媒体数据的逻辑存储与存取。在该层中，各种媒体数据的逻辑位置安排、相互的内容关联、特征与数据的关系以及超链的建立等都需要通过合适的存取与存储数据模型进行描述。第 3 层称为概念数据模型层，是对现实世界用多媒体数据信息进行的描述，也是多媒体数据库中在全局概念下的一个整体视图。在该层中，通过概念数据模型将为上层的用户接口、下层的多媒体数据存储和存取建立起一个在逻辑上统一的通道。第 3 层和第 2 层也可以通称为数据模型层。第 4 层称为多媒体用户接口层，完成用户对多媒体信息的查询描述和得到多媒体信息的查询结果。很显然，这一层在传统数据库中是非常简单的，但在多媒体数据库中这一层成了最重要的环节之一。首先，用户要能够把他的思想通过恰当的方法描述出来，并能为多媒体系统所接受，这在多媒体数据库系统中本身就是一个十分困难的问题，不是用某一种类似于 SQL 之类的语言所能描述的。其次，查询和检索到的结果需要按用户的需求进行多媒体化的表现，甚至构造出"叙事"效果，这也是表格一类所不能做到的。

上面的多媒体数据库的层次划分当然是非常概念化的，也是很初步的。多媒体数据库的结构应该能够包含像图像数据库、视频数据库、全文数据库等一系列的专业数据库类型，并能统一地管理和使用，但目前离这一目标还很远。

8.3　多媒体数据模型

数据模型由 3 种基本要素组成：数据对象类型的集合、操作的集合和通用完整性规则的集合。数据对象类型的集合描述了数据库的构造，如关系数据库的关系和域；操作的集合给出了对数据库的运算体系，如关系数据库中的查询、修改、定义视图及权限等；通用完整性规则给出了一般性的语义约束。多媒体数据库的数据模型是很复杂的，不同的媒体有不同的要求，不同的结构有不同的建模方法。现有的图像数据库、全文数据库等建模方法都是以专有媒体的特性为基本出发点，超媒体数据库等又与其具体的信息结构有关。这里仅介绍部分的数据模型，相当于多媒体数据库系统层次结构的第 2 和第 3 层。

8.3.1　NF^2 数据模型

在传统的关系数据库基本关系理论中，所有的关系数据库中的关系必须满足最低的要求，这个要求就是第一范式，简称 1NF。这个要求通俗地说就是在表中不能有表。但由于多媒体数据库中具有各种各样的媒体数据，这些媒体数据又要统一地在关系表中加以表现和处理，就不能不打破关系数据库中关于范式的要求，要允许在表中可以有表，这就是所谓的 NF^2（Non First Normal Form）方法。

NF^2 数据模型是在关系模型的基础上通过更一般的扩展来提高关系数据库处理多媒体数据的能力。主要手段是在关系数据库中引入抽象数据类型，使得用户能够定义和表示多媒体信息对象。数据类型定义所必需的数据表示和操作，可以用关系数据库语言也可以用通用的程序语言来记述。简单地说，这种数据模型还是建立在关系数据库的基础之上的，这样就可以继承关系数据库的许多成果和方法，比较易于实现。现有许多关系数据库都是通过对关系属性字段进行说明和扩展，并且在处理这些特殊的字段时自动地与相应的处理过程相联系，从而解决了一部分多媒体数据扩展的需求。例如，给人员档案增加人员的照片、声音，就要在关系的相应地方增加描述这些照片的属性，在处理时给出显示这些照片的方法和位置。对大多数关系数据库来说，现在采用的方法都是利用标准的扩展字段，如 FoxPro 的 General 字段，Paradox for Windows 的动态注释、格式注释、图形和大二进制对象（BLOB）等，对它们的处理也都是采用应用程序处理、专门的新技术（如 OLE）等方法。由于这些字段和注释中所描述的数据可以具有一定的格式、可以进行专门的解释，所以就打破了 1NF 的限制，但解决了多媒体数据的表示和处理的问题，如图 8.7 所示。

虽然这种方法可以利用关系数据库特有的优势，继承许多市场上的成果，但它的缺点也是十分明显的，具有很大的局限性。这主要是由于建模能力不够强，虽然 NF^2 数据模型相对于传统的关系数据模型具有描述更复杂信息结构的能力，但在定义抽象数据类型、反映多媒体数据各成分间的空间关系、时间关系和媒体对象的处理方法方面仍有困难。在特殊媒体的基于内容查询方面、存储效率方面等都有很大的困难。这与它的数据模型的特性密切相关。

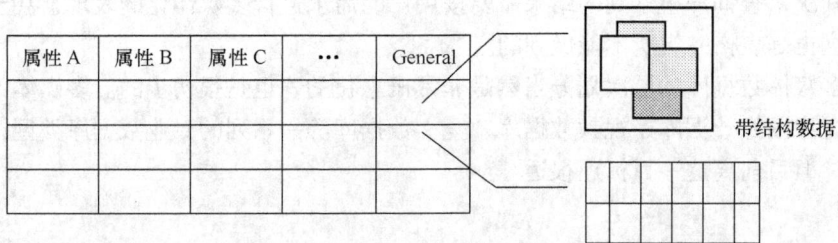

图 8.7　对关系进行扩展（NF^2）

8.3.2　面向对象数据模型

随着近年来面向对象技术的兴起，面向对象方法在数据库领域也日益显示出强大的生命力，其中主要的原因在于对象模型能够更好地描述复杂的对象，更好地维护复杂的对象语义信息。由于多媒体数据的特殊性，面向对象数据库的这种机制正好满足了多媒体数据库在建模方面的要求。顺便提一句，面向对象数据库并不等于多媒体数据库，它们在很多方面研究的侧重点是不同的。

1. 对象、属性、方法、消息

（1）对象

在面向对象的系统中，现实世界所有概念实体被模型化为对象。对象由实体所包含的数据和定义在这些数据上的操作组成。

（2）属性

组成对象的数据称为对象的属性。对象的属性可以是系统或用户定义的数据类型，也可以是一个抽象数据类型。即组成对象的某个属性本身可能仍是一个对象，具有自己的属性和定义在属性上的操作。属性的这种本身仍可以是对象的性质，可以方便地用来描述不同对象间的"聚合"联系，或称为"part-of"的层次结构联系。

（3）方法

定义在对象属性上的一组操作称为对象的方法。方法体现了对象的行为能力，它与属性一样是对象的组成部分。在对象这个抽象层次上，用户只需了解对象的外部特征，即对象具备哪些处理能力，而不需了解其内部构成，包括数据和处理能力的实现方法。

（4）消息

在面向对象的系统中，对象间的通信和请求对象完成某种处理工作是通过消息传送实现的。消息传送相当于一个间接的过程调用。对象对它能接收的每一个消息有一个相应的方法解释消息的内容，执行消息指示的处理操作。一个对象可以同时向多个对象发送消息，也可以接收多个对象发送的消息。由于消息内容由接收消息的对象解释，同样的消息可能被不同对象解释为不同的含义。

2. 对象类、类层次和继承性

如果系统中每个对象拥有自己的属性名和方法，将会出现许多冗余的信息，因此在面向对象系统中，将类似的对象组合在一起，形成一个对象类。属于同一类的对象具有相同的属性名和定义在这些属性上的方法。它们也响应同样的消息。有了对象类的概念就可以一次定义系统中同类所有对象的属性和方法。

系统中的对象除了具有前面所述的聚合关系外，还有一种概括关系。如果用结点表示对象类，用连接两结点的边表示两个对象类的概括关系，则具有概括关系的对象类形成一个层次结构，称为类层次。其中高层结点是对低层结点的概括，称为低层结点的超类；低层结点是对其高层结点的特殊化，称为高层结点的子类。

子类不仅可以继承其超类对象的部分或全部属性和方法，还可以拥有自己的属性和方法。在许多面向对象的系统中，虽然形式上规定一个子类仅可以继承它的直接超类的属性和方法，但因超类仍可以具有超类和相应的继承性，一个子类实际上可以继承它的超类链上所有对象类的方法和属性。类的层次和继承性描述了对象间"概括"联系，或称为"is_a"联系，减少了系统中的冗余信息和由此引起的更新异常。

现有的许多面向对象系统都允许一个子类具有多个超类，即将类层次由树结构推广为格。由于类格中每个子类可继承所有超类的属性和方法，称此时的子类具有多继承性。例如，"飞机"是机动运输工具和空中运输工具的子类，可以同时继承这两个超类的所有属性和方法。又因机动运输工具是运输工具的子类，它可以进一步继承运输工具的所有属性和方法。

3. 语义关联的描述

在多媒体数据模型中，常用的语义关联主要有以下一些，但它们并不是标准的，在不同的系统中，可能会有不同的定义。

① 聚集关联（Aggregation association，A 关联）：定义一个实体类的一组属性，这些属性的域既可以是实体类也可以是域类。

② 概括关联（Generalization association，G 关联）：表示实体之间的子类与超类的继承性关系。当一个子类又同时是另一类的超类时，就形成了 G 关联层次结构。当允许有一个或一个以上的超类时，就形成了 G 关联网格结构。

③ 相互作用关联（Interaction association，I 关联）：类似于 E-R 模型中的实体间的 relation 关系，用来表示两个实体类之间的相互作用或关系。I 关联定义的类之间的关系可以是一对一、一对多或多对多的关系。I 关联可以由用户命名，也可以带有自己的属性、操作与约束规则。

④ 示例关联（Instance association）：用 IS_INST_OF 表示一个具体对象与所述实体类之间的关系，用来对具体对象建模。

⑤ has_method 和 has_rule 关联：为表示一个实体类（包括广义实体类）具有数据类型为 METHOD 或 RULE 的属性而引入的比较特殊的聚集关联。

图 8.8 所示为一个建模的实例示意。

4. 运算体系

在数据库系统中运算基本上有 3 种：定义、查询和操纵。对多媒体数据库而言，应对类和对象分别定义这 3 种运算。定义包括类的创建和对象的创建两部分。类的创建需提供 5 个方面的信息：类标识、一组相关属性（包括实例属性和类属性）、一组操作程序、一组语义完整的约束条件和可以继承的超类集合。对象创建时，对象内容与对象所属类的属性必须匹配并符合类定义的约束条件。

查询是使用数据库的基本方法，包括通过类名查询类结构，通过对象名或对象标识查询对象或对象的属性值，通过类名查询该类中满足某些约束条件的对象或对象的属性，以及对对象操作的查询等。在多媒体数据库中，查询还应包括基于内容或概念的检索等。

操纵运算包括插入、删除和修改，其中每种都有类和对象两个操纵对象。类的修改包括对类描述中属性集合、操作集合、约束条件集合、超类集合中元素的更新以及整个类的删除等。类内

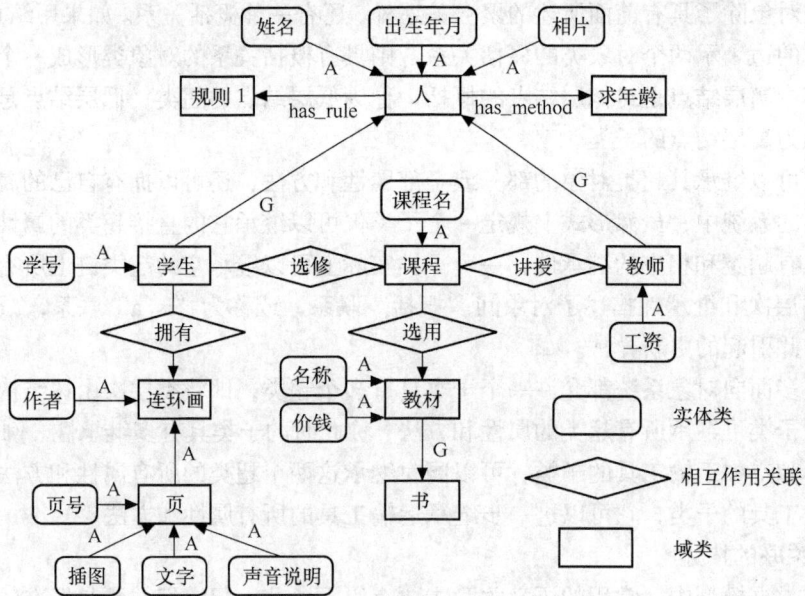

图 8.8　建模实例

属性的增加需将类内的所有对象增加此属性域并设其值为空或某一默认值；类内的属性删除需将类内所有对象的对应属性域删除；类内属性的修改须看具体情况再对其对象作相应的改变。所有属性的更新都将影响到其所有的子类。类内约束条件的更新需使涉及的所有对象满足新的约束条件。类内定义的超类集合中元素的更新及类本身的删除是比较复杂的。超类中元素的更新需做两点操作：检查类层次结构不出现环路或断路，以及类层次中属性、操作和约束条件的继承性的检查、更新和相应对象的改变。对象的修改必须满足其所属类的约束条件，对象的删除也将引起其所有属性的删除，而当属性是一个对象时，这个对象也同样被删除。

用面向对象的方法对多媒体数据库进行建模，对多媒体数据的管理具有显而易见的好处。封装允许多媒体类型通过一个公共的界面进行访问和操纵，因此即使系统发生演变，媒体的操纵仍能保持一致；继承能够有效地减少媒体数据的冗余存储，同时它也是聚集分层和特性传播的基本方法；对象类与实例的概念有效地维护了多媒体数据的语义信息，也为聚集抽象提供了一种可行的方案；复合对象根据复合引用的语义，对象间的引用只是被引用对象的标志符放在引用对象的属性中，从而实现共享引用、依赖引用和独立引用，为多媒体数据的关系表示提供了一种很好的机制。

8.3.3　其他数据模型

以下介绍的数据模型严格地说，不是完整的、通用的数据库的数据模型，但它们的出现确实又使数据库的数据模型受到很大的影响。

1. 超媒体数据模型

超媒体模型的基本结构是网状的，是由节点和链组成的有向图，在这点上有点像传统数据库中的网状数据模型，但又截然不同。节点和链是超媒体模型中的两个核心概念。节点是信息单位（信息元），链用来组织信息，表达信息间的关系，把节点连成网状结构。由于超媒体节点和链的形式可以比较容易地推广到多媒体的形式，可以基于包括不同媒体的节点，链也可用来表示媒体间的时空关系，所以超媒体模型自然成了一种很普遍的多媒体数据模型。

超媒体数据模型比数据库数据模型还要高一个层次，它承担着建立超媒体超链联系的任务。在多媒体数据库中使用超媒体数据模型是为了建立多媒体数据之间的联系，包括时间、空间、位置和内容的关联，支持信息节点网的开放性，支持对信息结构的建模，支持浏览和搜索等新的操作。

2. 文献模型

文献模型的基本结构是层次状的，其主结构是树形的。这种结构符合一般的文献或文章的组织。如一篇技术性论文由标题、作者、摘要和若干章节构成，而每一节又由节的标题和若干段落构成等。这种组织可以很方便地用一个树形的图表表示。对于一棵树来说，总有中间节点和叶节点，定义不同叶节点的媒体属性，就可以使一组叶节点的双亲节点是一个多媒体化的中间节点。对树的每一层各个节点不同的布局安排，亦即对应同一逻辑结构的文献/文章，可以定义多种不同的布局结构，使之呈现不同的表现形式。

严格地说，文献不是一种数据库，它更像一个实际的应用，例如一本书、一篇文章等。在这里不再介绍。

3. 专有媒体数据模型

诸如图像数据库、视频数据库、全文数据库等针对特定领域的数据库，往往根据自己的需要建立符合自己特性的体系结构和数据模型，以完成特定的任务。例如，图像数据库建立的五级模式和四级映射的体系结构（如图 8.9 所示），就是根据图像媒体的特点决定的。它的数据模型根据应用的不同，采用的数据模型有扩展关系数据模型、面向对象数据模型，以及广义图数据模型等。其他的专有媒体数据库也是如此。

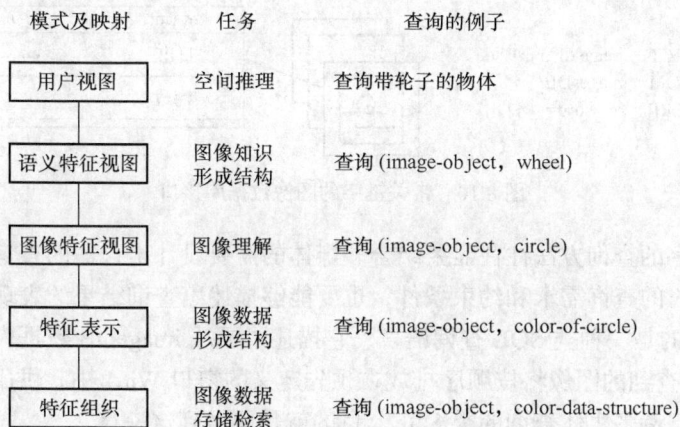

模式及映射	任务	查询的例子
用户视图	空间推理	查询带轮子的物体
语义特征视图	图像知识形成结构	查询 (image-object，wheel)
图像特征视图	图像理解	查询 (image-object，circle)
特征表示	图像数据形成结构	查询 (image-object，color-of-circle)
特征组织	图像数据存储检索	查询 (image-object，color-data-structure)

图 8.9　图像数据库的五级模式四级映射

8.4　多媒体数据库的用户接口

多媒体数据库另一个极为重要的方面是用户接口，它已经成为衡量多媒体数据库是否成功的最重要的组成部分。传统的数据库绝大部分的工作是用在数据模型和体系结构的建立方面，而对用户接口工作许多人不屑一顾，认为是低档次的工作。但事实上，数据库的用户接口是系统最关键的部分之一。有的数据库应用系统为了达到实用的水平，一半以上的努力花在用户接口上。随着软件技术的发展，用户要求的提高，这个比例还会扩大。对多媒体数据库来说就更是如此。

多媒体数据库的用户接口包括两个方面的内容：一是如何将用户的请求转变为系统所能识别的形式并输入系统成为系统的动作；二是如何将系统查询得到的结果按照要求进行表现。前者是输入，而后者是输出。

8.4.1　字符数值型接口

1. 表示类查询

在多媒体数据库中，往往会出现基于表示形式的查询。基于表示形式的查询与表示的数据类型和设计结构有关，不需要对数据做任何分析，在多媒体数据库中往往用于复合对象的检索。例如，"找出具有声音注释的图像"、"找出所有视频对象"等。在屏幕的某一区域进行指定后，发出查询："找出此区域的所有对象"等都属此列。对语义网络的查询要复杂一些，例如，"找出能对该对象提供证据的所有说明"，其结果可能是一个由多个对象及其相互关系组成的语义子网。在超媒体型多媒体数据库中会有这方面的查询。这种用户接口除语义网络外都比较简单，也易于理解。

2. 关键字描述

传统的数据库接口形式都是字符数值型的接口。用户输入的是字符或数值，得到的是由字符数值组成的表格。这种方法也可以用于多媒体数据库中。首先，无论对何种媒体，都按内容进行关键字描述，然后随媒体一起输入到数据库中。例如，输入一幅图像，针对这幅图像再输入可以描述这幅图像的关键字若干。当需要查询时，可以像查询传统数据库那样，输入相应的关键字，便能检索到相应的图像，如图 8.10 所示。

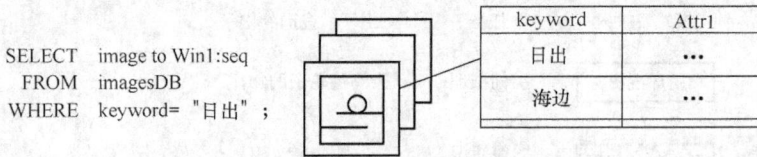

```
SELECT    image to Win1:seq
FROM      imagesDB
WHERE     keyword="日出";
```

keyword	Attr1
日出	...
海边	...

图 8.10　带关键字的图像数据库接口

这种基于关键字的查询方法往往需要结合多媒体的需要设计出合适的查询语言。这种查询语言应该能够描述用户的查询需求和约束条件，也要能够描述出查询结果的表现形式和方法。例如在图 8.10 中，使用的是一种类 SQL 查询语言，它描述了要从 imageDB 数据库中查出关键词中有"日出"的图像，对查到的图像将按顺序排放在预先定义的窗口 Win1 中，供用户浏览确认。有人正在开发一种可以支持多媒体查询的类 SQL，目的就是要做到这一点。

对于图形的查询与这种方法较为类似，图元的表示与关键字也有类似之处，但它也有其特定的环境和条件。对于图形的查询可以参考这种用户接口形式。例如：

```
SELECT    Room
FROM      Hospital_Buiding
WHERE     (Area(Room)>100) AND (No_of_Door >= 2);
```

其中穿插有对图形的计算（如 Area()）、图元特征等。

3. 自然语言查询

采用基于自然语言的方法建立多媒体数据库的用户接口是十分诱人的。基于自然语言的用户接口具有以下 3 个特点，表现出了自然语言接口的优点。

① 共同性。自然语言对人或对象系统的变化容许度高，不同的人使用同样的自然语言可以使用不同的对象系统，因而可以作为不同系统的统一接口。

② 抽象性。要解决的问题用自然语言记述，如何解决由系统考虑。这样，可以把系统的接口设计得便于任何人使用，而不管他是什么专业领域、具有何种文化水平。

③ 模糊性。当用户的要求以及问题本身就不明确时，用自然语言记述能反映这种模糊性，可以交由系统去判断。

但是，对自然语言如何进行分解取得准确的语义，这本身就是一个非常困难的问题，目前只能在一个很小的范围内使用。即使是由关键字描述的媒体数据，在检索时对复杂的查询也是难以适应的。同样是关键词，但由于其抽象的程度不一样，所描述的对象范围不一样，就会带来许多问题。对于自然语言这个问题就更加突出。例如，一幅图像是足球比赛的场景，用自然语言描述："足球场上运动员在进行足球比赛"。在这里，"足球场上运动员在进行足球比赛"、"足球比赛"与"足球"、"运动员"、"球场"显然不在一个层次上。如果能从自然语言中抽取出相同意义的关键词，就可以支持复杂的查询要求。当用户查询这幅图像时，他可以根据不同的需求查询出"足球"、"运动员"、"比赛"、"球"和"运动"等多个不同范畴的信息。这对系统来说就需要能够做到自动键词抽取和概念匹配。自然语言的接口和示例接口结合使用，可能更适合用户的需求。

8.4.2　示例型接口

1. 示例的含义

上述查询语言都是基于字符信息的，由字符表示了媒体实体的语义。由于并没有直接捕获媒体实体的内容信息，就会导致一些问题：首先，如果在多媒体数据库中没有输入媒体辅助信息，查询就会失败；其次，输入的辅助信息所用关键词不一致，例如，"日出"写成"曙光"，"轮子"写成"车轮"，也会导致查询失败；另外，很多媒体的特征是很难用文字表示的，例如，图像的纹理、颜色、形状和空间结构，声音的旋律节段等。这时就必须采用示例查询（QBE）。

QBE（Query By Example）是"依据示例进行查询"的意思。对于无法用形式化方法描述的查询，可以给出一个示例，使系统自动获取其特征，然后根据这些特征进行查找。例如，"找到所有与照片 A 上人的面貌相似的全部罪犯的资料"。这种方法避免了让用户描述的困难。

由于示例是直接对媒体进行处理和操作的，所以可以不需要用户事先输入关键字进行描述，也不会由此而产生关键字选取不一致的问题，但需要具有对媒体处理的能力和知识的辅助，需要如图像理解、语音识别等智能技术的支持。

2. 示例的种类

（1）文本示例

大家对文本的操作比较易于接受，都比较熟悉。在特定的位置输入一个字符串，系统按规则在文本中对该字符串进行检索，就可以达到目的。也可以用示例的方法给出用户的要求。用户在阅读某一文献时，对某一词、字、词组、短语甚至段落都可以标识出来，作为系统在数据库中进行检索的请求。这样，用户可以不用输入，而是通过示例说明自己的请求。如果用户的查询比较复杂，在给出示例时，还可以附带说明相应的约束条件，如查询范围、组合方法、模糊形式等，也可以结合自然语言理解的技术进行约束。

（2）图像示例

图像的示例包括给出一幅类似的图像、手绘图像的轮廓和大致的对象形状等。根据用户给出的示例，系统按要求得到相应的特征，然后对数据库进行匹配查询，最后将得到的结果按相似的程度排列出来。示例可以决定整幅图像的全局特征，如"找出与该幅图像颜色相似的所有图像"，也可以是该图像中某一对象的特征，如"找出铺有与图中房间的地毯花纹相似地毯的房间照片"等。选取何种特征、对象范围多大和相似程度多大等都可以由用户决定。但是，图像特征的抽取与图像理解、模式识别等技术有关，也需要知识的辅助，如图8.11所示。

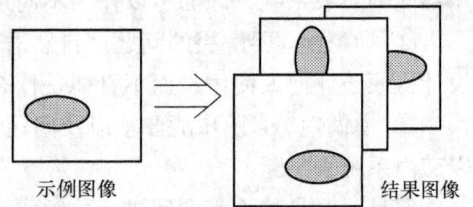

图 8.11　示例图像的查询

（3）声音示例

对声音媒体的示例与图像不同，因为声音无法用形象的方法显示出来。给出声音示例有两种方法，一种是指定已有的声音示例源，另一种是临时给出声音的样本。在第一种方法中，用户接口将从声音示例源中提取特征，然后与数据库中的数据进行模式匹配，查找对应的数据。例如，"查找与对象A声音相似的声音"，对这个查询，接口先把对象A的声音提出，再抽取出关键的特征，最后进行模式识别和匹配。对于第二种方法，系统临时提取样本，分析特征，再进行查找。例如，"查找其中一段旋律为（哼一段旋律）的歌曲出来"。

（4）视频示例

视频的示例可以分解为对图像的示例，例如，"查找影片中所有日出的场景"，就需要对视频序列进行镜头分解，找出代表帧，这个代表帧就是图像。将图像查询的方法用于这里就可以达到目的。但视频序列不仅仅是图像的集合，它还具有时间上的相互关系。对于如"查找影片中汽车通过大桥后大桥发生爆炸"的场景，需要两幅以上并且具有先后顺序的图像示例，或者是一个镜头组。

（5）结构示例

结构示例指的是对信息结构的说明，如图8.12所示，左边是一个超媒体子网，用虚框指定一个结构部分，可以表示一种语义："查找具有这种语义结构的子网"，而这种语义用语言说明非常麻烦或不容易说清楚。右边是地理信息系统的一部分，画一个虚框可以指明一个范围："查找这个范围内所有的车站"。

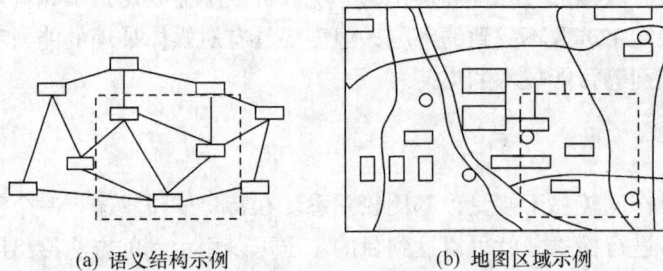

(a) 语义结构示例　　(b) 地图区域示例

图 8.12　结构示例的举例

（6）混合示例

这种示例方法是把多种示例方法混合起来一起使用，例如，图像示例与文本示例结合，声音示例与视频示例结合等。

3. 示例接口的结构

示例接口往往要和系统的特征提取、存储和相似匹配结合起来。对于需要提取特征的媒体，需要加入模式识别与管理等部分，需要与对应的视觉处理、声音处理等专门技术相结合。以图像示例接口为例，系统需要在接口增加特征提取、特征管理和知识辅助等相应的模块，以处理事先的、临时的特征处理的需要。图 8.13 所示为图像管理系统（VIMS）的接口结构示意图。

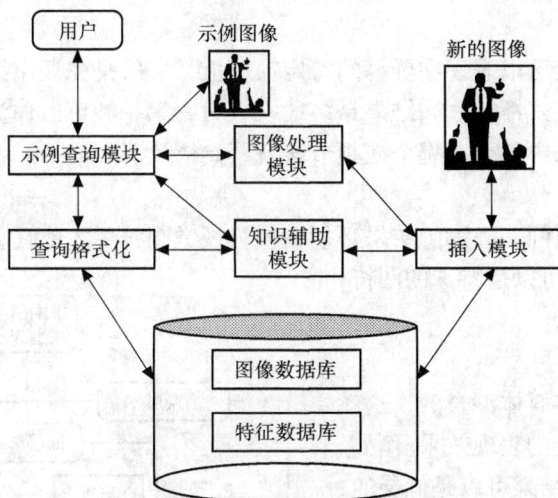

图 8.13　图像数据库的示例接口

8.4.3　用户表现接口

多媒体数据库的查询结果与传统数据库相比要复杂得多。一是媒体种类多，需要按不同的媒体给出恰当的表现；二是查询的结果并不一定是唯一的，由于是相似性查询，往往会有多个结果，需要对这些结果进行组织提供给用户；三是多媒体数据库可以为应用提供一种表现复杂结果的可能，如叙事性用户表现等。这些都与数据库的种类、应用方式及需求有关。

1．多媒体表现

（1）字符、文本与图形

文本的查询结果一般与统计结果和其在文献中的位置有关。例如，"查找本文中出现'多媒体'的次数和位置"，就需要统计出查找到的个数，并标识出每一个"多媒体"在文献中的位置，并用反视、闪烁等效果说明。对文本的浏览等操作将按这些位置进行，而不是像常规的操作那样按顺序、按行列进行。对图形的表现基本上也是如此，将查找到的结果用不同的颜色、闪烁等加以强调，使得用户一目了然，如图 8.14 所示。

> 　　对 多媒体 数据库的查询结果与传统数据库相比要复杂得多，一是媒体种类多，需要按不同的媒体给出恰当的表现，二是查询的结果并不一定是唯一的，由于是相似性查询，往往会有多个结果，需要对这些结果进行组织提供给用户。三是 多媒体 数据库为更新的应用提供了一种表现复杂结果的可能，如叙事性用户表现等。这些都与数据库的种类、应用方式及需求有关。
>
> 　　文本的查询结果一般与统计结果和其在文献中的位置有关。例如，"查找本文中出现 '多媒体' 的次数和位置"，就需要统计出查找到的个数，并标识

图 8.14　特殊效果标识查找结果

（2）图像

对图像的查询结果有两种情况：确定性的结果和相似性结果。对于确定性结果，只要将结果图像放入到合适的位置上显示即可。如果查找图像数量多，也可以列出图像文件名，供用户挑选显示。对于相似性结果，需要按相似程度排列，无论是显示在屏幕上，还是用文件形式显示。

（3）视频

视频的查询结果直接可以表现在屏幕的特定窗口上，一般是先调出第一帧静止在画面上，一旦用户要求播放才开始正式播放。当结果是多段视频时，第一帧可以作为代表帧，像图像一样按相似性进行排列，用户选中哪个，哪个视频节段就开始播放。

（4）声音

由于声音属于听觉空间，查询的结果必须变换为视觉图符后才能在显示器上表示出来。表示的方法可以是文件名，也可以是特殊的图符，只要用户点中就可以放音。

（5）混合表现

大多数查询结果是多媒体混合的，这就要求能够得到多媒体综合的表现效果。例如，查询某一个战争的过程，结果可以是低层的，报告的是武器装备、地理天气等基本情况数据，也可以是高层的，给出战争的完整过程。无论高层低层，数据都是同一个，只是在不同的层次上进行不同的组织。表现结果可以是各种媒体的综合表现效果，既有图像说明，又有声音解说，还有数据统计、动画描述等。对于这种数据库结果的表现描述，一种是在数据库中它们能够在这个层次上作为一个统一的对象按脚本组织，另一种是靠外部脚本的支持，如图 8.15 所示。

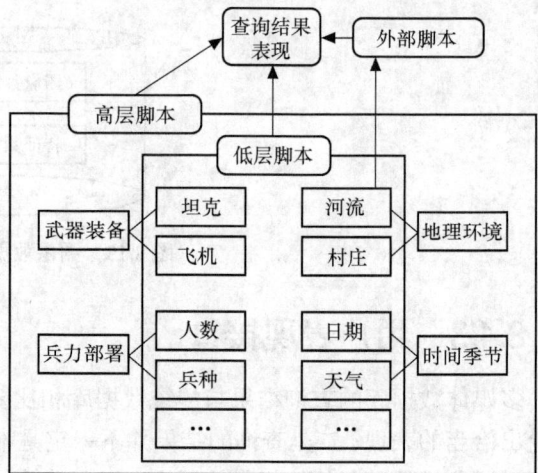

图 8.15　多媒体数据库的表现组织示例

（6）概念

概念表现与查询的方式密切相关，也是一种混合表现方式。例如，对"查找出所有的桥"这种查询，结果中应包含桥的图像、地图中桥的图元、文字中有关桥的词句及视频中有关桥的段落等。只要是"桥"的概念，都应该包含在内。这是一种高级方式，是多媒体数据库未来的重要方向。

2. 叙事表现

叙事表现是未来多媒体数据库对查询结果的一种处理方法。在传统的数据库中，查询的结果只是说明数据库中是否存在对应的内容，结果以表格或其他形式出现。但随着多媒体技术的发展，应用可能会提出这样的需求：请将数据库中有关的情节和任务组成一个故事，并表现出来。建立一个特殊的，充满各种镜头、情节、任务的视频数据库已不是没有可能，体验性的视频游戏、交互式影片等实际上都已经提出了这样的要求。对现有的库存影片进行技术处理和分割后，为这种数据库奠定了一个可行的物质基础。在未来，当信息空间中充满了各种信息数据时，用户需要做的是挑选自己所需的内容，组织成符合自己要求和风格的表现。例如，为自己编一份报纸、一份杂志，或为自己写一部影片等。这些实际上都是要在检索和查询的基础上进行表现的组织，也就是自然叙事表现。

叙事表现依赖于数据库中可用的内容和其所限定的注释，最好的情况是数据库中的内容视图

能够支持 N 维的注释空间，最坏的情况是查询必须建立在一个尖塔形的结构上，在这个结构上，故事的起点和经过点都由这个塔各层的顶点来表示。故事可用模板事先限定，也可以提供某种过滤机制。对故事片和文献纪录片使用的 N 维空间或尖塔可以相同，也可能不同。过滤是一种最简单的方法。例如，对儿童观看的影片滤掉只适合成人观看的内容，或是专就某一政治观点编辑一部文献片。特定观点的指定要复杂得多，需要在素材、组织和语言的提法等方面做大的变动。表现的颗粒度也是一个问题，颗粒度太大不易于组织故事，颗粒度太小又不能表现基本的故事情节。故事叙事与文献叙事也不一样，对"北京：古老的历史名城"这样的文献叙事就比"福尔摩斯探案新编"要容易一些。编自己的报纸也显然比编一部电影要容易得多。这些都是未来多媒体数据库中需要仔细考虑的用户接口问题。

8.5 小   结

多媒体数据库是一个应用前景广泛的领域。虽然关系型数据库为多媒体数据库奠定了基础，但也为多媒体的处理带来了限制。从传统数据库发展到多媒体数据库，不是仅仅加上图像、声音，而是需要从体系结构、数据模型和用户接口方面重新进行考虑。多媒体数据库的体系结构更趋向于分布、合作的方式，所以客户/服务器是一种很合适的结构形式。多媒体数据库的数据模型采用面向对象的方法，有利于封装不同媒体之间的差异，有利于数据库的操作和操纵；多媒体数据库的用户接口需要协助用户表达他们的查询请求，并把这些请求转变为系统的动作。

习题与思考题

1. 多媒体数据库的主要问题是什么？在哪些地方与传统的数据库系统是相同的？哪些地方是不同的？有了多媒体数据库后，关系数据库会怎样？

2. 多媒体数据库的体系结构有哪几种？对多媒体数据库系统来说，哪一种结构更合适？为什么？

3. 多媒体数据模型中的 NF^2 模型对关系数据库做了哪些扩展？在什么方面会对关系数据库理论产生影响？这种模型用在多媒体数据库中的什么地方是合适的？什么地方是不合适的？

4. 面向对象数据模型为什么可以将多媒体数据的种类和特点进行封装？对多媒体数据库在操作上会带来什么好处？会带来什么问题？

5. 设计一个多媒体数据库系统，给出总体方案。要求采用客户/服务器结构，能够自动收集网络上的信息并加入到数据库中。其他要求和条件自定。

6. 讨论叙事性数据库用户接口，并结合实例（例如"我的报纸"、"我的影片"）给出自己的设计方案。

第9章
多媒体内容分析与检索

9.1 基于内容检索概述

9.1.1 基于内容检索的概念

多媒体数据中含有大量信息，信息来源于数据，但信息需要从数据中提取出来。数据可以有多种形式或类型，这些形式取决于其来源，例如，图像、视频、声音或其他媒体类型。信息与任务有关，它需要根据特定的上下文并利用知识才能推导解释出来。"一幅画胜过千言万语"，这句话对所有的数据类型都是正确的，它说明了信息表示方法的重要性。但从另一个角度来看，这也说明同样的数据可以提供不同的信息，有时甚至是相互矛盾的信息，这完全取决于使用者的知识和解释，以及对上下文的了解。所谓的"信息爆炸"，实际上只是数据的过载而非信息的过载。

信息的抽象在理解上扮演了一个非常重要的角色。在早期的应用中，这个抽象的过程都是由人自己将所获取的数据转换成为某种符号形式，但在其中也损耗了相当多的信息。抽象过程的复杂程度与任务有关，会有多种不同层次的抽象。通常，越接近信息原始状态的数据抽象程度越低，而符号化后的数据抽象程度就越高，数据量也随着抽象程度的增加而逐步减少。抽象的过程实际上就是引入语义的过程，也与任务或领域密切相关。如果计算机只是一个通信的通道，它就可以少管甚至不管数据的任何语义，理解语义的任务直接交给用户。但如果要把两种媒体的信息相互比较或者把它们放在一块，就必须理解这些不同媒体的信息，而不管其媒体是什么。

目前大多数多媒体的应用还很少使用到不同媒体间的语义信息，也没有在各种媒体的内容上建立起联系，并且依据这些联系组织、处理和使用这些信息。从另外一个方面来看，多媒体的语义复杂性也是带来其语义瓶颈的重要原因。因此，必须要有相应的方法和工具，对多媒体的数据按不同的形式和来源获取、增加与任务相关的语义，以方便对多媒体信息内容的检索。如何使系统直接从各种媒体中获取信息线索，并将这些线索用于数据库中的检索操作，帮助用户从数据库中检索出合适的多媒体信息对象，这就是基于内容分析与检索（Content Based Analyzing and Retrieval）的主要研究内容。

所谓多媒体基于内容的分析与检索，是指对多媒体数据（如视频、图像和音频等）所蕴涵的物理的和语义的内容进行计算机分析理解，其本质是对无序的多媒体数据结构化，进而提取语义信息，这些物理特征和语义信息有助于用户从大量存储在数据库中的媒体中检索出具有相似特征的媒体数据。对于多媒体数据，每一种媒体数据都具有难以用符号化方法描述的信息线索。例如，图像中某对象的形状、颜色，视频中的对象运动、镜头的切换，声音的音调、含义等。虽然人能够理解这些媒体的含义，但要利用这些语义线索对多媒体数据库进行检索，就不得不在建立数据库时就事先输入并与媒体数据一起存储对应的字符信息，对这些媒体的语义进行描述；检索时，由人把这些语义再转换为相应的字符，根据字符的匹配查找相应的媒体信息。很显然，这个转换过程妨碍了有效地交互，被称为"转换障碍"，很难满足用户各种各样的需求。对设计者来说，给多媒体数据赋予能够表示全部语义特征的关键词也非常困难，这与个人的经验、知识和对媒体信息的理解程度密切相关，而且也并不是所有对象的所有特征都能用字符描述。基于内容检索就是要从媒体中直接地提取媒体的语义线索，根据这些语义线索进行检索。这就把检索过程与语义的提取直接地联系到了一起，使得检索过程更加有效，适应性更强。

9.1.2　基于内容检索系统的一般结构

从基于内容分析与检索的角度出发，基于内容分析与检索系统由组织媒体输入的插入子系统，对媒体做特征提取的媒体处理子系统，储存插入时获得的特征和相应媒体数据的数据库，以及支持对该媒体的查询子系统等组成；同时需要相应的知识辅助支持特定领域的内容处理。一般基于内容分析与检索系统的结构示意如图 9.1 和图 9.2 所示。

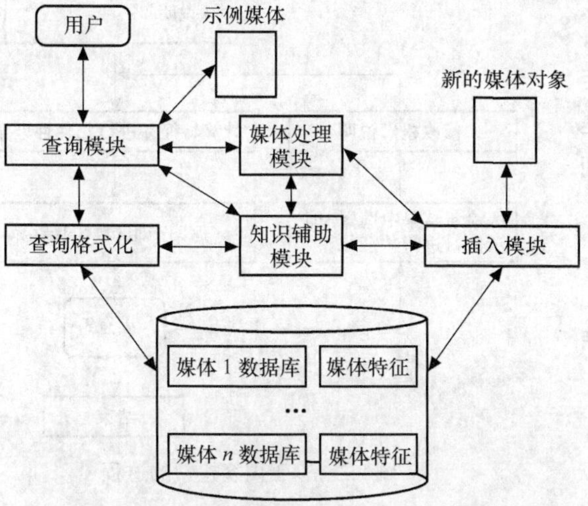

图 9.1　多媒体数据库中基于内容检索的结构示意

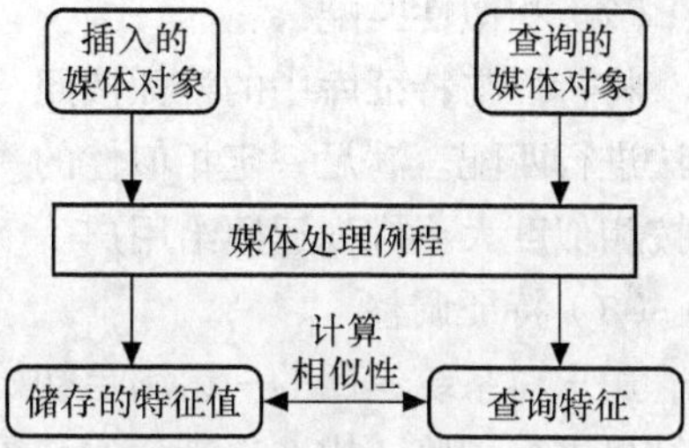

图 9.2　查询的方法示意

1. 插入子系统

插入子系统负责将媒体输入到系统之中，同时根据需要为用户提供一种工具，以全自动或半自动（即需用户部分干预）的方式对媒体进行分割，标识出需要的对象或内容关键点，以便有针对性地对目标进行特征提取。

2. 特征提取子系统

特征提取子系统负责对用户或系统标明的媒体对象进行特征提取处理。特征提取可以由人完成，例如，给出一些描述特征的关键字；也可以通过对应的媒体处理例程完成，提取一些所关心的媒体特征。提取的特征可以是全局性的，如整幅图像或视频镜头的颜色分布；也可以针对某个内部的对象，如图像中的子区域、视频中的运动对象等。在提取特征时，往往需要知识处理模块的辅助，由知识库提供有关的领域知识。

211

3. 数据库

媒体数据和插入时得到的特征数据分别存入媒体数据库和特征数据库。媒体库包含各种媒体数据，如图像、视频、音频和文本等。特征库包含这种媒体用户输入的特征和预处理自动提取的特征。数据库通过组织与媒体类型相匹配的索引来达到快速搜索的目的，从而可以应用到大规模多媒体数据检索过程中。

4. 查询子系统

查询子系统主要以示例查询的方式向用户提供检索接口。检索允许针对全局对象，如整幅图像、视频镜头等，也允许针对其中的子对象以及任意组合形式来进行。检索返回的结果按相似程度进行排列，如有必要可以进一步查询。检索主要是相似性检索，模仿人类的认知过程，可以从特征库中寻找匹配的特征，也可以临时计算对象的特征。对于不同的媒体数据类型，具有各自不同的相似性测度算法，检索系统中包括一个较为有效可靠的相似性测度函数集。

9.1.3 基于内容检索的过程和指标

1. 检索过程

基于内容检索是一个逐步求精的过程，如图9.3所示。

（1）初始检索说明

用户开始检索时，要形成一个检索的格式，最初可以用QBE（Query By Example）或特定的查询语言来形成。系统对示例的特征进行提取，或是把用户描述的特征映射为对应的查询参数。

（2）相似性匹配

将特征与特征库中的特征按照一定的匹配算法进行匹配。满足一定相似性的一组候选结果按相似度大小排列返回给用户。

（3）特征调整

用户对系统返回的一组满足初始特征的检索结果进行浏览，挑选出满意的结果，检索过程完成；或者从候选结果中选择一个最接近的示例，进行特征调整，然后形成一个新的查询。

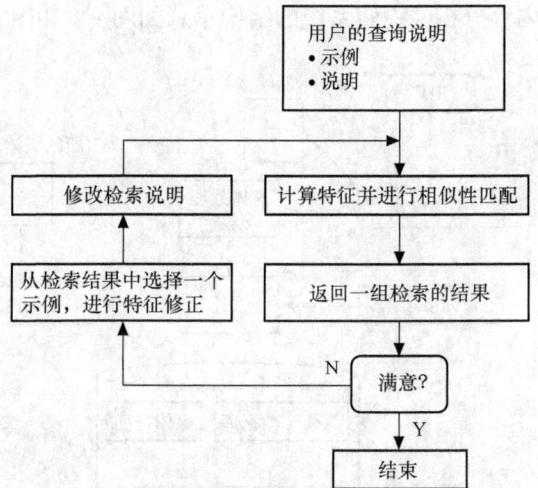

图9.3 基于内容检索的过程

（4）重新检索

逐步缩小查询范围，重新开始。该过程直到用户放弃或得到满意的查询结果为止。

2. 分割

分割，是指把媒体对象划分为几个有意义的子对象的过程。对于图像，分割指划分区域，例如，对图像中的头像指明眼睛、鼻子和嘴的区域；对于声音，分割意味着把声音分段，例如，指明某一个声道的某一段时间；对于视频或动画，分割则包括划分区域和分段两种含义。

分割有自动和人工两种方法。对于图像，可以采用图像处理中的许多现有算法实现自动分割。目前完全自动分割仍有一定的困难，特别是针对通用领域的图像，而且自动节段化的结果往往也需要人工修正。

视频和音频分割主要是根据提取出来的多媒体特征，把连续的多媒体数据流在特征发生突变的地方分割成不同的物理单元，进而由这些不同的物理单元组成高级语义的场景、故事单元和故事片段。

早期的多媒体分割工作主要集中在使用视觉特征（如色彩、运动和纹理等）对数据流进行切分，当相邻两帧的视觉特征发生变化时，就将多媒体数据流从这两帧切分开来，成为镜头边界切分。一旦得到镜头边界，就可以很方便地选取关键帧（或称代表帧）。但随着多媒体编码中音频成为不可分离的一部分，且音频流信号也蕴涵了相当语义，听觉特征越来越受到重视，被用来实现对音频数据流进行切分，将音频流分割成长短不一的段落。

多媒体场景本质上是由文本、图像、图形、音频和视频等多模态交互融合形成的，虽然每一模态都表示了或多或少的场景语义，但是只有多模态媒体融合在一起才能表达一个多媒体场景。因此，在多媒体数据切分时，目前越来越多地将视频和音频特征结合起来进行考虑。

3. 识别分类

分割得到的只是多媒体数据的最小物理单元，而用户对多媒体信息进行检索是基于一定语义的，所以还必须通过多媒体识别分类把分割出来的多媒体物理单元标注成预定义的语义类，也就是赋予这些物理单元一定的语义场景概念。

对分割出来的多媒体单元数据分类标注可以基于不同级别的语义层次：一是高级语义，这种语义是不同时间和空间的几个多媒体事件高度抽象概念化的结果，如"曼联队的进攻特点"，它需要把不同时间和不同地点发生的视频和音频事件有机地组合起来进行表达；二是中级语义，这种语义是对单个事件的描述，不涉及几个事件的交叉，如"曼联队某场比赛的左路进攻"；最后是低级语义，它是利用视觉和听觉信息对多媒体进行初步分类的结果，如"室内"/"室外"、"语音"/"音乐"等。一般对视频而言，低级语义就是分割检测出来的不同视频镜头；对音频而言，低级语义就是分割出来的长短不一的不同类型的音频分段。

4. 特征匹配

特征匹配是基于内容检索中最关键的部分。因为媒体的内容语义无法十分精确，所以要采用相似性的匹配方法。这里，我们用美国 Ramesh Jain 等人设计的视觉信息管理系统（VIMS）作为例子，来介绍特征相似性匹配的一般方法。需要说明的是，在 VIMS 系统中关于人脸面部图像识别检索系统是一个具有领域知识的系统。

（1）模糊值

"真和假"作为逻辑值可分别记为 1 与 0，它是对命题正确与否的一种度量。二值逻辑把真与假绝对化，只允许有 1 与 0 两个值，这对于许多概念是不够的。很多情况下，必须在 1 与 0 之间采用其他中介过渡状态的逻辑值来表示不同的程度。例如，用红绿蓝三色表示各种颜色，函数 $f(c)=$ RGB（15，150，200）表示什么？是"带蓝色的绿"？"带绿色的蓝"？还是"一种蓝色"呢？用"是"或"不是"无法回答这一问题。看来用单一的数值描述 RGB（15，150，200）不是最佳方案，应该采用模糊集上的隶属函数来描述。

通常，模糊集与隶属函数可以定义如下：所谓给定论域 U 上的一个模糊集 A 是指，对任何 $u \in U$，都指定一个数 $f_A(u) \in [0,1]$ 与之对应，$f_A(u)$ 便称为 u 对 A 的隶属度。这意味着做出了一个映射：

$$f_A : U \to [0,1]$$
$$u \to f_A(u)$$

这个映射称为 A 的隶属函数，其中论域 U 是指被讨论对象的全体。

用隶属函数 f_A 描述特征的结果称为特征的模糊值。上面的例子若表示为 $f(x, \text{blue})=0.72$，则其

含义是 x 等于"蓝色"的可能性是 72%。特征的模糊值作为特征值将存储在数据库中。

（2）特征值的分类和计算

特征值 f_i 在 VIMS 中分属于 3 个特征集合 F_u、F_d 和 F_c。F_u 是由用户描述的特征值，在插入时指定，如年龄、性别等；F_d 是从图像数据中直接导出的特征，插入时由系统自动计算提取出来；F_c 是那些直到需要时才计算的特征值。图像数据库中需要存储图像及其相应的特征信息。F_u 以规范化形式存储，F_c 不需存储，F_d 需要将结果存储起来。例如，一幅图像中表示某一对象的一组点就不能直接存储在库中，而要对这些数据进行一定的计算，将计算结果保存在库中。考虑到查询的效率，用户应尽可能地使用 F_d 和 F_u，而避免使用 F_c。在组合查询时，可以先使用 F_d 和 F_u 缩小搜索空间，然后在缩小的空间内计算 F_c。

当用户开始查找一个面部对象时，最初可以说明一些特征值 F_u，这一部分特征值是由用户直接指定的，如性别、年龄、面部轮廓（宽、窄、中等）、头发长度（长、短等）和头发颜色（灰、白、黑、红等）等。用户说明的每一个原始特征值需通过一个全局统计手段映射成一个标准值，图 9.4 所示即为一映射示例。对用户没有说明的特征，由系统参照用户说明的其他特征（如性别、身高等）自动赋给一个统计值。例如，如果用户没有说明"鼻子宽度"，可以令"鼻子宽度$=\mu_{鼻宽}$"。使用初始特征值处理查询，得到的查询结果比较粗糙，可能包含一大堆图像，从中挑选出目标图像仍相当困难，需做进一步处理。

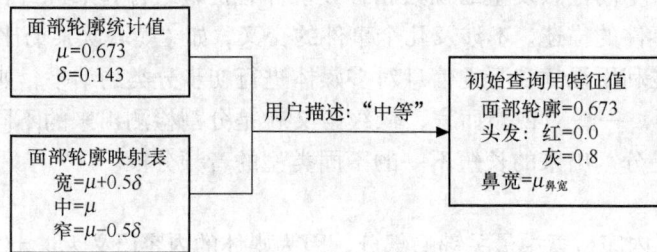

图 9.4　原始特征值到标准值的映射示例

（3）特征调整

初始的查询执行完毕，返回一组满足初始特征的图像。用户或者遍历这组图像挑选用户所需图像，或者从中挑选出一幅图像，针对该图像进行特征调整。例如，用户可说明被选图像中对象的头发与目标图像相比应把头发颜色调暗一些，眼睛也应宽一些，嘴巴大一些等。显然，这比让用户直接说明头发是什么颜色、眼睛多大等要容易操作，也更可靠。下式为计算调整以后的特征值：

$$f_i' = f_i + \Delta_u(i) \times \delta_i$$

其中，f_i 是特征 i 的当前值，f_i' 是特征 i 的结果值，δ_i 是特征 i 的标准误差，$\Delta_u(i)$ 是由用户说明的改变（即"更窄"、"更宽"等术语）映射成特征的结果。$\Delta_u(i)$ 由下式计算：

$$\Delta_u(i) = k \times \delta_u / N^{1/2}$$

其中，k 是被检索到的图像数量，δ_u 是用户说明的变化的大小（用户说明的"更窄"、"更宽"等术语由系统依据一定的原则转换为数字），N 是数据库中含特征 f_i 的图像对象的个数。

假定 N 为 64，k 为 3，现有头发长度特征值 0.36，头发长度标准误差 0.182，用户描述要头发"再长一点"，则用上述公式计算"头发长度"的过程为

$$头发长 = 0.36 + \Delta_u(i) \times (0.182)$$

其中，$\Delta_u(i) = 3 \times \delta_u / 8 = 0.124$。$\delta_u$ 按短得多（-0.66）、短一点（-0.33）、长一点（0.33）和长得多（0.66）

描述赋值。经过计算，使"头发再长一点"得到："头发长" = 0.38。

（4）相似特征偏差

为了检索与目标图像相似的图像集合，必须给出每个特征值可以偏差的程度，比如对鼻子大小这一特征，可以给它指定一个范围（例如 10 个像素点），即如果某图像与目标图像中的鼻子区域相比大或小 10 个像素点，都可认为该图像与目标图像相似。实际情况中，不同的特征值对偏差的容忍程度不同，如眼睛的特征比鼻子要重要一些，因而对偏差要求更严格。各个特征的重要程度保存在知识库中。

在面部识别中要用到下列一些参数。

- W_i：特征 f_i 的权重（重要程度），可以根据需要按统一尺度确定，如 0 ~ 10、0 ~ 1.0 均可。
- Seg_i：对 f_i 分段的可信程度。
- $Conf_i$：对 f_i 的值的可信度。
- $delta(i, F_1, F_2)$：计算两个面部图像 F_1 和 F_2 在特征 f_i 上相差程度的函数：

$$delta(i, F_1, F_2) = \frac{\left(F_1(i) - F_2(i)\right)^2}{\delta_i}$$

例如，对于"头发长度"这个特征来说，F_1 为 0.35，F_2 为 0.58，标准偏差为 0.182，则两者的相差程度为

$$delta(hairlength, F_1, F_2) = \frac{(0.35 - 0.58)^2}{0.182} = 0.226$$

（5）相似度及最终求值

所谓"相似度"是指相似性的度量结果。显然，相似度是用数值形式表示的，而不是用"很像"、"比较像"等一些描述性的词句。在这里，相似性的度量首先在各个节段上进行。例如，分别度量两幅图像上人的眼睛、鼻子和嘴等的相似度。由于不同的节段对整个对象的影响程度不一样，如在面部识别的应用中，一般眼睛比鼻子更重要，因此需要对不同节段分配不同的权重，整个对象的相似度就是对每个节段综合考虑的结果。例如，对人头像的面部进行求值，求出每个特殊值的差异结果，还必须综合，以确定候选的面部 F_c 与用户寻找的目标面部 F_u 之间的总体差异。根据各特征值偏差定义，W_i、Seg_i、$Conf_i$ 越大，$delta(I, F_c, F_u)$ 反映到整个面部的差异也应越大。因而有下列的公式描述面部偏差：

$$Diff(F_c, F_u) = \sum_i W_i \times Seg_i \times Conf_i \times delta(i, F_c, F_u)$$

显然 $Diff(F_c, F_u) \geq 0$。

当将所有的 F_c 都与 F_u 进行比较后，会得到一组偏差值，例如：

$$Diff(F_c, F_u) = \{9.66, 5.21, 11.08, 3.5, \cdots\}$$

此时，可将具有最小偏差值的图像（一个或几个）返回给用户，或是确认，或是继续进一步查询。

5. 主要指标

由于基于内容检索系统采用相似性匹配，检索到的对象往往存在一定的误差，这个误差常用查全率（Recall）和查准率（Precision）来表示。查全率是指数据库中所有的相关对象是否已查到，查准率是指查到的对象是否都正确，均用百分比来表示。表 9.1 为一个按某些算法得到的查全率和查准率的结果示例。在表中，无论何种匹配算法应检索到的相似对象都为 22 个。"应检索到的对象"一般都与相似性匹配算法中的相似程度有关，如果相似性阈值低，则"应检索到的对象"应该多一些。

表 9.1   检索结果的查全率、查准率示例

检索算法	检索到的	相关的	查全率（%）	查准率（%）
1	377	22	100	5.8
2	7	7	31.8	100
3	22	22	100	100

9.2　图像内容分析及检索

基于图像内容的检索具有与传统的基于文本检索完全不同的构架。首先，由于图像依赖其视觉特征而非文本描述进行检索，查询将根据图像视觉特征的相似度进行。用户通过选择具有代表性的一幅或多幅示例图像来构造查询，然后由系统查找与示例图像在视觉上比较相似的图像，按相似度大小排列返回给用户。这就是所谓的基于示例的查询。另外，基于图像内容的检索系统一般通过可视化界面和用户进行频繁的交互，以便于用户能够方便地构造查询、评价检索结果和改进检索结果。

9.2.1　图像特征的提取与表达

对图像进行内容分析需要考虑 3 个层次：原始数据层、特征层和语义层。其中，原始数据层采用像素矩阵对图像进行表示；特征层考虑像素模式的特性；语义层则关心的是图像的含义。

1.　图像物理特征的提取与表达

（1）图像颜色特征的提取与表达

颜色特征是图像检索中应用最为广泛的视觉特征，主要原因在于颜色往往和图像中所包含的物体或场景十分相关。此外，与其他的视觉特征相比，颜色特征对图像本身的尺寸、方向和视角的依赖性比较小，从而具有较高的稳健性。

图像颜色特征的表达涉及若干问题。首先，由于存在许多不同的颜色色彩空间，对不同的具体应用，需要选择合适的颜色色彩空间来描述图像颜色特征；其次，需要采用一定的量化方法将颜色特征表达为向量的形式，在将图像色彩特征表示为向量形式后，才能进行相似度比较。

颜色特征的表示方法有很多，如颜色直方图、颜色矩、颜色集、颜色聚合向量以及颜色相关图等。

① 颜色直方图原理及性质。假设一幅图像 G 的颜色（或灰度）由 N 级组成，每一种颜色值用 q_i（$i=1$, 2, $\cdots$, N）表示。在整幅图像中，具有 q_i 颜色值的像素数为 h_i，则这一组像素统计值 h_1, h_2, ..., h_N 就是该图像的颜色直方图，可用 $H(h_1, h_2, \cdots, h_N)$ 表示。如果用 $H(h_1, h_2, \cdots, h_N)$ 来描述一幅图像的颜色特征，则该直方图具有以下性质（如图 9.5 所示）。

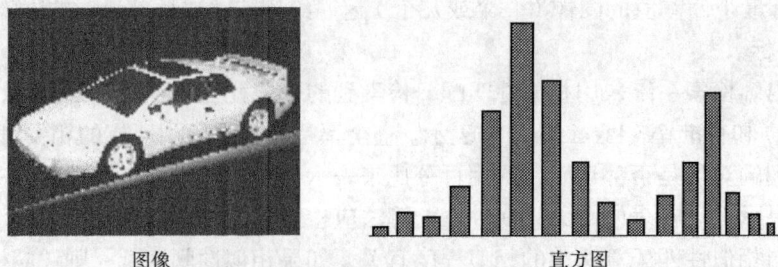

图像   直方图

图 9.5　颜色直方图

（a）直方图中的值都是统计而来，描述了该图像关于颜色的数量特征，可以反映图像的部分内容。例如，一幅"蓝色的海洋"的图像，"蓝色"将是像素的主要成分，在数量上将占很大的比例。

（b）直方图丢失了颜色的位置特征。因此，不同的图像可能具有相同的颜色分布，从而也就具有相同的颜色直方图。

（c）如果将图像划分为若干子区域，则所有子区域的直方图之和等于全图直方图。

（d）通常，由于图像上的背景和前景物体颜色分布明显不同，因而在直方图上会出现双峰特性，但前景和背景颜色较为接近的图像不具备该性质。

② 颜色矩。颜色矩方法的数学基础在于图像中任何的颜色分布均可以用它的矩来表示，此外，由于颜色分布信息主要集中在低阶矩中，因此仅采用颜色的一阶矩、二阶矩和三阶矩就足以表达图像的颜色分布。与直方图相比，该方法的另一个好处在于无须对特征进行向量化。颜色的 3 个低次矩的数学表达形式为

$$\mu_i = \tfrac{1}{N}\sum_{j=1}^{N} p_{ij}$$

$$\sigma_i = \left(\tfrac{1}{N}\sum_{j=1}^{N} \left(p_{ij} - \mu_i \right)^2 \right)^{\frac{1}{2}}$$

$$s_i = \left(\tfrac{1}{N}\sum_{j=1}^{N} \left(p_{ij} - \mu_i \right)^3 \right)^{\frac{1}{3}}$$

其中，p_{ij} 是图像中第 j 个像素的第 i 个颜色分量。因此，图像的颜色矩一共只需要 9 个分量（3 个颜色分量，每个分量上 3 个低阶矩），与其他的颜色特征相比是非常简洁的。

③ 颜色集。颜色集方法作为颜色直方图的一种近似，可支持大规模图像库中的快速查找。这种方法首先将图像从 RGB 颜色空间转化成视觉均衡的颜色空间（如 HSV 空间）中的图像，并将颜色空间进行量化，然后用色彩自动分割技术将图像分为若干区域，每个区域用量化颜色空间的某个颜色分量来索引，从而将图像表达为一个二进制的颜色索引集。在图像匹配中，比较不同图像颜色集之间的距离和色彩区域的空间关系。因为颜色集表达为二进制的特征向量，可以构造二分查找树来加快检索速度，这对于大规模的图像集合十分有利。

④ 颜色相关图。颜色相关图是图像颜色分布的另一种表达方式。这种特征不但刻画了某一种颜色的像素数量占整个图像的比例，还反映了不同颜色对之间的空间相关性。

假设 l 表示整张图像的全部像素，$I_{c(i)}$ 则表示颜色为 $c(i)$ 的所有像素。颜色相关图可以表达为

$$\gamma_{i,j}^{(k)} = \Pr_{p_1 \in I_{c(i)}, p_2 \in I} \left[p_2 \in I_{c(j)} \,\big\| p_1 - p_2 \big\| = k \right]$$

其中，$I, j \in \{1, 2, \cdots, N\}$，$k \in \{1, 2, \cdots, d\}$，$|p_1-p_2|$ 表示像素 p_1 和 p_2 之间的距离。颜色相关图可以看作是一张用颜色对 <i, j> 索引的表，其中 <i, j> 的第 k 个分量表示颜色为 $c(i)$ 的像素和颜色为 $c(j)$ 的像素之间的距离小于 k 的概率。如果考虑到任何颜色之间的相关性，颜色相关图会变得非常复杂和庞大。一种简化的变种是颜色自动相关图，它仅仅考察具有相同颜色的像素间的空间关系。

（2）图像纹理特征的提取与表达

纹理也是图像中重要而又难以描述的特征。很多图像在局部区域内呈现不规则性，但在整体上表现出规律性，习惯上把图像这种局部不规则而宏观有规律的特性称为纹理。纹理特征是一种

不依赖于颜色或亮度的、反映图像中同质现象的视觉特征。它是所有物体表面共有的内在特性，例如，云彩、树木、砖和织物等都有各自的纹理特征。纹理特征包含了物体表面结构组织排列的重要信息以及它们与周围环境的联系。Tamura 等人基于人类对纹理的视觉感知心理学的研究，提出了 6 个分量的纹理特征表达，分别是粗糙性、方向性、对比度、线似性、规整度和粗略度，这也就是纹理检索的主要特征。其中前 3 个分量对于图像检索尤为重要。除了 Tamura 纹理特征，纹理特征还有其他表示形式，如自回归纹理模型、方向性特征、小波变换和共生矩阵等。

纹理的分析方法已有不少，大致上可分为统计方法和结构方法。统计方法被用于分析如木纹、沙地和草坪等细密而规则的对象，并根据像素间灰度的统计性质对纹理规定出特征，以及特征与参数的关系。结构方法适于像布料的印刷图案或砖瓦等排列较规则对象的纹理，可以根据纹理基元及其排列规则来描述纹理的结构及特征，以及特征与参数间的关系。

由于纹理难以描述，因此对纹理的检索都是 QBE 方式的。另外，为缩小查找纹理的范围，纹理颜色也作为一个检索特征。通过对纹理颜色的定性描述，把检索空间缩小到某个颜色范围内，再以 QBE 为基础，调整粗糙度、方向性和对比度 3 个特征，逐步逼近检索目标。

检索时首先将一些大致的图像纹理以小图像形式全部显示给用户，一旦用户选中其中某个和查询要求最接近的纹理形式，则以查询表的形式让用户适当调整纹理特征，如"方向再往左一点"、"再细密一点"、"对比度再强一点"等。通过将这些概念转化为参数值进行调整，并逐步返回越来越精确的结果。

（3）图像形状特征的提取与表达

图像中的物体和区域形状是图像表达和图像检索中要用到的另一类重要特征。但不同于颜色或纹理特征，形状特征的表达必须以图像中的物体或区域的分割为基础。由于当前的技术无法做到准确而稳健地自动图像分割，图像检索中的形状特征只能在某些特殊应用场合使用，在这些应用中图像包含的物体或区域可以直接获得。另一方面，由于人们对物体形状的变换、旋转和缩放主观上不太敏感，合适的形状特征必须满足对变换、旋转和缩放无关，这对形状相似度的计算也带来了难度。

通常，形状特征有两种表示方法，一种是轮廓特征，一种是区域特征。图像轮廓特征用到物体的外边界，而图像区域特征则关系到整个形状区域。基于骨架或轮廓的检索能使用户通过勾勒图像的大致轮廓，从数据库中检索出轮廓相似的图像。

取图像的轮廓线是一个困难的任务，一般的图像分割和边缘检测提取很难得到理想的结果。目前较好的方法是采用图像的自动分割方法结合识别目标的前景和背景模型来得到比较精确的轮廓。由于用户的勾画只是对整个图像目标的大体描述，如果用整个轮廓线来作为匹配特征并不合适，必须用一些轮廓的简化特征作为检索的依据。一般以轮廓的中心为基准，计算中心到边界点的最长轴和最短轴、长轴与短轴之比、周长与面积之比，以及拐点等作为轮廓检索的特征。事实上，要识别目标的轮廓是很困难的，在有些情况下，也直接采用轮廓追踪方法进行轮廓检索。

对轮廓进行检索的过程是交互完成的。首先对图像进行轮廓提取，并计算轮廓特征，存于特征库中。为方便用户描绘轮廓，通常检索接口应给出基本的绘画工具，用户可以用工具来手绘查询的要求。检索时，通过计算手绘轮廓的特征与特征库中的图像轮廓特征的相似距离来决定匹配程度。轮廓特征检索也可以结合颜色进行描述，例如，用户可用绘图工具在一个绿色的背景上画一个红色的圆，系统将与圆形轮廓相似的目标图像都从数据库中找出来，然后用户再在这些图像中选择需要的内容。

（4）图像空间关系特征的提取

上述的颜色、纹理和形状等多种特征反映的都是图像的整体特征，而无法体现图像中所包含的对象或物体。事实上，图像中对象所在的位置和对象之间的空间关系同样是图像检索中非常重要的特征。提取图像空间关系特征可以有两种方法：一种方法是首先对图像进行自动分割，划分出图像中所包含的对象或颜色区域，然后根据这些区域对象索引；另一种方法则简单地将图像均匀划分为若干规则子块，对每个图像子块提取特征建立索引。

① 基于图像分割的方法。这类方法中的图像空间关系特征主要包括二维符号串、空间四叉树和符号图像。二维符号串方法的基本思想是将图像沿 x 轴和 y 轴方向进行投影，然后按二维子串匹配进行图像空间关系的检索。符号图像方法是基于图像中全部有意义的对象已经被预先分割出来的假设，将每个对象用质心坐标和一个符号名字代表，从而构成整幅图像的索引。

这些特征都是在图像分割的基础上的，然而对于通用领域内没有经过预处理的图像，自动图像分割技术的效果就不太好。通常分割算法所划分的仅仅是区域而不是对象。如果想在图像检索中获得高层语义上的对象，就需要人工或领域知识的辅助。

② 基于图像子块的方法。为了克服图像准确自动分割的困难，同时又要提供有关图像区域空间关系的基本信息，一种折中的方法是将图像预先等分成若干子块，然后分别提取每个子块的各种特征。在检索中首先根据特征计算图像的相应子块之间的相似度，然后通过加权计算总的相似度。

2. 图像语义特征的提取

人们判断图像的相似性并非仅仅建立在图像视觉特征的相似性上。用户在检索图像时，存在一个大致的概念，这个概念建立在图像所描述的对象上，而不是颜色、纹理等特征（当然视觉特征也可以反映出这些概念的一部分）。直观地进行分类并判断图像满足自己的需要程度，这就需要对图像含义的理解，这些含义就是图像的语义特征。图像的语义信息可以根据层次的不同分成场景语义、对象语义和情感语义。

为了从图像中提取与人的理解相对应的描述，并填补底层特征和高层描述之间的鸿沟，人们已经提出了许多利用多层结构渐进分析图像的方法。他们多将图像内容在不同层次表达描述（大多选择在不同的层次分别对图像的不同内容进行表达和描述），例如包括特征层、目标层和场景层的 3 层结构分别对图像的特征、目标对象和场景内容进行了描述。另一种提取语义信息的方法是将底层的视觉特征映射到高层语义。这种映射可以是事先确定的，也可以让用户通过人机交互的方式将高层知识加入检索系统。典型的方法有利用相关反馈和语义视觉模板来优化查询和借助交互界面来渐进地解释图像内容。两者主要利用了人能准确提取图像语义信息的特点来实现图像高层语义的检索。但目前基于语义的检索大多通过对图像目标的抽取来提取图像的高层语义信息。因此，如果能有效地抽取出图像目标的语义信息，就完成了对图像的语义理解，图像的分类就可以立足于图像的目标语义，从而缩小了知识领域范围，为图像分析提供了前提条件。

基于图像对象语义的提取一直是图像分析和理解中的重要组成部分。近年来，基于图像局部特征的图像中对象语义提取技术受到了普遍关注，从图像中的局部特征出发来对图像中是否出现对象类别进行判断，从而实现图像中对象语义的提取。这里，我们主要关注感兴趣区域特征的提取和局部不变特征的提取。

（1）感兴趣区域特征的提取

感兴趣区域提取的思想是：先在尺度空间上对图像的所有像素点进行搜索，通过局部极值点的寻找来确定关键点集，从而建立一个感兴趣区域集。这个关键点集本质上也可以认为是能描述图像目标内容的像素集合，即变化明显而稳定的点。在确定了尺度空间中的关键点集后，以这些关键点为中心的小块区域就是感兴趣区域。

感兴趣区域提取的主要步骤如下。

① 在尺度空间中构建图像尺度金字塔。

② 在图像金字塔中进行关键点检测。

③ 建立感兴趣区域集。

④ 选取一些示例图像，得到感兴趣区域提取结果。

（2）局部不变特征的提取

对于局部不变特征的提取，可采用 David G.Lowe 提出的一种基于尺度空间的、对图像缩放、旋转甚至仿射变换保持不变性的图像局部特征描述符——SIFT（Scale Invariant Feature Transform）算子，即尺度不变特征变换。该算子主要利用关键点邻域的主方向作为该点的方向特征，从而实现描述符对尺度和方向的无关性。目前，SIFT 主要用于匹配领域，其匹配能力较强，可以处理两幅图像之间发生平移、旋转、仿射变换情况下的匹配问题，甚至在某种程度上对任意角度拍摄的图像也具备较为稳定的特征匹配能力。

3. 图像高维特征缩减和索引

（1）图像高维特征缩减

在图像检索中，有时为了增加检索精确度，不得不提取更多的图像特征，通常，图像特征向量的维数数量级可以达到 10^2。特征维数多对于图像精确检索并不是好事，一方面特征信息中存在冗余信息，会导致检索精度下降，同时维数过多也降低了检索的效率。因此需要降低所提取特征维数之间的相关性，进行高维特征缩减。常用的两种高维特征缩减方法是 Karhunen-Loeve 变换（KLT）和按列聚类。

（2）图像高维特征索引

如果经过维数缩减，除去了图像特征之间的相关性，图像特征向量的维度仍然较高，则需要选择一个合适的多维索引算法来为特征向量建立索引。

有 3 个研究领域对多维索引技术做出了贡献，它们分别是计算几何、数据库管理系统和模式识别。较为流行的多维索引技术包括 Bucketing 成组算法、k-d 树、优先级 k-d 树、四叉树、K-D-B 树、HB 树、R 树以及它的变种 R+树、R*树等。除了上述几种方法，在模式识别领域有广泛应用的聚类和神经网络技术也可以对高维特征数据进行索引。

9.2.2　图像相似性检索与匹配方法

我们以颜色直方图表示方法为例说明图像相似性检索与匹配方法。

1. 利用颜色直方图进行检索

对颜色直方图方法来说，采用 QBE 方法，示例可以用以下方法给出。

（1）指明颜色组成

例如，查询"大约 30%红色、50%蓝色的图像"，查询"穿深红色衣服的人的头像"等。系统将把这些查询转换为对颜色直方图匹配的模式，前者实际上是限定了"红色"和"蓝色"在直方图中所占总颜色数的比例范围；而后者指明了在颜色直方图中应具有"深红色"和"肉色"这两种重要成分。所以，在这些查询中，所获得的结果是很宽的，对于第 2 个图像来说，查到的也可能不是人的头像，而是其他什么图像，只是它的颜色分布恰好符合罢了。但这毕竟缩小了查询空间。一般说来，对颜色的指定也不能用文字，而是用一个"调色盘"，以挑选方式进行颜色组合可能会更实际一些。

（2）指明一幅图像

在浏览过程中确定一个示例图像，自然也就得到了它的颜色直方图。然后，用该颜色直方图与数据库中的图像颜色直方图进行匹配，最后确定所要找的图像集合。严格地要求精确匹配实际上是没有多大意义的，但通过色调、颜色组合的相似性找到类似的图像，就可以缩小查找的范围。这种示例方法可以免去组合颜色之苦，因为经实验研究证实，组合颜色恰恰是用户最难以接受的。

（3）指明图像中的一个子图

这个子图可以是图像分割后的一个子块（区域），也可以是利用对象轮廓方法确定的一个对象。利用这个子图确定相应的颜色直方图，再从图像数据库中寻找出具有类似子图颜色特征的目标图像集合。当然，仅用一般的颜色直方图是难以做到的，必须建立更为复杂的颜色关系，才能描述出其颜色特征。

利用颜色直方图必须确定颜色的级数。当颜色级很大时（例如真彩色），对每一种颜色都要计算与处理显然不合适。一个可行的办法是减少颜色样点数，将其限定在一个较小的范围内（例如256 色、16 色甚至 RGB 三色）。另外，也可以利用主成分变换（如 K-L 变换）将其变换到一个较为集中的范围之内。在匹配时，采用模糊的匹配方式，也将收到良好的效果。前面所举的例子中，"红色"、"蓝色"也只能看作是"各种各样的红色"、"各种各样的蓝色"，只是所占的权重随着颜色的偏离而减弱。

值得注意的是，认知科学及视觉心理学证明，人类不能像通常计算机显示器那样只使用 RGB（红、绿、蓝）成分感知颜色。一个恰当的颜色空间是实现颜色直方图方法的基础。同时，这个颜色空间中两种颜色的差别应与人类的感觉差别相对应，才能使颜色值间的距离转变为人眼感觉上的不同。现已知道，用 CIE $L \times U \times V$ 颜色空间可以较好地解决这个问题，并且也易于从 RGB 颜色向 CIE $L \times U \times V$ 颜色转换。

2. 颜色直方图的相似性匹配

假设示例图像直方图用 $G(g_1, g_2, \cdots, g_N)$ 表示，数据库中的目标图像直方图用 $S(s_1, s_2, \cdots, s_N)$ 表示，这两个直方图是否相似可以通过欧氏距离来描述，即将它们看作欧氏空间中两点间的距离：

$$Ed(G, \ S) = \sqrt{\left(\sum_{i=1}^{N} \left(g_i - s_i \right)^2 \right)}$$

将其规范化并简化，并按"1"为完全相似，"0"为完全不相似来确定两个图像的相似性，则可以用下式描述：

$$Sim(G, \ S) = \frac{1}{N} \sum_{i=1}^{N} \left(1 - \frac{|g_i - s_i|}{Max(g_i, s_i)} \right)$$

其中 N 为颜色级数，$g_i \geq 0$，$s_i \geq 0$。

从式中可以看出，如果 Sim 靠近 1，则说明两幅图像在颜色上相似；否则，则不相似。直方图中可能有许多颜色的统计值很小，其中就包含那些"噪声"的点。为了消除这些外来的影响，一般采用一个阈值加以限制，对不超过这个阈值的颜色不进行比较，以减少"噪声"对图像相似程度的影响。这个阈值要根据颜色数和实验结果进行调整，一般在 10 左右。

如果对其中某些颜色要有重要程度的区别，可以用权重因子 W_j（$0 \leq W_j \leq 1$，$j = 1, 2, \cdots, N$）

来描述，这样上式就变换为

$$Sim(G, S) = \frac{1}{N} \sum_{i=1}^{N} \left\{ W_i \cdot \left(1 - \frac{|g_i - s_i|}{Max(g_i, s_i)} \right) \right\}$$

由于 $0 \leqslant W_i \leqslant 1$，它的引入反而会导致 $Sim(E, S)$ 的值下降，没有反映出直方图中重要成分在相似性中的地位。为此，将其做一调整，从 N 个颜色值中选取 L 个最大的单元值进行求和平均，即

$$Sim(E, S) = \frac{1}{L} \sum_{k=1}^{L} W_k \left(1 - \frac{|e_k - s_k|}{Max(e_k, s_k)} \right)$$

这样，利用这个权重公式，再利用直方图性质 4 的双峰特性，结合相似性方法，可以确定重要特征或特征的组合。例如，可以做"寻找某一背景"、"寻找某一前景"、"A 图像的背景，B 图像的前景之组合的图像"等查询。

9.2.3 图像检索中的相关反馈机制

如上所述，基于内容的图像检索技术中所抽取的图像特征基本上是图像的底层视觉特征，它们与图像的实际语义是脱离的，底层视觉特征目前尚无能力辨别出图像中所包含的物体。因此，无论采用何种特征，无论使用何种距离测度，最终决定两幅图像是否相似还取决于实际用户。因此基于内容的图像检索系统应该尽可能地做到以用户为中心，而不是以计算机为中心。另外，由于侧重点的不同，不同的用户对图像的相似性的判断也存在不同的标准。为此需要研究如何使系统自动适应这种特定的需求，从而实现更好的查询效果。相关反馈是提高系统查询效果的一种强有力的方法。

在基于内容的图像检索中，查询得到的结果应该是一组和用户提交的查询请求相似的图像集合，然而由于基于内容的图像检索还无法达到非常精确的匹配，结果中必然含有非用户想要查询的图像。因而，用户在结果中再次选择与其检索目标最接近的图像作为示例图像进行二次查询，系统将根据用户的反馈信息对图像库进行相应的修改，并重新返回一组结果，这样的过程就是图像检索中的用户相关反馈问题。

相关反馈可以让用户的个性化反映到结果中，并提高系统的适应性。在一组结果中，用户对其满意的图像赋予正反馈，对其不满意的图像赋予负反馈，使得系统能够逐步细化其检索结果，从而提高检索精度。系统还可以从示例图像的语义特征中推导出检索结果中正反馈和负反馈图像的语义信息。

基于内容的图像检索的相关反馈研究可以分成两类：查询点移动和重新计算权重。

查询点移动方法本质上是试着提高查询点的估计，向正例点移动，而远离反例。提高这种估计常用的是 Rocchio 的公式：

$$Q' = \alpha Q + \beta \left(\frac{1}{N_{R'}} \sum_{i \in D'_R} D_i \right) - \gamma \left(\frac{1}{N_{N'}} \sum_{i \in D'_N} D_i \right)$$

反馈集文档 D'_R 和非反馈文档 D'_N 由用户给定。其中 α，β，γ 是常量，$N_{R'}$，$N_{N'}$ 是反馈集文档 D'_R 和非反馈文档 D'_N 的个数。

权重计算方法的中心思想非常简单和直观。每个图像用 N 维特征向量来表示，可以把它看成是 N 维空间的一个点。如果正例的变化主要沿着主轴 j，则可以推导出在这个轴上的值对于输入查询不是非常相关，故赋予它一个小的权重 W_j。然后用特征矩阵的第 j 个特征值的标准偏差的倒

数来作为更新权重 W_j。

9.3　视频内容分析与检索

9.3.1　视频媒体基本特性

1. 视频序列

视频数据是连续的图像序列。为了对视频序列进行分类和检索，必须对视频序列的数据结构有所了解。视频序列主要由镜头（Shot）组成，每一个镜头包含一个事件或一组连续的动作。每个镜头中的内容发生在一个场景（Scene）中，一个场景可以分散在多个镜头之中。一个故事将由一组镜头组成，这中间将会有多个场景不断地进行变化。对视频序列的分割最基本的单位就是镜头，往下就是镜头中对象的运动或图像，可以另外处理；往上是场景，将由多个镜头组成。镜头的产生和边界的示意如图 9.6 所示。

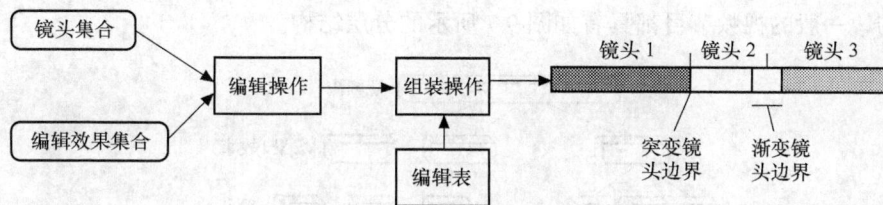

图 9.6　镜头的产生和组装

2. 镜头的切换

镜头的切换点是视频序列中两个不同镜头之间的分隔和衔接，是在导演切换台上或特技发生器上做出来的。切换的方法主要有如下两类。

（1）直接切换

一个镜头与另一个镜头之间没有过渡，由一个镜头的瞬间直接转换为另一个镜头的方法叫做直接切换。由于画面的改变是在视频的消隐场期间进行的，所以画面的接点不会出现跳动。在实际应用中，直接切换可使画面的情节和动作直接连贯，不存在时间上的差异，给人以轻快、利索的感觉。直接切换的次数还反映了视频内容的节奏。

（2）渐变切换

镜头与镜头之间的变换是缓慢过渡的，没有明显的镜头跳跃，包括淡入（Fade In）、淡出（Fade Out）、慢转换（Diss）、扫换（Wipe）等。将画面逐渐关闭消失称为淡出，将画面逐渐加强称为淡入，一个画面消失的同时另一个画面逐渐出现称为慢转换，图像从画面的某一部分开始逐渐地被另一画面取而代之的方式称为扫换。扫换是由特技发生器产生的，方式有上百种。这些镜头切换的技巧使得镜头之间的连接更加紧密。

3. 镜头的运动

在拍摄时根据剧情的需要，可以采用多种镜头的运动方式对镜头进行处理。镜头的运动方式主要包括以下一些操作。

（1）推拉镜头（Zooming）

从远处开始，逐渐推进到拍摄的对象，这种镜头运动称为"推"；或者是从近处开始，逐渐地拍成全景，这种镜头运动称为"拉"。这两种方式可以用运动摄影的方式来实现，也可以用变焦的方式来实现。

（2）摇镜头（Panning）

摄像机的拍摄位置不变，在拍摄过程中，以云台为轴心改变拍摄方位。摇摄是观察者在不改变观察位置的情况下，转动眼球或颈项观看对象方式的再现。镜头向一个方向移动，逐步地拍出更大的场景。

（3）跟踪（Tracking）

镜头跟踪着被拍摄对象移动，镜头随拍摄对象的移动而移动，形成追踪的效果。

（4）其他

还有一些镜头运动的方式，如水平、垂直的移动，仰视、侧视拍摄，近摄、远摄等，都取决于所要表现的内容。

4. 视频的层次化结构

视频数据从表面上看是非结构化的数据流，其最高层是整个视频流，最低层是一帧帧的图像，这种非结构化的特点阻碍了视频数据的有效管理与使用。而从它的拍摄和情节的组织上看，视频是有结构的，一般的视频节目都具有如图 9.7 所示的分层结构。

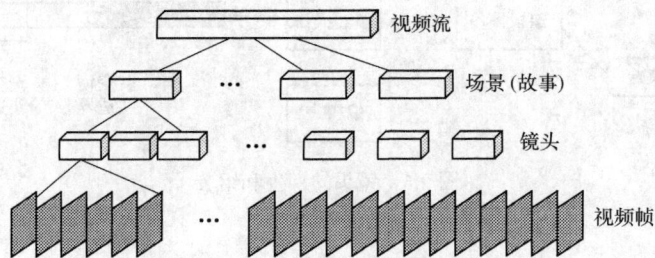

图 9.7　视频的分层结构

视频结构化工作就是要实现如图 9.7 所示的结构切分和内容提取，主要步骤包括镜头边界探测（Shot Bound Detection）、关键帧（Key Frame）提取和故事（场景）单元边界探测（Story Bound Detection），在此基础上就可以对视频的内容进行浓缩和摘要。

9.3.2　视频结构化分析

1. 镜头边界探测

镜头边界探测最简单的就是用人工的方式标识出来，但效率显然很低。用计算机自动地进行检测，不仅有利于快速地分割视频，而且还有利于快速地分类。

镜头边界自动探测方法可分为两种类型。一种是解压域下的镜头探测，这类方法通过对视频流数据进行解压，得到一系列的视频图像帧，再在图像帧的基础上，比较帧与帧之间的差异，进而探测到镜头边界。这类方法的主要差别在于帧与帧之间的比较方法不同，有代表性的方法包括像素匹配法、颜色与灰度直方图的比较方法、边缘变化率方法以及上述方法的结合。

另一类镜头探测方法在压缩域上进行。一方面可以节省大量的解压时间，另一方面也充分考虑了压缩数据之间的相关信息。这类方法包括 DC 图方法、基于运动矢量的方法、基于宏块的方法以及上述方法的结合。

下面介绍直方图比较法、双重比较法和基于背景的探测方法的基本思想。

（1）直方图比较法

直方图比较法是一种简单的镜头分割方法。在连续的视频序列中，如果没有特殊的处理，相邻的两幅图像的差别是很小的，这两幅图像的特征在很大程度上也是相差无几的。假设第 t 帧图像的直方图用 $H_t(h_1, h_2, \cdots, h_N)$ 表示，第 $t+1$ 帧的图像直方图用 $H_{t+1}(h_1, h_2, \cdots, h_N)$ 表示，N 为颜色或灰度的级，这两帧图像的直方图差值可以通过欧氏距离描述，即将它们看作欧氏空间中两点间的距离：

$$d(H_t, H_{t+1}) = \sqrt{\left(\sum_{i=1}^{N}\left(H_t(h_i) - H_{t+1}(h_i)\right)^2\right)}$$

也可以采用下述的简化公式，对直方图进行比较：

$$d(H_t, H_{t+1}) = \sum_{i=1}^{N}\frac{(H_t(h_i) - H_{t+1}(h_i))^2}{H_{t+1}(h_i)}$$

这样，两者的差值 d 总会限定在一个阈值以内。如果发生了镜头转换，在帧与帧的差值上就会发生大的改变，如图 9.8 所示。从图中可以看出，对于突变镜头切换而言，帧与帧之间的直方图差值是很明显的，也就很容易确定出视频序列中的镜头起点和终点。确定一个阈值，如果直方图差值超过这个阈值，就认为是镜头进行了切换。阈值的确定可以根据统计的结果得出。

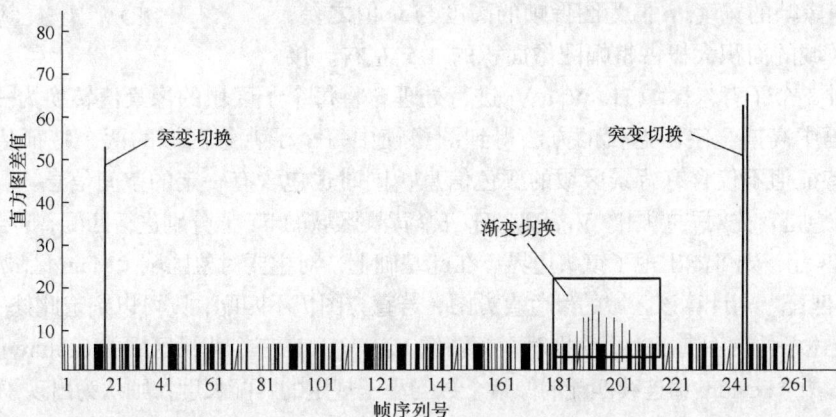

图 9.8 镜头的帧间直方图差值

（2）双重比较法

对于采用渐变类的镜头切换而言，直方图的差值虽然有，但不很明显。由于镜头是渐变的，所以相邻的两帧直方图也是逐渐改变的。这种变化在采用摇镜头、推拉镜头时都会有十分相似的结果。如果仍采用单一阈值，或者识别不出镜头的切换点，或者识别的镜头切换点有误。可以采用双重比较法（Twin Comparison）来解决这个问题。因为镜头的渐变是很缓慢进行的，而且变化有规律，所以通过两重比较就可以识别出这种变化的规律。在一个较大的范围内进行比较，就能确定出镜头渐变切换部分的起点和终点，从而确定出镜头的分割。

所谓双重比较法，是指采用两个阈值。首先用第一个较低的阈值来确定出潜在渐变切换序列的起始帧。一旦确定了这个帧，就将它与后续的帧进行比较，用得到的差值来取代帧间的差值。这个差值必须是单调的，应该不断地加大，直至这个单调的过程中止。这时，将这个差值与第 2 个较大的阈值进行比较，如果超过了这个阈值，就可以认为这个不断比较差值单调递增的视频序列对应的就是一个渐变切换点。

（3）基于背景的镜头探测方法

镜头通常定义为摄像机的一次动作。通过对镜头的观察可以发现，同一镜头通常都含有相同的背景区域。摄像机在做摇动、推拉和旋转等运动时，其对象有可能移动、变化、快速运动或者消失，但是背景区域的变化相对而言却很小。基于这种观察，不妨认为具有相同背景区域的图像帧可能属于同一镜头，一旦背景区域发生了显著变化，则认为出现了镜头边界。同时，为避免出现背景相似而镜头内容完全不同的情况，即漏检某些镜头，在分析背景区域的基础上，对主要对象区域进行分析，以辅助镜头边界的准确探测。

如图 9.9 所示，为简化计算，将背景区域定义为图像帧的边缘区域，即图像帧的上部（H）、左列（V_1）与右列（V_2）3 个矩形区域，将这些区域所围成的部分中间区域称为主要对象区域（Main）。对主要对象区域进行适当的处理即可寻找合适的视频关键帧。图像帧的上部区域可包含摄像机水平方向的运动，左列与右列区域分别包含摄像机垂直方向的运动，综合考虑上部、左列与右列区域，可包含摄像机两个对角线上的运动。这样，通过对背景区域的分析，基本上可以获得摄像机的运动特征。图 9.9 中的 w 值取为图像帧宽度的 1/10，l 值为图像帧的宽度，h 值为图像帧的高度与 w 值之差，则图中背景区域的面积大概占整幅图像面积的 1/5 左右。接

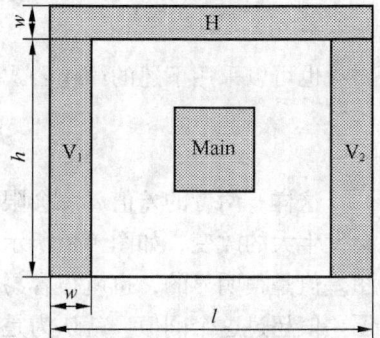

图 9.9　背景区域示意图

下来分别针对 3 个子背景区域 H、V_1、V_2 进行处理，将每个子区域的像素值转换为一维数组，再利用图像编码中高斯金字塔迭代的方法得到图像帧中每个子背景区域的两个特征值 Feature 和 FT。这两个特征值不仅含有背景区域的颜色信息，同时也包含有一定的空间信息。

算法的思想是首先对两幅图像 V_1、V_2、H 三个背景区域的 FT 值分别进行匹配，若至少有两个区域的 FT 值不匹配，则可能出现了镜头边界。在此基础上，对主要对象区域（Main 区域）的 FT 值进行匹配，若不匹配，则计算该区域的颜色直方图，若直方图仍不匹配，则可以判定此处一定出现了镜头边界。若上述条件均不满足，再分别对两幅图像 V_1、V_2、H 三个背景区域的 Feature 值进行跟踪，若 3 个背景区域的 Feature 值连续匹配的像素个数均小于规定的匹配长度，则认为出现了镜头边界。

基于背景的镜头探测算法有着较好的实验结果，另外该算法仅需设定两个阈值，而且阈值的设定对算法结果的影响不大。

2. 关键帧提取

镜头边界探测虽然获得了每个镜头在视频流中的绝对起止位置，但一个镜头仍由很多帧组成，采用什么方式来描述和表示这一段镜头的内容呢？一种浓缩表示镜头内容的方法就是在镜头中选择一个或几个帧作为"代表"来描述和表示，我们称之为"关键帧"或"代表帧"（KeyFrames）。关键帧表示法带来的问题就是选择哪些帧作为关键帧合适？如何选择？下面就介绍几个常用的关键帧提取算法。

（1）首尾帧法和中间帧法

在这种方法中，将切分得到镜头中的第一幅图像和最后一幅图像作为镜头关键帧。这种方法来自这样的观察和假设：既然在一组镜头中，相邻图像帧之间的特征变化很少，则整个镜头中图像帧的特征变换也应该不大，因此选择镜头第一帧和最后一帧可以将镜头内容完全表达出来。首尾帧法对于突变镜头很有效，但对渐变镜头往往不准确，因为此时首尾帧中都包含部分上、下镜头的内容，很难正确"代表"。因此又提出了中间帧法，即无论镜头多长都选择在时间上居中的一

幅图像作为关键帧，这种方法简单实用，适合多种类型的镜头。

首尾帧法和中间帧法虽简单，但它不考虑当前镜头视觉内容的复杂性，并且限制了镜头关键帧的个数，使长短和内容不同的视频镜头都有相同个数的关键帧，这样做并不合理，事实上首帧、尾帧和中间帧往往并非关键帧，不能精确地代表镜头信息。

（2）基于颜色特征法

在基于视频图像颜色特征提取关键帧的方法中，镜头当前帧与最后一个判断为关键帧的图像比较，如有较多特征发生改变，则当前帧为新的一个关键帧。

在实际中，可以将视频镜头第一帧作为关键帧，然后比较后面视频帧图像与关键帧的图像特征是否发生了较大变化，逐渐得到后续关键帧。

按照这个方法，对于不同的视频镜头，可以提取出数目不同的关键帧，而且每个关键帧之间的颜色差别较大。

但基于颜色特征的方法对摄像机的运动（如摄像机镜头拉伸造成焦距的变化及摄像机镜头平移的转变）很不敏感，无法量化地表示运动信息的变化，会造成关键帧提取不稳健。

（3）基于运动分析法

在视频摄影中，摄像机运动所造成的显著运动信息是产生图像变化的重要因素，也是提取关键帧的一个依据。

在这种方法中，将相机运动造成的图像变化分成两类：一类是由相机焦距变化造成的；一类是由相机角度变化造成的。对前一种，选择首、尾两帧为关键帧；对后一种，如当前帧与上一关键帧重叠小于 30%，则选其为关键帧。

（4）基于聚类的方法

聚类方法在人工智能、模式识别和语音识别等领域中有着很广泛的应用，也可以使用聚类方法来提取镜头关键帧。基于聚类的关键帧提取方法不仅计算效率高，还能有效地获取视频镜头变化显著的视觉内容。对于低活动性镜头，大多数情况下它会提取少量的关键帧或仅仅一个关键帧。但对于高活动性镜头，它会根据镜头的视觉复杂性自动提取多个关键帧。有兴趣的读者可以参阅其他书籍，此处不详细介绍。

3. 故事单元边界探测

故事又称"故事单元"（Story Unit），一般由多个连续的镜头组成，描述一段具体的语义内容，针对的是同一环境下的同一批对象，描述的是发生在同一环境下的一段情节。在有些文献中使用"场景"（Scene）的概念。

对于新闻视频，我们更倾向于从语义的角度去理解新闻视频的内容，故采用"故事"或"故事单元"这种称呼方法，而"场景"的概念更多地反映镜头以某种方式组织在一起的特性。下面我们以新闻视频节目播音员镜头探测为例来说明故事单元边界的探测。

新闻视频节目可以分为多种类型，这里简单地将其分为播报类新闻节目和其他类新闻节目。所谓播报类新闻，是指以播报形式为主的新闻节目，即播音员播报一段新闻的主要内容后，再对新闻故事进行详细展开。大多数电视台的新闻节目都属于这种类型，如中央电视台的新闻联播、晚间新闻节目等。而其他类新闻节目则不采用这样固定的播报风格，以评述或访谈方式为主。

不同类型的新闻节目其叙事结构也不尽相同。所谓叙事，指的是故事情节的展开。叙事结构则是指为了表现故事情节如何组织这些故事单元，即如何安排视频结构单元在时间和空间上的关系。对于播报类新闻节目而言，其叙事结构较为固定，一般都以播音员镜头开始，接下来是详细的新闻故事内容，包含几个到几十个镜头，以下一个播音员镜头的出现作为该则新闻故事的结束，如图 9.10 所示。从图中可以看出，播音员镜头是新闻视频叙事结构的重要特征之一，也是一般故事单元边界探测的主要方法之一。

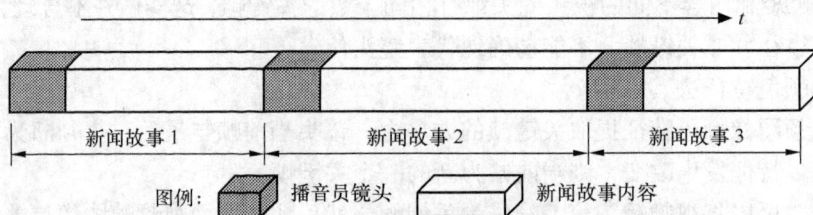

图 9.10 典型的播报类新闻节目的叙事结构

播音员镜头（简称口播帧）是指在新闻视频中重复且间隔出现的含有一个（或多个）播音员的镜头，是新闻视频所特有的结构标志，它的出现通常被视为一个新的新闻故事单元的开始。广义上的播音员镜头未必一定要出现播音员，只要满足是新闻故事边界的标志即可。

对播音员镜头探测比较有代表性的方法包括模板匹配法、多特征融合法以及聚类法。

（1）模板匹配法

模板匹配法通过提取播音员镜头的特征来构造标准模板并进行匹配。如果特征提取得合适，这种方法可以获得较为准确的探测结果。这种方法的代表包括利用人脸的肤色特征来构造模板的方法；通过提取播音员半身像的边缘曲线作为模板，并采用广义 Hough 变换进行曲线匹配的探测方法。

（2）多特征融合法

多特征融合法是综合视频、语音和同步文本来分析新闻视频的故事单元边界，一种探测方法是采用语音信息进行定位，然后再利用同步文本信息辅助定位；另一种方法是采用特征和启发式规则相结合的方式，首先利用颜色特征对镜头聚类，得到候选播音员镜头类，再用人脸探测滤除不存在大尺度人脸的候选镜头类，然后根据镜头时间序列规则得到真正的播音员镜头。

（3）聚类法

聚类法通过将视觉相似的播音员镜头聚集到一起来实现播音员镜头探测。在一段新闻节目中，播音员镜头的出现具有一定的规律性。第一，新闻故事通常以播音员镜头作为开始和结束，播音员镜头在新闻中多次出现；第二，播音员镜头运动较小，一般只存在播音员微小的动作变化；第三，同类播音员镜头之间非常相似，播音员衣着和播音室背景等一般不会改变太大；第四，播音员镜头比一般新闻镜头时间长，并且相邻的播音员镜头之间存在一定时间间隔。根据这些规律，首先利用聚类得到候选播音员镜头类，然后提取这些镜头类的时空特征。某些非播音员镜头在新闻中也会重复出现，而且视觉相似度较高，因而被探测为候选播音员镜头（如图 9.11 所示）。然而，播音员镜头和非播音员镜头的出现在时间和空间上的规律明显不同，可以采用统计方法提取候选播音员镜头类的时空特征，并按照合适的规则进行判断，最后得到播音员镜头类。

在新闻节目中，播音员镜头和非播音员镜头在时间和空间特征上的不同表现在：播音员镜头重复出现次数较多，而非播音员镜头重复出现次数较少；通常播音员镜头需持续一定时间，并且至少播报一条新闻，故同类播音员镜头平均持续时间较长；同类的相邻播音员镜头间存在一定的时间间隔，而同样多次重复出现的非播音员镜头则经常连续出现。

基于上述差异，我们选取类中镜头的平均时间跨度（播音员镜头的出现在时间上有较大跨度）、类中镜头平均长度（播音员镜头类镜头平均长度较长）、类中镜头数目（播音员镜头类中镜头数目较多）和类中镜头平均距离（播音员镜头类镜头平均距离较小）这 4 个特征作为判定播音员镜头类的主要特征。综合考虑这几种特征，将有效地实现播音员镜头类和非播音员镜头类的分类。

图 9.11　候选播音员镜头类示例

9.3.3　视频语义对象提取

视频中的语义对象是指用户所关注的一些重要语义内容，例如重要的人物、出现的重要文字信息等。在监控视频领域，视频中的运动对象也是非常重要的一种语义。视频中的语义对象非常丰富。

1. 视频中人脸对象的探测与识别

在新闻视频中人们往往关注一些重要的人物，这些重要人物的出现往往与一些重要的新闻事件相关联，通过对重要人物的提取与标注能够方便用户最终查询相应的人物和事件。

考虑到人脸图像是一种非平稳信号，用于分类的特征往往包含在局部的时频信息中，用一般的变换方法提取有效特征比较困难。小波变换是近年来发展起来的一种分析非平稳信号的有效方法，而且可以获得与人的视觉特性更为接近的多分辨率的特征提取效果，同时，二维小波变换快速算法的出现极大地降低了特征提取的计算复杂度，于是小波被人们应用于人脸识别中。而小波包变换具有任意的多分辨率分解特性，可以提供更丰富的基以供分类选择。近来，如何将小波变换和基于统计特征的人脸识别结合起来以提高人脸识别的正确率和识别速度成为人们研究的热点。

考虑到视频中的人脸探测与识别不仅要求准确率高，而且应对姿态、光照、表情的变化具较好的自适应性，可以用一种基于特定小波包分解系数矩特性的人脸识别方法。

2. 视频中字幕信息的提取

从视频流中提取最终的文本信息，需要经过字幕事件探测、字幕区域探测、字幕区域后处理以及文字 OCR 识别等多个阶段。字幕事件探测是从视频流中寻找出现了字幕信息的视频帧，在获取视频字幕帧的基础上对字幕区域进行定位，经过多帧融合等字幕区域的后处理，得到符合 OCR 软件识别条件的二值图像，最后经过 OCR 软件的识别得到最终的文字内容。

对于标题字幕事件的探测，可采用帧间差辅以滑窗检测的方法；对于字幕区域的探测，包括灰度变换、边缘检测、字幕区域定位以及字幕区域合并与过滤等过程，并最终通过多帧融合的方法实现标题字幕的识别。

3. 运动对象探测与跟踪

常用的视频中运动目标检测方法主要有帧间差法、光流分析法、减背景法等。帧间差法主要是将当前帧图像减去前一帧或前几帧图像，若差值大于某一阈值则视为运动对象出现。其优点在于实时性好，算法简单，运行效率高，但是检测出来的是运动对象的轮廓，而且运动速度较慢时检测不到运动目标，运动速度较快时，反而将部分背景视为运动对象。光流法主要是通过对视频图像光流场的分析，而得出运动目标。这种方法效果很好，而且在摄像机运动的情况下，仍然可以检测运动目标，但是实时性差，算法代价高，一般在背景固定场景下较少采用。减背景法的主要思想是当前帧图像与事先存储或者实时得到的背景图象相减，若像素差值大于某一阈值，则判断此像素为前景。这种方法的检测效果好，算法代价小，缺点是受光线、天气等外界条件变化的影响较大。

9.3.4　视频摘要

所谓视频摘要，就是以自动或半自动的方式，通过对视频的结构和内容进行分析，从原视频中提取出有意义的部分，并将它们以某种方式合并成紧凑的、能充分表现视频语义内容的视频概要。其目标就是把原始视频流的内容用一句简单的"话"表达出来。

视频摘要有多种表现形式，它可以是一段文字、一幅图像或多幅图像的组合，也可以是一段视频或者由多种媒体组合而成的多媒体文档。

（1）文字描述（Textual Description）

这种方式是最紧凑的视频摘要形式，非常便于用户理解和建立索引，但很难由计算机自动生成能准确概括视频内容的文字描述。一般采用人工输入的方式，也可通过识别视频标题或视频中的其他注释文字获得。

（2）视频代表帧（Video Key frames）

这是一种使用较多的视频表现形式，前面已经介绍过的镜头、场景和故事单元都可以用一幅或几幅从视频中抽取的图像来作为这段镜头、场景和故事单元的摘要。

（3）情节串连图（Storyboard/Filmstrip）

这种摘要十分类似于电影海报，它由一组从视频中抽取的图像按照时间顺序组合而成。有些摘要用图像大小的不同来表示影片中相应内容的重要程度，它依据影片镜头的长度和新颖程度来计算它们的相对重要性，并通过对图像和声音的分析探测影片中的一些重要的语义事件，依据重要程度选择代表帧，并确定它们的尺寸。最终，将这些代表帧合成在一起，形成名为"漫画书"（Comic Book）的视频摘要。此类摘要可以向用户给出视频情节的总体描述，在浏览过程中可以方便地定位到影片中感兴趣的部分。但它有一个明显的弱点，就是损失了影片中十分重要的动态和声音信息。

（4）视频剪辑（Clip）

视频剪辑或称缩略视频，是由视频中的一些片段拼接而成，或者是由视频中的图像序列和声音片段合成得到。用户可以通过播放这些相对短小的视频片段了解整个视频的内容。电影预告片/宣传片（Preview/Trailer）就属于这一类。

（5）多媒体视频摘要（Multimedia Film Summary）

多媒体视频摘要是由多种媒体形式组成的视频内容表现方式。它将文字、图像、声音和视频等媒体综合集成在一起来表现视频的主要内容。例如，在一个 HTML 的页面中，可以包含文字形式的视频名称、简介，图像形式的视频中的人物、场景图，声音形式的对白，视频形式的精彩片段等。图 9.12所示的是一个多媒体形式视频摘要的例子。多媒体影片摘要的生成可以基于其他形式的摘要生成技术，给用户以更加完整而丰富的视频内容表现，同时为用户提供了多种浏览和检索视频的方式。

图 9.12　多媒体形式的视频摘要

很显然，对于文章而言摘要与原文是同一种媒体形式，即文字。而对于富含多媒体信息的视频而言，视频剪辑和多媒体摘要也应该是最具表现力的视频摘要形式。因为表现媒体的差异，往往会带来较多的信息丢失。在以上的几种视频摘要形式中，文字描述的抽象程度最高，但往往难以用有限的文字描述清楚视频的全部内容。例如，一段某位名人与其他一些知名人士在宴会上交谈的场景，该怎样确定这段视频的标题呢？是给出这些名人的名字，还是交代这一事件，或者描述宴会的场景。图像形式的摘要也存在同样的问题。而多媒体形式的视频摘要（视频剪辑和多媒体视频摘要）与原始视频的表现形式最接近，包含的信息内容更丰富，也就最利于人理解。

9.4　音频内容分析与检索

9.4.1　基于内容音频检索概述

多媒体信息中音频是一类重要媒体，互联网上的音频数据（如 MP3）比比皆是。另外，视频节目总是伴随有音频流，只有了解了多媒体数据流中的视频（图像）和音频各自特征的性质，最终才能顺利地将它们合成在一起，完成多媒体完整语义的表达、识别和检索任务。

在一段多媒体信息流中，往往视频信息剧烈变化时，音频信息却保持稳定，始终表示着同一语义。例如，"音乐之声"电影的片头，尽管视频在高山、雪峰、平原和森林等之间不断变换，其伴奏音乐一直和谐平缓。如果只是按照视觉特征对这些视频分类，这些多媒体数据流就会被分割成不同的语义场景。但是如果提取出音频特征，按照音频特征对上述多媒体数据流进行识别标注，就可以用"和谐平缓"这样的语义去表述这些视频信号变化剧烈、但音频信号保持稳定的多媒体数据流，把它们归为一类语义场景。还有像"枪声"、"警笛声"或"鼓掌声"等环境背景音，这些环境背景音的出现往往暗示着重要场景或者重要人物的出现，蕴涵了丰富的语义，成为用户感兴趣的检索目标。这些环境背景音的共同特点是：与它们相连的视频信号特征变化剧烈，但是音频信号特征保持稳定，可以用音频去表述语义，从而不至于使表示同一语义的视频场景被分割开来。

除了用音频去标注视频信息外，对于互联网上的音频数据，研究对"相似"音频数据实现检索（如查找相似音乐、歌曲和讲话等）的方法，将会给用户查找信息带来极大方便。

无论是对相似音频进行检索，即查找出听觉上相似的同类音频数据流，还是实现音频到视频检索，即用含有极大语义的音频信号去索引视觉变换剧烈，但是属于同一语义的视频数据流，这些都是基于内容的音频检索正在研究的方向。

所谓基于内容的音频检索，是指通过音频特征分析，对不同音频数据赋以不同的语义，使具有相同语义的音频在听觉上保持相似。音频检索和语音识别的目标是不同的。语音识别指从说话者语音信号中识别出字、单词和短语等基本元素，然后对这些语言符号进行分析和理解，提取里面所蕴涵的语义。基于内容的音频检索可以分为以下两个方面。

① 由于在多媒体数据流中，音频信号同样包含了丰富的语义信息，正确识别出音频信号中所蕴涵的语义，然后用音频来索引其相应的多媒体视频信息。

② 音频数据自己也可以成为检索对象，如寻找相似的音乐和在电影中寻找某个"爆炸"的声音等。

与视频检索类似，在音频检索中，也需要经过特征提取、音频分割、音频分类识别和音频检索这几个关键步骤（如图 9.13 所示）。

图 9.13　基于内容的音频检索步骤

9.4.2　音频结构化分析

1. 音频结构化分析概述

音频结构化分析包括两个彼此相关的内容：音频语义内容分析和音频结构分析。音频语义内容是通过对音频数据的分析获得音频中的一些特定语义内容。原始音频是非结构化的数据流，无法直接从中提取有意义的语义内容，这就需要对原始音频按一定语义内容进行时域上的分割，即音频结构分析。

音频结构分析的目标是将组成音频的音频帧序列分割成时间上连续的几个集合，每个集合是一个内容上相对独立、稳定和连续的结构单元，这些结构单元是音频内容语义提取的对象。时间粒度较小的结构单元，虽然技术处理更为方便，但由于时间粒度过小，很难从中提取有价值的内容语义；时间粒度过大的结构单元，虽然可以从中提取较完整的语义内容，但根据现有的技术对这样的结构单元直接处理是难于实现的。因此，音频结构分析应该集成不同时间粒度的结构单元，从低到高分层实现。

分类是音频结构分析的一种主要方法，类别信息包含了音频数据的重要语义内容，它能够让用户对音频内容有一个全局概念上的认识，所以它通常是用户检索和浏览的首要依据。在音频处理领域，获取音频信息的渠道和手段多种多样，音频内容也千差万别，但不同内容的音频信息含有的音频类别相对固定。根据音频的作用和特点一般可将音频分为如图 9.14 所示的类别层次。

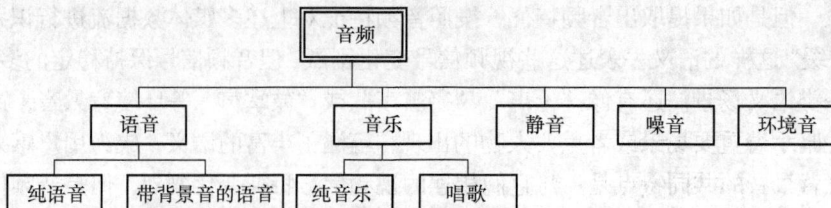
图 9.14　音频的一种分类

另一种结构化模型类似视频的结构化，如图 9.15 所示，定义了如下不同时间粒度的音频结构单元。

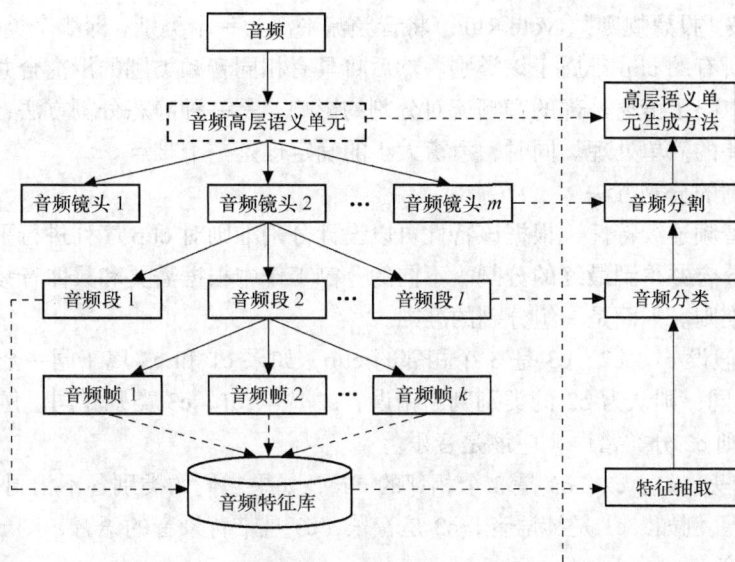

图 9.15　层次化音频结构图

① 音频帧（frame）：音频是一个非平稳随机过程，其特性随时间而变化，但这种变化很缓慢。鉴于此，可以将音频信号分成一些相继的短段进行处理。这些短段一般长为 20 ～ 30ms，称为音频帧，是音频处理中的最小单元。

② 音频段（clip）：由于音频帧的时间粒度太小，很难从中提取有意义的语义内容，所以需要在帧的基础上定义时间粒度更大的音频结构单元（通常比帧长大若干个数量级），本文称之为音频段（clip）。clip 由若干帧组成，时间长度一定，是本文中音频分类的基本对象，具有一定语义，如语音 clip、音乐 clip 等。clip 的特征在音频帧特征的基础上计算得到。

③ 音频镜头（shot）：这是从视频镜头引申过来的概念。由于 clip 太短，不适合进行语义内容分析。本文中定义含有同种音频类别的音频结构单元为音频镜头，音频镜头由若干相同类别的 clip 组成，时间粒度更大，时间长度不定，是音频分割的结果，具有一定的语义，如环境音镜头、音乐镜头等。

④ 音频高层语义单元：由镜头的不同组合形成的具有完整丰富语义内容的音频结构单元。根据需要可以有多层。它的分析以下层单元为基础，是音频结构化的目标（高层语义单元的生成方法不在本文研究范围之内）。这些结构单元是层次化音频结构的组成要素，描述了音频结构化从低到高不断提升的过程。

从图 9.15 中可以看出这种结构化模型最终也是通过分类和分割来实现的，与基于分类的结构化模型本质上是一致的。

2. 音频分割

音频分割是音频镜头切分的技术基础，它直接关系到音频镜头切分的精度，进一步会影响到音频语音内容提取的准确性。音频分割实际完成两个方面的工作：一是根据音频连续特性对分类结果进行平滑，修正违背音频连续性的误分类；二是合并类别相同的音频 clip，对音频流按类别在时间轴上进行分割，生成音频镜头。本小节介绍 3 种音频分割的方法：滑窗法、基于规则的分割方法以及基于熵和动态规划算法的分割方法。

（1）滑窗法

传统的音频分割方法通常是采用简单的滑动窗口技术，即用固定长度的滑窗对音频流简单分割，在滑窗内部按"投票规则"（Vote Rule）将音频流平滑为一个类别，即哪个类别的 clip 数最多，就认为该滑窗内所有的 clip 都属于该类别。然后将具有相同音频类别的滑窗合并得到最终的分割结果。这种方法忽略了滑窗外部的音频流对分割的影响，是一种静态分割方法，而平滑过程本身就是带有一定误差的简单处理。同时，滑窗大小的确定也是一个难点。

（2）基于规则的分割方法

该方法基于音频连续特性，根据该特性可以设计分割准则对 clip 序列进行平滑，然后再将具有相同类别的 clip 合并得到最终的分割。不同的分割工作中根据需要和具体音频分类的类别可以采用不同的分割准则。下面是一组分割的准则。

① 准则 1。假设 c1、c2、c3 是 3 个相邻的 clip，如果 c1 和 c3 属于同一个音频类别，而 c2 与 c1、c3 类别不同，则认为 c2 的类别判断错误，c2 应与 c1、c3 类别相同。例如，c1、c3 是音乐，c2 是语音，则 c2 分类错误，应该是音乐。

② 准则 2。假设 c1、c2、c3 是 3 个相邻的 clip，如果它们的类别各不相同，则认为 c2 的分类应该与 c1 相同。例如，c1 是纯语音，c2 是音乐，c3 是带背景音的语音，则 c2 应与 c1 分类一致，c2 应为纯语音。

③ 准则 3。上述两条准则对静音和噪音不适用，因为静音和噪音可能突然或频繁出现。例如，如果 3 个相邻 clip 分别为语音、静音和语音，则认为这种情况是合理的，不应用上述两个准则。

该方法基于音频流的自身特性，具有一定的合理性，比滑窗法具有更好的分割性能和准确率，但也是一种静态方法。

（3）基于熵和动态规划算法的分割方法

滑窗法和基于规则的分割方法本质上都是静态方法，即它们只考虑了音频流局部的分割情况，而忽略了局部的平滑处理对于相邻的分割以及整个音频流的影响。某分割局部的 clip 类别修正从该分割内部看来可能是合理的，但是从整个音频流看可能并不是最优的选择。如何量化这种分割的好坏程度呢？从本质上讲，分割的准确度表现为一个分割中某个类别的 clip 数多于其他类别的程度，程度越高说明该分割越准确合理，我们定义这种"程度"为该分割的同质度（Homogeneity）。则最优分割就是所有分割选择中同质度之和最大的那种分割。这就是基于熵和动态规划算法的分割方法的基本思想。该方法解决了最优分割的量化问题，充分考虑了相邻 clip 之间的影响，以及不同分割选择的整体最优情况，是一个动态寻优过程，从本质上区别于上述两种静态方法。

3. 音频分类

音频类别特征可以通过低层特征来表达，即它们之间存在着一定的映射关系，而事实上它们之间是存在距离的。因此，在特征抽取的基础上如何构造一个性能良好的分类器，以便更好地建立低层特征与高层类别特征之间的映射关系是音频分类工作的技术难点与核心。

（1）基于规则的静音与噪音分类器

静音和噪音是识别相对简单的声音类别，特征与其他音频类别区别明显，所以我们采用基于规则的方法识别这两类音频类别。

①静音的识别规则

静音是指人耳听不到的声音，它与音强有关。由人的听觉特性可知，静音还与音长有关。这些特性表现在能量谱上，就是在一定的时间内音频流的能量较低。如图 9.16 所示，段 a～b，e～f，k～1 是静音段，虽然 c，d，g，h，i，j 等点处的能量也很小，但其持续的时间较短，一般不能将其判为静音。

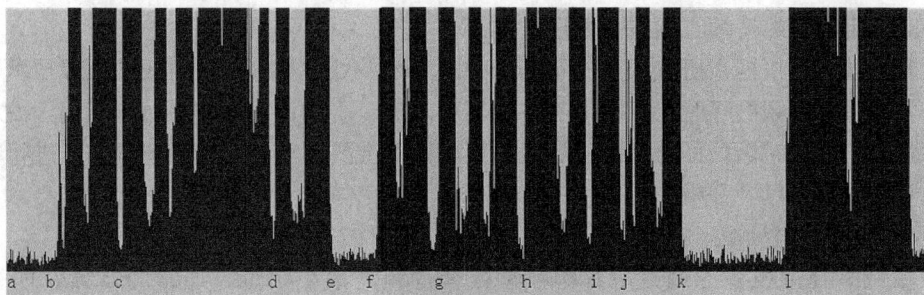

图 9.16　一段连续语音的能量谱

②噪音的识别规则

噪音是指不包含任何语义内容的音频 clip，主要考虑宽带噪声。宽带噪声是比较普遍的一类噪声，其来源很多，包括热噪声、气流（如风、呼吸等）噪声及各种随机噪声源。其在频域上与语音中的辅音频谱相似，宽带噪声的 ZCR 很高，这是因为其高频分量的能量较大，在时域上表现为信号比较杂乱、无规律。

（2）多级分类器的构造

通常需要将非静音噪音 clip 分为纯语音、含背景音的语音、音乐和环境音 4 类。根据 SVM 决策树方法来构建多类分类器，则需要构建 3 个 SVM。SVM1 区分出语音 clip 和非语音 clip；SVM2 对语音 clip 识别，区分出纯语音和带有背景音的语音；SVM3 将非语音 clip 分为音乐和环境音。基于 SVM 决策树方法的多级分类器结构图如图 9.17 所示。

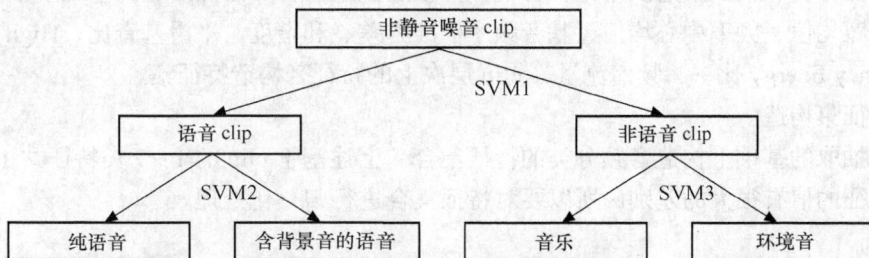

图 9.17　SVM 多级分类器结构图

9.4.3　音频特征提取

音频特征的分析与抽取是音频分类的基础，所选取的特征应该能够充分表示音频频域和时域的重要分类特性。

1. 特征抽取的相关技术

音频是一种缓慢时变的信号，可以应用数字信号处理技术和信号系统理论来抽取音频的物理特征。对音频特征的抽取要用到多种方法，其中短时时域处理技术、短时频域处理技术和同态处理技术是最基本、最典型的技术。这里仅简单介绍音频短时处理技术。

音频是一个非平稳随机过程，其特性随时间变化，但这种变化很缓慢。鉴于此，可以将音频信号分成一些相继的短段进行处理，这就是短时处理技术。这些短段一般长为 20ms ~ 30ms，称为帧。注意这里说的帧与视频流中帧的概念是不同的。相邻帧可以有部分重叠，每一帧可以看成是从一个具有固定特性的持续音频中截取出来的，这个持续音频通常认为是由该短段音频周期性重复得到的。因此，对每个短段音频进行处理就等效于对持续音频的一个周期进行处理，或者说等效于对固定特性的持续音频进行处理。

短时处理技术根据在研究域上的不同分为短时时域处理技术和短时频域处理技术。短时时域处理主要是计算音频的短时能量、短时平均幅度、短时平均过零率和短时自相关函数。这些计算都是以音频信号的时域抽样为基础的。短时频域处理主要是对各个短段音频信号进行频谱分析，因而又叫作短时傅里叶分析。

2. 特征分析与抽取

根据短时处理技术的理论，音频帧是处理音频的最小单位，通常的音频处理中帧的长度一般取为 20ms ~ 30ms，过短将得到粒度过细的信息而不能反映各类音频的区别特性，而过长则容易导致音频特征平均化以后不能反映特征的时序变化特性。例如，针对图 9.15 所示的层次化音频结构，可以采用 clip 和帧结合的音频特征分析与抽取方法。这种方法首先将音频流切分成 clip 序列，对每一个 clip 再加窗成帧，并计算基于帧的音频特征，在此基础上再计算基于 clip 的音频特征。

特征抽取的基础是数字信号处理技术和信号系统理论，实际应用中特征抽取包括 3 个步骤：原始音频预处理、特征抽取和特征集的构造。

（1）原始音频预处理

原始音频往往含有尖锐噪音，会影响处理效果。同时音频处理的单位是帧，所以特征提取前，需要对原始音频数据做预处理，包括预加重、切分和加窗成帧。

（2）特征抽取

根据特征分析和抽取描述的结论，首先计算帧层次上的特征，然后在此基础上抽取子带能量比均值、带宽均值、频率中心均值、基音频率标准方差、和谐度、平滑基音比、High ZCR 比率、Low Frequency Energy 比率、频谱流量等 clip 层次上的特征来构造特征集。

（3）特征集构造

在特征抽取的基础上构造音频分类的特征集合。上述基于 clip 的 1 ~ 7 类特征共 13 维，由于不同音频特征的值有很大的差别，所以要对特征集合进行归一化处理。

9.4.4　基于内容的音频检索

目前在互联网上主要的音频信息有音乐、语音和广播等，音频基于内容的检索也主要是针对这些音频信息。人们总是想从互联网上找到自己喜欢旋律的音乐。这种寻找相似旋律和相似风格音乐的方式在网上购买音乐方面用途较大。譬如，人们并不知道某首歌曲的名字和主唱，但是对某些歌曲的旋律和风格非常熟悉，于是人们可以通过嘴巴将他熟悉的旋律"哼"出来。这些旋律通过麦克风数字化输入给计算机，计算机就可以使用搜索引擎去寻找一些歌曲，使反馈给用户的歌曲中包含用户所"哼"的旋律或风格，这种方式称为使用"哼"进行音乐检索（Audio Retrieval by Humming）。

对于广播等音频数据，由于广播中包含了广告、天气预报、主持人主题新闻和新闻详细报告等不同部分，而这些部分往往是混合在一起的。不同的人对这些不同部分偏好不同，例如，有些人只关心"新闻摘要"，则他只需要听主持人主题新闻就可以了；有些人对新闻详细分析也感兴趣，则他需要听主持人主题新闻和新闻详细报告两部分；可以说，很少有人喜欢广告，所以广告可以尽可能从新闻中去除。如果能够将新闻分成如上几个部分，可以很大地方便人们对广播新闻不同层次的需要。

最后，与图像和视频一样，人们对相似音频示例的检索需求也很大，总是想从互联网中找到自己需要的音频示例。例如，有些人想找相似的"枪声"，有些人想找相似的"鼓掌声"等，这就是相似音频示例的检索。

在实现相似风格"歌曲"和相似音频示例检索的时候，人们所提交的检索信息是什么？当然，最直接的是提交一个语义描述，如"爵士音乐"和"爆炸声"等这样的文字，然后把蕴涵了这些语义标注音频示例或歌曲寻找出来，反馈给用户。但是，要自动完成这样的任务，是相当困难的。因为音频低级听觉特征和其蕴涵的高级语义之间存在很大的鸿沟，不可能自动从"歌曲"或"音频示例"中获取完整语义。如果实在要完成这样的检索任务，有以下 3 种方法。

一是对每个收集了相似音频示例或歌曲的音频库进行手工语义标注，识别之后，基于标注信息完成检索。在这里，因为人的主观感知不一致，人为手工标注很难取得一个公正的语义标注。

二是提交一个音频示例，提取这个音频示例的特征，按照前面介绍的音频示例分类识别方法来判断这个音频示例属于哪一类，然后把识别出的这类所包含的若干样本按序返回给用户，这是基于示例的音频检索。

三是使用"哼唱（Humming）"作为输入。例如，用户自己哼一段想找寻的音乐，然后基于用户"哼"出来的音乐，去寻找与之相似风格和旋律的歌曲，反馈给用户。这其实也是一种基于示例的音频检索方法，但是，其示例是靠"哼"出来的。

上面第一种查询方式叫基于语义描述的音频查询方式。由于对一段音频示例可以有不同的语义描述，如何处理不同语义描述，其内涵的一致性以及是否存在语义描述不一致的问题，是前一种检索方式面临的挑战。后面两种是基于听觉内容的音频示例检索（Audio Retrieval by Clip）。

基于示例的音频检索与视频检索一样，用构造的分类模型将用户提交检索的音频示例归属到某类音频，最后按照排序方法返回给用户属于这个音频类的若干相似音频示例。在这种方法中，提取音频示例特征、对音频示例进行判别和构造某类音频模板，都可以用前面介绍的技术来完成，关键是如何管理和构造一个庞大的音频示例库。这种方式限制了检索手段，很难想象以后在多媒体检索时，会让检索客户提供多媒体示例才能顺利进行检索。

另外，在相似音频示例检索过程中，应该给用户提供一种机制，让用户可以对反馈结果进行在线评估，然后将评估结果反馈给检索系统，让检索系统根据用户评估，重新进行检索，直到用户满意，这叫做"音频示例相关反馈"。

9.5　多媒体融合分析与检索

多媒体信息分析可以借助各种媒体之间的关系融合进行。例如，在对新闻视频进行分析时，可能需要对音频、视频和文本信息进行综合分析，才能得到更好的结果，如图 9.18 所示的过程。由图 9.18 可以知道，多媒体处理不仅仅只是文本、视频、音频等媒体信息的简单组合，而是几种不同媒体信息的交互和融合。传统的媒体信息处理技术往往只是对一种媒体信息的处理，如对文本信息处理的自然语言理解，对音频信号处理的语音压缩和合成，对视频/图像信号处理的基于内容的图像/视频检索等。

图 9.18 中同时也展示了多种媒体信息合成与交互的一些应用：如使用语音识别技术，通过分

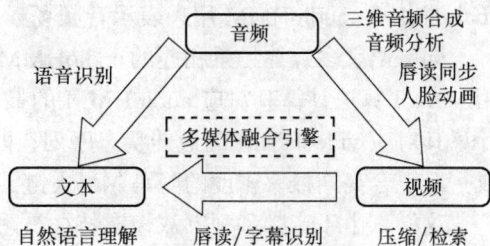

图 9.18　多媒体融合处理

析语音信号波形，可以把一个人讲话的语音信号转变为一串文字输出；针对一串文字，可以动画模拟人脸讲出这串文字的视觉、听觉动作；通过嘴唇拼读（Lip Reading）技术，观察发音器官（如嘴唇、舌头、牙齿等）而推知讲话内容，帮助听力有障碍的人进行语音理解；而嘴唇同步（Lip Synchronization）则是研究如何在网络传输速度不快和视频、音频传输速度不一致的情况下，保证音频和视频信号同步。

其实，由于人和人交流时，对信息的理解内在是视听双态（Bimodal），这被称为"McGurk 现象"。"McGurk 现象"指出，音频信号适合于表述描述性（Descriptive）语义，视频适合于表述指令性（Manipulative）语义，视频和音频融合才能表达一个完整丰富的语义信息，对两者的割裂将使完整语义信息丢失。因此，在对融合了视频和音频信号的多媒体信息（如电影、录影带等）查询时，视频和音频信号的融合交互（Auto-Visual Interaction）尤为重要，"McGurk 现象"为进行多媒体音频和视频融合检索研究提供了理论基础。

目前对多媒体融合检索技术的研究主要集中在 3 个方向：一是把音频和视频特征按照一定的时序关系融合到一个检索框架中；二是用视频（或音频）实现对音频（或视频）相互索引；三是用音频和视频分别得到多媒体场景判断结果，然后把视频、音频的结果结合起来考虑，得到最后结果。由于音频和视频的两个判断结果都是以概率形式表示的，所以这种方法也叫概率融合。

9.5.1　多媒体特征融合

图 9.19 所示的超级隐马尔科夫链（superHMM），就是一种实现视频和音频特征融合的方法。

在形成超级隐马尔科夫链中，对视频做如下处理：提取视频流中图像帧的色彩和纹理等特征，训练生成隐马尔科夫链 videoHMM，videoHMM 用来表示视频场景。

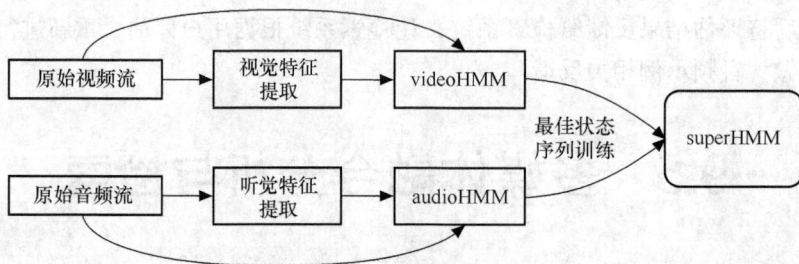

图 9.19　超级隐马尔科夫链生成

对与视频流相对应的音频流做如下处理：提取音频短时帧特征，训练生成隐马尔科夫链 audioHMM，audioHMM 用来表示音频场景。

同一语义多媒体场景相连的 audioHMM 与视频 videoHMM 融合算法如下：对每个音频短时帧，用 Viterbi 算法计算其对应 audioHMM 的最佳状态序列；对于每幅视频图像帧，也用 Viterbi 算法计算其对应 videoHMM 的最佳状态序列；得到的所有最佳状态序列当成新的特征向量，去训练生成一个混合高斯概率密度的隐马尔科夫链，称为 superHMM。

这样，由于音频和视频双模态特征被融入了 superHMM，superHMM 即代表了视频、音频交互所表征的完整语义，故可以实现多媒体双模态检索。有研究者用这种方法成功地识别了"爆炸"和"汽车声"等多媒体场景，并对它们进行检索。

9.5.2　单媒体交叉索引

在这种方法中，先是对音频、视频和文字等单媒体信息分别进行处理，得到各自处理结果，然后在这个基础上，用生成的结果对自身或其他媒体数据流进行索引，索引表可以用元语言（Meta Language）结构表达，用户可以用元语言形式进行检索和查询（如图 9.20 所示）。

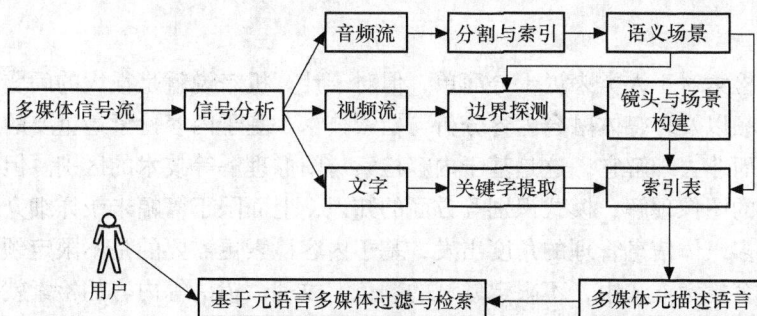

图 9.20　多媒体媒体交叉索引

图 9.20 中的多媒体流先被分解为音频、视频和文字 3 种媒体，然后这 3 种媒体分别进行处理，把相应的处理结果合成入索引表。这样，当用户提交一个多媒体事件的检索要求时，与这个事件有关的视频（主要是关键帧）、音频和文字都作为结果返回，实现视频、音频和文字的联合检索。

在这种融合的过程中，其音频分割、视频镜头检测在前面都已经介绍过，所以这里主要介绍如何构建多媒体索引表。

视频基本表首先产生，这包括 3 个层次，分别是视频流表、场景表和镜头表。视频流表包括整个视频信息的元数据（Metadata），如视频流时间长度、视频格式等，它提供对视频流原始数据的说明；场景表是按照时间—空间关系把表示同一语义的镜头组合成一组，对这种组合提供索引；而镜头是一组相关帧组成的单位。上面 3 个索引表是按照时间线性关系对多媒体数据信息进行组织。

为了非线性浏览多媒体信息，还需要其他索引表格。一种生成这种表格的方式是对场景或镜头进行聚类。按照视觉特征，使场景或镜头归属到同一类，实现非线性浏览。另外是利用音频信息对视频进行索引。例如，音频流可以被分为音乐、对话、环境背景音和其他。然后音乐再被细分为纯音乐、歌声等，对话可以被再次细分为男声、女声等，环境背景音可以被细分为枪声、掌声、铃声等。每一种音频对应相应的视频流，这样，可以通过音频流非线性浏览视频信息。对于文字信息，可以在抽取关键字后，按照字母顺序进行排列。

用户提交多媒体查询请求时，针对这个查询请求中的视频和音频信息分别到视频索引和音频索引中寻找，然后把寻找的结果返回。

9.5.3　单媒体结果融合

单媒体结果融合的思想很简单：在多媒体处理时，得出分别单独应用文字、音频和视频特征得到的结果，然后将这些结果融合起来。其实，这种方法把多媒体融合问题转换成了多结果融合问题。多结果融合决策的思想来源于多传感器数据的综合分析理论。在对来源于多传感器的数据进行分析时，由于不同的数据反映了信息的不同方面，因此利用不同数据所反映信息的不同角度，必将对分析结果在可靠性和精度方面具有促进作用。

多媒体中的视频图像、文字和音频等每一种单媒体，既可以看成是来自不同感知器的数据，也可以看成检索对象，这样，每一种媒体都有一个检索结果，如何把不同媒体的检索结合起来，形成最后的判断，这属于融合决策的内容。

9.6 小 结

基于内容的检索对于人类来说十分简单，但对于计算机来说就是很大的问题。本章中介绍了图像、视频、音频以及多媒体融合内容分析与检索技术。基于内容检索最重要的方面是对内容进行识别和匹配，而非去理解它，这是基于内容检索与图像理解等技术的区别。但是，在基于内容检索中需要很多的图像理解、模式识别等方面的知识，上面限于篇幅未予详细介绍，可以参见其他专著。从通用多媒体信息管理的角度出发，基于内容检索更需要的是不限定领域知识的方法。在上面介绍的许多检索方法中，不限定领域的颜色、纹理、镜头等内容的检索就是如此。但这些只能做到在大规模数据库中的"粗查"，更细致的检索和查询，可以留给基于领域知识的方法，也可以留给人去做。在检索过程中，相似性查询是主要的，这与传统数据库截然不同。既然是相似的，就有相似程度的高低，因此也就需要有个尺度。总而言之，多媒体基于内容的分析、处理与检索的研究还处于初级阶段，要达到真正实用还需要有一个艰苦而漫长的阶段。希望通过本章的介绍，大家对多媒体基于内容的分析、处理与检索技术能有一个全面的了解。

习题与思考题

1. 什么是基于内容检索？基于内容检索与模式识别、图像理解等技术的主要区别在哪里？它们各自的目的是什么？

2. 在基于内容检索系统中为什么要采用相似性查询？精确性查询能否做到？什么样的媒体可以做到精确查询？

3. 视频检索与图像检索的关系是什么？视频镜头切换点的分辨主要依据什么因素？对缓慢的摇镜头如何处理？

4. 评价基于内容检索的指标是什么？如果相似性阈值提高，对哪一个指标的结果会有影响？检索到的结果是多了还是少了？

5. 如果不进行解压缩，或者只解压很少一部分，能否完成视频或图像的检索工作？能否完成视频或图像的剪切、合并或旋转？试说明理由。

6. 将进行渐变镜头识别的双重比较法的具体算法写出来。

7. 根据上述的基于内容检索的原理，研究对声音进行基于内容检索的问题。写出研究报告，并分组进行讨论。

附录 A
多媒体技术实验

本附录提供了用于课程实验的部分内容。其中既有操作性的，也有编程性的，内容都比较简单，可以根据需要选择。对于要求较高的专业或学生，可以另行设计相关的实验。事实上，实践课程对于学习多媒体技术来说是不可缺少的环节，用很短的篇幅对这些内容加以说明也是不可能的。因此，实践主要还要靠学生自己去不断地练习。这里提供的仅仅是一个简单的参考。

A1   多媒体编辑软件上机实践

A1.1   Adobe Photoshop 上机实践

Adobe Photoshop 既是一种先进的绘图程序，也是可用于修改和处理图像的软件。它集图像编辑、图像合成、图像扫描等多种图像处理功能于一体，同时支持多种图像文件格式，并提供有多种图像处理效果，可制作出生动形象的图像效果，是非常理想的图像处理工具。下面将以 Photoshop CS 简体中文版为例，学习 Photoshop 的基本操作。

1. 图像的编辑

（1）图像的显示控制

在图像处理过程中，时常需要缩放图像以便浏览图像整体或不同部分，有时又需要全屏显示图像，Photoshop 的图像显示控制功能如下。

* 图像的缩放：Photoshop 的图像缩放方法很多，如利用缩放工具、快捷键、菜单【视图】中缩放显示选项、"导航器"调色板、缩放工具选项对话框和输入比例数等方法可以进行图像的缩放操作。

* 查看图像的每个部分：打开一幅图像时，如果窗口出现滚动条，除了可以拖动垂直、水平滚动条查看图像的不同部分以外，还可以利用工具箱中的工具、快捷键和"导航器"调色板等办法来查看图像的不同部分。

* 布置图像窗口：当同时打开多幅图像时可以选择菜单【窗口】|【排列】中的【层叠】、【拼贴】等命令来重新布置图像窗口。

* 全屏显示图像：在 Photoshop 工具箱的最下方有 3 个按钮，如图 A1.1.1 所示，左边是标准屏幕显示按钮，中间是带菜单的屏幕显示按钮，右边是全屏幕显示按钮。

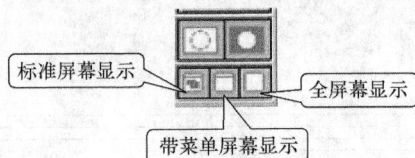

图 A1.1.1　图像窗口显示类型与图标

（2）校正图像的色彩

扫描或用其他方法得到的图像不可能做到尽善尽美，有时需要调整图像的亮度、对比度和色彩平衡，以达到比较好的色彩效果。可以用【图像】|【调整】菜单中的子命令，如【亮度】|【对比度】命令和【色彩平衡】命令等校正图像。图 A1.1.2 所示为调整图像亮度/对比度之后的结果。

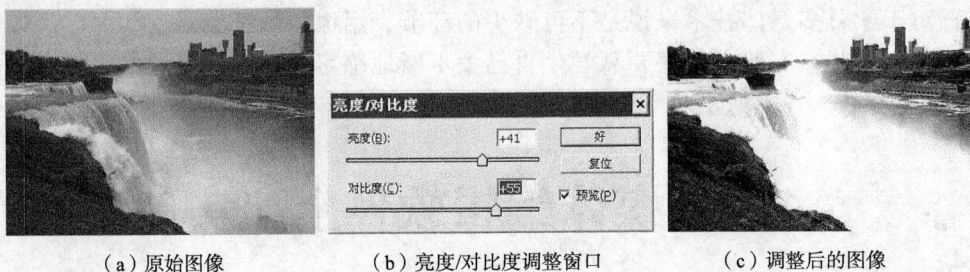

（a）原始图像　　　（b）亮度/对比度调整窗口　　　（c）调整后的图像

图 A1.1.2　图像亮度/对比度的调整

（3）改变图像的尺寸

如果经过扫描后得到的图像太大无法使用，就需要改变图像的尺寸以适应需要。可以用两种方法来完成改变图像尺寸的工作：工具箱中的剪裁工具和菜单中的【图像】|【图像大小】命令。

（4）旋转和翻动图像

当一幅图像在 Photoshop 中显示出来时，有时图像会有一点倾斜，此时需要旋转图像。在 Photoshop 中可以以任意角度旋转图像，还可以以固定角度旋转图像；有时为达到某种特殊效果需要翻动图像，如制作一个水中倒影的效果，可以对图像进行以水平轴为中心的垂直翻动。

（5）不同类型的图像文件间的转换

在 Photoshop 中可以很方便地把一种类型的图像文件转换为另一类型的图像文件。

2. 图像的选区

为了便于对图像的某一区域进行变换，Photoshop 允许进行图像区域的选择。用一个选取框工具或其他方法去确定某一个区域时，浮动的区域界限内的那部分图像就是选区，选取区域的方式有多种。

（1）使用选择框工具选取

利用选择框工具可以选择出矩形、正方形、椭圆形、圆形及以上这些图形组合的各种形状。图 A1.1.3（a）所示为对图像利用矩形选框工具进行选区的效果。如果需要在该选区的基础上追加选区，可单击工具栏上选区操作组的"追加到选区"图标，再单击工具箱中的椭圆选框工具，选取新的区域。选区叠加之后的效果如图 A1.1.3（b）所示。

（a）矩形选区   （b）选区追加后的效果

图 A1.1.3   选区的基本操作

（2）使用套索工具选取

它可以当作一个徒手画图的工具，弥补了选择框工具的不足（即只能创建规则形状的区域）。套索工具可以勾画出任意一个封闭的不规则的区域。套索类工具共有 3 个：套索工具、多边形套索工具和磁性套索工具。

使用套索工具 🔗 可以在图中以自由手控的方式选择区域，可以绘制出各种不规则的形状。套索工具一般用于选取一些无规则、外形极其复杂的图形。在使用套索工具进行选取时，需要一直按着鼠标沿选取范围拖动，一旦释放鼠标，开始点和结束点将自动连接形成完整的选区。

多边形套索工具 🔗 一般用于选取一些无规则但棱角分明的图形。在使用多边形套索工具时，单击鼠标则确定多边形的一个顶点，释放鼠标并不代表结束而是继续进行选择，双击鼠标则自动连接开始点和结束点形成一个闭合的区域；当移动鼠标指针到开始点时，鼠标指针旁会出现一个小圆圈，代表开始点与结束点重合，此时单击鼠标即可完成选择。如果在选择过程中要删除线段，按 Delete 键即可。图 A1.1.4 所示为用多边形套索工具对图像中的第 1 个字母 V 进行选区的结果。

图 A1.1.4   用多边形套索工具选区

磁性套索工具 🔗 可以识别边缘，它是按照颜色的相似性来进行区域选择的，适合图像边缘清晰的情况。

（3）使用魔棒工具选取

魔棒工具是几个选择工具中最神奇的工具。魔棒工具允许按照颜色来选取图像的某个区域。

如果不想使用套索工具去选择一幅图像的一部分时，这个工具是非常实用的。图 A1.1.5（a）所示为利用魔棒工具对图像的背景区域进行选取的效果。如果想要选取图像中"鹰"这个具体对象，则可以通过菜单中的【选择】|【反选】命令实现对所需区域的选取，如图 A1.1.5（b）所示。

（a）使用魔棒工具选取背景   （b）对选区进行反选操作

图 A1.1.5   利用魔棒工具进行选区

（4）使用路径工具选取

使用选择框工具、套索工具和魔术棒工具来选择区域的方法，它们都有各自的长处，但也有各自的局限性。比如要选择一个颜色相差较大的图像，就不宜使用魔术棒工具。特别对于流线形的对象，用选择框工具、套索工具和魔术棒工具都不能很好地完成选择，而使用"路径"的方法进行选择，不仅可以精确地"勾画"出轮廓，而且曲线的圆度也可以达到非常漂亮的程度。使用路径工具的目的是选择一个浮动区域，可以很方便地将路径变为选择区域。

下面将讲解如何使用路径工具将花从绿叶中选取出来，具体操作步骤如下。

① 打开图 A1.1.6（a）所示的原始图像，在层调板中双击背景图将其转换为新的图层，转换后的图层面板如图 A1.1.6（b）所示。

② 单击工具箱中的路径选取工具 ，并在当前属性工具栏中按下路径按钮 ，设当前属性为"路径"方式。

③ 将花从图像中抽取出来，抽取得到的路径如图 A1.1.6（c）所示。然后在路径调板中单击路径转换为选区按钮 ，将整个路径转换为选区，如图 A1.1.6（d）所示。

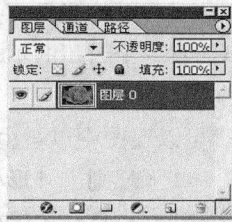

（a）原始图像　　　　　　　　　（b）将背景图转换为图层

（c）用钢笔工具勾画路径　　　　　（d）将路径转换为选区

图 A1.1.6　使用路径工具进行选区

（5）使用【选择】|【色彩范围】命令选取

当遇到镂空图案时，使用上面介绍的工具进行选区存在一定难度。下面介绍另一个简单的选区方法，就是使用菜单中的【选择】|【色彩范围】命令选取。具体步骤如下。

① 打开如图 A1.1.7（a）所示的原始图像，执行菜单中的【选择】|【色彩范围】命令，弹出如图 A1.1.7（b）所示的"色彩范围对话框"。

② 在对话框中使用吸管工具在图像的红色背景上单击，将颜色容差设置为 197；单击对话框中的"好"按钮，则图像中的红色背景区域被选出。

③ 按 Delete 键，则红色背景区域被删除，留下的区域就是我们需要的龙纹图案，如图 A1.1.7（c）所示。

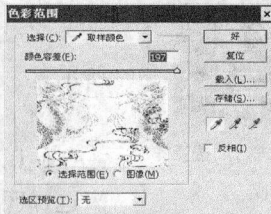

（a）原始图像　　　　（b）色彩范围对话框　　　　（c）被选取出来的龙纹图案

图 A1.1.7　使用【选择】|【色彩范围】命令选区

（6）使用【滤镜】|【抽出】命令选取

当背景比较复杂时，要想选出其中的对象，使用前面介绍的几种方法，实现起来都比较困难。执行菜单中的【滤镜】|【抽出】命令是选区的一种特殊方法，用于选择边缘不规则的图像，如动物的毛发等。下面通过一个具体的例子来说明它的用法。

① 打开如图 A1.1.8（a）所示的原始图像，选择中的【滤镜】|【抽出】命令，打开如图 A1.1.8（b）所示的"抽出"对话框。

② 在"抽出"对话框中单击左侧工具箱中的边缘高光器工具 ，然后在中间的图像区域描绘小狗的边缘。方法是从边界外侧的某一点单击并拖动，沿小狗边界勾画，如图 A1.1.8（c）所示。边缘高光器工具主要用来描出选择图像的边缘，在右侧"工具选项"类下的"画笔大小"框可以设置画笔的粗细，画笔值越小，选择的边缘就越精细；在"高光"框内可以设置边缘高光器工具的颜色，勾选"智能高光"选项，可以进行较为精确的描边。如果对本次操作不满意，可以利用左侧工具列中的橡皮擦工具，将边缘和填充效果擦除，然后重新进行选择。

③ 在左侧工具箱中选择填充工具 ，在小狗内部单击进行填充，效果如图 A1.1.8（d）所示。

④ 单击"预览"按钮，结果如图 A1.1.8（e）所示。对预览效果进行观察，如果不满意，可以继续进行修改；若满意，则单击"好"按钮，最终效果如图 A1.1.8（f）所示。

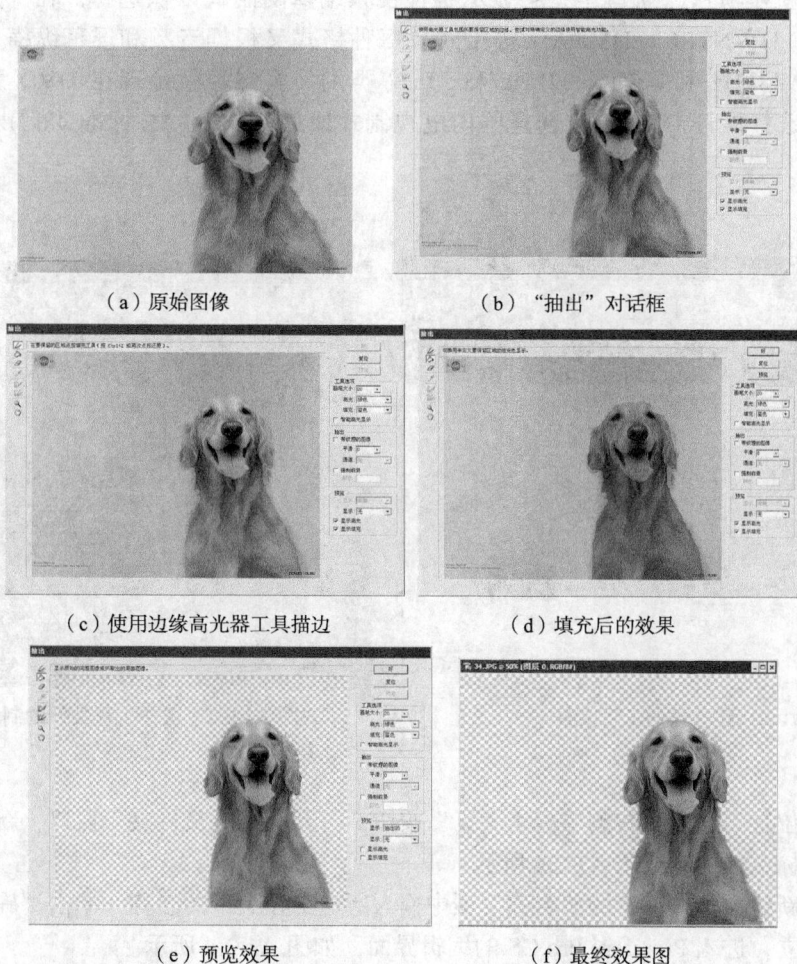

（a）原始图像

（b）"抽出"对话框

（c）使用边缘高光器工具描边

（d）填充后的效果

（e）预览效果

（f）最终效果图

图 A1.1.8 使用【滤镜】|【抽出】命令进行选区

由此可以看出，【抽出】命令的最大优点是具有很强的灵活性。用户可以随意对选取边界进行修改，并可选取多个部分。

A1.2　Adobe Premiere 上机实践

Adobe Premiere 是一个用于视频、音频编辑的非线性编辑软件，无论是对专业人士还是对于新手都是一个很有用的工具。对于没有电影和视频制作经验的人，Adobe Premiere 提供了一个熟悉、方便的工作环境；而对于没有电影制作经验的人，Adobe Premiere 是进行非线性编辑的全面指导。在视频、音频非线性交互编辑软件中，堪称佼佼者，由它首创的时间线编辑、剪辑项目管理等概念，已成为事实上的工业标准。

下面以 Adobe Premiere CS 为例，通过对新建工作项目、导入编辑用素材、利用工具进行剪辑的简单示范，介绍使用 Premiere Pro CS 对影视素材进行加工制作的简单流程。

1．新建工程文件

（1）启动 Premiere Pro CS 软件，会出现 Premiere Pro CS 欢迎界面，在界面上单击"新建项目"按钮新建一个工程文件，会打开新建项目窗口或者选择快速打开以前保存的工程文件。这里选择单击"新建项目"命令按钮，建立新的工程文件，如图 A1.2.1 所示。

（2）在"新建项目"窗口中，会显示各种视频编辑的制式以供选择。在"加载预置"选项卡中内置了 DV-NTSC、DV-PAL 等格式，每种格式又根据音频和屏幕纵横比的不同分为了标准 32kHz/48kHz 和宽银幕 32kHz/48kHz 等类别。宽银幕就是现在 DVD 影碟中的 16:9 的画面。这里选择展开 DV-PAL，选择国内电视制式通用的 DV-PAL 标准 48kHz，如图 A1.2.2 所示。

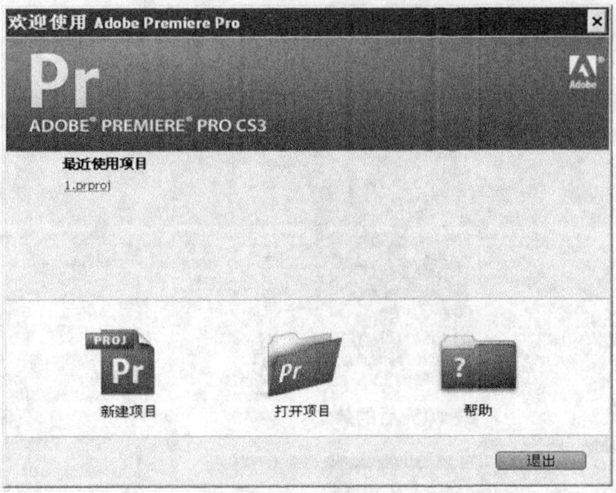

图 A1.2.1　建立新的工程文件 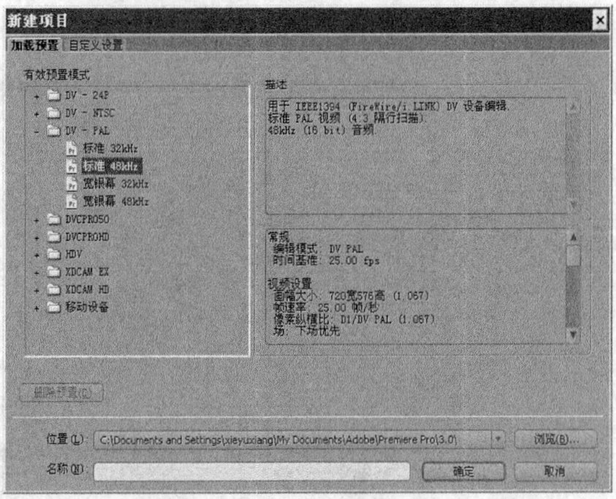　　　　　图 A1.2.2　选择工程文件的制式

（3）在"位置"选项的右侧单击"浏览"按钮，打开"浏览文件夹"窗口，新建或选择存放工程文件的目标文件夹，如图 A1.2.3 所示。

（4）在"新建项目"窗口的"名称"项中输入所建工程文件的名称，单击"确定"按钮完成工程文件的建立，进入 Premiere Pro CS 的编辑界面，如图 A1.2.4 所示。

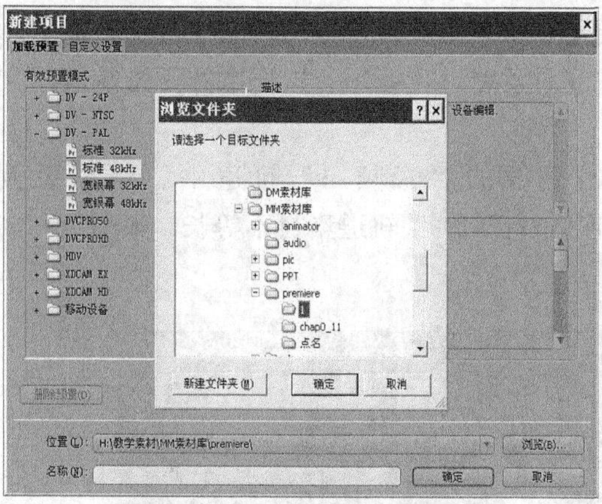

图 A1.2.3　选择目标文件夹

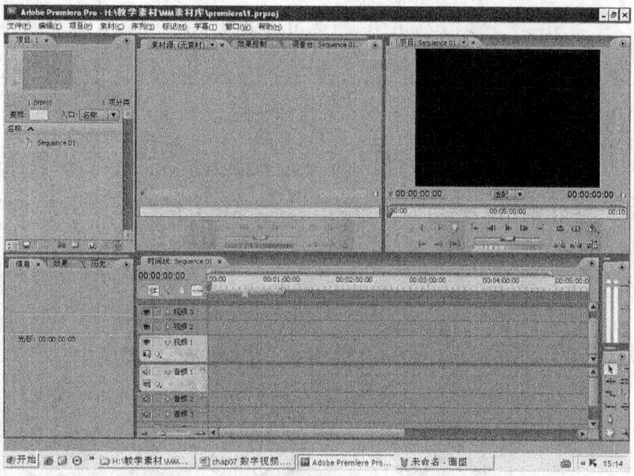

图 A1.2.4　进入编辑界面

2. 导入素材文件

Premiere 能将视频、图片、声音等素材整合在一起，导入的素材可能来自其他的软件或设备，如用 Photoshop 处理的图像，用录像机或视频采集卡获得的视频文件等。导入这些素材的方法是：选择菜单命令【文件】|【导入】（快捷键为 Ctrl + I）导入素材，在弹出的"导入"窗口中，选择素材。

这里选择导入的是一系列风景图片和一个音频文件"yesterday.mp3"，如图 A1.2.5 所示。

在"项目面板"中，单击某个素材文件，可查看相应素材，如图 A1.2.6 所示。

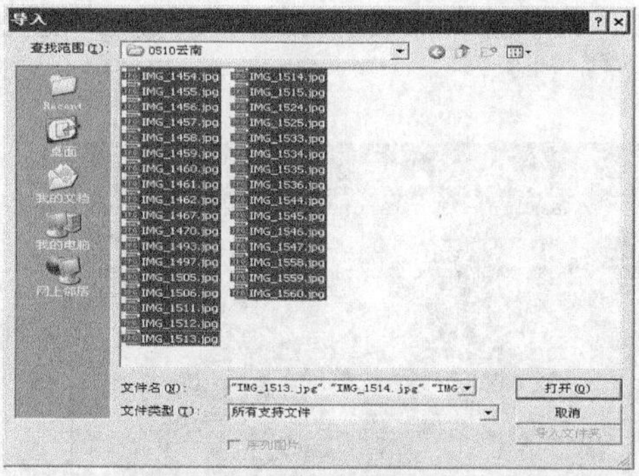

图 A1.2.5　导入编辑用素材文件

图 A1.2.6　查看素材图

3. 将素材文件放到时间线

从素材窗口中，将所需图片素材拖入到时间线的"视频 1"轨道中，如图 A1.2.7 所示。

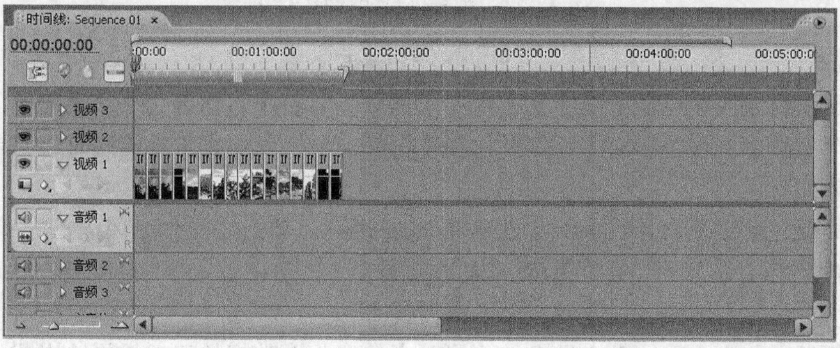

图 A1.2.7　把素材图拖入时间线

如果把素材文件拖入时间线后发现文件在时间线上显示太短，可以拖动时间线最上方的显示区域条滑块，对素材文件的显示进行放大或缩小，方便对素材进行编辑，这样做并不影响素材文件的实际长度。

选择音频文件"yesterday.mp3"，将其拖至时间线的"音频 1"轨道中，可以看到"yesterday.mp3"的长度为 2 分 4 秒，"视频 1"轨道和"音频 1"轨道素材不等长，如图 A1.2.8 所示。

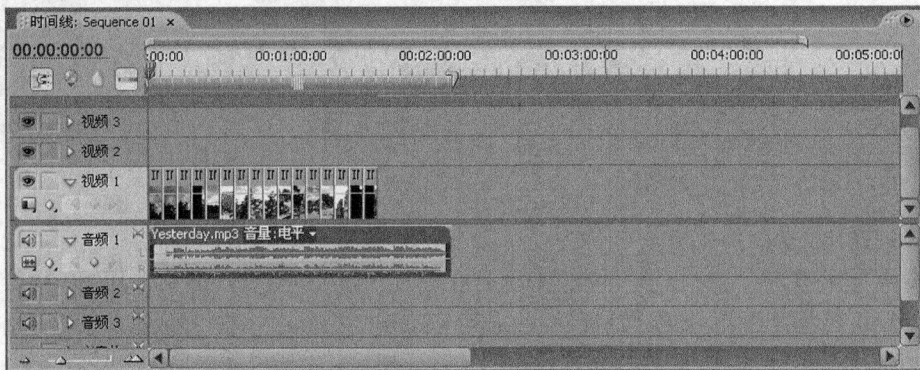

图 A1.2.8　拖入音频文件

4. 对素材进行简单编辑

在"视频 1"轨道中选择各个图片素材向后拖动，调整整个视频素材的时间长度，使视音频素材长度一致。如图 A1.2.9 所示。

图 A1.2.9　拖动素材调整时间长度

5. 完成输出

为了便于以后修改，选择【文件】|【保存】命令，可将项目保存为一个后缀为 prproj 的项目文件，在这个文件中保存了当前视频编辑状态的全部信息，以后在需要调用时，只要打开它，就可以编辑视频。

输出视频就是将时间线中的素材合成为完整的视频。单击【文件】|【导出】菜单命令，可以看到输出的目标有影片、单帧、音频、输出到磁带、Adobe Media Encoder（Adobe 媒体编码器）等。

完成编辑后，单击【文件】|【导出】|【影片】命令将调整好的编辑结果输出成一段音视频文件，如图 A1.2.10 所示。

在"导出影片"对话框中输入要输出的文件名"Sequence 01.avi",单击"保存"按钮完成音视频文件的输出,如图 A1.2.11 所示。

图 A1.2.10　输出命令

图 A1.2.11　输出编辑结果

A2　多媒体程序设计实验

本节 MCI 例程、DirectShow 例程和 Microsoft Speech SDK 例程编译运行于 VC 环境,Multimedia MCI 控件例程、ActiveMovie 控件例程和 ShokewaveFlash 控件例程编译运行于 VB 环境。

A2.1　媒体控制接口（MCI）编程实验

下面通过分析用 CD-ROM 播放 CD 唱盘的程序,具体体验 MCI 设备的调用和控制。本例程除了 MCDPLAY.CPP 主程序外,还包括头文件（MCDPLAY.H）、资源描述文件（MCDPLAY.RC）和模块定义文件（MCDPLAY.DEF）。此外,编译程序还需要 MCDPLAY.ICO 图表文件。

程序 A1　MCDPLAY.CPP 源文件

```
void CMainDialog::GetInfo()
{
// 找到CD唱盘上音轨总数
MCI_STATUS_PARMS MciStatusParms;
MciStatusParms.dwItem= MCI_STATUS_NUMBER_OF_ TRACKS;
result=mciSendCommand(DeviceId,MCI_STATUS,MCI_STATUS_ITEM,(DWORD)(LPVOID)&MciStatus
Parms);
    DisplayErrorMsg(result);
    if(result != 0)
        CheckIt = FALSE;
TotalTracks = MciStatusParms.dwReturn;
    // 找到正在播放的音轨
MCI_STATUS_PARMS MciStatusParms2;
MciStatusParms2.dwItem = MCI_STATUS_CURRENT_ TRACK;
result=mciSendCommand(DeviceId, MCI_STATUS, MCI_WAIT | MCI_STATUS_ITEM, (DWORD)
(LPVOID) &MciStatusParms2);
    DisplayErrorMsg(result);
    if(result != 0)
        CheckIt = FALSE;
```

```
    CurrentTrack = MciStatusParms2.dwReturn;
    //设置时间格式（轨道、分、秒、结构）
    MCI_SET_PARMS MciSetParms;
    MciSetParms.dwTimeFormat = MCI_FORMAT_TMSF;
    result=mciSendCommand(DeviceId,MCI_SET,MCI_SET_TIME_FORMAT,(DWORD)(LPVOID)&MciSet
Parms);
    DisplayErrorMsg(result);
    }
    void CMainDialog::DisplayErrorMsg(DWORD errcode)
    {
     if (errcode)
       {
         mciGetErrorString(result, buffer, sizeof(buffer));
         MessageBox(buffer, "CD Player", MB_OK);
         return;
       }
    }
    BOOL CMainDialog::OnInitDialog()
    {
     CModalDialog::OnInitDialog();
     CheckIt = TRUE;
     // 创建计时器
     SetTimer(TIMER_ID, 1000, NULL);
     // 打开CD音频设备
     MCI_OPEN_PARMS MciOpenParams;
     MciOpenParams.lpstrDeviceType = "cdaudio";
    result=mciSendCommand(NULL,MCI_OPEN,MCI_OPEN_TYPE,(DWORD)(LPVOID)& MciOpenParams);
    DisplayErrorMsg(result);
     // 保存设备标识符为以后使用
     DeviceId = MciOpenParams.wDeviceID;
     GetInfo();
     return TRUE;
    }
    void CMainDialog::OnTimer(UINT nIdEvent)
    {
     if (CheckIt == FALSE)
      {
        SetDlgItemText(IDD_PLAYINFO, "");
        SetDlgItemText(IDD_TRACKINFO, "");
        return;
      }
    GetInfo();
    // 设置当前轨道静态控制
    SetDlgItemInt(IDD_TRACKINFO, (int)CurrentTrack, FALSE);
    // 设置当前模式静态控制
    MCI_STATUS_PARMS MciStatusParms;
    MciStatusParms.dwItem = MCI_STATUS_MODE;
    Result=mciSendCommand(DeviceId,MCI_STATUS,MCI_STATUS_ITEM,(DWORD)(LPVOID)
&MciStatusParms);
    DisplayErrorMsg(result);
    switch(MciStatusParms.dwReturn)
    {
      case MCI_MODE_NOT_READY :
```

```
            wsprintf(buffer, "Not Ready");
            break;
    case MCI_MODE_PAUSE :
            wsprintf(buffer, "Pause");
            break;
    case MCI_MODE_PLAY :
            wsprintf(buffer, "Play");
            break;
    case MCI_MODE_STOP :
            wsprintf(buffer, "Stop");
            break;
    case MCI_MODE_OPEN :
            wsprintf(buffer, "Open");
            break;
    case MCI_MODE_SEEK :
            wsprintf(buffer, "Seek");
            break;
    default :
            wsprintf(buffer, "Unknown");
            break;
  }
  SetDlgItemText(IDD_PLAYINFO, buffer);
}
void CMainDialog::PlayButton()
{
  //传送播放命令到MCI
  MCI_PLAY_PARMS MciPlayParms;
  result=mciSendCommand(DeviceId,MCI_PLAY,0, (DWORD)(LPVOID)&MciPlayParms);
  if(result == 0)
    CheckIt = TRUE;
  else
    CheckIt = FALSE;
  DisplayErrorMsg(result);
}
void CMainDialog::StopButton()
{
  // 传送MCI命令，停止CD音频播放器
  result = mciSendCommand(DeviceId, MCI_STOP, 0, NULL);
  DisplayErrorMsg(result);
}
void CMainDialog::EjectButton()
{
  MCI_SET_PARMS MciSetParms;
  result=mciSendCommand(DeviceId,MCI_SET,MCI_SET_DOOR_OPEN,(DWORD)(LPVOID)
&MciSetParms);
  DisplayErrorMsg(result);
}
void CMainDialog::PreviousButton()
{
  MCI_SEEK_PARMS MciSeekParms;
  if (CurrentTrack > 1)
   {
    CurrentTrack--;
    MciSeekParms.dwTo = CurrentTrack;
```

```
result=mciSendCommand(DeviceId,MCI_SEEK,MCI_TO,(DWORD)(LPVOID)& MciSeekParms);

    DisplayErrorMsg(result);
    // 告诉 MCI 重新开始播放
    PlayButton();
  }
}
void CMainDialog::NextButton()
{
 MCI_SEEK_PARMS MciSeekParms;
 if (CurrentTrack < TotalTracks)
  {
   CurrentTrack++;
   MciSeekParms.dwTo = CurrentTrack;
   result=mciSendCommand(DeviceId,MCI_SEEK,MCI_TO, (DWORD)(LPVOID)& MciSeekParms);
   DisplayErrorMsg(result);
   // 告诉 MCI 重新开始播放
   PlayButton();
  }
}
void CMainDialog::CancelButton()
{
   KillTimer(TIMER_ID);
   EndDialog(0);
}
void CMainDialog::OnDestroy()
{
   //关闭 MCI 设备
   result = mciSendCommand(DeviceId, MCI_CLOSE, 0, NULL);
   DisplayErrorMsg(result);
   //基本类处理
   CModalDialog::OnDestroy();
}
```

A2.2 多媒体控件编程实验

1. Multimedia MCI 控件编程实例

MCI 控件不在标准工具箱中，使用时从库中装入。在"工程"菜单中选择"部件"，弹出部件对话框，选择 Microsoft Multimedia Controls 控件，返回后工具箱中出现了 MCI 控件。在窗体中添加了 MCI 控件后，会出现一排灰色的媒体控制按钮，如图 A2.2.1 所示。这些按钮类似于通常的 CD 机、录像机上的按钮。从左到右依次是向前（Prev）、向后（Next）、播放（Play）、暂停（Pause）、返回（Back）、单步（Step）、停止（Stop）、记录（Record）和出带（Eject）。通过这些按钮可以控制和管理声卡、CD-ROM、VCD 播放器等设备，可对这些设备进行常规的启、播、进、退、停等管理操作。因此该控件表现为一组执行 MCI 命令的按钮。

图 A2.2.1   MCI 控件

MCI 控件的主要属性如下。

① Enabled：使该控件有效。

② Visible：使该控件可见。

③ DeviceType：设置多媒体控件所要管理的设备类型。

④ AutoEnable：为 True 时，自动激活 DeviceType 所指定的设备。

⑤ FileName：指定 MCI 所要使用的文件名称。

⑥ Command：在运行时使用，可设置为 13 个值，用来执行不同的控制命令：Back（后退）、Close（关闭）、Eject（退出多媒体介质）、Next（到下一个磁道起点）、Pause（暂停）、Play（播放）、Prev（回到起点）、Record（记录）、Save（保存）、Seek（查找指定位置）、Step（前进一个画面）、Stop（停止播放）和 Sound（播放声音）。

在允许用户从 MCI 控件选取按钮之前，应用程序必须先通过设置 command 属性为 open 打开 MCI 设备，并根据需要设置 MCI 控件上按钮的属性。如果想使用 MCI 控件中的按钮，要将其 Visible 和 Enabled 属性设置为 True；如果不想使用该按钮，只想用 MCI 控件的多媒体功能，可将 Visible 属性设为 False，Enabled 属性设为 True。如果在某种情况下，暂时不允许使用某按钮的功能，则可将其 Visible 属性设为 True、Enabled 属性设为 False。

在使用 MCI 控件播放或录制某一文件时，还应根据应用需求设置 DeviceType 属性和 FileName 属性。MCI 还可以在单个窗体中支持多个 MCI 控件实例，这样就可以同时控制多台 MCI 设备。

下面以一个具体实例来说明如何播放 WAV 文件。首先，在 Visual Basic 的窗体中加入一个 MMControl 多媒体控件，于是屏幕上显示出形状类似录音机的控制键。然后，在 form_Load 过程中，插入相应程序代码。

```
Sub form_Load()
    '在发出 OPEN 命令前要设置多媒体设备的属性
    MMControl1.Notify=False
    MMControl1.Wait=True
    MMControl1.Shareable=False
    MMControl1.DeviceType="WaveAudio"
    MMControl1.FileName=App.Path & "\demo.wav"
    MMControl1.Command="Open"
End Sub
```

运行程序，即可播放当前目录下的 demo.wav 文件。

2. ActiveMovie 控件编程实例

ActiveMovie 控件能根据文件后缀进行自动判别设备类型，并完成相应的控制。在 Window 操作系统中，ActiveMovie 控件已作为操作系统的一部分来提供，即使用户系统中没有安装 ActiveMovie 控件，Microsoft 的许可协议也允许在应用程序的发行包中发布 ActiveMovie 的运行文件。

ActoveMovie 控件的主要属性如下。

① FileName 属性：设置 ActiveMovie 播放的文件名，包括此文件的完整路径。

② AutoStart 属性：设置打开影音文件后是否"自动播放"，如果值为 True，则自动播放。

③ Volume 属性：调整声音的强弱。

④ ShowControls 属性：设置显示还是隐藏控制面板，如果值为 True，则显示控制面板，否则隐藏控制面板。

⑤ ShowDisplay 属性：设置显示还是隐藏显示面板，如果值为 True，则显示，否则隐藏。

⑥ ShowPositionControls 属性：在控制面板上显示还是隐藏位置按钮，如果值为 True，则显示，否则隐藏。

⑦ ShowSelectionControls 属性：设置在控制面板上显示还是隐藏选择按钮，如果值为 True，则显示，否则隐藏。

⑧ ShowTracker 属性：设置在控制面板上显示还是隐藏音轨栏，如果值为 True，则显示音轨

栏，否则隐藏音轨栏。

⑨ PlayCount 属性：设置播放次数，默认的播放次数为 1 次。

下面以 VB 为例，介绍如何使用 ActiveMovie 控件制作播放器。选择"工程"菜单中的"部件"命令，在部件对话框的控件列表中选择 Microsoft ActiveMovie Control，单击"确定"按钮，为当前的工具箱添加 ActiveMovie 控件；然后将 ActiveMovie 控件放到窗体上，并调整至适当的大小，属性设置如下：

```
（名称）=ActiveMovie1
MovieWindowSize=4
ShowPositionControls=True
ShowSelectionControls=True
```

再在窗体上放置一个命令按钮控件（打开文件按钮，命名为 cmdOpen）和一个 Commandialog 控件（命名为 Commandialog1）。

双击打开文件按钮，在 Click 事件中加入下面的代码：

```
Private Sub cmdOpen _Click()
'设置ActiveMovie能打开的文件类型
commondialog1.filter ="video file (*.dat)|*.dat|wave file (*.wav)|avi file(*.avi)|
(*.avi)|movie file (*.mov)|(*.mov)|media file (*.mmm)|(*.mmm)|mid file (*.mid;*.rmi)|
(*.mid;*.rmi)|mpeg file (*.mpeg)|(*.mpeg)|all file (*.*)|*.*"
'显示打开文件对话框
CommonDialog1.ShowOpen
'选择要播放的媒体文件
ActiveMovie1.FileName = CommonDialog1.FileName
'播放媒体文件
ActiveMovie1.Play
End Sub
```

这样就可以用 ActiveMovie 控件所提供的控制按钮来播放各种媒体文件了。

3. ShokewaveFlash 控件编程实例

使用 ShokewaveFlash 控件，就可以很方便地用 VB 或 VC 等开发工具在自己的应用程序中播放 Flash 动画。

ShokewaveFlash 控件的主要属性如下。

① Quality：指定当前渲染的质量，0 为低分辨率，1 为高分辨率，2 为自动降低分辨率，3 为自动升高分辨率。

② ScaleMode：缩放模式，0 为全部显示，1 为随控件大小变化，2 为缩放至控件大小。

③ Loop：循环属性，True 为循环播放，False 为不循环播放。

④ Playing：播放属性，True 为播放，False 为停止。

⑤ Movie：指定播放的 Flash 文件路径，可以为一个 URL。

主要方法如下。

① Play()：开始播放动画。

② Stop()；停止播放动画。

③ Back()；播放前一帧动画。

④ Forward()：播放后一帧动画。

⑤ Rewind()：重头播放。

下面以 VB 为例，介绍如何使用 Shockwave Flash。

首先，新建一个工程，选择"工程"菜单中的"部件"命令，在部件对话框的控件列表中选择 Shockwave Flash，然后单击"确定"按钮，Flash 控件就被加到工具箱上了。最后将 Flash 控件放到窗体上，并调整至适当的大小。如果想在程序中控制动画的播放，可以在窗体上再添加一个 Play 按钮和 Stop 按钮。双击"窗体"，在窗体的 Load 事件中加入下面的代码。

```
Sub form_Load()
    '设置 Flash 动画文件的路径
    shockwaveflash1. Movie ="c:\demo.swf"
    shockwaveflash1. loop = true
    shockwaveflash1.playing = true
    cmdPlay.Enabled = False
    cmdStop.Enabled = True
End Sub
Private Sub cmdPlay_Click()
  ShockwaveFlash1.Play
  cmdPlay.Enabled = False
  cmdStop.Enabled = True
End Sub
Private Sub cmdStop_Click()
  ShockwaveFlash1.Stop
  cmdStop.Enabled = False
  cmdPlay.Enabled = True
End Sub
```

运行后就可以看到循环播放的 Flash 动画了，按 Stop 键将停止播放，按 Play 键继续播放。

A2.3　多媒体软件开发工具包编程实验

1．DirectShow

在大部分的情况下，DirectShow 应用程序必须执行下面 3 个步骤（如图 A2.3.1 所示）。

① 用 CoCreateInstance 函数创建 Filter Graph Manager 实例。

② 用 Filter Graph Manager 实例来创建一个 Filter Graph。Filter Graph 中的过滤器依赖于应用程序的具体要求。

③ 使用 Filter Graph Manager 去控制 Filter Graph 并通过过滤器对数据解析分流。在整个处理过程中，应用程序都将响应 Filter Graph Manager 的事件。

当处理完成后，应用程序将释放掉 Filter Graph Manager 和所有的过滤器。

下面给出一个用控制台应用程序播放音视频文件的简单例子。

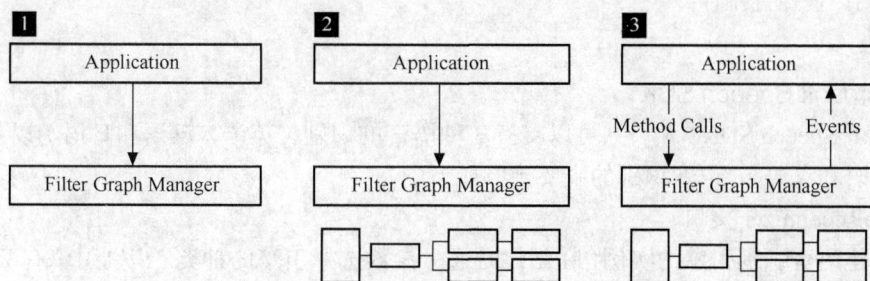

图 A2.3.1　DirectShow 程序开发步骤

程序 A2 aviplay.cpp 的源代码

```cpp
#include <dshow.h>
void main(void)
{
    IGraphBuilder *pGraph = NULL;
    IMediaControl *pControl = NULL;
    IMediaEvent   *pEvent = NULL;
    // 初始化COM 库
    HRESULT hr = CoInitialize(NULL);
    if (FAILED(hr))
    {
        printf("ERROR - Could not initialize COM library");
        return;
    }
    // 建立过滤器图表管理器
    hr = CoCreateInstance(CLSID_FilterGraph, NULL, CLSCTX_INPROC_SERVER,
                    IID_IGraphBuilder, (void **)&pGraph);
    if (FAILED(hr))
    {
        printf("ERROR - Could not create the Filter Graph Manager.");
        return;
    }
    hr = pGraph->QueryInterface(IID_IMediaControl, (void **)&pControl);
    hr = pGraph->QueryInterface(IID_IMediaEvent, (void **)&pEvent);
    // 建立过滤器图表
    hr = pGraph->RenderFile(L"C:\\Example.avi", NULL);
    if (SUCCEEDED(hr))
    {
        // 播放
        hr = pControl->Run();
        if (SUCCEEDED(hr))
        {
            // 等待播放结束
            long evCode;
            pEvent->WaitForCompletion(INFINITE, &evCode);
        }
    }
    pControl->Release();
    pEvent->Release();
    pGraph->Release();
    CoUninitialize();
}
```

2. Microsoft Speech SDK

Microsoft Speech SDK 5.1 一共可以支持 3 种语言的识别（英语，汉语和日语）以及 2 种语言的合成（英语和汉语）。语音识别的主要接口如下。

（1）IspRecognizer 接口

用于创建语音识别引擎的实例，在创建时通过参数选择引擎的种类。识别引擎有两种：InProc Recognizer 和 Shared Recognizer。前者只能由创建的应用程序使用，后者可以供多个应用程序共同使用。

（2）IspRecoContext 接口

主要用于接收和发送与语音识别消息相关的事件消息，装载和卸载识别语法资源。

（3）IspRecoGrammar 接口

通过这个接口，应用程序可以载入、激活语法规则，语法规则里定义着期望识别的单词、短语和句子。通常有两种语法规则：听写语法（Dictation Grammer）和命令控制语法（Command and Control Grammer）。听写语法用于连续语音识别，可以识别出引擎词典中大量的词汇。例如，可以识别报纸上的一篇文章、你的一段讲话、一个故事等，也就是说，可以用语音代替键盘进行文字输入。命令控制语法主要用于识别用户在语法文件里自定义的一些特定的命令词汇和句子，例如菜单命令中的打开文件、保存文件、插入等。这些语法规则以 XML 文件的格式编写，通过IspRecoGrammar 接口载入、激活。

（4）IspPhrase 接口

用于获取识别的结果，包括识别的文字、识别了哪一条语法规则等。

语音识别的功能由上面的 COM 接口共同完成。而且遵守特定的工作程序。概括地说，语音识别的工作原理遵循 COM 组件的工作原理和一般 Windows 应用程序的工作原理（消息驱动机制），具体如下。

① 初始化 COM。

② 以特定的顺序要实例化各个语音接口，设置识别语法、识别消息，使识别引擎处于工作状态。

③ 当有语法规则被识别后，语音接口向应用程序发出语音识别消息。

④ 在识别消息响应函数里，通过 IspPhrase 接口获取识别的结果。

⑤ 应用程序退出时，卸载 COM。

语音合成主要通过 ISpVoice 接口来控制，通过调用其中的 Speak 方法可以朗读出文本内容，通过调用 SetVoice/GetVoice 方法（在.NET 中已经转变成 Voice 属性）来获取或设置朗读的语音，而通过调用 GetVolume/SetVolume、GetRate/SetRate 等方法（在.NET 中已经转变成 Volume 和 Rate 属性）来获取或设置朗读的音量和语速。

下面给出一段简单的代码，实现朗读"Hello world"。

```
#include <sapi.h>
#pragma comment(lib,"ole32.lib")
#pragma comment(lib,"sapi.lib")
int main(int argc, char* argv[])
{
  ISpVoice * pVoice = NULL; //COM 初始化:
  if (FAILED(::CoInitialize(NULL)))
  return FALSE;
  //获取 ISpVoice 接口
  HRESULT hr = CoCreateInstance(CLSID_SpVoice, NULL, CLSCTX_ALL, IID_ISpVoice, (void
**)&pVoice);
  if( SUCCEEDED( hr ) )
  {
  hr = pVoice->Speak(L"Hello world", 0, NULL);
  pVoice->Release();
  pVoice = NULL;
  }
  ::CoUninitialize();
  return TRUE;
}
```

[1] 胡晓峰，等. 多媒体系统. 北京：人民邮电出版社，1997.

[2] 胡晓峰，等. 多媒体系统原理与应用. 北京：人民邮电出版社，1995.

[3] 曹文君. 多媒体系统原理及其应用. 上海：复旦大学出版社，1999.

[4] 吴玲达，等. 多媒体技术（第 2 版）. 北京：电子工业出版社，2007.

[5] 吴玲达，等. 多媒体人机交互技术. 长沙：国防科技大学出版社，2000

[6] 老松杨，等. 多媒体技术实用教程. 北京：人民邮电出版社，2010

[7] 钟玉琢，等. 多媒体技术基础及应用（第 3 版）. 北京：清华大学出版社，2012.

[8] 姜楠，王健. 常用多媒体文件格式与压缩标准解析. 北京：电子工业出版社，2005.

[9] 龚声蓉，等. 多媒体技术应用. 北京：人民邮电出版社，2008.

[10] 薛为民. 多媒体技术及应用. 北京：清华大学出版社，2006.

[11] 陆芳，梁宇涛. 多媒体技术及应用. 北京：电子工业出版社，2007.

[12] 彭波，孙一林. 多媒体技术及应用. 北京：机械工业出版社，2006.

[13] 林福宗. 多媒体技术基础（第 3 版）. 北京：清华大学出版社，2009.

[14] 鲁宏伟，等. 多媒体计算机技术（第 4 版）. 北京：电子工业出版社，2011.

[15] ［美］Tay Vaughan. 多媒体技术及应用. 晓波，倪敏译. 北京：清华大学出版社，2004.

[16] ［加］Ze-Nian Li,Mark S. Drew. 多媒体技术教程. 史元春等译. 北京：机械工业出版社，2007.

[17] ［美］Richard Lewis,James Luciana. 数字媒体导论. 郭畅译. 北京：清华大学出版社，2006.

[18] 史美林，等. 计算机支持的协同工作理论与应用. 北京：电子工业出版社，2000.

[19] 李学明，等. 远程教育系统及其实现. 北京：人民邮电出版社，2000.

[20] 徐光佑，等. 多媒体计算机技术与系统. 北京：人民铁道出版社，1994.

[21] 《The Art and Business of Speech-recognition》,http://www.microsoft.com/china/ community/ Column/.

[22] 孟祥旭，李学庆. 人机交互技术—原理与应用. 北京：清华大学出版社，2004.

[23] 董士海，王衡. 人机交互. 北京：北京大学出版社，2004.

[24] 黄志军，曾斌. 多媒体数据库技术. 北京：国防工业出版社，2005.

[25] J. K. Buford. Multimedia System. Addison-Wesley Publishing Company,1994.

[26] Ralf Steinmetz,Klara Nahrstedt,Multimedia:Computing,communications and applications（影印版）. 北京：清华大学出版社，1997.

[27] Ze-Nian Li and Mark S. Drew.Fundamentals of Multimedia（影印版）. 北京：机械工业出版社，2004.

[28] Lynne Dunckley,Multimedia databases: an object relational approach,London: Addison-Wesley,2003.

[29] Nigel Chapman,Jenny Chapman. Digital Multimedia.Wiley,2004.

[30] Vittorio Castelli and Lawrence D. Image Databases: Search and Retrieval of Digital Imagery. Wiley-Interscience,2001.

[31] Borivoje Furht. Handbook of Multimedia Computing. CRC Press,1998.

[32] E. England & Andy Finney. Managing Multimedia: Project Management for Interactive Media. Addison-Wesley Pub Co,1999.

[33] V.S. Subrahmanian. Principles of Multimedia Database Systems. Morgan Kaufman,1998.

[34] 2012 Multimedia Conference. Proceedings of the 20th ACM International Conference on Multimedia, 2012.